黄金工业标准汇编

全国黄金标准化技术委员会秘书处
长春黄金研究院有限公司 编
中国标准出版社

中国标准出版社

北京

图书在版编目(CIP)数据

黄金工业标准汇编/全国黄金标准化技术委员会秘书
处,长春黄金研究院有限公司,中国标准出版社编.
—北京:中国标准出版社,2022.6
ISBN 978-7-5066-9927-3

Ⅰ.①黄… Ⅱ.①全…②长…③中… Ⅲ.①黄金工
业—标准—汇编—中国 Ⅳ.①TF831-65

中国版本图书馆 CIP 数据核字(2022)第 067276 号

中国标准出版社出版发行
北京市朝阳区和平里西街甲 2 号(100029)
北京市西城区三里河北街 16 号(100045)
网址 www.spc.net.cn
总编室:(010)68533533 发行中心:(010)51780238
读者服务部:(010)68523946
中国标准出版社秦皇岛印刷厂印刷
各地新华书店经销
*
开本 880×1230 1/16 印张 41 字数 1 230 千字
2022 年 6 月第一版 2022 年 6 月第一次印刷
*
定价 288.00 元

《黄金工业标准汇编》
编委会

主　编

赵占国（SAC/TC 379 主任委员，中国黄金集团有限公司）

张永涛（SAC/TC 379 副主任委员，中国黄金协会）

副主编

韦华南（SAC/TC 379 副主任委员，中国黄金集团有限公司）

裴佃飞（SAC/TC 379 副主任委员，山东黄金集团有限公司）

廖占丕（SAC/TC 379 副主任委员，紫金矿业集团股份有限公司）

张清波（SAC/TC 379 秘书长，长春黄金研究院有限公司）

吕晓兆（SAC/TC 379 委员，赤峰吉隆黄金矿业股份有限公司）

刘　勇（SAC/TC 379 委员，湖南黄金集团有限责任公司）

张俊峰（SAC/TC 379 委员，山东恒邦冶炼股份有限公司）

高起方（SAC/TC 379 委员，云南黄金矿业集团股份有限公司）

赵志新（SAC/TC 379 委员，辽宁天利金业有限责任公司）

孙其飞（SAC/TC 379 观察员，山东招金集团有限公司）

张永贵（SAC/TC 379 观察员，长春黄金设计院有限公司）

编　委（按姓氏笔画排序）

王军强（SAC/TC 379 委员，灵宝金源控股有限公司）

王建政（SAC/TC 379 观察员，山东招金集团招远黄金冶炼有限公司）

王德煜（SAC/TC 379 委员，山东黄金矿业科技有限公司）

邓　川（SAC/TC 379 委员，上海黄金交易所）

孔令强（SAC/TC 379 委员，山东国大黄金股份有限公司）

付文姜（SAC/TC 379 委员，中国黄金集团有限公司）

包小玲（SAC/TC 379 委员，东吴黄金集团有限公司）

邢志军（SAC/TC 379 委员，长春黄金研究院烟台贵金属材料研究所有限公司）

吕文先（SAC/TC 379 委员,云南黄金矿业集团贵金属检测有限公司）

刘　冰（SAC/TC 379 委员,青岛垚鑫智能科技有限公司）

刘占林（SAC/TC 379 观察员,山东国大黄金股份有限公司）

刘永军（SAC/TC 379 观察员,赤峰吉隆黄金矿业股份有限公司）

孙浩飞（SAC/TC 379 观察员,山东招金集团招远黄金冶炼有限公司）

李　亮（SAC/TC 379 副秘书长,中国黄金协会）

李广辉（SAC/TC 379 观察员,山东招金集团有限公司）

李光胜（SAC/TC 379 观察员,山东黄金矿业科技有限公司选冶实验室分公司）

李哲浩［SAC/TC 379 委员,国家金银及制品质量检验检测中心（长春）］

李延吉［SAC/TC 379 副秘书长,国家金银及制品质量检验检测中心（长春）］

杨　佩（SAC/TC 379 委员,深圳市金质金银珠宝检验研究中心有限公司）

张　波（SAC/TC 379 观察员,中钞长城贵金属有限公司）

张云新（SAC/TC 379 观察员,云南黄金矿业集团贵金属检测有限公司）

张艳峰（SAC/TC 379 观察员,山东恒邦冶炼股份有限公司）

陈　杰（SAC/TC 379 委员,中钞长城贵金属有限公司）

陈永红［SAC/TC 379 委员,国家金银及制品质量检验检测中心（长春）］

陈国民（SAC/TC 379 观察员,辽宁天利金业有限责任公司）

陈晓科（SAC/TC 379 观察员,云南黄金矿业集团贵金属检测有限公司）

陈黎阳（SAC/TC 379 委员,成都市天鑫洋金业有限责任公司）

郑　晔（SAC/TC 379 委员,中国黄金集团研究总院有限公司）

孟宪伟（SAC/TC 379 秘书处,长春黄金研究院有限公司）

钟英楠［SAC/TC 379 委员,长春国检（济源）检测科技有限公司］

郭树林（SAC/TC 379 委员,中国黄金集团研究总院有限公司）

郭海龙（SAC/TC 379 观察员,长春黄金设计院有限公司）

黄仕坤（SAC/TC 379 委员,深圳市金雅福首饰制造有限公司）

温志森（SAC/TC 379 观察员,紫金矿业集团股份有限公司）

谢恩龙（SAC/TC 379 观察员,云南黄金矿业集团股份有限公司）

蔡创开（SAC/TC 379 委员,紫金矿业集团股份有限公司）

蔚登峰（SAC/TC 379 观察员,山东黄金集团有限公司）

薛丁华（SAC/TC 379 观察员,湖南黄金集团有限责任公司）

前　　言

标准是经济活动和社会发展的技术支撑,是国家基础性制度的重要方面,标准化在推进国家治理体系和治理能力现代化中发挥着基础性、引领性作用。2021年10月中共中央、国务院印发了《国家标准化发展纲要》,它是指导我国标准化中长期发展的纲领性文件,对我国标准化事业的发展具有重要的里程碑意义。我国将积极实施标准化战略,以标准助力创新发展、协调发展、绿色发展、开放发展、共享发展。

黄金以其特有的天然属性,同时具备货币和商品双重属性,在国际金融体系中占据着十分显要的地位,成为世界各国的重要资源。2017年以来,按照中华人民共和国工业和信息化部发布的《关于推进黄金行业转型升级的指导意见》(工信部原〔2017〕10号)等文件的指引,黄金工业在转型升级、绿色发展、和谐共享等方面取得了良好成绩。

全国黄金标准化技术委员会(SAC/TC 379)自2008年成立以来,始终秉承"公平开放、服务行业"的原则,不忘初心、立足本职,遵循国家相关方针政策,落实国家有关要求,在黄金工业领域深化标准化改革创新,着力提升标准质量效益,提高黄金标准对外开放与国际化水平,加强黄金工业科技创新与标准化的互动支撑,逐步构建了支撑和引领黄金工业高质量发展的标准体系,在促进黄金工业转型升级、行业发展中起到了基础性支撑作用。

本汇编由全国黄金标准化技术委员会秘书处、长春黄金研究院有限公司和中国标准出版社共同编辑,共收录现行黄金工业领域国家标准、行业标准59项,其中基础标准1项、产品标准7项、测试标准33项、采矿标准6项、选冶标准12项。本汇编可供黄金工业相关企业标准化工作者及科研、生产、检验检测、贸易采购、对外交流等工作人员使用。本汇编的出版发行,将有力地推动黄金工业标准化与科技创新互动发展,提升黄金工业标准化水平,更好地支撑黄金工业转型升级、创新驱动、绿色发展。

我们热忱地期望读者将使用本汇编时发现的问题和建议及时反馈给我们，以便我们改进工作，更好地为广大读者服务。

编　者

2022 年 5 月

目　　录

一、基础标准

一、基础标准

ICS 77.120.01
D 46

中华人民共和国国家标准

GB/T 34167—2017

黄 金 矿 业 术 语

Gold mining industry terminology

2017-09-07 发布

2018-08-01 实施

中华人民共和国国家质量监督检验检疫总局
中国国家标准化管理委员会 发 布

前　言

本标准按照 GB/T 1.1—2009 给出的规则起草。

本标准由全国黄金标准化技术委员会(SAC/TC 379)提出并归口。

本标准起草单位:长春黄金研究院、中国黄金集团公司、紫金矿业集团股份有限公司、湖南黄金集团有限责任公司、山东黄金集团有限公司。

本标准主要起草人:薛丽贤、宿晓静、冯福康、岳辉、李延吉、张雨、严鹏、梁春来、王怀、赵俊蔚、陈建龙、刘勇、崔仑、王芳、孙璐、王波、王德煜、谢天泉、丁岳祥、陈俊。

黄 金 矿 业 术 语

1 范围

本标准界定了黄金矿业地质、采矿、选矿与冶金、环境保护、分析测试以及产品的专有、常用术语。

本标准适用于黄金矿业的生产、应用、检验、流通、科研和教学等领域,作为统一技术用语的依据。

2 地质

2.1 矿床地质

2.1.1 一般术语

2.1.1.1

矿床　ore deposit

在地壳中由成矿地质作用形成的,其所含有用组分的质和量在当前技术经济条件下能被开采利用的地质体。

2.1.1.2

矿床成因类型　genetic type of deposit

根据矿床产出的地质环境、成矿作用类型、矿床地质特征和成矿机理划分的矿床类型。

2.1.1.3

矿床工业类型　industrial type of deposit

在矿床成因类型的基础上,根据矿床的经济价值从工业利用的角度划分的矿床类型。

2.1.1.4

矿体　ore body

矿石在三维空间的堆积体,具有一定的形态、产状和规模,是矿山开采的对象。

2.1.1.5

工业矿体　industrial ore body

平均品位高于最低工业品位,厚度大于最小可采厚度,或厚度小于最小可采厚度时但米克吨值大于最低工业米克吨值,且当前技术经济条件下能够开采利用的矿体。

2.1.1.6

围岩　wall rock

矿体周围无实际利用价值的岩石。

2.1.1.7

围岩蚀变　alteration of wall rock

在热液成矿过程中,由于近矿围岩与热液反应,围岩的结构、构造以及成分发生改变的现象。

2.1.1.8

成矿母岩　mother rock

能为矿床形成提供主要成矿物质的岩石。一般指岩浆岩。

2.1.1.9

矿源层　source bed

能为后期热液成矿作用提供成矿物质来源的地层。

2.1.1.10

盲矿体　blind orebody

未曾直接出露于现代地表的矿体。

2.1.1.11

矿石　ore

在当前技术经济条件下,能够从中提取有用组分(元素、化合物或矿物)的自然矿物聚集体。

2.1.1.12

脉石　gangue

矿体中与矿石相伴生的无用固体物质。

2.1.1.13

矿石类型　ore type

矿石按自然条件和工业利用条件进行的分类。

2.1.1.14

矿石自然类型　natural type of ore

根据矿石的物质成分、品位、物理性质、结构、构造或氧化程度等对矿石的分类。

2.1.1.15

矿石工业类型　commercial type of ore

根据矿石选冶工艺技术性能而划分的矿石类型。

2.1.1.16

矿石结构　ore texture

矿石中矿物结晶程度、颗粒的形状、大小和空间上的相互关系。

2.1.1.17

矿石构造　ore structure

矿石中矿物集合体的形态、大小及相互关系。

2.1.1.18

矿石矿物　ore mineral

有用矿物

在当前技术经济条件下,矿石中可被工业利用的矿物。

2.1.1.19

脉石矿物　gangue mineral

无用矿物

矿石中与矿石矿物相伴,但在当前技术经济条件下不能被利用的矿物。

2.1.1.20

共生组分　paragenetic components

矿石(或矿床)中与主要有用组分在成因上相关,空间上共存,并可供单独处理的元素、化合物或矿物。

2.1.1.21

伴生组分　associated components

矿石(或矿床)中虽与主要有用组分相伴,但不具有独立工业价值的元素、化合物或矿物。

2.1.1.22

伴生有益组分　associated beneficial components

矿石中除有用组分外,可以回收的伴生组分,或能改变产品性能的伴生组分。

2.1.1.23

伴生有害组分　associated harmful constituents

矿石中对加工生产过程或产品质量起不良影响的组分。

2.1.2　金矿床

2.1.2.1

岩金矿床　rock gold deposit

产出于基岩中的金矿床。

2.1.2.2

砂金矿床　placer gold deposit

含金地质体的风化产物,经表生流水等介质搬运沉积而形成的金矿床。

2.1.2.3

共生金矿床　paragenetic gold deposit

同一矿区存在两种或多种矿产,金作为伴生组分达到工业指标要求,并具有小型以上规模矿体存在的矿床。

2.1.2.4

伴生金矿床　associated gold deposit

主矿体(层、脉)中金作为伴生组分未达到工业指标要求或未"成型",技术经济上不具有单独开采价值,需与主要矿产综合开采、回收利用的矿床。

2.1.2.5

石英脉型金矿床　quartz vein type gold deposit

以充填作用成矿方式为主,矿体与围岩界线分明,矿体多为简单的含金硫化物石英脉的一类金矿床。

2.1.2.6

蚀变岩型金矿床　altered type gold deposit

金矿化受断裂破碎带控制,含金地质体为各种含金破碎带蚀变岩的金矿床。

2.1.2.7

糜棱岩型金矿床　mylonite type gold deposit

矿体的分布受韧性剪切带控制,含金岩石为糜棱岩的金矿床。

2.1.2.8

角砾岩型金矿床　breccia type gold deposit

含矿气水热液于隐爆角砾岩或构造角砾岩中,通过充填和(或)交代的方式形成的金矿床。

2.1.2.9

矽卡岩型金矿床　skarn type gold deposit

中酸性侵入体和碳酸盐类岩石的接触带及其附近,由含矿热液交代作用而形成的,与矽卡岩关系密切的金矿床。

2.1.2.10

斑岩型金矿床　porphyry type gold deposit

品位低但规模大,且主要产于斑岩中及其内外接触带附近的细脉浸染型金矿床。

2.1.2.11

微细浸染型金矿床　microfine dissemination type gold deposit

卡林型金矿床

矿体与围岩界限不明显,金主要呈显微—次显微形式分散产出的金矿床。

2.1.2.12

铁帽型金矿床　gossan type gold deposit

在形成铁帽的过程中,由于部分元素的淋失而使金等元素相对富集形成的表生金矿床。

2.1.2.13

红土型金矿床　laterite type gold deposit

由原生金矿床或含金地质体遭受红土化作用,金矿物或含金岩石碎屑残留在原地形成的表生金矿床。

2.1.2.14

金矿体　gold ore body

金品位大于边界品位的矿体。

2.1.2.15

金矿化体　gold-mineralized body

金品位小于边界品位,当前技术经济条件下无法利用的地段。

2.1.2.16

金矿脉　gold ore vein

沿断裂构造或节理裂隙,通过热液的充填或交代作用而形成的脉状金矿体。

2.2　找矿技术方法

2.2.1　地质找矿方法

2.2.1.1

地质填图法　geological mapping

通过综合性的地质矿产调查和研究,查明工作区的地层、岩石、构造及其与成矿的关系,研究成矿规律和各种找矿信息而进行的找矿方法。

2.2.1.2

重砂找矿法　placer mineral prospecting

以各种疏松沉积物中的自然重砂矿物为主要研究对象,以实现追索寻找砂矿和原生矿为主要目的的一种地质找矿方法。

2.2.2　地球化学找矿方法

2.2.2.1

岩石地球化学测量　geochemical rock survey

以岩石为采样对象所进行的地球化学勘查工作。

[GB/T 14496—1993,定义4.8]

2.2.2.2

土壤地球化学测量　geochemical soil survey

以土壤为采样对象所进行的地球化学勘查工作。

[GB/T 14496—1993,定义4.9]

2.2.2.3

水地球化学测量　geochemical water survey

以地表水或地下水为采样对象所进行的地球化学勘查工作。

[GB/T 14496—1993,定义4.11]

2.2.2.4

水系沉积物地球化学测量　**stream sediment geochemical survey**

分散流找矿法

以水系沉积物为采样对象所进行的地球化学勘查工作。

[GB/T 14496—1993,定义 4.10]

2.2.2.5

气体地球化学测量　**geochemical gas survey**

气测

以气体为采样对象所进行的地球化学勘查工作。

[GB/T 14496—1993,定义 4.14]

2.2.2.6

生物地球化学测量　**biogeochemical survey**

以生物体为采样对象所进行的地球化学勘查工作。

[GB/T 14496—1993,定义 4.13]

2.2.2.7

原生叠加晕法　**prospecting by the means of superpositing primary halos**

研究矿床原生叠加晕特征并用于盲矿体预测的方法。

2.2.2.8

构造叠加晕法　**prospecting by the means of structural superposition halos**

研究构造蚀变带中原生晕特征并用于盲矿体预测的方法。

2.2.3　地球物理找矿方法

2.2.3.1

重力勘探　**gravity prospecting**

重力测量

测量目标地质体密度差异产生的重力异常,并确定异常目标体空间分布规律的一种地球物理勘探方法。

2.2.3.2

磁法勘探　**magnetic prospecting**

测量目标地质体磁性差异产生的磁异常,并确定异常目标体空间分布规律的一种地球物理勘探方法。

2.2.3.3

电法勘探　**electrical prospecting**

依据目标地质体电磁性质(如导电性、导磁性、介电性)和电化学特性的差异,测量人工或天然的电场、电磁场或电化学场的空间分布规律和时频特性,确定目标体空间分布规律或依据时频特性对目标体进行识别的地球物理勘探方法。

2.2.3.4

核物探　**nuclear geophysical exploration**

测量天然或人工放射性元素产生射线的能量与活度变化,揭示目标地质体元素含量或浓度的变化规律,勘查矿产资源和解决某些地质问题的地球物理勘探方法。

2.2.4　遥感技术找矿方法

2.2.4.1

高光谱遥感　**hyperspectral remote sensing**

在可见光、近红外、中红外和热红外波段范围,利用几十甚至数百个较窄连续光波谱段,获取目标物光谱连续影像数据的技术。

2.2.4.2

多光谱遥感 multi-spectral resolution remote sensing

在可见光、近红外、中红外和热红外波段范围,对两个以上的电磁波谱不同谱段做同步摄影遥感,获取目标物不同谱段上影像数据的技术。

2.2.5 工程技术找矿方法

2.2.5.1

剥土 exploratory stripping

通过剥离、清除矿体及其围岩上部浮土层,追索、圈定矿体或矿化蚀变地质体的一种地表探矿工程。

2.2.5.2

探槽 exploratory trenching

从地表向下挖掘的一种槽形坑道,用于追索、圈定矿体或矿化蚀变地质体的一种地表探矿工程。

2.2.5.3

浅井 shallow shaft

从地面向下掘进的垂直坑道,深度一般不超过 20 m,用于追索、圈定矿体或矿化蚀变地质体的一种探矿工程。

2.2.5.4

钻探 drilling

通过钻探机械向地下钻进钻孔,从中获取岩心、矿心或岩粉,用于了解深部地质构造及矿化特征,追索、圈定矿体或矿化蚀变地质体的探矿工程。

2.2.5.5

坑探 tunnel prospecting

在地表或地下岩石中挖掘不同类型的坑道,用于勘查揭露矿体或进行其他地质勘查工作的探矿工程。

2.3 岩金矿床地质勘查

2.3.1 勘查阶段

2.3.1.1

预查 preliminary reconnaissance

依据区域地质和(或)物化探异常研究结果、初步野外观测、极少量工程验证结果、与地质特征相似的已知矿床类比、预测,提出可供普查的矿化潜力较大地区的勘查工作。

2.3.1.2

普查 general prospecting

对矿化潜力较大地区、物化探异常区,采用露头检查、地质填图、数量有限的取样工程及物化探方法开展综合找矿的勘查工作。

2.3.1.3

详查 detailed prospecting

对普查圈出的详查区,采用大比例尺地质填图及综合方法和手段开展的勘查工作。

2.3.1.4

勘探 exploration

对已知具有工业价值的矿床或经详查圈出的勘探区,采用通过大比例尺地质填图和加密各种取样工程的勘查工作。

2.3.2

矿床勘查类型 type of deposit exploration

根据矿体的规模、形态变化程度、厚度稳定程度、矿体受构造和脉岩影响程度及主要有用组分分布均匀程度等因素来划分的矿床类型。实践中以不同矿区主矿体为主确定勘查类型。

2.3.3 矿产资源/储量分类

2.3.3.1

储量 reserve

经过详查或勘探,达到控制的或探明的程度,进行过预可行性或可行性研究,扣除了设计和采矿损失,能实际采出的数量,经济上表现为在生产期内,每年的平均内部收益率高于行业基准内部收益率。

2.3.3.2

基础储量 basic reserve

经过详查或勘探,达到控制的和探明的程度,在进行了预可行性或可行性研究后,经济意义属于经济的或边际经济的那部分矿产资源,可分为经济基础储量和边际经济基础储量两部分。

2.3.3.3

资源量 resource reserve

查明矿产资源的一部分和潜在矿产资源的总和,可分为内蕴经济资源量、次边际经济资源量和预测资源量三部分。

2.3.4 岩金矿床工业指标

2.3.4.1

边界品位 cut-off grade

在当前经济技术条件下用来划分矿体与非矿体界限的最低品位,是在圈定矿体时对单个矿样中有用组分所规定的最低品位数值。

2.3.4.2

最低工业品位 minimum commercially recoverable grade

在当前经济技术条件下能够开采和利用矿段或矿体的最低平均品位。

2.3.4.3

最小可采厚度 minimum extractable vein thickness

在矿石品位达到工业要求时,在现阶段采矿技术和经济条件下,允许圈入的可供工业开采的矿层或矿体的最小厚度。

2.3.4.4

夹石剔除厚度 minimum horse thickness subjected to removal

矿体内允许圈出,在开采中又能剔除的非矿夹石(或废石)的最小允许厚度。

2.3.4.5

最低工业米克吨值 minimum industrial value

对矿体厚度与品位乘积要求的综合指标。

2.3.4.6

特高品位样品 erratic high grade

矿床中那些比一般品位高出许多倍的少数矿样。

2.3.5

矿床开采技术条件 technical conditions of deposit development

决定或影响开采方法和技术措施的各种地质及技术因素。

2.3.6

矿石加工技术条件　technical conditions of ore processing

与矿石加工利用的方法、步骤、工艺流程和技术经济效果有关的矿石性质和特点。

2.3.7

矿区水文地质条件　hydro-geologic conditions in mining area

与矿床开采时的防水、排水、供水措施有关的地下水的赋存条件和活动情况。

2.4　岩金矿山地质

2.4.1

基建勘探　exploration for infrastructure work

为配合矿山基建工作而开展的补充性探矿和地质研究工作。

2.4.2

生产勘探　exploration for mine production

在基建勘探之后,贯穿于整个矿床开采的过程中,为保证矿山均衡正常生产而与采掘或采剥工作紧密结合,由矿山地质部门所进行的矿床勘探工作。

2.4.3

矿山地质勘查　mining geologic survey

已建设或生产的矿山,为了延长矿山服务年限或扩大生产规模对地质资源的需求,在矿床的深部、上下盘平行脉、两翼及外围,乃至矿床邻近的新区进行的找矿、评价和勘探工作。

2.4.4

矿山取样　mine sampling

按一定要求对矿体、近矿围岩或有关其他自然产物进行的样品或标本的采集、加工及分析研究工作。

2.4.5

矿山地质编录　documentation of mining geology

以文字、图件、影像、表格或实物等形式,将地质勘探和矿山生产过程中所观察的地质现象和矿产特点,以及综合研究成果,系统、客观地加以反映的工作。

3　采矿

3.1　一般术语

3.1.1

数字矿山　digital mine

对矿山企业生产技术及管理信息进行精准适时采集,实现网络化传输、规范化集成、可视化展现、自动化操作和智能化服务。

3.1.2

智能化采矿　intelligent mining

以开采环境数字化、采掘装备智能化、信息传输网络化和经营管理信息化为特征,实现安全、高效、经济、环保的采矿工艺过程。

3.1.3

采矿环境再造　mining environment reconstructing

为改善矿体开采技术条件而进行的矿岩开采环境构建。

3.1.4

强化开采　enhanced mining

采用"快掘、快采、快出"的技术方法和施工组织措施,缩短采矿周期,降低地压活动影响的一种回采模式。

3.1.5

三级矿量　three grade reserves

在矿床开采过程中按巷道掘进程度及采矿准备程度,分别圈定的可采储量,依次为开拓矿量、采准矿量和备采矿量。

3.1.6

矿井开采深度　exploitation depth of mining shaft

矿石出井(坑)海拔标高与矿井最深处采矿作业面所在的海拔标高之差。

3.1.7

阶段高度　level interval

中段高度

两个相邻中段水平的运输巷道底板间的垂直距离。

[YS/T 5022—1994,定义6.2.9]

3.1.8

多段提升　multi-stage hoisting

采用一条以上提升井多水平接力的提升方式。

3.1.9

石门　cross cut

与矿体走向直交或斜交,连接提升井与阶段主运输平巷的一段巷道。

3.1.10

井底车场　shaft bottom

在井筒与石门连接处所开凿的用于矿车调度的巷道与硐室的总称。

3.1.11

措施井　service well

为完成主体工程而施工的辅助性小井。

3.1.12

双格井　double lattice shaft

中间有竖向隔断的一类天井。

3.1.13

独头巷道　blind drift

只有一个出入口的巷道。

[YS/T 5022—1994,定义7.5.8]

3.1.14

盘区　panel

在开采水平或缓倾斜矿体时,用水平坑道将矿体划分出的一系列呈水平分布的长方形回采区段。

3.1.15

矿块　block

为了便于回采,用平巷、天井等把矿体分割成的块段。

3.1.16

矿房　ore chamber

在地下开采的矿块内,除必须保留的矿柱以外的应予回采的矿体。

3.1.17

采切工程　preparatory and cutting engineering

采准工程和切割工程的总称。包括为回采矿体而施工的采矿准备和开辟爆破自由面所掘进的井巷工程。

3.1.18

底部结构　bottom construction of block

主要运输巷道至拉底水平间的受矿、放矿、运矿巷道等工程空间布置形式的总称。

3.1.19

电耙巷道　scraper drift

采用电耙将矿石搬运至放矿溜井或漏斗的耙运通道。

[YS/T 5022—1994,定义6.2.21]

3.1.20

无轨运输　trackless transport

相对于轨道运输,采用无轨化机械设备进行地下开采的一种运输方式。

3.1.21

采切比　preparatory and cutting ratio

每采出一千吨矿石所分摊的采准工程与切割工程总量。单位为立方米每千吨(m^3/kt)。

3.1.22

矿体真厚度　true thickness of ore body

矿体上盘边界线至下盘边界线的垂直距离。单位为米(m)。

3.1.23

矿体倾角　dip angle of ore body

矿体倾斜方向与水平面的夹角。单位为度(°)。

3.1.24

采幅　mining width

回采过程中控制的采场上下盘或顶底板之间的垂直距离。单位为米(m)。

3.1.25

采矿损失率　mining loss ratio

采矿过程中损失矿石量与动用地质储量的百分比。

3.1.26

矿石贫化率　mining dilution ratio

采矿过程中混入的废石或低品位矿石对出矿品位降低程度的百分数。

3.1.27

振动放矿　vibration ore drawing

借助振动机械台板的振动作用,加速松散矿石自采场或溜井放出的一种出矿方式。

[YS/T 5022—1994,定义6.6.22]

3.1.28

端部放矿　end ore drawing

无底柱分段崩落法回采时,将覆盖岩下的崩落矿石自回采进路端放出的一种出矿形式。

［YS/T 5022—1994,定义 6.6.18］

3.1.29

放矿截止品位　**cut-off grade of ore drawing**

矿体回采放矿过程中,达到矿山经济效益盈亏平衡点的放出矿石品位。

3.1.30

进路回采　**cross cut mining**

以巷道掘进进行采场回采的一种采矿方式。

3.1.31

残矿回收　**residual ore recovery**

针对采空区及其周边残余矿量进行的回采工作。

3.1.32

金矿开采单位产品能源消耗　**energy consumption per unit products obtained from gold mining**

金矿开采中每产出一吨金矿石所消耗的能源量。单位为千克标准煤每吨(kgce/t)。

3.1.33

矿山复垦　**mine reclamation**

在矿山建设、生产过程中以及闭坑后,有计划地整治因挖损、塌陷、压占等破坏的土地,使其恢复到可利用状态。

3.2　采矿方法

3.2.1

空场采矿法　**open stoping**

在回采过程中,主要依靠采场围岩自身的稳固性或少量矿柱的支撑能力维护采空区稳定的一类采矿方法。

［YS/T 5022—1994,定义 6.3.1］

3.2.2

崩落采矿法　**caving mining method**

随着回采工作的进行,强制或自然崩落矿体上覆岩石和上下盘围岩充填采空区,以控制采场地压和处理采空区的一类采矿方法。

［YS/T 5022—1994,定义 6.5.1］

3.2.3

充填采矿法　**backfill mining method**

随着回采工作面推进到一定距离后,用充填材料回填采空区的一类采矿方法。

［YS/T 5022—1994,定义 6.4.1］

3.2.4

房柱采矿法　**room and pillar mining method**

矿房与矿柱呈交替布置,回采矿房时留下连续的或间断的规则矿柱,以维护采场和采空区稳定的一种空场采矿法。

3.2.5

全面采矿法　**overall mining method**

缓倾斜矿体回采时,留下不规则矿柱支撑采场顶板的一种空场采矿法。

3.2.6

留矿采矿法　**shrinkage mining method**

矿房自下而上进行回采,利用暂留在矿房内的部分崩落矿石作为上采平台,待整个矿房采完后进行大量放矿的一种空场采矿法。

3.2.7

阶段矿房采矿法　**stage room mining method**

矿房按阶段高度不划分分段,用水平深孔、垂直深孔或扇形中深孔进行落矿,崩落的矿石靠自重从阶段矿房底部出矿巷道放出的一种空场采矿法。

［YS/T 5022—1994,定义6.3.10］

3.2.8

自然崩落采矿法　**natural caving mining method**

在矿块底部进行一定面积的拉底,形成矿石冒落的自由面,促使矿石按要求逐渐产生破坏、失稳并借助矿体重力场的作用,自然崩落成适宜的矿石块度,达到最终落矿的一种崩落采矿法。

3.2.9

分段崩落采矿法　**sublevel caving mining method**

将矿块在垂直方向划分若干分段,在分段巷道或底部结构中进行落矿,自上向下逐段回采,随之逐段崩落顶板和围岩充填采空区的一种崩落采矿法。

［YS/T 5022—1994,定义6.5.4］

3.2.10

分层崩落采矿法　**top slicing collapse mining method**

将矿块在垂直方向划分为若干分层,由上向下在人工假顶保护下逐层回采,并随之崩落顶板和围岩或使上部假顶及覆盖岩层陷落充填采空区的一种崩落采矿法。

［YS/T 5022—1994,定义6.5.3］

3.2.11

削壁充填采矿法　**resuing mining method**

在开采极薄矿脉时,先回采矿石、后崩落围岩,或先崩落围岩、后回采矿石,利用崩落的围岩就地充填采空区,并作为继续回采工作平台的一种充填采矿法。

3.3　爆破

3.3.1

控制爆破　**controlled blasting**

对岩石破坏程度、裂隙发展、岩块抛掷和爆破公害等进行控制的一种爆破方法。

［YS/T 5022—1994,定义9.2.6］

3.3.2

光面爆破　**smooth surface blasting**

沿井巷设计开挖轮廓线密集布置炮孔,爆破后使开挖的井巷轮廓形状规整,减少对围岩破坏的一种控制爆破方法。

［YS/T 5022—1994,定义9.2.14］

3.3.3

挤压爆破　**extrusion blasting**

在爆破自由面前方覆盖有松散矿岩的条件下进行爆破,使矿岩受到挤压进一步破碎的一种爆破方法。

3.3.4

预裂爆破　presplitting blasting

在主爆区爆破之前沿设计轮廓线先爆出一条贯穿裂缝,以缓冲、反射爆破开挖产生的振动波,获得较平整开挖轮廓的一种控制爆破方法。

3.3.5

硐室爆破　chamber blasting

在专门的硐室或巷道中集中装药实施爆破的一种爆破方法。

[YS/T 5022—1994,定义9.2.3]

3.3.6

抛掷爆破　cast blasting

炸药爆炸时,被爆破岩体沿最小抵抗线方向抛出一定距离的爆破方法。

3.3.7

松动爆破　loose blasting

使待爆岩体产生松碎而不产生抛掷的爆破方法。

[YS/T 5022—1994,定义9.2.11]

3.3.8

二次爆破　secondary blasting

对一次爆破产生的不合格大块矿岩再次实施爆破的活动。

[YS/T 5022—1994,定义9.2.15]

3.3.9

矿岩分爆分采　separating ore and wall rock by separately blasting

为了有效减少矿石贫化对围岩和矿体分别凿岩爆破,实现废石和矿石有效分离的一种爆破回采方式。

3.3.10

平立交替凿岩爆破　flat vertical drilling and lasting alternately

采用上向炮孔和水平炮孔交替凿岩爆破落矿的一种爆破回采作业方式。

3.3.11

爆破地震　earthquake created by blasting

由炸药爆炸释放的能量引发的地震现象。

3.3.12

爆破安全距离　safe distance for blasting work

为使人员、设备、建(构)筑物及井巷工程等免受爆破震动危害而设定的爆破源与人员和其他保护对象之间的最小间隔距离。

3.3.13

最小抵抗线　minimum burden

从装填药包中心到自由面的最短距离。

3.3.14

殉爆　sympathetic detonation

主发药包爆轰时,引起与其不相接触的邻近被发药包爆轰的一种现象。

[YS/T 5022—1994,定义9.5.23]

3.3.15

拒爆 misfire

爆破时,药包中的雷管起爆后未爆炸或雷管爆炸但炸药未被引爆的一种现象。

3.4 通风

3.4.1

机械通风 mechanical ventilation

利用通风机克服矿井通风阻力的一种通风方式。

3.4.2

压入式通风 forced ventilation

通风机安装在进风口,使空气在正压下进入井巷和各作业地点的一种通风方式。

[YS/T 5022—1994,定义 10.5.6]

3.4.3

抽出式通风 exhaust ventilation

通风机安装在出风口,使空气在负压下通过井巷和作业地点,将污浊空气排出的一种通风方式。

[YS/T 5022—1994,定义 10.5.7]

3.4.4

均压通风 even pressure ventilation

利用风窗、风机、调压气室和连通管等调压设施,改变漏风区域的压力分布,降低漏风压差,减少漏风的一种通风方式。

3.4.5

对角式通风系统 diagonal ventilation

进风井在井田中央,回风井在井田两翼或两个井位置相反的一种通风系统。

3.4.6

多级机站通风 multistage fan-station ventilation

通过多台通风机串联,在进风段、用风段和回风段形成多级通风机站协同作业的一种通风方式。

3.4.7

矿井有效风量率 efficiency rate of mine air-quantity

送到采掘工作面及其他用风地点的风量之和与矿井总进风量的百分比。

3.4.8

风门 air door

在人员、车辆通过的巷道中设置的隔断风流的门。

[YS/T 5022—1994,定义 10.7.4]

3.4.9

无压风门 non-pressure air door

一种通过平衡装置将作用在结构表面的风压转化为内力的风门。

3.4.10

原始岩温 original rock temperature

岩体内部未受工程扰动的原始温度。

3.4.11

井巷调热圈 tunnel temperature regulation sphere

井巷周围岩石温度随地表气温变化而波动并对坑内气温起调节作用的岩壁范围。

[YS/T 5022—1994,定义 10.2.30]

3.4.12

风流预热　pre-heating ventilation

为提高矿井内环境温度或预防冻井而预先加热入井风流的一种通风技术措施。

3.4.13

隔热疏导　heat insulation and conduction

将矿井热源与入井风流隔离开来,或将热流直接引入矿井回风流中,避免采掘作业面热害加剧的一种降温技术措施。

3.4.14

反风　inverted ventilation

进风系统发生火灾时,为防止产生的有害气体进入作业区,采用通风机反转等方式使井下风流反向流动的一种技术措施。

3.4.15

风桥　air bridge

在进、回风路交叉处,为使回风和进风互不混合而设置的通风构筑物。

3.5　地压管理

3.5.1

原岩应力场　in-situ stress field of original rock

未受人为干扰、天然存在于岩体内部的原始应力场。

3.5.2

岩体移动　strata movement

由于自然条件或人类活动引起井巷围岩、上覆岩层或边坡岩体产生变形与破坏的现象。

[YS/T 5022—1994,定义4.4.1]

3.5.3

岩爆　rock burst

聚积于岩体中的弹性变形势能在一定条件下突然猛烈释放,导致岩石爆裂并弹射出来的现象。

3.5.4

地压监测　ground pressure monitoring

对地压活动的应力、位移、震动等信息进行测量监控工作的总称。

3.5.5

微震监测　micro-seismic monitoring

对岩体内破裂震动信息进行测量、采集和分析的一种地压监测方式。

3.5.6

冒顶　roof caving

采场和巷道顶板在地压作用下发生变形破坏而脱落的现象。

3.5.7

片帮　wall caving

采场和井巷侧壁在地压作用下发生变形破坏而脱落的现象。

3.5.8

冒落带　caving zone

采空区周边一定范围内的岩层发生冒落的区域。

3.5.9

裂隙带　fractured zone

冒落带周边一定范围内的岩层,因受开挖扰动产生裂隙,但尚未解体的区域。

3.5.10

移动带　movement zone

受采矿活动影响的岩层发生一定变形的区域。

3.5.11

卸压开采　pressure relief mining

为消除或减小地压活动对采矿生产的不利影响,预先采取技术措施降低矿体应力水平的一种开采方式。

3.5.12

采空区处理　treatment of mined-out area

为消除采空区安全隐患而进行的采空区封闭、崩落、充填等工作的总称。

3.5.13

人工假顶　artificial roof

为提高采场回采作业安全性,在人员作业区上方人工构筑的二次顶板。

3.5.14

人工矿柱　artificial pillar

为降低采场采矿损失率,保证回采作业安全而砌筑具有矿柱作用的构筑物。

3.5.15

保安矿柱　safety pillar

为保护地表地貌、地面建筑、构筑物和主要井巷,分隔含水层及破碎带等而留下不采或暂时不采的部分矿体。

3.5.16

支护　support

采用木材、钢架、混凝土、锚杆、锚索等一种或多种材料组合支撑加固围岩以控制地压活动的工作总称。

3.5.17

超前支护　advance support

在采掘工作中支护超前于掘进或者回采的一种工艺方法。

3.5.18

注浆　grouting

以液压或气压为动力,通过钻孔将具有胶凝性质的浆体注入岩体中的裂缝或孔隙,以改善岩体物理力学特性的方法。

3.5.19

水力充填　hydraulic filling

通过管道水力输送浆状充填料至采空区的一种充填方式。

3.5.20

干式充填　dry filling

利用采场围岩或外来固体物料充填采空区的一种充填方式。

3.5.21

胶结充填　cement filling

用水泥等胶凝材料与尾砂等主料配制成具有胶凝性质的充填物料充填采空区的一种充填方式。

3.5.22

高浓度充填 high concentration filling

充填料浆浓度高于临界流态浓度的一种充填方式。

3.5.23

膏体充填 paste filling

采用具有一定稳定性、流动性与可塑性的膏状浆体作为充填材料的一种充填方式。

3.5.24

充填倍线 stowing gradient

充填管路总长度与充填管路入口至出口的高差之比。

3.5.25

自流输送 natural transmission

完全借助料浆位能将浆体输送至充填地点的输送方式。

3.5.26

泵压输送 pump transmission

利用机械泵加压将浆体沿管道输送至充填地点的输送方式。

3.5.27

分级尾砂 classified tailings

尾砂经分级后能满足充填要求的粗粒级沉砂。

3.5.28

充填接顶 top tight filling

将充填材料充填到尽可能靠近矿岩顶板或假顶处的充填工艺环节。

3.5.29

柔性挡墙 flexible blocking wall

在侧压力作用下可以发生挠曲变形的充填挡土或滤水墙体。

3.6 采矿装备

3.6.1

牙轮钻机 rotary blast hole drill

以牙轮钻头为基本破岩工具,利用钻具的回转与轴压进行钻孔的设备。

[YS/T 5022—1994,定义11.2.1]

3.6.2

潜孔钻机 down-the-hole drill

以潜孔冲击器深入钻孔为破岩工具,利用钻头冲击回转破碎矿岩进行钻孔的设备。

[YS/T 5022—1994,定义11.2.2]

3.6.3

电铲 electric shovel

利用齿轮、链条、钢索滑轮组等传动部件传递电能驱动力的单斗挖掘机。

3.6.4

铲运机 scraper

一种集装卸、短距离运输功能为一体的无轨出矿(渣)设备。

3.6.5

凿岩台车 drilling jumbo

一种带可自行走装置,装配有一台或多台凿岩机同时作业的井下凿岩设备。

3.6.6

锚杆台车　rock bolting jumbo

一种带自行走装置，集钻孔与锚杆安装功能为一体的支护施工设备。

3.6.7

装药台车　explosive loading jumbo

一种带自行走装置，能够混制炸药或直接将炸药成品经输药管装入炮孔的炸药装填设备。

3.6.8

扒渣机　mucking loader

由机械手与输送机相接合，集扒渣和输送功能为一体的出矿(渣)设备。

3.6.9

装岩机　rock loader

专门用于井下铲装松散矿岩物料的出矿(渣)设备。

4　选矿与冶金

4.1　工艺矿物学

4.1.1

工艺矿物学　process mineralogy

研究工业固体原料与产品的矿物学特征，以及工艺加工时组成矿物性状的科学。

4.1.2

矿石光片　ore polished section

从矿石上切割下来，单面被磨平抛光供显微镜下观测的矿石标本。

4.1.3

矿石薄片　ore thin section

双面磨平，厚度约为 0.03 mm，固定在载玻片上的矿石标本。

4.1.4

团矿片　pellets film

将矿石产品粘结压制成片状的矿物集合体。

4.1.5

矿物的硬度　mineral hardness

矿物抵抗外来机械作用力侵入的能力。

4.1.6

矿物的解理　mineral cleavage

矿物在外力作用下沿晶格中一定方向发生破裂的固有性质。

4.1.7

矿物的透明度　mineral transparency

矿物透过可见光的程度。

4.1.8

金矿物的嵌存关系　embedded relation of gold minerals

矿石中金矿物与其他矿物在空间位置上的接触关系。

4.1.9

金的赋存状态　occurrence state of gold in the ore

金在矿石中以富集、分散状态存在的形式。

4.1.10

包裹金　included gold

嵌存于单一矿物晶粒中的金。

4.1.11

粒间金　intergranular gold

嵌存于矿物晶粒间隙中的金。

4.1.12

裂隙金　fissure gold

嵌存于矿物集合体或晶体的显微裂隙及矿物错位间隙中的金。

4.1.13

金的标准粒度　standard size of gold

填充于自身组织系统中金的几何形体大小的度量。

4.1.13.1

明金　visible gold

粒径≥100 μm 的肉眼可见金。

4.1.13.2

显微金　micro gold

采用反光显微镜可以鉴别,0.30 μm≤粒径<100 μm 的金。

4.1.13.3

次显微金　sub-micro gold

采用电子显微镜可以鉴别,0.03 μm≤粒径<0.30 μm 的金。

4.1.13.4

超[次]显微金　super micro gold

采用超高压透射电镜才能观察,0.288×10^{-3} μm<粒径<0.03 μm 的金。

4.1.13.5

晶格金　lattice gold

以原子或离子状态呈类质同象赋存于其他矿物中的金。

4.1.14

金的工艺粒度　grain size of gold minerals

矿石碎磨后,物料中金矿物颗粒几何形体大小的度量。

4.1.14.1

巨粒金　giant gold

粒径≥0.295 mm 的金粒。

4.1.14.2

粗粒金　coarse gold

0.074 mm≤粒径<0.295 mm 的金粒。

4.1.14.3

中粒金　medium gold

0.037 mm≤粒径<0.074 mm 的金粒。

4.1.14.4

细粒金　fine gold

0.01 mm≤粒径<0.037 mm 的金粒。

4.1.14.5

微粒金 micro-fine gold

粒径<0.01 mm 的金粒。

4.1.15

选择性溶解法 selective dissolution method

选择合适的溶剂,在一定条件下,有目的地溶解矿石中某些组分,保留另一些组分,并通过对所处理产品进行分析、鉴定,进而查清矿石中元素赋存状态的一种方法。

4.2 选矿

4.2.1

选矿 mineral processing

用物理、化学的方法,对矿物资源进行选别、分离、富集,回收其中有用矿物的过程。

4.2.2

原矿 run of mine

矿山采出而未进行过加工的矿石或者进入某一选别作业的原料。

4.2.3

精矿 concentrate

分选作业或选矿厂获得的、富含一种或几种欲回收成分的产物。

4.2.4

中矿 middling

分选过程获得的、需要进一步处理的产物。

4.2.5

尾矿 tailing

分选作业或选矿厂回收目的矿物后剩余的产物。

4.2.6

产率 yield

选别过程中获得的某一产物与给料的质量百分比。

4.2.7

品位 grade

物料中某种成分(如元素、化合物或矿物等)的质量分数。

4.2.8

回收率 recovery

产物中某种成分的质量与给料或原料中同一成分的质量百分比。

4.2.9

选矿比 ratio of concentration

选得 1 t 精矿所需原矿的吨数。

4.2.10

富集比 enrichment ratio

产物中某种成分的品位与给料或原料中同一成分的品位之比。

4.2.11

破碎 crushing

依靠机械设备的挤压或冲击作用,使矿石粒度变小的过程。

4.2.12

破碎粒度　crushing particle size

破碎产品中筛余量约占5%时的筛孔尺寸。

4.2.13

破碎比　reduction ratio

给料粒度与破碎产物粒度的比值。

4.2.14

筛分　screening and sieving

通过筛子将物料分成若干个不同粒度级别的过程。

4.2.15

磨矿　grinding

在机械设备中,借助于研磨介质和矿石本身的冲击和磨削作用,使矿石粒度变小的过程。

4.2.16

磨矿细度　grinding fineness

磨矿产品中小于某一粒度的物料量占物料总量的百分比。

4.2.17

转速率　ratio of mill actual and critical speed

磨机正常工作时的实际转速与其临界转速的百分比。

4.2.18

介质充填率　grinding medium charge ratio

磨矿介质以及它们之间的空隙所占体积与磨机有效容积的百分比。

4.2.19

循环负荷率　circulating load rate

返砂比

闭路磨矿时,分级设备分出的、返回磨机的物料与新给入磨机物料的质量百分比。

4.2.20

磨机作业率　mill operation rate

磨机实际运转的小时数与日历小时数的百分比。

4.2.21

比生产率　specific productivity

特定粒级利用系数

磨机新生成能力

单位时间、单位磨机有效容积新生成的某一粒级的数量。单位为吨每立方米小时[t/(m³·h)]。

4.2.22

分级　classification

根据颗粒在流体介质中沉降速度的差异,将物料分成不同粒级的过程。

4.2.23

重选　gravity separation

依据物料中各组分之间密度的差异,借助流体动力和机械力进行选别的工艺。

4.2.24

浮选　flotation

利用矿物表面物理化学性质差异,在固—液—气三相界面,有选择性富集一种或几种目的矿物,从而达到与脉石矿物分离的一种选别工艺。

4.2.25

捕收剂 **collector**

能够选择性地作用于矿物颗粒表面并使之疏水的物质。

4.2.26

起泡剂 **frother**

能够促使泡沫形成,并能提高气泡与矿物颗粒表面作用及上浮过程中稳定性的物质。

4.2.27

调整剂 **regulator**

调整捕收剂与矿物表面的相互作用及矿浆性质,进而提高浮选选择性的物质。

4.2.28

开路试验 **open-circuit test**

为了确定工艺流程对选别过程影响规律而进行的,没有中间产品返回的流程结构和工艺条件试验。

4.2.29

闭路试验 **closed-circuit test**

按照开路试验确定的流程和条件进行的,每次试验的中间产品给到下一次试验的相应作业,直至试验达到数质量平衡为止的一组试验。

4.2.30

流程考查 **beneficiation process investigation**

为了掌握选矿工艺流程中各作业、各工序、各机组的生产现状和存在问题,对工艺生产流程进行质和量方面的全面性检测、分析和评价的过程。

4.3 预处理

4.3.1

难处理金矿石 **refractory gold ores**

金与黄铁矿化、硅化关系密切;金矿物颗粒微细呈包裹状态;矿石含有机炭类"劫金"物质;矿石含耗氧、耗氰化物类物质;金矿物表面钝化或金以难溶化合物形式存在。具备上述特点之一,直接氰化金浸出率低于80%的金矿石定义为轻度难处理金矿石;直接氰化金浸出率低于50%的金矿石定义为中度难处理金矿石;直接氰化金浸出率低于30%的金矿石定义为重度难处理金矿石。

[GB/T 32840—2016,定义3.3]

4.3.2

预处理 **pretreatment**

在回收金之前,改变或消除难处理金矿石特性的作业过程。

[GB/T 32840—2016,定义3.4]

4.3.3 焙烧

4.3.3.1

氧化焙烧 **oxidative roasting**

在一定的温度气氛条件下,利用空气中的氧对矿石的硫化物进行氧化,生成不同的氧化物和硫酸盐的预处理方法。

注1:使金属硫化物完全氧化生成氧化物称为"死烧"。

注2:使金属硫化物部分氧化生成可溶性金属硫酸盐称为硫酸化焙烧。

4.3.3.2

氯化焙烧 **chloridizing roasting**

矿物原料与氯化剂混合,在一定的温度和气氛等条件下,将物料中有价金属转变为气相或凝聚相的金属氯化物,从而达到回收或预处理目的的方法。

4.3.3.3

微波焙烧　microwave roasting

利用固体物料中吸波物质吸收微波能进行焙烧的预处理方法。

4.3.3.4

原矿焙烧　whole ore roasting

在一定磨矿细度、焙烧温度、氧化气氛、焙烧时间等作业条件下,直接对难处理金矿石采用流态化方式焙烧,氧化矿石中的砷、硫、炭质物等,打开金的微细粒包裹,消除有机炭的影响,便于金回收的预处理方法。

4.3.3.5

固化焙烧　solidification roasting

在焙烧过程中,利用固化剂与物料中的硫、砷等成分生成稳定的固相物留在焙砂中,减少烟气中污染物排放的预处理方法。

4.3.3.6

循环焙烧　circulating roasting

在一定的温度和气氛条件下,物料在风力作用下处于悬浮运动状态,在焙烧炉膛中进行氧化反应后再通过气固分离器回收固体,少部分作为焙砂外排,大部分返回焙烧炉中继续焙烧的预处理方法。

4.3.3.7

两段焙烧　two stage roasting

含砷难处理金矿石,一段在弱氧化气氛中氧化脱砷,二段在氧化气氛中氧化脱硫的预处理方法。

4.3.3.8

固定床焙烧　fixed bed roasting

在焙烧过程中,物料间接触关系不变,料层不动而进行的焙烧预处理方法。

4.3.3.9

流化床焙烧　fluidized-bed roasting

在焙烧过程中,利用流动流体的作用,将固体颗粒悬浮起来,从而使固体颗粒具有某些流体表观特征而进行的焙烧预处理方法。

4.3.3.10

床能率　bed operation capacity

焙烧强度

焙烧炉单位床层面积日处理干矿量。单位为吨每平方米天[t/($m^2 \cdot$ d)]。

4.3.3.11

焙砂　calcine

焙烧完成后获得的松散颗粒状固体产物。

4.3.3.12

空气过剩系数　excess air coefficient

实际空气量与理论空气量之比。

4.3.3.13

焙砂水淬　calcine water quenching

将高温焙砂直接投入到冷水中,使颗粒表面快速降温、冷却收缩,产生裂隙的处理方法。

4.3.3.14

气固热交换　heat exchange of gas-solid

利用气体与固体物料之间存在的温度差异,实现热量交换的过程。

4.3.3.15

气气热交换 **heat exchange of gas-gas**

通过热交换器使两种温度不同的气体实现热量交换的过程。

4.3.3.16

脱硫率 **desulfurization rate**

预处理前、后物料中硫质量差与预处理前物料中硫质量的百分比。

4.3.3.17

烧失率 **ignition loss**

焙烧前、后物料的质量差与投入物料质量的百分比。

4.3.3.18

烟尘率 **dust rate**

焙烧烟气含尘量与焙砂和烟尘量之和的百分比。

4.3.4 生物氧化

4.3.4.1

生物氧化 **bio-oxidation**

利用微生物的催化氧化作用将矿石中的硫化物氧化，使包裹金暴露出来变成可浸金的预处理方法。

4.3.4.2

生物堆浸 **bio-heap leaching**

利用含微生物的溶液喷淋筑堆后的难处理金矿石，使包裹金暴露出来变成可浸金的预处理方法。

4.3.4.3

菌种 **strain**

生物氧化体系中能氧化矿物的微生物种群。

4.3.4.4

培养基 **culture medium**

人工配制的适合微生物生长繁殖的营养基质。

4.3.4.5

驯化 **acclimation**

采取人工措施，促使微生物逐步适应新环境，从而定向选育菌种的方法。

4.3.4.6

氧化还原电位 **oxidation-reduction potential**

反映溶液中所有物质表现出来的宏观氧化还原性，表征体系氧化程度的一种指标。

4.3.4.7

氧化液 **bio-oxidation solution**

生物氧化作业完成后，经固液分离获得的含有大量溶质的酸性液。

4.3.4.8

氧化渣 **bio-oxidative leaching residue**

生物氧化作业完成后，经固液分离获得的固体含金物料。

4.3.4.9

氧化渣产率 **yield of oxidative residue**

氧化渣与氧化前物料质量的百分比。

4.3.4.10

中和 neutralization

利用石灰或石灰石调整氧化液 pH 至弱碱性,使杂质离子生成稳定固态化合物的过程。

4.3.4.11

中和渣 neutralization residues

氧化液中和处理产生的、经固液分离获得的固体物料。

4.3.4.12

两段生物氧化 two stage bio-oxidation

为降低生物氧化体系中有害离子含量,将氧化了一段时间的矿浆进行浓缩或压滤,氧化渣重新调浆再次进行生物氧化的工艺。

4.3.4.13

石灰铁盐法 lime and ferric salt method

为去除生物氧化液中有害元素砷,在铁砷摩尔比大于 3 的条件下,采用石灰或石灰石分段控制氧化液 pH 值,使砷生成稳定的砷酸铁沉淀,其他金属离子生成相应沉淀物的方法。

4.3.5

压力氧化 pressure-oxidation

热压氧化

在一定温度和压力的密闭容器中,在酸性或碱性介质条件下加入氧化剂,氧化分解金矿石中的硫化物,使包裹金暴露出来变成可浸金的预处理方法。

4.3.6

水化学氧化 hydro-chemical oxidation

常压下,在矿浆体系中,利用不同的化学药剂对难处理金矿石进行处理,使矿石中的砷、硫、炭质物等氧化溶解或消除金矿物表面覆盖膜,使矿石中的金变成可浸金的预处理方法。

4.4 氰化提金

4.4.1

氰化物 cyanide

一种浸金剂。黄金矿业中通常使用的为氰化钠。

4.4.2

保护碱 protecting alkali

为保持氰化物溶液的稳定,减少氰化物的水解损失而在溶液中加入的碱性物质。

4.4.3

氰原 cyaniding head

进入氰化浸出作业前的含金物料。

4.4.4

氰化浸出 cyanide leaching

用氰化物溶液溶解矿石中金的过程。

4.4.5

堆浸 heap leaching

利用氰化物溶液渗入矿堆溶出金的工艺。

4.4.6

全泥氰化 whole ore cyanidation

将金矿石全部碎磨制成矿浆后,进行氰化浸出的工艺。

4.4.7

劫金　preg-robbing

矿石中具有活性的炭质矿物、黏土矿物等吸附已溶金的行为。

4.4.8

钝化　passivation

掩蔽抑制劫金物质"劫金"能力的行为。

4.4.9

浸出率　leaching recovery

氰化作业已溶金与氰原含金量的百分比。

4.4.10

炭浆法　carbon in pulp process

利用活性炭从氰化浸出矿浆中吸附已溶金的工艺。

4.4.11

炭浸法　carbon in leaching process

氰化浸出和炭吸附同时进行的工艺。

4.4.12

树脂矿浆法　resin in pulp

利用离子交换树脂从氰化浸出矿浆中吸附已溶金的工艺。

4.4.13

底炭密度　active carbon density in process

单位体积中活性炭的质量。单位为千克每立方米（kg/m³）。

4.4.14

提炭　carbon separation

炭浆法或炭浸法生产中,定期将首槽中一定量的载金炭从矿浆中提取的过程。

4.4.15

串炭　charging carbon back to previous tank

炭浆法或炭浸法生产中,定期将一定量的活性炭向前槽提串的过程。

4.4.16

吸附周期　adsorption cycle

从最后一个吸附槽加入到第一个吸附槽提出,活性炭或树脂在吸附槽内理论停留的时间。

4.4.17

吸附率　adsorption rate

活性炭或树脂吸附的金量与已溶解的金量的百分比。

4.4.18

解吸　desorption

在一定作业条件下,利用解吸剂将活性炭或树脂吸附的金溶解下来的过程。

4.4.19

电解　electrolysis

在电力作用下,将解吸液中的金在阴极析出的过程。

4.4.20

炭湿法再生　carbon wet regeneration

利用酸去除活性炭上钙镁等无机物,恢复活性炭活性的过程。

4.4.21

炭火法再生 carbon pyrogenic regeneration

在一定的温度和气氛下,消除有机物,清除微孔内碳化物,恢复活性炭活性的过程。

4.4.22

贵液 pregnant liquor

物料中的金溶解后,经固液分离获得的含金溶液。

4.4.23

氰化浸渣 cyanide leaching residue

氰渣

含金物料经氰化浸出、固液分离后获得的固体物料。

4.4.24

洗涤 washing

分期分批的加入一定量的清水或贫液,通过固液分离操作,使溶解的金逐渐从矿浆中分离出来的过程。

4.4.25

洗涤率 washing rate

洗涤作业回收的金量与溶解的金量的百分比。

4.4.26

浓缩 concentration

固体颗粒借助自身的重力沉降作用,使矿浆分为澄清液和高浓度矿浆的过程。

4.4.27

过滤 filtration

在外力作用下,借助过滤介质使固体物料与液体进行分离的过程。

4.4.28

排液 apocenosis

外排的氰化尾矿浆或滤饼带走的液体。

4.4.29

贵液净化 pregnant solution purification

为避免影响置换效果和保证金泥质量而清除贵液中固体悬浮物的过程。

4.4.30

贵液脱氧 pregnant liquor deoxidation

为了避免锌氧化及置换出的金发生反溶现象而脱除贵液中溶解氧的过程。

4.4.31

锌粉置换 zinc powder replacement

利用锌与金的置换反应,使贵液中的金还原沉淀的过程。

4.4.32

置换率 replacement ratio

置换获得的金量与贵液中总金量的百分比。

4.4.33

贫液 barren liquor

尾液

贵液经锌粉置换或经活性炭吸附回收金处理后,最终获得的含有少量金的溶液。

4.5 冶炼

4.5.1

金冶炼　gold metallurgical processing

采用湿法除杂或火法除杂等方法,将含金物料中的金提取出来,炼成合金的工艺。

4.5.2

酸除杂　soluable impurities removal through acid leaching

利用酸溶解一些杂质使其与金实现分离的过程。

4.5.3

熔炼　melt casting

物料及其他辅助材料经高温熔化并发生一定的物理、化学变化,产出金属富集物和炉渣的火法冶金过程。

4.5.4

控电氯化除杂　impurities removal through chloridization under controlled electric potential

氯化除杂时,通过控制溶液氧化还原电位,使贱金属溶解而贵金属留在固体物料中,实现贵、贱金属分离的方法。

4.5.5

硝酸分银　silver separation with nitric acid

利用银溶解于硝酸中生成硝酸银的性质,实现与金分离的方法。

4.5.6

王水分金　silver separation with aqua regia

采用王水溶解金,使金进入液相,实现与不溶性物质分离的方法。

4.5.7

氯化溶金　gold chlorination in liquid phase

在液相中,通过氯化作用使含金物料中的金溶解的过程。

注:按介质种类和作业方式的不同,氯化溶金可包括氯盐溶金、氯气溶金、电氯化溶金等。

4.5.8

还原　reduction

用还原剂将溶液中的金沉淀出来的过程。

4.5.9

海绵金净化　sponge gold purification

用化学试剂将海绵金中的杂质除去的过程。

4.5.10

金精炼　gold refining

采用熔炼法、化学法、电解法、萃取法等提纯方法,将粗金进一步除杂提纯,使金产品达到要求的工艺。

4.5.10.1

火法精炼　fire refining

在高温熔化金属的条件下,利用金与杂质的物理化学性质的差异进行除杂提纯的工艺。

4.5.10.2

化学精炼法　chemical refining

利用化学试剂对粗金进行除杂提纯的工艺。

4.5.10.3

电解精炼法　electrolytic refining of gold

以粗金作阳极,以纯金片作阴极,在电力作用下进行金提纯的工艺。

4.5.10.4

萃取精炼法　gold solvent extraction

利用金溶解液中各组分在萃取溶剂中溶解度的差异来分离提纯金的工艺。

4.5.11

铸锭　ingot

将熔融的金液倒入铸模内浇铸成型的过程。

4.6　尾矿

4.6.1

尾矿库　tailings pond

用以贮存金属、非金属矿山进行矿石选别后排出的尾矿的场所。

[GB 50863—2013,定义 2.0.1]

4.6.2

初期坝　starter dam

用土、石材料等筑成的,作为尾矿堆积坝的排渗或支撑体的坝。

[GB 50863—2013,定义 2.0.7]

4.6.3

尾矿堆积坝　embankment

生产过程中用尾矿堆积而成的坝。

[GB 50863—2013,定义 2.0.8]

4.6.4

尾矿坝　tailings dam

拦挡尾矿和水的尾矿库外围构筑物,常泛指初期坝和尾矿堆积坝的总体。

[GB 50863—2013,定义 2.0.6]

4.6.5

全库容　whole storage capacity

某坝顶标高时,坝顶标高平面以下、库底面以上所围成的空间的容积(含非尾矿构筑的坝体体积)。

[GB 50863—2013,定义 2.0.2]

4.6.6

上游式尾矿筑坝法　upstream embankment method

在初期坝上游方向堆积尾矿的筑坝方式。其特点是堆积坝坝顶轴线逐级向初期坝上游方向推移。

[GB 50863—2013,定义 2.0.9]

4.6.7

中线式尾矿筑坝法　centerline embankment method

在初期坝轴线处用旋流器分离粗尾砂筑坝方式。其特点是堆积坝坝顶轴线始终不变。

[GB 50863—2013,定义 2.0.10]

4.6.8

下游式尾矿筑坝法　downstream embankment method

在初期坝下游方向用旋流器分离粗尾砂筑坝方式。其特点是堆积坝坝顶轴线逐渐向初期坝下游方向推移。

［GB 50863—2013,定义 2.0.11］

4.6.9

沉积滩　sedimentary beach

冲积尾矿形成的沉积体表层,按库内集水区水面划分为水上和水下两部分,通常将水上部分称为干滩。

［GB 50863—2013,定义 2.0.16］

4.6.10

滩顶　beach crest

沉积滩面与子坝外坡面的交线。

［GB 50863—2013,定义 2.0.17］

4.6.11

干滩长度　dry beach width

库内水边线至滩顶的水平距离。

［GB 50863—2013,定义 2.0.18］

4.6.12

安全超高　free height

尾矿堆积坝:滩顶标高与设计洪水位的高差;

挡水坝和一次性筑坝尾矿坝:设计洪水位加最大波浪爬高和最大风壅水面高度之和与坝顶标高的高差,地震区的安全超高还应加地震沉降和地震壅浪高度。

［GB 50863—2013,定义 2.0.19］

4.6.13

浸润线　seepage line

在坝体横剖面上稳定渗流的顶面线称为浸润线。

［GB 50863—2013,定义 2.0.12］

4.6.14

尾矿坝高　tailings dam height

对上游式筑坝则为堆积坝坝顶与初期坝坝轴线处原地面的高差;对中线式、下游式筑坝为坝顶与坝轴线处原地面的高差。

［GB 50863—2013,定义 2.0.21］

4.6.15

尾矿干式堆存　dry deposit of tailings

将尾矿浆通过过滤(压滤)获得的滤饼堆存在尾矿库中的贮存方式。

5 环境保护

5.1 污染物

5.1.1 常规污染物

5.1.1.1

二氧化硫　sulfur dioxide

由一个硫原子和两个氧原子两种元素组成的硫的氧化物。化学式为 SO_2。

5.1.1.2

氮氧化物 nitrogen oxides

空气中以一氧化氮和二氧化氮形式存在的氮的氧化物(以 NO_2 计)。

[HJ 479—2009,定义 2.1]

5.1.1.3

颗粒物 particulate matter

燃料和其他物质在燃烧、合成、分解以及各种物料在机械处理中所产生的悬浮于排放气体中的固体和液体颗粒状物质。

[GB/T 16157—1996,定义 2.1]

5.1.1.4

氢离子浓度指数 pH

pH 值

氢离子指数

水溶液中氢离子有效浓度的常用对数的负值,用来说明溶液的酸碱度,表示为 $pH=-\lg[H^+]$。

5.1.1.5

化学需氧量 chemical oxygen demand

在一定条件下,经重铬酸钾氧化处理,水样中的溶解性物质和悬浮物所消耗的重铬酸钾相对应的氧的质量浓度。1 mol 重铬酸钾(1/6 $K_2Cr_2O_7$)相当于 1 mol 氧(1/2 O)。

[HJ/T 399—2007,第 3 章]

5.1.1.6

悬浮物 suspended solids

水样通过孔径为 0.45 μm 的滤膜,截留在滤膜上并于 103 ℃～105 ℃烘干至恒重的固体物质。

[GB/T 11901—1989,第 2 章]

5.1.1.7

氨氮 ammonia nitrogen

水中以游离氨(NH_3)和铵离子(NH_4^+)形式存在的氮。

5.1.1.8

重金属 heavy metals

密度大于 4.5×10^3 kg/m^3 且生物毒性显著的金属和类金属元素。

5.1.1.9

工业噪声 industrial noise

在工业生产活动中使用固定设备等产生的干扰周围生活环境的声音。

[HJ 2034—2013,定义 3.3]

5.1.2 特征污染物

5.1.2.1

总氰化物 total cyanide

在 pH<2 介质中,磷酸和 EDTA 存在下,加热蒸馏,形成氰化氢的氰化物,包括全部简单氰化物(多为碱金属和碱土金属的氰化物,铵的氰化物)和绝大部分络合氰化物(锌氰络合物、铁氰络合物、镍氰络合物、铜氰络合物等),不包括钴氰络合物。

[HJ 484—2009,定义 2.1]

5.1.2.1.1

易释放氰化物 easily liberatable cyanides

在 pH＝4 介质中,硝酸锌存在下,加热蒸馏,形成氰化氢的氰化物,包括全部简单氰化物(多为碱金属和碱土金属的氰化物、铵的氰化物)和锌氰络合物,不包括铁氰络合物、亚铁氰络合物、铜氰络合物、镍氰络合物、钴氰络合物。

[HJ 484—2009,定义 2.2]

5.1.2.1.2

络合氰化物 complex cyanide;cyanide complexes;cyanogens ion compounds
氰化物复合物

氰离子与过渡元素的离子反应或在有氧化剂存在的条件下与过渡元素的反应,生成重金属氰化物;其氰络离子的解离度很小,不易形成游离的氰基,毒性也较低。

5.1.2.2

氰化物衍生物 cyanide derivatives

氰化物中的氢原子被其他原子或原子团取代而衍生的较复杂的产物,包括氰[$(CN)_2$]、氯化氰($CNCl$)、氰酸盐(CNO^-)、硫氰酸盐(SCN^-)等。

5.2 环境保护技术

5.2.1 废气治理技术

5.2.1.1

吸收法脱硝脱硫技术 absorption method for denitrification and desulfurization
采用化学药剂的水溶液作为吸收剂,把氮和(或)硫从气相中去除的技术。

5.2.1.2

吸附法脱硝脱硫技术 adsorption method for denitrification and desulfurization
利用分子筛、活性炭、天然沸石、硅胶及泥煤等表面积大的物质作为吸附剂,去除烟气中的硫和(或)氮的技术。

5.2.1.3

还原法脱硝脱硫技术 reduction method for denitrification and desulfurization
在催化或非催化条件下,用还原剂将化合态的硫和(或)氮还原成单质的方法。

5.2.1.4

氧化法脱硝脱硫技术 oxidation method for denitrification and desulfurization
把气体中的二氧化硫转化为硫酸、氮氧化物转化为硝酸,进入液相从气体中去除的一类方法的统称。

5.2.1.5

液膜法脱硝脱硫技术 liquid membrane method for denitrification and desulfurization
利用液态膜把两个组分不同的溶液隔开,通过渗透现象达到分离气体中的氮和(或)硫的氧化物进入溶液中被吸收并实现转化富集分离目的的方法。

5.2.1.6

干式除尘技术 dry dust removal technology
以静电、布袋等方式把含尘气体中的尘粒以干态分离排出的技术。

5.2.1.7

湿式收尘技术 wet dust collection technology
通过压降吸收含尘气体,在离心力以及水与粉尘气体混合的双重作用下除尘的技术。

5.2.1.8

云雾抑尘技术　dry fog dust suppression technology

通过高压离子雾化和超声波雾化产生的超细干雾,充分增加与粉尘颗粒的接触面积,形成不断富集的团聚物,直至达到一定质量后,实现自然沉降消除粉尘的技术。

5.2.1.9

生物纳膜抑尘技术　dust suppression technology using biological nano-membrane

将生物纳膜喷附在物料表面,吸引和团聚小颗粒粉尘,使其聚合成大颗粒状尘粒,增加自重而沉降的技术。

5.2.2　废水治理技术

5.2.2.1

自然降解法　natural degradation process

在自然条件下,利用物理、化学、微生物及光的分解作用等联合过程,去除废水或矿浆中的污染物。

5.2.2.2

碱氯法　alkaline chlorination process

碱性氯化法

在碱性条件下,用氯系氧化剂氧化废水中的氰化物使其去除的方法。

注：改写 HJ 2016—2012,定义 3.3.7。

5.2.2.3

因科法　INCO treatment process

二氧化硫—空气法

在碱性条件下,以二氧化硫和空气的混合物为氧化剂、铜离子为催化剂,去除废水中氰化物的方法。

5.2.2.4

过氧化氢氧化法　oxidation process using hydrogen peroxide

在碱性条件下,以过氧化氢为氧化剂、铜离子为催化剂,去除废水中氰化物的方法。

5.2.2.5

降氰沉淀法　chemical precipitation process for cyanide removal

利用化学药剂与废水中氰化物反应生成沉淀使之从液相去除的方法。

5.2.2.6

酸化回收法　acid method for cyanide recovery

在酸性条件下,回收废水中氰化物的方法。

5.2.2.7

Cotl's 酸法　Cotl's acidizing process

在酸性条件下,回收废水中硫氰酸盐成氰化物的方法。

5.2.2.8

3R-O 法　3R-O treatment process

在酸性条件下,采用负压吹脱工艺对废水中的氰化物、硫氰酸盐及重金属离子等污染物进行净化,将工艺产生的有价物质回收,处理后的废水、废气及废渣再利用的方法。

5.2.2.9

WAST 法　WAST treatment process

利用焙烧工艺产生的冶炼烟气,无害化处理氰化浸出工艺产生的含氰废水,使其实现达标排放或循环使用,含氰尾渣经国家标准鉴别方法判定为不具有危险特性的工业固体废物,同时冶炼烟气实现达标排放的清洁技术。

注：技术亦可用于含氰尾矿的治理。

5.2.2.10

OOT 法 ozone oxidation treatment process

利用臭氧氧化去除废水中所含氰化物和化学需氧量等污染物的方法。

5.2.2.11

电解氧化法 electrolytic oxidation process

在直流电场作用下，利用电化学反应氧化废水中氰化物为二氧化碳和简单无机化合物的方法。

5.2.2.12

生物法 biological treatment method

利用微生物或植物去除废水中氰化物的方法。

5.2.2.13

离子交换法 ion exchange process

利用离子交换剂和溶液中的氰离子或金属氰络合离子发生交换，将氰化物从废水中分离的方法。

5.2.2.14

高压水解法 high pressure hydrolysis process

在高温、高压下，使废水中的氰化物与水反应生成氨和碳酸盐，从而去除氰化物的方法。

5.2.2.15

活性炭催化氧化法 activated carbon catalytic oxidation process

利用活性炭吸附并分解废水中的氰化物和硫氰酸盐，同时吸附废水中的各种金属离子的方法。

5.2.2.16

膜分离法 membrane separation process

利用具有选择透过性能的薄膜，在外力推动下对双组分或多组分溶质和溶剂进行分离、提纯、浓缩的方法。

5.2.3 固体废物治理技术

5.2.3.1

含氰废渣无害化技术 treatment technology for transforming cyanide contained residue into harmless solid waste

采用物理、化学、生物等方法手段，将氰化废渣中的有毒有害物质去除，使其达到一般工业固体废物标准的过程。

5.2.3.2

垂直防渗技术 vertical cutoff technology

防范固体废物(矿渣、污染场地等)渗滤液污染地下水的处置方法。

5.2.3.3

场地修复技术 site remediation technology

采用生物、物理、化学、植物等技术手段实现尾矿库、废石场、排土场的场地资源化、无害化和稳定化。

5.2.3.4

生态修复技术 ecological restoration technology

利用自然生态系统净化环境污染能力或应用生态学基本原理和方法，借助自然条件构建污染治理设施而进行的环境污染治理。

6 分析测试

6.1 金的分析测试方法

6.1.1

火试金富集法 fire assay preconcentration

试料加入捕集剂等试剂,采用高温熔融的方式,把待测贵金属富集在捕集剂中与试料基体成分分离的方法。

6.1.1.1

火试金富集-重量法 fire assay preconcentration-gravimetric analysis

试料经火试金富集、灰吹,合粒用稀硝酸分金、退火、称量,计算金含量的分析方法。

6.1.1.2

火试金富集-原子吸收光谱法 fire assay preconcentration-atomic absorption spectrometry

试料经火试金富集、灰吹,合粒用稀硝酸分金,王水溶解,在一定的介质中用原子吸收光谱仪测定的分析方法。

6.1.1.3

火试金富集-硫代米蚩酮吸光光度法 fire assay preconcentration-TMK spectrophotometry

试料经火试金富集、灰吹,合粒用稀硝酸分金,王水溶解,在一定的介质中以硫代米蚩酮显色,用分光光度计测定的分析方法。

6.1.1.4

火试金富集-孔雀绿吸光光度法 fire assay preconcentration-malachite green spectrophotometry

试料经火试金富集、灰吹,合粒用稀硝酸分金,王水溶解,在一定的介质中以孔雀绿显色,用分光光度计测定的分析方法。

6.1.1.5

火试金富集-发射光谱法 fire assay preconcentration-emission spectrometry

试料经火试金富集、灰吹,合粒装入电极,用发射光谱仪测定的分析方法。

6.1.1.6

火试金富集-氢醌滴定法 fire assay preconcentration-hydroquinone titration

试料经火试金富集、灰吹,合粒用稀硝酸分金,王水溶解,水浴蒸干,在一定的介质中以联苯胺为指示剂,用氢醌标准溶液滴定的分析方法。

6.1.1.7

火试金富集-碘量法 fire assay preconcentration-iodimetry

试料经火试金富集、灰吹,合粒用稀硝酸分金,王水溶解,水浴蒸干,在一定的介质中以淀粉为指示剂,用硫代硫酸钠标准溶液滴定的分析方法。

6.1.2

活性炭富集法 activated carbon preconcentration

试料消解后,以活性炭为载体,把金与试料基体成分分离的方法。

6.1.2.1

活性炭富集-碘量法 activated carbon preconcentration-iodimetry

试料经活性炭富集、灰化,王水溶解,在一定的介质中以淀粉为指示剂,用硫代硫酸钠标准溶液滴定的分析方法。

6.1.2.2

活性炭富集-原子吸收光谱法 activated carbon preconcentration-atomic absorption spectrometry

试料经活性炭富集、灰化,王水溶解,在一定的介质中用原子吸收光谱仪测定的分析方法。

6.1.2.3

活性炭富集-硫代米蚩酮吸光光度法 activated carbon preconcentration-TMK spectrophotometer

试料经活性炭富集、灰化,王水溶解,在一定的介质中以硫代米蚩酮显色,用分光光度计测定的分析方法。

6.1.2.4

活性炭富集-孔雀绿吸光光度法 activated carbon preconcentration-malachite green spectrophotometer

试料经活性炭富集、灰化,王水溶解,在一定的介质中以孔雀绿显色,用分光光度计测定的分析方法。

6.1.2.5

活性炭富集-发射光谱法 activated carbon preconcentration-emission spectrometry

试料经活性炭富集、灰化,灰分装入电极,用发射光谱仪测定的分析方法。

6.1.2.6

活性炭富集-电感耦合等离子体质谱法 activated carbon preconcentration-inductively coupled plasma mass spectrometry

试料经活性炭富集、灰化,王水溶解,在一定的介质中用电感耦合等离子体质谱仪测定的分析方法。

6.1.2.7

活性炭富集-微堆中子活化法 activated carbon preconcentration-MNSR neutron activation analysis

试料经活性炭富集,用 γ 能谱仪测定的分析方法。

6.1.3

泡沫塑料富集法 foam plastics preconcentration

试料消解后,以泡沫塑料为载体,把金与试料基体成分分离的方法。

6.1.3.1

泡沫塑料富集-原子吸收光谱法 foam plastics preconcentration-atomic absorption spectrometry

试料经泡沫塑料富集、硫脲解脱,在一定的介质中用原子吸收光谱仪测定的分析方法。

6.1.3.2

泡沫塑料富集-氢醌滴定法 foam plastics preconcentration-hydroquinone titration

试料经泡沫塑料富集、灰化,王水溶解,水浴蒸干,在一定的介质中以联苯胺为指示剂,用氢醌标准溶液滴定的分析方法。

6.1.4

溶剂萃取富集法 solvent extraction preconcentration

试料消解后,金的氯金酸络合物经有机溶剂萃取与试料基体成分分离的方法。

6.1.4.1

甲基异丁基酮萃取-原子吸收光谱法 methyl isobutyl ketone extraction-atomic absorption spectrometry

试料消解后,用甲基异丁基酮萃取金,有机相用原子吸收光谱仪测定的分析方法。

6.1.4.2

甲基异丁基酮萃取-电感耦合等离子体原子发射光谱法 methyl isobutyl ketone extraction-inductively coupled plasma atomic emission spectrometry

试料消解后,用甲基异丁基酮萃取金,有机相用电感耦合等离子体原子发射光谱仪测定的分析方法。

6.1.4.3

二苯硫脲-乙酸丁酯萃取-石墨炉原子吸收光谱法 diphenyl-thiourea-butyl acetate extraction-graphite furnace atomic absorption spectrometry

试料消解后,二苯硫脲与金形成稳定的络合物被乙酸丁酯萃取,用石墨炉原子吸收光谱仪测定的分析方法。

6.1.5

离子交换富集法 ion exchange preconcentration

试料消解后,金以络阴离子状态吸附在树脂上与试料基体成分分离的方法。

6.1.5.1

巯基树脂富集-高阶导数卷积溶出伏安法 mercapto resin preconcentration-high-order derivative convolution stripping voltammetry

试料消解后,金以巯基树脂富集、灰化,王水溶解,水浴蒸干,在一定的介质中用伏安仪测定的分析方法。

6.1.5.2

螯合树脂富集-原子吸收光谱法 chelating resin preconcentration-atomic absorption spectrometry

试料消解后,金以螯合树脂富集,用原子吸收光谱仪测定的分析方法。

6.1.6

共沉淀富集法 coprecipitation preconcentration method

试料消解后,过滤,将滤液中金还原至单质状态和共沉淀剂一同沉淀,与试料基体成分分离的方法。

6.1.6.1

碲共沉淀富集-电感耦合等离子体质谱法 tellurium coprecipitation preconcentration-inductively coupled plasma mass spectrometry

试料消解后,金以碲为共沉淀剂富集、灰化,王水溶解,水浴蒸干,在一定的介质中用电感耦合等离子体质谱仪测定的分析方法。

6.1.7

差减法 subtracting method

用100%减去试料中被测组分的定量值(质量分数),以得到的差值表示金含量的方法。

6.1.7.1

乙酸乙酯萃取-原子吸收光谱法 ethyl acetate extraction-atomic absorption spectrometry

试料经王水溶解,用乙酸乙酯萃取分离金,在盐酸介质中用原子吸收光谱仪测定杂质元素的分析方法。

6.1.7.2

乙酸乙酯萃取-电感耦合等离子体原子发射光谱法 ethyl acetate extraction-inductively coupled plasma atomic emission spectrometry

试料经王水溶解,用乙酸乙酯萃取分离金,在盐酸介质中用电感耦合等离子体原子发射光谱仪测定杂质元素的分析方法。

6.1.7.3

基体匹配-电感耦合等离子体原子发射光谱法 matrix matching-inductively coupled plasma atomic emission spectrometry

试料经王水溶解,金不经分离制成待测试液,标准溶液中加入相应浓度的金基体,用电感耦合等离子体原子发射光谱仪测定杂质元素的分析方法。

6.1.7.4

电感耦合等离子体质谱法 inductively coupled plasma mass spectrometry

试料经王水溶解,通过加入内标元素和采用标准加入校正的方式,用电感耦合等离子体质谱仪测定杂质元素的分析方法。

6.1.7.5

火花原子发射光谱法 spark atomic emission spectrometry

试料经加工,用火花原子发射光谱仪直接测定金中杂质元素的分析方法。

6.2 火试金分析方法

6.2.1

铋试金 bismuth fire assay

以铋为捕集剂的火试金分析方法。

6.2.2

镍锍试金 nickel matte fire assay

以镍锍为捕集剂的火试金分析方法。

6.2.3

锑试金 antimony fire assay

以锑为捕集剂的火试金分析方法。

6.2.4

铜试金 copper fire assay

以铜为捕集剂的火试金分析方法。

6.2.5

铅试金 lead fire assay

以铅为捕集剂的火试金分析方法。

6.2.5.1

面粉法 wheat flour method

以面粉为还原剂,获得合适质量铅扣的火试金分析方法。

6.2.5.2

铁钉法 iron nail method

以金属铁钉为脱硫剂和还原剂,获得合适质量铅扣的火试金分析方法。

6.2.5.3

硝石法 saltpeter method

以硝酸钾为氧化剂,获得合适质量铅扣的火试金分析方法。

6.2.5.4

还原力 reducing power

试料还原金属氧化物的能力,以 1 g 试料或还原剂能够还原出铅的质量表示。

6.2.5.5

硅酸度 silicate degree

炉渣中酸性氧化物含氧量之和与碱性氧化物含氧量之和的比值。

6.2.5.6

捕集剂 capturing agent

在高温时具有萃取贵金属能力的试剂。

6.2.5.7

熔剂　fusing agent

高温下和试料一起熔融,分解试料,形成流动性良好的熔渣的试剂。

6.2.5.8

还原剂　reducing agent

在熔融过程中,将氧化铅还原成单质铅的试剂。

6.2.5.9

氧化剂　oxidizing agent

在熔融过程中,将试料中的还原性成分部分或全部氧化成氧化物的试剂。

6.2.5.10

脱硫剂　desulfurizer

将硫从其原来的化合物中夺取出来并与硫结合使试料还原力降低的试剂。

6.2.5.11

覆盖剂　covering flux

覆盖在坩埚中的物料上起隔绝空气阻止迸溅作用的试剂。

6.2.5.12

焙烧皿　roasting dish

供试料焙烧用的瓷质器皿。

6.2.5.13

试金坩埚　assay crucible

供试料高温熔融、分解用的耐火性器皿。

6.2.5.14

灰皿　cupel

灰吹时吸收氧化铅及其他杂质用的多孔性耐火器皿。

6.2.5.15

镁砂灰皿　magnesium sand cupel

以镁砂为主要原料制成的灰皿。

6.2.5.16

骨灰灰皿　bone ash cupel

以动物骨灰为主要原料制成的灰皿。

6.2.5.17

铸铁模　conical mould

用铸铁或钢材质加工而成的圆锥腔体模具。

6.2.5.18

钢砧　polished anvil

砸合粒时的钢质衬垫。

6.2.5.19

铅箔　lead foil

铅质量分数≥99.99%的薄片。

6.2.5.20

分金篮　parting basket

用耐酸材质制成的多孔分金器具。

6.2.5.21

焙烧过程　roasting process

在低于物料熔化温度下,除去碳、硫、砷等物质的过程。

6.2.5.22

配料　charge mixture

将熔融所需要的各种试剂与试料按一定比例混合的过程。

6.2.5.23

灰吹　cupellation

将铅扣置于高温下预热好的灰皿中熔化,在有氧条件下铅被氧化吸入灰皿和少量挥发形成贵金属合粒的过程。

6.2.5.24

分金　gold parting

用特定浓度的硝酸将灰吹后的金银合粒中的银溶解,以实现金银分离的过程。

6.2.5.25

退火　anneal

将贵金属或贵金属合金加热到一定温度,保持足够时间,然后以适宜速度冷却的过程。

6.2.5.26

碾片　flaking

轧片

退火后的金银合粒在碾片机上碾成合适厚度的薄片的过程。

6.2.5.27

熔融　liquation

在高温下试料和熔剂充分反应分解,由固态转变为液态的过程。

6.2.5.28

脱膜　demould

灰吹过程中熔铅的表面被空气氧化,形成一层黑色的氧化铅薄膜,而被灰皿吸收,熔铅表面变亮的过程。

6.2.5.29

炫色　iridescence

在灰吹即将结束前,合粒呈旋转并有似虹的连续色彩的现象。

6.2.5.30

闪光　flicker

炫色结束,几秒后合粒最后闪耀一次光辉的现象。

6.2.5.31

冻结　freezing

熔铅表面的温度低于氧化铅的熔点时,熔融的氧化铅发生凝固,包住熔铅,灰吹停止的现象。

6.2.5.32

开花　flowering

灰吹后,合粒出现龟裂、小芽状突起等的现象。

6.2.5.33

熔渣　slag

熔融结束,浮于熔铅上部的物质。

6.2.5.34

铅扣　lead button

在熔融过程中氧化铅被还原成铅捕集金银及其他贵金属形成的铅合金。

6.2.5.35

合粒　precious metal button

灰吹后,形成的贵金属合金粒。

6.2.5.36

合金卷　precious metal coil

合金片卷成的单筒或双筒圆柱。

7　产品

7.1　矿产品及富集物

7.1.1

金矿石　gold ore

商业上能生产出金的任何天然或经加工的岩石、矿物或矿石聚集料。

[GB/T 32840—2016,定义3.1]

7.1.2

金精矿　gold concentrate

金矿石经过选别作业获得的金的富集物。

7.1.3

伴生金精矿　associated gold concentrate

金矿石经过选别作业获得的以有价元素为主,并含有金的富集物。

7.1.4

浮选金精矿　flotation gold concentrate

金矿石经过浮选作业获得的含有价元素的金的富集物。

7.1.5

重砂　heavy gold concentrate

金矿石经过重选作业获得的金的富集物。

7.1.6

金泥　gold mud

含金物料经选别、分离、富集获得的富含金的泥状物。

7.1.7

载金炭　gold loaded carbon

吸附金的活性炭。

7.1.8

载金树脂　gold loaded resin

吸附金的树脂。

7.1.9

海绵金　sponge gold

在提纯金的过程中生成的颗粒微细、疏松多孔,类似于海绵状的金。

7.2 金产品

7.2.1

粗金 crude gold

含金物料经过冶炼获得的金质量分数≥20.00%、供精炼用的合金。

7.2.2

精炼金 refined gold

足金

粗金经过除杂提纯获得的金的质量分数≥99.0%的金。

7.2.3

高纯金 high-purity gold

金质量分数≥99.999%的金。

7.2.4

金条 gold bar

以精炼金为原料制成的具有长条几何形状的金制品。

7.2.4.1

投资金条 investment gold bar

可实时买卖,供人们投资、收藏的金条。

7.2.4.2

纪念金条 commemorative gold bar

为纪念某一事件、人物、文化等制成的金条。

7.2.5

金币 gold coin

金及其合金制作的硬币。

[JR/T 0004—2013,定义3.1]

7.2.5.1

投资金币 investment gold coin

由官方或官方授权铸造以投资、收藏为目的金币。

7.2.5.2

纪念金币 commemorative gold coin

为纪念某一事件、人物、文化等铸造的金币。

7.3 应用产品

7.3.1

硬金 hardened gold

用特殊方法制成的质地比普通金硬的金。

7.3.2

K金 karat gold

金与其他金属熔融而成的合金。K金按金质量分数划分为:22 K金、18 K金、14 K金、9 K金等。1 K金的质量分数为$1/24\times100\%$。

7.3.3

彩金 colored gold

通过加入其他金属熔融,颜色发生变化的金合金。

7.3.4

金丝　gold wire

沿整个长度方向具有均匀横截面的实心加工产品,横截面的形状为圆形或椭圆形的金。直径一般不大于 0.3 mm。

7.3.5

键合金丝　gold bonding wires

用于半导体封装连接芯片和引线框架键的金丝。

[GB/T 17684—2008,定义 2.16.1]

7.3.6

金箔　gold foil

厚度不大于 0.05 mm 的扁平金轧制品。

7.3.7

金盐　gold salts

金离子与酸根离子或非金属离子组成的化合物。

7.3.8

金催化剂　gold loaded catalyst

以金为主要活性组分,能改变反应物化学反应速率而不改变化学平衡,且本身的质量和化学性质在化学反应前后都没有发生改变的物质。

7.3.9

纳米金　gold nanoparticles

三维空间尺度至少有一维属于纳米量级或由它们作为基本单元而构成的,且具有特殊物理化学性质的金材料。

7.3.10

金浆料　gold paste

由金或其化合物作为功能相的一种适用于印刷或涂敷的浆状物或膏状物。

7.3.11

金钎料　gold solder

用来填充连接处间隙使工件牢固结合的金材料。

7.3.12

金靶材　gold target

金溅射靶材

以金为主要组分的用于高速荷能粒子轰击的目标材料。

7.3.13

金粉　gold powders

呈粉末状的金。

7.3.14

镀金产品　gold-plated product

采用电镀或化学镀等加工方法在器物表面镀上一薄层金的产品。镀层金质量分数不应低于585‰,金镀层厚度不小于 0.5 μm。

7.3.15

包金产品　gold products

采用机械加工方法将金箔牢固地包在器物基体上的产品。包金覆盖层的金质量分数不低于375‰,金覆盖层厚度不小于 0.5 μm。

参 考 文 献

[1] GB 11887—2012　首饰　贵金属纯度的规定及命名方法

[2] GB/T 11901—1989　水质　悬浮物的测定　重量法

[3] GB/T 14496—1993　地球化学勘查术语

[4] GB/T 16157—1996　固定污染源排气中颗粒物测定与气态污染物采样方法

[5] GB/T 17684—2008　贵金属及其合金术语

[6] GB/T 32840—2016　金矿石

[7] GB 50863—2013　尾矿设施设计规范

[8] DZ/T 0205—2002　岩金矿地质勘查规范

[9] HJ/T 399—2007　水质　化学需氧量的测定　快速消解分光光度法

[10]　HJ 479—2009　环境空气　氮氧化物(一氧化氮和二氧化氮)的测定　盐酸萘乙二胺分光光度法

[11]　HJ 484—2009　水质　氰化物的测定　容量法和分光光度法

[12]　HJ 2016—2012　环境工程　名词术语

[13]　HJ 2034—2013　环境噪声与振动控制工程技术导则

[14]　JR/T 0004—2013　贵金属纪念币　金币

[15]　QB 1131—2005　首饰　金覆盖层厚度的规定

[16]　QB/T 1689—2006　贵金属饰品术语

[17]　YS/T 5022—1994　冶金矿山采矿术语标准

索　引

英文对应词索引

A

B

D

E

L

M

N

O

P

T

U

V

W

 二、产品标准

ICS 77.020
CCS H 68

中华人民共和国国家标准

GB/T 4134—2021
代替 GB/T 4134—2015

金　　锭

Gold ingots

2021-08-20 发布

2022-03-01 实施

国家市场监督管理总局
国家标准化管理委员会　发布

前　言

本文件按照 GB/T 1.1—2020《标准化工作导则　第 1 部分:标准化文件的结构和起草规则》的规定起草。

本文件代替 GB/T 4134—2015《金锭》,与 GB/T 4134—2015 相比,除结构调整和编辑性改动外,主要技术变化如下:

　　a)　更改了范围(见第 1 章,2015 年版的第 1 章);

　　b)　更改了规范性引用文件(见第 2 章,2015 年版的第 2 章);

　　c)　增加了 Au99.90 牌号及其要求(见第 4 章);

　　d)　删除了 Au99.99 牌号对钯、镁、铬、镍、锰的杂质含量要求和 Au99.95 牌号对钯含量要求(见
　　　　2015 年版的 3.2.1);

　　e)　更改了牌号表述形式,由"IC-Au"调整为"Au"(见第 4 章,2015 年版的第 3 章);

　　f)　增加了金锭品级分类(见 4.1);

　　g)　更改了杂质含量限定值的有效数字位数(见 4.1.2,2015 年版的 3.2.1);

　　h)　增加了小于方法测定范围下限时杂质减量方式的规定(见 4.1.3);

　　i)　删除了对"非工业用金锭"的规定(见 2015 年版的 3.2.4);

　　j)　更改了金锭外形尺寸的允许偏差(见 4.2,2015 年版的 3.3);

　　k)　更改了金锭表面质量要求(见 4.3.3,2015 年版的 3.4.3);

　　l)　更改了不同牌号金锭所使用检测方法步骤的具体规定(见 5.1,2015 年版的 4.1);

　　m)　更改了金锭锭重检测结果的修约要求,所有规格锭重检测结果统一修约到 0.01 g(见 5.2,2015
　　　　年版的 4.3);

　　n)　更改了金锭检验的取样、制样方法(见附录 A,2015 年版的 5.4);

　　o)　更改了金锭检验结果的判定(见 6.2,2015 年版的 5.5);

　　p)　更改了金锭的标志要求(见 7.1,2015 年版的 6.1);

　　q)　更改了金锭包装箱的材质要求(见 7.2,2015 年版的 6.2);

　　r)　增加了金锭包装箱的规格尺寸要求(见 7.2,2015 年版的 6.2);

　　s)　更改了金锭订货单(或合同)内容(见第 8 章,2015 年版的第 7 章)。

请注意本文件的某些内容可能涉及专利。本文件的发布机构不承担识别专利的责任。

本文件由全国黄金标准化技术委员会(SAC/TC 379)提出并归口。

本文件起草单位:江西铜业股份有限公司、上海黄金交易所、长春黄金研究院有限公司、山东招金金银精炼有限公司、云南铜业股份有限公司、紫金矿业集团股份有限公司、河南豫光金铅股份有限公司、大冶有色金属有限责任公司、阳谷祥光铜业有限公司、中钞长城贵金属有限公司、山东梦金园珠宝首饰有限公司、格林美股份有限公司、四川省天泽贵金属有限责任公司、山东黄金矿业股份有限公司、上海期货交易所、云南黄金矿业集团股份有限公司、湖南黄金集团有限责任公司、灵宝金源控股有限公司、赤峰吉隆黄金矿业股份有限公司、山东恒邦冶炼股份有限公司、河南中原黄金冶炼厂有限责任公司、山东国大黄金股份有限公司、中金嵩县嵩原黄金冶炼有限责任公司、辽宁天利金业有限责任公司、东吴黄金集团有限公司、湖南辰州矿业有限责任公司、深圳百泰投资控股集团有限公司。

本文件主要起草人:陈永红、黄宏伟、邓川、庄宇凯、颜虹、廖占丕、李利丽、郑晔、黄绍勇、顾文硕、潘晓玲、陈迎武、陈杰、孙芳、魏琼、陈黎阳、王德煜、赵莹、高起方、刘勇、王军强、吕晓兆、张俊峰、郭引刚、孔令强、何辉、赵志新、包小玲、严鹏、邓渊明、张鹏洲、于洋慧、周灿坤。

本文件及其所代替文件的历次版本发布情况为：

——GB/T 4134—1984、GB/T 4134—1994、GB/T 4134—2003、GB/T 4134—2015；

——本次为第四次修订。

金　　锭

1　范围

本文件规定了金锭的要求、检测方法、检验规则、标志、包装、运输、贮存、质量证明书和订货单(或合同)。

本文件适用于以各种含金原料生产的金锭。

2　规范性引用文件

下列文件中的内容通过文中的规范性引用而构成本文件必不可少的条款。其中,注日期的引用文件,仅该日期对应的版本适用于本文件;不注日期的引用文件,其最新版本(包括所有的修改单)适用于本文件。

GB/T 8170　数值修约规则与极限数值的表示和判定

GB/T 11066(所有部分)　金化学分析方法

3　术语和定义

本文件没有需要界定的术语和定义。

4　要求

4.1　产品分类和化学成分

4.1.1　金锭按化学成分分为五个牌号,依次对应五个品级,见表1。

4.1.2　金锭的化学成分应符合表1的规定。

表 1　金锭产品分类和化学成分

牌号	品级	Au 不小于	化学成分(质量分数)/%												杂质总和 不大于
			杂质含量 不大于												
			Ag	Cu	Fe	Pb	Bi	Sb	Pd	Mg	Sn	Cr	Ni	Mn	
Au 99.995	0#	99.995	0.001 0	0.001 0	0.001 0	0.001 0	0.001 0	0.001 0	0.001 0	0.001 0	0.001 0	0.000 3	0.000 3	0.000 3	0.005 0
Au 99.99	1#	99.99	0.005 0	0.002 0	0.002 0	0.001 0	0.002 0	0.001 0	—	—	—	—	—	—	0.010 0
Au 99.95	2#	99.95	0.020 0	0.015 0	0.003 0	0.003 0	0.002 0	0.002 0	—	—	—	—	—	—	0.050 0
Au 99.90	3#	99.90	—	—	—	—	—	—	—	—	—	—	—	—	0.100
Au 99.50	4#	99.50	—	—	—	—	—	—	—	—	—	—	—	—	0.500

4.1.3 Au99.995、Au99.99 和 Au99.95 牌号的金质量分数以杂质减量法确定,所需测定杂质包括但不限于表 1 所列杂质元素。杂质减量应符合下列要求:

    a) 表 1 中杂质含量有限定的元素,当检测结果小于 GB/T 11066.2～GB/T 11066.9 规定的该元素的测定范围下限时,该元素按测定范围下限进行减量;

    b) 表 1 中杂质含量没有限定的元素,当检测结果小于 GB/T 11066.6～GB/T 11066.9 规定的该元素的测定范围下限时,该元素不参与减量;

    c) 表 1 中未列出的元素,当检测结果小于所使用的检测方法规定的测定范围下限(若采用非公开标准检测,测定范围下限不应大于 0.000 5%)时,该元素不参与减量。

4.1.4 Au99.90 和 Au99.50 牌号的金质量分数可由直接测定法获得。

4.1.5 需方如对化学成分有特殊要求时,可由供需双方商定。

4.2 物理规格

4.2.1 金锭按单块质量分为 3 种:1 kg、3 kg、12.5 kg。

4.2.2 1 kg 和 3 kg 锭形呈长方体,12.5 kg 锭形呈梯形体。

4.2.3 金锭外形尺寸和质量要求见表 2。

表 2 金锭外形尺寸和质量

质量规格 kg		长 mm	宽 mm	质量允许偏差 g
1		115±3	53±3	+0.05 -0.00
3		320±5	70±5	±50
12.5	正面	255±10	80±10	+500 -1 500
	底面	236±10	58±10	

4.3 表面质量

4.3.1 金锭应表面平整、洁净,边、角完整,无飞边、毛刺。

4.3.2 金锭不准许有空洞、夹层、裂纹、过度收缩和夹杂物。

4.3.3 不准许有锭面标志以外的明显机械加工的痕迹,3 kg 金锭允许有裁头切口。

5 检测方法

5.1 金锭的化学成分仲裁分析方法按 GB/T 11066(所有部分)的规定执行。Au99.995、Au99.99 和 Au99.95 牌号的金锭应先按 GB/T 11066.1 的规定对金质量分数进行测定,在金质量分数超出 GB/T 11066.1 规定的测定上限时,再采用杂质减量方法确定金质量分数。需方对检测方法提出其他要求时,可由供需双方协商确定。

5.2 应使用相应准确度的器具检测金锭质量,检测结果按 GB/T 8170 的规定修约到 0.01 g。

5.3 应使用相应准确度的器具检测金锭锭形。

5.4 金锭的表面质量用目视法检查。

6 检验规则

6.1 出厂检验和验收

6.1.1 金锭由供方质量检验部门进行检验,保证产品质量符合本文件的规定,并填写质量证明书。

6.1.2 化学成分按批检验,每批应由同一原料生产批次或同一炉次的金锭组成,必要时可逐块检验。

6.1.3 物理规格和表面质量逐块检验。

6.1.4 需方应对收到的产品按本文件的规定进行检验,如检验结果与本文件(或订货单)不符合时,应在收到金锭之日起30天内向供方提出,由供需双方协商解决。如需仲裁,仲裁取样在需方由供需双方共同进行。

6.1.5 化学成分分析的仲裁取样、制样方法按照附录A的规定进行。

6.2 检验结果的判定

6.2.1 化学成分检测结果不符合4.1时,判该批金锭不合格。

6.2.2 物理规格检验结果不符合4.2时,判该金锭不合格。

6.2.3 表面质量检验结果不符合4.3时,判该金锭不合格。

7 标志、包装、运输、贮存和质量证明书

7.1 每块金锭表面应清晰浇铸或打印商标、编号、合格标志和牌号等,1 kg金锭应加盖质量标识。金锭的印记标志宜参照图1所示位置。

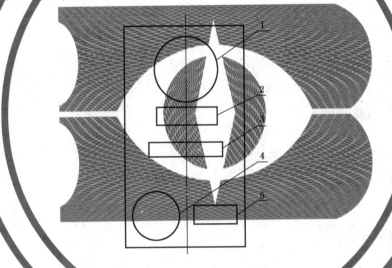

标引序号说明:
1——商标;
2——质量规格;
3——编号;
4——合格标志;
5——牌号(字母与数字的间距不作要求)。

图1 金锭印记标志位置图

7.2 1 kg金锭25块为一箱,3 kg金锭10块为一箱,12.5 kg金锭两块为一箱。每块金锭用干净纸或塑料膜包好,包装箱的材质和规格尺寸参见表3。

表 3   金锭包装箱材质和规格尺寸

质量规格 kg	包装箱材质	规格尺寸			壁厚 mm
		长 mm	宽 mm	厚 mm	
1	聚乙烯或实木	280±10	140±5	60±5	5
3	聚乙烯或实木	380±10	200±5	90±5	20
12.5	聚乙烯或实木	320±10	210±5	90±5	20

7.3   运输和贮存时,不应损坏、污染产品。

7.4   每批金锭应附质量证明书,注明:

a)   企业名称、地址和电话;

b)   产品名称和牌号;

c)   批号;

d)   编号;

e)   净重和锭数;

f)   各项分析检验结果和质量检验部门印记;

g)   本文件编号;

h)   出厂日期(或包装日期)。

8   订货单(或合同)内容

金锭订货单(或合同)应包括下列内容:

a)   产品名称和牌号;

b)   规格;

c)   数量;

d)   杂质含量的特殊要求;

e)   包装要求;

f)   本文件编号;

g)   其他。

附　录　A
（规范性）
金锭仲裁分析取样、制样方法

A.1　器具和试剂

A.1.1　台钻或手电钻。

A.1.2　磁铁。

A.1.3　盐酸（优级纯）溶液（1+1）。

A.1.4　乙醇或丙酮（优级纯）。

A.2　取样

A.2.1　每批按金锭数的20％随机取样，但不应少于1个锭。特殊情况下可逐块取样。

A.2.2　单锭取样时，在金锭的两个大面上做对角线，中心点至顶角距离的二分之一处为取样点，共取4点，如图A.1a)所示。

A.2.3　两个或两个以上金锭取样时，取样点按照2n（n为锭数）规则。将金锭排列成长方形，在每块金锭的两个大面上作平行于长边的中心线，再作两个面的对角线，平行线与长方形对角线相交处为取样点，如图A.1b)所示。

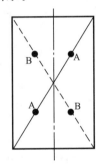

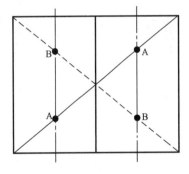

a)　单锭取样点选取示意图　　　　　　　　　　b)　多锭取样点选取示意图

标引序号说明：
A ——浇铸面取样点；
B ——底面取样点。

图 A.1　金锭取样点选取示意图

A.3　试样的制备

A.3.1　用钻头直径为5 mm～8 mm的台钻或手电钻钻取金锭，钻取深度不小于锭厚的三分之二，将钻取的试样经磁铁处理后混匀，用四分法缩分至所需要的样量。

A.3.2　试样质量按0♯、1♯、2♯品级金锭每份不少于30 g，4♯、5♯品级金锭每份不少于5 g。

A.3.3　为避免试样表面污染，在分析样品前，可用热盐酸溶液（1+1）（A.1.3）淋洗5 min。用水洗净后用乙醇或丙酮（A.1.4）冲洗2次，在105 ℃～110 ℃烘箱内烘干。

ICS 77.120.99
H 68

中华人民共和国国家标准

GB/T 25933—2010

高 纯 金

High-purity gold

2010-12-23 发布

2011-09-01 实施

中华人民共和国国家质量监督检验检疫总局
中国国家标准化管理委员会 发布

前　言

本标准由全国黄金标准化技术委员会(SAC/TC 379)提出并归口。

本标准由长春黄金研究院负责起草。

本标准由北京达博有色金属焊料有限责任公司、上海黄金交易所、河南中原冶炼厂有限责任公司、长城金银精炼厂、江西铜业股份公司、沈阳造币厂参加起草。

本标准起草人:黄蕊、薛丽贤、陈彪、杜连民、宁联会、张玉明、刘成祥、陈杰、张波、黄绍勇、田晓红、赖茂明、王德雨。

高 纯 金

1 范围

本标准规定了高纯金的要求、试验方法、检验规则、标志、包装、运输、贮存、质量证明书及订货单内容。

本标准适用于经精炼工艺所制得的杂质元素总含量小于10×10^{-6}的金。

2 规范性引用文件

下列文件对于本文件的应用是必不可少的。凡是注日期的引用文件,仅注日期的版本适用于本文件。凡是不注日期的引用文件,其最新版本(包括所有的修改单)适用于本文件。

GB/T 25934(所有部分) 高纯金化学分析方法

3 要求

3.1 化学成分

3.1.1 高纯金的金质量分数应不小于99.999×10^{-2},杂质元素质量分数总和应不大于10×10^{-6},高纯金化学成分应符合表1的要求。

表 1 高纯金化学成分

牌号	Au, 不小于	杂质元素质量分数/10^{-6},不大于																					杂质总量, 不大于
		Ag	Cu	Fe	Pb	Bi	Sb	Si	Pd	Mg	As	Sn	Cr	Ni	Mn	Cd	Al	Pt	Rh	Ir	Ti	Zn	
Au99.999	99.999×10^{-2}	2	1	2	1	1	1	2	1	1	1	1	1	1	1	1	1	1	1	1	2	1	10×10^{-6}

3.1.2 高纯金中金的质量分数应为100减去表1中杂质元素实测质量分数总和的差值。当杂质元素实测质量分数小于0.2×10^{-6}时,可不参与差减。

3.1.3 符合3.1.1要求的高纯金其产品牌号为Au99.999。

3.1.4 需方对高纯金杂质的化学成分有特殊要求时,可由供需双方协商确定。

3.2 产品分类

产品按形状分类:锭状高纯金为高纯金锭;粒状高纯金为高纯金粒。

3.3 物理规格

3.3.1 高纯金锭应为长方形,其锭的厚度不宜大于8 mm。

3.3.2 每块(件)高纯金重:1 kg、3 kg或其他规格。

3.3.3 高纯金粒应呈近似圆形,粒径大小均匀。

3.4 外观质量

3.4.1 高纯金锭表面应平整、洁净;边、角完整,不准许有毛刺。

3.4.2 高纯金锭不准许有空洞、夹层、裂纹、过度收缩和夹杂物。

3.4.3 高纯金粒应表面光整、洁净；不准许有夹杂物。

4 试验方法

4.1 高纯金化学成分的仲裁方法应按 GB/T 25934 的规定进行。

4.2 称量高纯金的天平分度值应满足 $d \leqslant 10$ mg。高纯金重应以单锭(件)表示至 0.1 g。

4.3 高纯金的外观质量可采用目视检查方法。

5 检验规则

5.1 出厂检验和验收

5.1.1 每批高纯金应由供方质量监督部门按本标准规定进行出厂检验，填写质量证明书。

5.1.2 需方应对收到的高纯金按本标准规定进行验收。如检验结果与本标准(或订货单)不符合时，应在收到高纯金之日起 30 天内向供方提出，由供需双方协商解决。如需仲裁，仲裁样品应在需方由供需双方共同取样。

5.2 检验项目

5.2.1 化学成分应按批提交检验。

5.2.2 高纯金重应逐块(件)检验。

5.2.3 高纯金的外观质量应逐块(件)检验。

5.3 取样和制样方法

　　高纯金检验应按批取样，每炉为一批。可用铸片(棒)、水淬、真空取样、钻取或辗片后剪取等方法制取样品。

5.4 仲裁取样和制样方法

5.4.1 高纯金应按批次取样，每批至少取 2 块(件)。

5.4.2 在抽取的高纯金锭或辗片后的样品表面上作对角线，对角线的中心点及中心点至顶角距离的二分之一处为取样点，共取五个点，用钻取剪取的方法在取样点制取等量样品。

5.4.3 将抽取的高纯金粒倒在清洁的平面上铺成长方形，在平面上作对角线，对角线的中心点及中心点至顶角距离的二分之一处为取样点，共取五个点，用洁净的工具在取样点抽取等量试样。

5.4.4 样品量应不少于 100 g，将试样混匀后，分成三个试样。

5.5 检验结果的判定

5.5.1 化学成分检验结果不符合本标准 3.1 时，判该批为不合格。

5.5.2 物理规格检验结果不符合本标准 3.3 时，判该块(件)为不合格。

5.5.3 外观质量检验结果不符合本标准 3.4 时，判该块(件)为不合格。

6 标志、包装、运输、贮存、质量证明书

6.1 标志

6.1.1 每条块高纯金锭表面应浇铸或打印如下标志：批号、商标、牌号等。

6.1.2 高纯金粒每个包装上应贴有标签,注明:产品名称、牌号、批号、净重、商标、供方名称及生产日期。

6.2 包装

6.2.1 每块高纯金锭应用干净的纸或塑料膜包裹,高纯金粒应用塑料容器密封包装后装入木箱或塑料箱。经供需双方协议可采用其他包装方式。

6.2.2 除非每块(件)高纯金均有质量证明书,每箱包装中应为同批次的产品。

6.3 运输、贮存

运输和贮存时,不准许损坏包装、污染产品。

6.4 质量证明书

每批(块、件)高纯金应附有质量证明书,注明:

a) 产品名称(锭/粒)、执行标准名称及编号;

b) 牌号、批号;

c) 净重、件数;

d) 分析检验结果及质量监督部门印记;

e) 生产企业名称、地址、电话、传真;

f) 生产日期或包装日期。

7 订货单内容

高纯金订货单应包括下列内容:

a) 产品名称(锭/粒)、牌号;

b) 产品规格;

c) 产品数量;

d) 杂质含量的特殊要求;

e) 包装要求;

f) 其他。

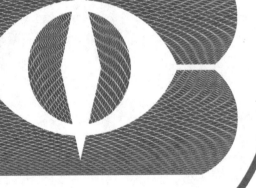

ICS 77.120.99
D 46

中华人民共和国国家标准

GB/T 32840—2016

金 矿 石

Gold ores

2016-08-29 发布

2017-07-01 实施

中华人民共和国国家质量监督检验检疫总局
中国国家标准化管理委员会 发布

前　言

本标准按照 GB/T 1.1—2009 给出的规则起草。

本标准由全国黄金标准化技术委员会(SAC/TC 379)提出并归口。

本标准起草单位：长春黄金研究院、湖南黄金集团有限责任公司、紫金矿业集团股份有限公司、灵宝黄金股份有限公司、山东恒邦冶炼股份有限公司、山东黄金矿业(莱州)有限公司精炼厂、灵宝金源控股有限公司。

本标准主要起草人：王艳荣、张清波、岳辉、王军强、刘勇、梁春来、王青丽、曲胜利、宋耀远、张俊峰、陈光辉、俸富诚、胡站峰、晋建平、黄发波、王蕾蕾。

金 矿 石

1 范围

本标准规定了金矿石产品的分类、要求、试验方法、检验规则及标志、包装、运输、贮存、质量证明书和订货单(或合同)。

本标准适用于露天、井下开采的岩金矿石。

本标准不适用于砂金矿石。

2 规范性引用文件

下列文件对于本文件的应用是必不可少的。凡是注日期的引用文件,仅注日期的版本适用于本文件。凡是不注日期的引用文件,其最新版本(包括所有的修改单)适用于本文件。

GB/T 2007.6 散装矿产品取样制样通则 水分测定方法 热干燥法

GB/T 20899(所有部分) 金矿石化学分析方法

GB/T 32841 金矿石取样制样方法

3 术语和定义

下列术语和定义适用于本文件。

3.1

金矿石 gold ores

商业上能生产出金的任何天然或经加工的岩石、矿物或矿石聚集料。

3.2

矿石最大粒度 maximum particle size of ores

矿石经过筛分,筛余量约5%时的筛孔尺寸。单位为毫米(mm)。

3.3

难处理金矿石 refractory gold ores

符合下列条件之一的金矿石:

a) 金与黄铁矿化、硅化关系密切;

b) 金矿物颗粒微细呈包裹状态;

c) 矿石含有机炭类"劫金"物质;

d) 矿石含耗氧、耗氰化物类物质;

e) 金矿物表面钝化或金以难溶化合物形式存在。

3.4

预处理 pretreatment

在回收金之前,改变或消除难处理金矿石特性的作业过程。

3.5

有害元素 harmful element

对人体有明显毒性,对环境有明显污染的元素。如:Pb、Hg、Cd、Cr、As 等。

3.6

杂质元素 impurity element

对金氰化浸出有主要影响的元素。如:有害元素、有机炭及 Sb、Bi、S、Se、Te 等。

4 要求

4.1 产品分类

4.1.1 金矿石按产地分成国产金矿石和国外进口金矿石。

4.1.2 金矿石按回收金的工艺分成堆浸型、易处理氰化型、难处理氰化型、浮选易处理氰化型、浮选难处理氰化型、浮选冶炼型六大类型。每种类型金矿石按化学成分划分品级。

4.1.3 金矿石难处理程度按直接氰化金浸出率确定:

　　a) 轻度难处理金矿石:直接氰化金浸出率低于 80%;

　　b) 中度难处理金矿石:直接氰化金浸出率低于 50%;

　　c) 重度难处理金矿石:直接氰化金浸出率低于 30%。

4.2 化学成分

化学成分应符合表 1、表 2 规定。

表 1 国产金矿石分类、牌号、品级

矿石类型	牌号、品级	Au 质量分数/10^{-6},不小于
堆浸型	DJ-××	0.40
易处理氰化型	YQ-××	0.80
难处理氰化型	NQ-××	2.30
浮选易处理氰化型	FYQ-××	0.70
浮选难处理氰化型	FNQ-××	1.20
浮选冶炼型	FYL-××	0.10
注:××——品级,即该类型金矿石名义金品位。		

表 2 国外进口金矿石金质量分数及有害元素含量

Au 质量分数/10^{-6},不小于	有害元素含量/10^{-2}		
	Hg 质量分数,不大于	As 质量分数,不大于	
		无加工资质企业	有加工资质企业[a]
5.00	0.003	0.30	0.80
注1:金矿石中 Hg、As 以外有害元素、杂质元素要求由供需双方在合同中约定。			
注2:有加工资质企业包括:(1)具有省级以上主管部门颁发的砷产品《安全生产许可证》企业;(2)具有省级以上主管部门批复建设的含砷物料采用微生物氧化预处理工艺的企业。			

4.3 粒度

国内自产的金矿石,最大粒度应≤350 mm;国外进口的金矿石,最大粒度应≤20 mm。

4.4 水分

金矿石水分应≤14%。

4.5 外观质量

金矿石中不应混入杂物、废物(废料)。

4.6 其他要求

需方对金矿石有特殊要求时,由供需双方协商,并在订货单(或合同)中注明。

5 试验方法

5.1 国产金矿石的产品分类应根据金矿石可选性试验研究结果确定。国外进口的金矿石其矿石性质应符合金矿石定义。

5.2 金矿石的品级应根据化学分析结果确定。金矿石化学分析方法按 GB/T 20899 的规定进行或按供需双方协商的其他方法进行。金的仲裁分析按 GB/T 20899.1 的规定进行。

5.3 金矿石的水分测定按 GB/T 2007.6 规定的方法进行。

5.4 金矿石的粒度测定方法可采用目测法、直接测量法或筛分法,由供需双方协商确定,并在订货单(或合同)中注明。

5.5 金矿石外观质量依据目视检查。

6 检验规则

6.1 检查和验收

6.1.1 金矿石应由供方技术(质量)监督部门进行检验,保证产品质量符合本标准的规定并填写质量证明书。

6.1.2 需方应对收到的产品按本标准的规定进行验收。如检验结果与本标准(或订货单)的规定不符时,应在收到产品之日起 10 日内向供方提出,由供需双方协商解决。如需仲裁,仲裁分析应在供需双方共同认定的检验机构进行。

6.2 组批

金矿石应成批提交检验,每批应由同一牌号、同一品级且所含其他有价元素品位基本一致的金矿石组成。

6.3 检验项目

每组批国产金矿石应进行可选性试验、化学成分分析、水分测定、外观质量检验等;每组批进口金矿石应进行化学成分分析、水分测定、外观质量检验等,需方需要检测矿石粒度时,应在订货单(或合同)中注明。

6.4 取样和制样

金矿石可选性试验样品、化学成分分析样品、水分测定样品的取样和制样按 GB/T 32841 的规定进行。当矿石中自然金颗粒大于 0.1 mm 时,由供需双方协商取样、制样方法。

6.5 检验结果的判定

6.5.1 金矿石的类型按金矿石可选性试验研究结果进行判定,金矿石的品级按金矿石化学成分分析结果判定,化学成分分析结果的允差按 GB/T 20899 的规定进行判定。当判定该批结果不合格时,可按仲裁分析结果重新判定该产品的分类或牌号。

6.5.2 金矿石的粒度按 4.3 的要求进行判定。

6.5.3 金矿石的水分测定结果按 4.4 的要求进行判定。

6.5.4 金矿石外观质量依据目视检查结果判定。

7 标志、包装、运输、贮存

7.1 标志

每批产品应插标志牌,标明:
a) 供方名称、地址、电话;
b) 产品名称;
c) 牌号、品级;
d) 批号;
e) 重量、件数;
f) 发货日期。

7.2 包装、运输

各种类型的金矿石可散装于轮船、车皮或车厢中,每轮船、车皮或车厢中应装运同一类型、同一牌号、同一品级产品,不同类型、不同牌号、不同品级产品不应混装。

运输过程中货物上应覆盖防雨苫布。

7.3 贮存

产品存放场地应清洁干净,远离有毒、有害物质污染源,具备防风、防雨功能。

8 质量证明书

每批产品应附有质量证明书,其上注明:
a) 供方名称、地址、邮编、电话;
b) 产品名称;
c) 牌号、品级;
d) 批号;
e) 化学成分分析结果及供方技术(质量)监督部门印记;
f) 毛重、净重、件数;
g) 发货日期;
h) 本标准编号。

9 订货单(或合同)内容

本标准所列金矿石的订货单(或合同)应包括下列内容:

a) 产品名称；

b) 牌号、品级；

c) 有害元素或杂质元素含量的特殊要求；

d) 重量；

e) 本标准编号；

f) 其他。

ICS 73.060.99
CCS H 60

中华人民共和国黄金行业标准

YS/T 3004—2021
代替 YS/T 3004—2011

金 精 矿

Gold concentrate

2021-05-27 发布

2021-10-01 实施

中华人民共和国工业和信息化部　　发布

前　言

本文件按照 GB/T 1.1—2020《标准化工作导则　第 1 部分:标准化文件的结构和起草规则》的规定起草。

本文件代替 YS/T 3004—2011《金精矿》,与 YS/T 3004—2011 相比,除结构调整和编辑性改动外,主要技术变化如下:

    a)　删除了金精矿中铜的质量分数大于 1％时为铜金精矿(见 2011 年版的 3.1.2、3.2.2);

    b)　删除了金精矿中铅的质量分数大于 5％时为铅金精矿(见 2011 年版的 3.1.3、3.2.2);

    c)　删除了金精矿中锑的质量分数大于 5％时为锑金精矿(见 2011 年版的 3.1.4);

    d)　删除了金精矿中砷的质量分数大于 0.5％时为含砷金精矿(见 2011 年版的 3.1.5);

    e)　更改了金精矿九级品的金含量的规定(见 4.2.1,2011 年版的 3.2.1);

    f)　增加了金精矿中砷元素含量的规定(见 4.2.1);

    g)　更改了金精矿取样和制样的规定(见 6.3,2011 年版的 5.2);

    h)　更改了检验结果的判定(见 6.4.1、6.4.2、6.4.4,2011 年版的 5.3.1、5.3.2)。

请注意本文件的某些内容可能涉及专利。本文件的发布机构不承担识别专利的责任。

本文件由中国黄金协会提出。

本文件由全国黄金标准化技术委员会(SAC/TC 379)归口。

本文件起草单位:长春黄金研究院有限公司、河南中原黄金冶炼厂有限责任公司、紫金矿业集团股份有限公司、辽宁天利金业有限责任公司、长春黄金设计院有限公司、山东恒邦冶炼股份有限公司、湖南中南黄金冶炼有限公司、赤峰吉隆黄金矿业股份有限公司、灵宝金源控股有限公司、湖北三鑫金铜股份有限公司、江西三和金业有限公司、嵩县金牛有限责任公司、山东黄金冶炼有限公司、山东国大黄金股份有限公司。

本文件主要起草人:薛丽贤、李亮、严鹏、李延吉、彭国敏、廖占丕、赵志新、张永贵、曲胜利、何烨、吕晓兆、王军强、高世贤、孙璐、白鹏、张云驰、吴为荣、乔小虎、张俊峰、杨新华、王建政、廖忠义、范茹红、蔡创开、陈国民、吴宇高、刘永军、李建政、刘银生、胡诗彤、陈长力、杨荣华、孔令强。

本文件及其所代替文件的历次版本发布情况为:

    ——2011 年首次发布为 YS/T 3004—2011;

    ——本次为第一次修订。

金 精 矿

1 范围

本文件规定了金精矿的技术要求、检验方法、检验规则、包装、运输、贮存、质量预报单和订货单(或合同)内容。

本文件适用于经浮选所得的金精矿。

2 规范性引用文件

下列文件中的内容通过文中的规范性引用而构成本文件必不可少的条款。其中,注日期的引用文件,仅该日期对应的版本适用于本文件;不注日期的引用文件,其最新版本(包括所有的修改单)适用于本文件。

GB/T 7739(所有部分) 金精矿化学分析方法

YS/T 3005 浮选金精矿取样、制样方法

3 术语和定义

本文件没有需要界定的术语和定义。

4 技术要求

4.1 产品分类

金精矿按金的质量分数分为一级品、二级品、三级品、四级品、五级品、六级品、七级品、八级品和九级品。

4.2 化学成分

4.2.1 金精矿化学成分应符合表 1 中的规定。

表 1 金精矿化学成分

品级	化学成分	
	Au(质量分数)/10^{-6},不小于	As(质量分数)/%,不大于
一级品	100	
二级品	90	
三级品	80	6.50
四级品	70	
五级品	60	

表 1 金精矿化学成分（续）

品级	化学成分	
	Au(质量分数)/10^{-6},不小于	As(质量分数)/％,不大于
六级品	50	
七级品	40	3.50
八级品	30	
九级品	15	

4.2.2 金精矿中银、铜、铅、锑为计价元素,应报出分析结果。

4.2.3 金精矿中其他杂质元素的要求,由供需双方商定。

4.3 水分、粒度、外观

4.3.1 金精矿中水分(质量分数)应不大于 20％。

4.3.2 金精矿的粒度通过 0.074 mm 标准筛的筛下物应不小于 50％。

4.3.3 金精矿中不应混入外来夹杂物,颜色均匀。

5 检验方法

5.1 金精矿的化学成分检验应按 GB/T 7739(所有部分)中的规定进行。

5.2 金精矿的水分检验应按 YS/T 3005 附录 A 规定进行。

5.3 金精矿的粒度检验应用孔径为 0.074 mm 的标准筛进行。

5.4 金精矿的外观质量检查用目视方法进行。

6 检验规则

6.1 检查和验收

金精矿运到需方或供需双方商定的地点。由需方质量检验部门负责验收,供方应确保产品质量符合本文件(或订货合同)的规定。

6.2 组批

金精矿应成批提交检验,每批应由同一品级组成。

6.3 取样和制样

6.3.1 金精矿取样、制样方法应按 YS/T 3005 中的规定进行。

6.3.2 金精矿化学成分试样应制取四份:一份为验收样、一份为供方样、一份为仲裁样、一份为备样。仲裁样和备样经双方确认签封后保存在需方,保存期为 6 个月。

6.3.3 需方应在收到产品之日起 10 日内向供方提出验收报告。供需双方对检验结果有异议,应由供需双方协商解决。如需仲裁,应在仲裁样保存期内提出。

6.4 检验结果的判定

6.4.1 金精矿化学成分的检验结果按 GB/T 7739(所有部分)中规定的再限性限进行判定,金精矿化学成分不能满足本文件规定时,需方可拒收或降级处理。

6.4.2 金精矿水分不符合本文件规定时,需方可拒收或降级处理。

6.4.3 金精矿粒度不符合本文件规定时,需方可拒收或降级处理。

6.4.4 检验批内金精矿颜色明显不一致或有掺杂时,需方可拒收或按较低品级处理。

6.4.5 供需双方对化学成分检验结果有争议时,由供需双方协商解决。如需仲裁,应以仲裁结果为判定依据。

7 包装、运输、贮存

7.1 包装

金精矿可袋装或散装:

a) 袋装每袋重量应基本一致;

b) 散装运输工具应防渗漏,装车(船)后将金精矿扒平,表面覆盖。

7.2 运输

7.2.1 金精矿可用火车、船、汽车运输。

7.2.2 金精矿在运输过程中应防止洒落、雨淋、扬尘。

7.3 贮存

金精矿贮存场所应防晒、防雨淋、通风。

8 质量预报单

每批金精矿发运时,应附质量预报单,其上注明以下内容:

a) 供方名称、地址、电话、传真;

b) 产品名称;

c) 品级和化学成分检测报告;

d) 批号;

e) 净重;

f) 发货日期和发货地点;

g) 车船号;

h) 本文件编号 YS/T 3004—2021。

9 订货单(或合同)内容

订货单(或合同)应包括下列内容:

a) 产品名称;

b) 品级;

c) 杂质含量的特殊要求;

d) 净重;

e) 本文件编号 YS/T 3004—2021;

f) 其他。

_____

ICS 77.120.01
D 46

中华人民共和国黄金行业标准

YS/T 3014—2013

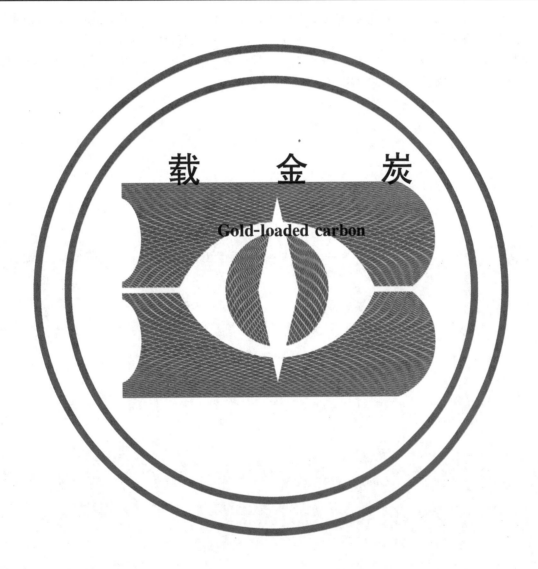

载 金 炭

Gold-loaded carbon

2013-04-25 发布

2013-09-01 实施

中华人民共和国工业和信息化部　　发 布

YS/T 3014—2013

前　言

本标准按照 GB/T 1.1—2009 给出的规则起草。

本标准由中国黄金协会提出。

本标准由全国黄金标准化技术委员会(SAC/TC 379)归口。

本标准起草单位:长春黄金研究院、紫金矿业集团股份有限公司、河南中原黄金冶炼厂有限责任公司、灵宝黄金股份有限公司、潼关中金冶炼有限责任公司、山东国大黄金股份有限公司。

本标准主要起草人:李延吉、张清波、李哲浩、廖占丕、梁春来、谢天泉、张玉明、刘鹏飞、李铁栓、孔令强、吴铃、张微、丁成、高飞翔、楚金澄。

载 金 炭

1 范围

本标准规定了载金炭的要求、试验方法、检验规则、标志、包装、运输、贮存及订货单(或合同)内容。

本标准适用于氰化提金工艺(如堆浸、池浸、炭浆)产出的载金炭。

本标准还适用于氰化废液、尾矿库上清液回收金产出的载金炭。

2 规范性引用文件

下列文件对于本文件的应用是必不可少的。凡是注日期的引用文件,仅注日期的版本适用于本文件。凡是不注日期的引用文件,其最新版本(包括所有的修改单)适用于本文件。

GB/T 29509—2013(所有部分) 载金炭化学分析方法

YS/T 3015(所有部分) 载金炭化学分析方法

3 术语和定义

下列术语和定义适用于本文件。

3.1

吸附 adsorption

活性炭在溶液中富集目的物质的过程。

3.2

载金炭 gold-loaded carbon

吸附了金的活性炭。

3.3

脱金炭 eluted carbon

解吸金后的活性炭。

4 要求

4.1 分类

载金炭按材质分为煤质载金炭、果壳(核)载金炭两大类。

4.2 品级

载金炭按含金量各分为 5 个品级。各品级应符合表 1 规定。

表 1

分类	品级	含金量 $\beta/(g/t)$
煤质载金炭	C1	$\beta \geqslant 3\,000.0$
	C2	$3\,000.0 > \beta \geqslant 2\,000.0$
	C3	$2\,000.0 > \beta \geqslant 1\,000.0$
	C4	$1\,000.0 > \beta \geqslant 500.0$
	C5	$\beta < 500.0$
果壳(核)载金炭	S1	$\beta \geqslant 8\,000.0$
	S2	$8\,000.0 > \beta \geqslant 5\,000.0$
	S3	$5\,000.0 > \beta \geqslant 3\,000.0$
	S4	$3\,000.0 > \beta \geqslant 1\,000.0$
	S5	$\beta < 1\,000.0$

4.3 外观质量

载金炭中不得混入矿泥及其他杂物。

4.4 其他要求

供需双方对载金炭有特殊要求时,由供需双方协商,并在订货单(或合同)中注明。

5 试验方法

5.1 载金炭化学成分按 GB/T 29509 和 YS/T 3015 进行检测。

5.2 载金炭中金质量分数的仲裁检验按 GB/T 29509.1—2013 中的方法 1 进行。

5.3 载金炭外观质量可采用目视检查方法。

6 检验规则

6.1 检查和验收

载金炭应由需方质量检验部门按本标准的规定进行验收,验收地点双方约定。如检验结果与本标准(或订货单)的规定不符时,应在 10 日内向供方提出,由供需双方协商解决。如需仲裁,仲裁分析应在供需双方认定的检验机构进行。

6.2 组批

载金炭应成批提交检验,每批应由同一品级且所含有价元素品位基本一致的载金炭组成。

6.3 取样和制样

6.3.1 载金炭在装袋前应进行晾晒处理,确保无滴水现象。

6.3.2 载金炭应按检验批和附录 A 的方法要求进行取样。

6.3.3 缩分 6.3.2 中取得的样品至 1 kg,大致平分为两个质量相等的样品,一个为正样,另一个为副样。精确称量正、副样的原始重量,取得供需双方的共同认可。再按 YS/T 3015 对正样进行水分测定,取水分测定后的正样全量研磨至 74 μm 以下,分制成三份载金炭化学成分试样。经供需双方代表确认签封后,分别作为需方检测样、供方检测样和仲裁检测样。

6.3.4 经供需双方确认后分别签封的副样和仲裁检测样,共同作为仲裁样品,保存在供需双方协商确定后的地点,保存期至少 3 个月(国际贸易保存期至少 6 个月)。

7 标志、包装、运输、贮存

7.1 标志

每批产品应装配有效的标志,标明:
a) 供方名称、地址、电话、传真;
b) 产品名称;
c) 品级;
d) 批号;
e) 化学分析结果及供方技术(质量)监督部门印记;
f) 毛重、净重、件数,并逐袋列出;
g) 发货日期;
h) 本标准编号。

7.2 包装

载金炭分别保存在透水的编织袋中,每袋重量应在 25 kg～50 kg 之间,并基本一致。

7.3 运输

每车或车厢宜装运同一批号产品,如果不同批号产品必须混装时,应敷设苫布加以隔离。装运时,应有可靠的固定防护措施。注意轻装、轻卸,防止与坚硬物质混装,不可踩、踏,以防炭粒破碎,影响质量。不得用铁钩拖运。运输中应防止雨淋。

7.4 贮存

贮存仓库应远离火源和焦油类物质。

8 订货单(或合同)内容

本标准所列材料的订货单(或合同)内容应包括:
a) 产品名称;
b) 品级;
c) 重量;
d) 本标准编号;
e) 其他。

附 录 A
（资料性附录）
载金炭取样方法

A.1 取样工具

A.1.1 取样钎（见图 A.1）采用公称直径为 DN20 或 DN25 的不锈钢无缝管制作，不锈钢管壁在 2 mm～3 mm 之间，长度应保证取样钎能够垂直穿透载金炭包装袋。

A.1.2 带盖的容器或塑料样袋。

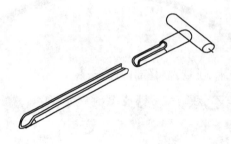

图 A.1 取样钎示意图

A.2 袋装取样

A.2.1 取载金炭份样时，用取样钎垂直穿透载金炭包装袋，旋转后抽出取样钎，将钎内的载金炭粒全部倾尽。

A.2.2 当检验批样品较多时，每袋取样，合并样品，混匀、缩分，获得代表性样品至少 5 kg 以上；当检验批样品较少时，每袋可多取样，合并后样品至少 5 kg 以上。

参 考 文 献

[1] YS/T 3003—2012 含金矿石试验样品制备技术规范

[2] YS/T 3005—2011 浮选金精矿取样、制样方法

ICS 77.150.01
D 46

中华人民共和国黄金行业标准

YS/T 3026—2017

粗　金

Crude gold

2017-07-07 发布

2018-01-01 实施

中华人民共和国工业和信息化部　　发 布

前　言

本标准按照 GB/T 1.1—2009 给出的规则起草。

本标准由中国黄金协会提出。

本标准由全国黄金标准化技术委员会(SAC/TC 379)归口。

本标准起草单位:长春黄金研究院、紫金矿业集团股份有限公司、湖南黄金集团有限责任公司、山东黄金冶炼有限公司、招金矿业股份有限公司金翅岭金矿。

本标准起草人:赵俊蔚、郑晔、刘勇、梁春来、郝福来、岳辉、陈永红、王夕亭、李学强、阳振球、俸富诚、徐忠敏、马涌、翁占平。

粗　　　金

1　范围

本标准规定了粗金的要求、检验方法、检验规则、标志、包装、运输、贮存、质量证明书及订货单(或合同)内容。

本标准适用于含金物料经过冶炼获得的、金质量分数不小于 20.00%、供精炼用的合金。

2　规范性引用文件

下列文件对于本文件的应用是必不可少的。凡是注日期的引用文件,仅注日期的版本适用于本文件。凡是不注日期的引用文件,其最新版本(包括所有的修改单)适用于本文件。

YS/T 3027　粗金化学分析方法

3　要求

3.1　检验要求

粗金应全部熔融后取样化验分析。熔融后的样品各成分应分布均匀。

3.2　产品分类及化学成分

3.2.1　熔融后的粗金按金的质量分数分两个级别,其化学成分应符合表 1 的规定。

表 1　熔融后粗金的化学成分

品级	化学成分(质量分数)/10^{-2}			
	Au	杂质元素		杂质总量
		Hg	Ir	
一级	≥90.00	不检出	不检出	≤10.00
二级	≥20.00	不检出	不检出	≤80.00

3.2.2　检测的杂质元素包括但不限于表 1 所列杂质元素。

3.2.3　银为计价元素,应报出检验结果。

3.2.4　双方协商确定的其他计价元素,应报出检验结果。

3.3　外观质量

粗金不允许有夹杂物。

4　检验方法

4.1　化学成分检验按 YS/T 3027 的规定进行。

4.2 质量检验,检测结果应精确到 0.01 g。

4.3 外观质量用目视检查。

5 检验规则

5.1 出厂检验和验收

5.1.1 每批粗金应由供方质量监督部门按本标准的规定进行出厂检验,填写质量证明书。

5.1.2 检查、验收和熔融样品时应有供需双方代表在场,签字。

5.1.3 粗金熔融后所产出的炉渣返还给供方,不进行交易。

5.1.4 需方按本标准的规定进行检验,并应在收到产品之日起 10 日内向供方提出验收报告。

5.1.5 当供需双方对检验结果有争议时,由供需双方协商解决。如需仲裁,应在仲裁样保存期内提出。

5.2 检验项目

5.2.1 化学成分应按批检验。

5.2.2 粗金熔融前质量应逐块(件)检验,粗金熔融后质量应逐批检验。

5.2.3 外观质量应逐块(件)检查。

5.3 取样和制样方法

5.3.1 粗金应按批取样,每炉为一批。

5.3.2 粗金熔融后可用真空取样、铸片(棒)等方法取样后,再用钻取或辗片后剪取等方法制取样品,也可用水淬的方法制取样品。

5.3.3 粗金制取样品总量:一级品应不小于 100 g;二级品应不小于 200 g。将样品分成三份,供需双方各一份,仲裁样一份。仲裁样经双方确认签封后由需方保存,保存期三个月。

5.4 检验结果的判定

5.4.1 粗金熔融后,其化学成分检验结果应符合本标准表 1 的规定。当 Hg、Ir 质量分数检验结果不符合本标准表 1 的要求时,判定该批产品为不合格;当 Hg、Ir 质量分数检验结果符合本标准表 1 的要求而 Au 质量分数不符合时,判定该批产品为不合格或降至相应等级。

5.4.2 粗金交易时的质量应以粗金熔融后检测的质量结果为准。

5.4.3 粗金外观质量检查结果不符合本标准 3.3 时,判该块(件)为不合格。

6 标志、包装、运输、贮存和质量证明书

6.1 标志

每件粗金产品应表标批号、品级等标志。

6.2 包装

每件粗金产品应有包装。

6.3 运输和贮存

运输和贮存时,不应损坏、污染粗金产品。

6.4 质量证明书

每件粗金产品应附质量证明书,注明:

a) 企业名称、地址、电话、传真;

b) 产品名称和品级;

c) 批号;

d) 单件粗金质量、件数及总质量;

e) 各项分析检验结果和质量监督部门印记;

f) 本标准编号;

g) 出厂日期(或包装日期)。

7 订货单(或合同)内容

订货单(或合同)应包括下列内容:

a) 产品名称;

b) 品级;

c) 件数与质量;

d) 杂质含量的特殊要求;

e) 包装要求;

f) 本标准编号;

g) 其他。

ICS 77.150.01
D 46

中华人民共和国黄金行业标准

YS/T 3038—2020

黄金生产用颗粒活性炭

Globular activated carbon used for gold production

2020-12-25 发布

2021-04-01 实施

中华人民共和国工业和信息化部　发 布

前　言

本标准按照 GB/T 1.1—2009 给出的规则起草。

本标准由中国黄金协会提出。

本标准由全国黄金标准化技术委员会(SAC/TC 379)归口。

本标准起草单位：长春黄金研究院有限公司、北海星石碳材料科技有限责任公司、承德斯列普活性炭制造有限公司、紫金矿业集团股份有限公司、唐山天合活性炭有限公司、江西三和金业有限公司、山东黄金归来庄矿业有限公司、江苏浦士达环保科技股份有限公司。

本标准主要起草人：王艳荣、杜建平、付国忠、岳辉、梁春来、胡腾飞、刘立新、肖坤荣、王洪炳、张曦、张敬民、蔡创开、童广艮、陈发上、郭兆松、王继生、王怀、张晗、郝福来、张太雄、逄文好。

黄金生产用颗粒活性炭

1 范围

本标准规定了黄金生产用颗粒活性炭(以下简称活性炭)的技术要求、检验方法、检验规则及标志、包装、运输、贮存和订购合同。

本标准适用于炭浆法提金工艺。

2 规范性引用文件

下列文件对于本文件的应用是必不可少的。凡是注日期的引用文件,仅注日期的版本适用于本文件。凡是不注日期的引用文件,其最新版本(包括所有的修改单)适用于本文件。

GB/T 6003.1 试验筛 技术要求和检验 第1部分:金属丝编织网试验筛

GB/T 12496(所有部分) 木质活性炭试验方法

YS/T 3002 含金矿石试验样品制备技术规范

YS/T 3023 金矿石相对可磨度测定方法

DZ/T 0193 实验室用240×90锥形球磨机技术条件

3 术语和定义

下列术语和定义适用于本文件。

3.1

活性炭预处理 activated carbon pretreatment

活性炭使用前,在水中进行搅拌,去除活性炭的棱角、轻质成分,以及粉末炭等的工艺过程。

3.2

活性炭磨耗指标 activated carbon wear index

将预处理后的活性炭样品,在标准磨耗测试设备中,按规定的工艺条件进行运转,获得的小于某一级别活性炭量与加入总炭量的百分比。本标准采用小于0.50 mm级别活性炭量与加入总炭量的百分比。

4 技术要求

4.1 一般要求

活性炭磨耗指标应在活性炭经过预处理后进行测定,活性炭预处理方法见附录A。

4.2 外观质量

活性炭颗粒应大小均匀,无石粒及其他混入物。

4.3 性能指标

活性炭性能指标应符合表1的规定。

表 1 活性炭性能指标

活性炭性能	指标		
	一级品	二级品	三级品
磨耗指标/%	≤2.30	≤2.60	≤3.00
碘吸附值/(mg/g)	≥1 000	≥950	≥900
粒度/%	3.35 mm~1.70 mm 含量≥97		
表观密度/(g/mL)	0.49~0.54		
灰分/%	≤3		
水分/%	≤10		

5 检验方法

5.1 磨耗指标测定方法见附录 B。

5.2 碘吸附值、粒度、表观密度、灰分、水分的检测按 GB/T 12496 的规定进行。

5.3 外观质量采用目视方法进行检查。

6 检验规则

6.1 检查和验收

6.1.1 交割的活性炭由需方质量检验部门负责验收,供方应确保产品质量符合本标准的规定。

6.1.2 如需仲裁,应由合同规定的第三方检验单位进行,第三方在收到样品 10 个工作日内出具质量检验及品级测评报告。

6.2 组批

活性炭应成批提交检验,每批应由同一品级组成。

6.3 取样和制样

6.3.1 取样

6.3.1.1 取样工具

取样钎(见图 1),规格尺寸应满足取样量的要求。

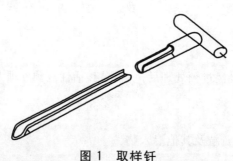

图 1 取样钎

6.3.1.2 取样量

每批取样量应不少于 5 kg。

6.3.1.3 取样方法

包括以下内容：
a) 取样方案应由供需双方共同协商；
b) 份样数由总取样量与取样钎每次取样份样量确定；
c) 取样钎插入深度至少应超过包装袋厚度的 1/3；
d) 每次抽取的份样量应基本一致。

6.3.2 制样

6.3.2.1 样品的制备方法参见附录 C。

6.3.2.2 将样品制成两份，分别装入两个干燥、洁净的密封容器中，一份检验样，一份备样，保存期 6 个月。

7 检验结果的判定

7.1 外观质量依据目视结果进行判定。

7.2 产品性能指标按表 1 的要求进行判定。

7.3 供需双方对产品质量有异议时，应由供需双方协商解决。

8 标志、包装、运输、贮存

8.1 标志

每批产品应标明：
a) 产品名称、型号、品级、生产日期；
b) 供方名称、地址、电话；
c) 出厂合格证；
d) 发货量；
e) 发货日期。

8.2 包装、运输、贮存

8.2.1 包装

活性炭应使用内层密封防潮的袋装，每袋量应基本一致。

8.2.2 运输

活性炭运输中应防雨淋、防挤压、防破损。

8.2.3 贮存

活性炭产品存放仓库附近不应有化学气体释放源，库房应洁净、干燥，具备防雨功能。

9 质量证明书

每批产品应附有质量证明书,包含:
a) 供方名称;
b) 产品名称;
c) 自检报告;
d) 产品量;
e) 发货日期;
f) 本标准编号。

10 订货单(或合同)内容

活性炭的订货单位(或合同)至少应包括下列内容:
a) 产品名称;
b) 第三方检验单位;
c) 产品质量报告;
d) 订购量;
e) 本标准编号;
f) 其他。

附　录　A

（规范性附录）

活性炭预处理方法

A.1　方法原理

选取活性炭样品,按一定的工艺条件在水中进行搅拌,去除活性炭的棱角、轻质成分及粉末炭等。

A.2　仪器、设备

A.2.1　活性炭预处理设备:规格型号 MTJ-3.0[1),主轴转速 2 000 r/min(可调),电机功率 120 W。

A.2.2　搅拌槽:桶体内径 150 mm、桶高 180 mm,内壁均匀分布 4 块平挡板,挡板高 75 mm、宽 20 mm、厚 5 mm,挡板与桶壁之间从桶底开始留有 52 mm×4 mm 间隙,材质为有机玻璃。

A.2.3　搅拌体的叶轮材质为不锈钢,直径为 ϕ64 mm,叶片厚 δ2 mm,形状如图 A.1 所示:

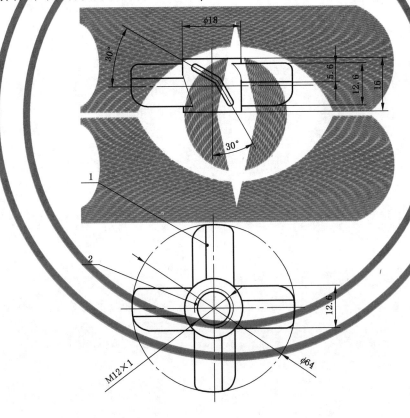

说明:
1——叶片;
2——轴套。

图 A.1　叶轮

---

1)　MTJ-3.0 型活性炭预处理设备是适合的市售产品的实例。给出这一信息是为了方便本标准的使用者,并不表示对该产品的认可。如果其他等效产品具有相同的效果,则可使用这些等效产品。

A.2.4 试验筛:符合 GB/T 6003.1 的内容要求。

A.2.5 恒温干燥箱:150 ℃±5 ℃。

A.2.6 振筛机:筛子摇动次数每分钟 221 次、顶击次数每分钟 147 次。

A.2.7 天平,精度 $d=0.01$ g。

A.3 活性炭预处理方法

向搅拌槽中加入 1.5 L 水,称取 300 g 活性炭样品置于搅拌槽中,设置主轴转速 750 r/min,搅拌处理时间 2 h。预处理试验完成后用筛孔尺寸 1.00 mm 试验筛,用水冲洗干净,沥干水分,筛上活性炭在 120 ℃恒温干燥箱中烘干 3 h,再用筛孔尺寸 1.00 mm 试验筛在振筛机上筛分 5 min,筛上活性炭密封保存备用。

附　录　B

（规范性附录）

活性炭磨耗指标测定方法

B.1　方法原理

选取预处理后粒度合格的活性炭样品,在磨耗测试设备中,采用标准矿石作为磨耗介质,按规定的工艺条件进行活性炭耐磨性试验。

B.2　设备、仪器、材料

B.2.1　标准矿石:标准矿石执行 YS/T 3023 的规定。标准样品的制备按 YS/T 3002 的规定进行。

B.2.2　磨矿用球磨机:磨矿用球磨机符合 DZ/T 0193 的规定:有效容积 6.25 L、工作转速 96 r/min、钢球为滚珠轴承用球,钢球级配 ϕ30 mm 30 个、ϕ25 mm 68 个、ϕ18 mm 136 个、ϕ12 mm 80 个。

B.2.3　磨耗测试设备:磨耗测试设备见附录 A.2。

B.3　活性炭磨耗指标测定方法

B.3.1　矿浆准备

称取－2 mm 标准矿石(B.2.1)1 kg 置于球磨机(B.2.2)中,加入 1.0 L 水研磨 30 min,获得产品粒度－0.074 mm 含量 90％的矿浆。

B.3.2　磨耗测试

B.3.2.1　称取 40 g 按 A.3 方法预处理后的活性炭,置于搅拌槽(A.2.2)中,添加矿浆(B.3.1)作为磨耗介质,调整矿浆质量浓度为 40％,设置磨耗设备(A.2.1)主轴转速 450 r/min,磨耗时间 24 h。

B.3.2.2　磨耗试验完成后用筛孔尺寸 0.50 mm 的试验筛将活性炭与矿浆分离,用水冲洗干净,筛上活性炭在 120 ℃恒温干燥箱中烘干 1 h,再用筛孔尺寸 0.50 mm 试验筛在振筛机上筛分 5 min,筛上物料在 120 ℃恒温干燥箱中继续烘干 3 h,在干燥环境下称量、记录、密封保存。

B.4　磨耗指标计算

活性炭磨耗指标以 w 计,以％表示,按下式计算:

$$w = \frac{m - m_1}{m} \times 100\%$$

式中:

m ——测试样品质量,单位为克(g);

m_1 ——磨耗测试后样品质量,单位为克(g)。

附　录　C

（资料性附录）

活性炭样品的混匀缩分方法

C.1　样品混匀方法

样品混匀有两种方法,可任选其一:

a)　滚动法:将样品置于干燥洁净的混样布上,提起混样布一侧对角交替上下运动,应使样品滚过混样布中心线,以同样的方式换另一侧对角进行。重复至少 9 次,使样品混匀。

b)　堆锥法:样品置于平整、洁净的缩分板上,堆成圆锥形。用取样铲转堆,铲样时应沿着前一锥堆的四周铲样,将第一铲放在样锥旁为新圆锥的中心,每铲沿圆锥顶尖均匀散落,不应使圆锥中心错位。以同样的方式至少转堆 7 次,使样品混匀。

C.2　样品缩分方法

四分法:将混匀的样品摊平,用十字分样板自上而下将样品分成四等份,将互为对角的两份样品弃去,保留另外一半样品。再将保留的样品混匀,重复上述操作,缩分至所需样品量。

三、测试标准

ICS 73.060.99
D 46

中华人民共和国国家标准

GB/T 7739.1—2019
代替 GB/T 7739.1—2007

金精矿化学分析方法
第 1 部分：金量和银量的测定

Methods for chemical analysis of gold concentrates—
Part 1:Determination of gold and silver contents

2019-12-31 发布

2020-11-01 实施

国家市场监督管理总局
国家标准化管理委员会 发布

前　言

GB/T 7739《金精矿化学分析方法》分为如下部分：

——第1部分：金量和银量的测定；

——第2部分：银量的测定　火焰原子吸收光谱法；

——第3部分：砷量的测定；

——第4部分：铜量的测定；

——第5部分：铅量的测定；

——第6部分：锌量的测定；

——第7部分：铁量的测定；

——第8部分：硫量的测定；

——第9部分：碳量的测定；

——第10部分：锑量的测定；

——第12部分：砷、汞、镉、铅和铋量的测定　原子荧光光谱法；

——第13部分：铅、锌、铋、镉、铬、砷和汞量的测定　电感耦合等离子体原子发射光谱法；

——第14部分：铊量的测定　电感耦合等离子体原子发射光谱法和电感耦合等离子体质谱法。

本部分为 GB/T 7739 的第1部分。

本部分按照 GB/T 1.1—2009 给出的规则起草。

本部分代替 GB/T 7739.1—2007《金精矿化学分析方法　第1部分：金量和银量的测定》。

本部分与 GB/T 7739.1—2007 相比，除编辑性修改外主要技术变化如下：

——增加了"重复性"条款和"再现性"条款要求（见2.7、3.7和4.7）；

——删除了"允许差"条款要求（见2007年版的第8章）；

——增加了"银量的补正方法""灰皿回收法""灰吹系数法"和"计算公式"（见2.5.4.7）；

——方法1中，金的测定范围由"20.0 g/t～550.0 g/t"调整为"10.0 g/t～550.0 g/t"（见第1章）；

——方法1中，银的测定范围由"200.0 g/t～10 000.0 g/t"调整为"200.0 g/t～12 000.0 g/t"（见第1章）；

——增加了"方法2：活性炭富集-火焰原子吸收光谱法"和"方法3：活性炭富集-碘量法"（见第4章和第5章）。

本部分由全国黄金标准化技术委员会（SAC/TC 379）提出并归口。

本部分起草单位：长春黄金研究院有限公司、紫金矿业集团股份有限公司、山东国大黄金股份有限公司、深圳市金质金银珠宝检验研究中心有限公司、河南中原黄金冶炼厂有限责任公司、北矿检测技术有限公司、灵宝黄金集团股份有限公司、国投金城冶金有限责任公司、潼关中金冶炼有限责任公司、湖南辰州矿业有限责任公司、山东黄金冶炼有限公司、赤峰吉隆矿业有限责任公司、招金矿业股份有限公司金翅岭金矿、山东恒邦冶炼股份有限公司。

本部分主要起草人：陈永红、马丽军、洪博、苏广东、王佳俊、芦新根、孟宪伟、穆岩、苏本臣、夏珍珠、徐超秀、林英玲、刘永玉、吴银来、林翠芳、孔令强、王建政、邵国强、王德雨、党宏庆、史博洋、王皓莹、刘秋波、朱延胜、胡站锋、杨志强、王为宏、邓渊明、周发军、吕晓兆、王永成、赵吉剑、张俊峰。

本部分所代替标准的历次版本发布情况为：

——GB/T 7739.1—1987、GB/T 7739.1—2007。

金精矿化学分析方法
第1部分:金量和银量的测定

警示——使用本标准的人员应有正规实验室工作的实践经验。本标准并未指出所有的安全问题。使用者有责任采取适当的安全和健康措施,并保证符合国家有关法规规定的条件。

1 范围

GB/T 7739 的本部分规定了金精矿中金量和银量的测定方法。

本部分方法 1 适用于金精矿中金量和银量的测定,方法 2、方法 3 适用于金精矿中金量的测定。方法 1 测定范围:金 10.0 g/t~550.0 g/t,银 200.0 g/t~12 000.0 g/t;方法 2 测定范围:10.0 g/t~150.0 g/t;方法 3 测定范围:10.0 g/t~150.0 g/t。

2 方法1:金量和银量的测定 火试金重量法(仲裁法)

2.1 原理

试料经配料、熔融,获得适当质量的含有贵金属的铅扣与易碎性的熔渣。为了回收渣中残留的金、银,再次对熔渣进行试金。通过灰吹使金、银与铅扣分离,得到金银合粒,合粒经硝酸分金后,用重量法测定金量和银量。

2.2 试剂和材料

除非另有说明,在分析中仅使用确认为分析纯的试剂和蒸馏水或相当纯度的水。

2.2.1 碳酸钠:工业纯,粉状。

2.2.2 氧化铅:工业纯,粉状。金量<0.02 g/t,银量<0.5 g/t。

2.2.3 硼砂:工业纯,粉状。

2.2.4 玻璃粉:粒度≤0.18 mm。

2.2.5 二氧化硅:工业纯,粉状。

2.2.6 硝酸钾:工业纯,粉状。

2.2.7 纯银(质量分数≥99.99%)。

2.2.8 覆盖剂(2+1):两份碳酸钠与一份硼砂混匀。

2.2.9 面粉。

2.2.10 铅箔(质量分数≥99.99%):厚度约 0.1 mm,金量<0.02 g/t,银量<0.5 g/t。

2.2.11 硝酸($\rho=1.42$ g/mL)。

2.2.12 冰乙酸($\rho=1.05$ g/mL)。

2.2.13 硝酸(1+7)。

2.2.14 硝酸(1+2)。

2.2.15 乙酸(1+3)。

2.2.16 硝酸银溶液(10 g/L):称取 5.000 mg 纯银(2.2.7),置于 300 mL 烧杯中,加入 20 mL 硝酸 (2.2.14),低温加热至完全溶解,冷却至室温,移入 500 mL 容量瓶中,用硝酸(2.2.14)洗涤烧杯,洗液合并入容量瓶中,以水稀释至刻度,混匀。此溶液 1 mL 含 10 mg 银。

2.3 仪器和设备

2.3.1 试金坩埚：材质为耐火黏土，容积约为300 mL或保证放置试料深度不超过坩埚深度的3/4。

2.3.2 镁砂灰皿：水泥（标号425）、镁砂（≤0.18 mm）与水按质量比（15：85：10）搅拌均匀，在灰皿机上压制成型，有效容积不小于5 mL，阴干3个月后备用。

2.3.3 比色管：25 mL。

2.3.4 天平：感量不大于0.01 g。

2.3.5 天平：感量不大于0.001 mg。

2.3.6 熔融电炉：最高加热温度不低于1 200 ℃。

2.3.7 灰吹电炉：最高加热温度不低于1 000 ℃。

2.3.8 粉碎机。

2.3.9 铸铁模。

2.4 试样

2.4.1 试样粒度应不大于0.074 mm。

2.4.2 试样应在100 ℃～105 ℃烘干1 h后，置于干燥器中冷却至室温。

2.5 试验步骤

2.5.1 试料

根据各种类型金精矿的组分和还原力，计算试样称取量和试剂的加入量。控制硝酸钾（2.2.6）加入量小于30 g。称取试样10 g～20 g，精确至0.01 g。

独立进行两次测定，结果取其平均值。

2.5.2 空白试验

随同试料做空白试验，平行测定三份，或按批次抽样进行氧化铅空白试验，测定结果不少于10次，结果取其平均值。

方法：称取200 g氧化铅（2.2.2）、40 g碳酸钠（2.2.1）、40 g玻璃粉（2.2.4）、3 g面粉（2.2.9），以下按2.5.4.2、2.5.4.4、2.5.4.5、2.5.4.6进行，测定金、银量。

2.5.3 试样还原力的测定

2.5.3.1 测定法

称取5 g试料、30 g碳酸钠（2.2.1）、60 g氧化铅（2.2.2）、10 g玻璃粉（2.2.4），以下按2.6.4.2操作。称量所得铅扣，按式（1）计算试样的还原力：

$$F = \frac{m_1}{m_2} \qquad\qquad\cdots\cdots\cdots\cdots\cdots\cdots\cdots\cdots\cdots\cdots(1)$$

式中：

F ——试样的还原力；

m_1 ——铅扣质量，单位为克（g）；

m_2 ——试料质量，单位为克（g）。

2.5.3.2 计算法

按式（2）计算试样的还原力：

$$F = \frac{w(S) \times 20}{100} \quad \cdots\cdots\cdots\cdots\cdots\cdots\cdots (2)$$

式中：

F ——试样的还原力；

$w(S)$——试样中硫的质量分数，%；

20 ——1 g 硫可还原出约 20 g 铅扣的经验值。

2.5.4 测定

2.5.4.1 配料：根据试样的化学组分、还原力及试料质量，按下列方法计算试剂加入量。

碳酸钠(2.2.1)加入量：为试样量(2.5.1)的 1.5 倍～2.5 倍，不低于 30 g。

氧化铅(2.2.2)加入量按式(3)计算：

$$m_3 = m_0 F \times 1.1 + 30 \quad \cdots\cdots\cdots\cdots\cdots\cdots\cdots (3)$$

式中：

m_3——氧化铅加入量，单位为克(g)；

m_0——试料的质量，单位为克(g)；

F ——试样的还原力。

当还原力低时，氧化铅的加入量应不低于 80 g。如试样中含铜较高时，氧化铅加入量除需要生成 30 g 铅扣的氧化铅外，还需补加 30 倍～50 倍铜量的氧化铅。

二氧化硅(2.2.5)加入量：为在熔融过程中生成的金属氧化物，以及加入的碱性溶剂，在 0.5～1.0 硅酸度时，所需的二氧化硅总量减去称取试料中含有的二氧化硅之后的三分之二。

玻璃粉(2.2.4)加入量：按 1 g 二氧化硅(2.2.5)相当于 2.5 g 玻璃粉计算出玻璃粉(2.2.4)加入量。

注：二氧化硅(2.2.5)和玻璃粉(2.2.4)可任选其一。

硼砂(2.2.3)加入量：按所需补加二氧化硅(2.2.5)量的三分之一，除以 0.39 计算。但不应低于 7 g。

硝酸钾(2.2.6)或面粉(2.2.9)的加入量按式(4)、式(5)计算：

当 $m_0 F \geqslant 30$ 时，

$$m_4 = \frac{m_0 F - 30}{4} \quad \cdots\cdots\cdots\cdots\cdots\cdots\cdots (4)$$

当 $m_0 F < 30$ 时，

$$m_5 = \frac{30 - m_0 F}{12} \quad \cdots\cdots\cdots\cdots\cdots\cdots\cdots (5)$$

式中：

m_4——硝酸钾加入量，单位为克(g)；

m_5——面粉加入量，单位为克(g)；

m_0——试料的质量，单位为克(g)；

F ——试样的还原力。

将试料(2.5.1)及上述配料置于试金坩埚(2.3.1)中，搅拌均匀后，覆盖约 10 mm 厚的覆盖剂(2.2.8)。若只需分析金的含量，需要根据金的预估含量，按照金银不大于 1:5 的比例，补加相当银量的硝酸银溶液(2.2.16)，最大补银量不超过 55 mg，再覆盖约 10 mm 覆盖剂(2.2.8)。

2.5.4.2 熔融：将坩埚置于炉温为 800 ℃的熔融电炉(2.3.6)内，关闭炉门，升温至 930 ℃，保温 15 min，再升温至 1 100 ℃～1 200 ℃，保温 10 min 后出炉。将坩埚平稳地旋动数次，并在铁板上轻轻敲击 2 次～3 次，使附着在坩埚壁上的铅珠下沉，然后将熔融物小心地全部倒入预热的铸铁模中。冷却后，把铅扣与熔渣分离，将铅扣锤成立方体并称量(应为 25 g～50 g)。收集熔渣，保留铅扣。

2.5.4.3 二次试金：将熔渣粉碎后(粒度≤0.18 mm)，按面粉法配料，进行二次试金。

方法:将熔渣(全量)、30 g碳酸钠(2.2.1)、40 g氧化铅(2.2.2)、10 g硼砂(2.2.3)、10 g玻璃粉(2.2.4)、3.0 g面粉(2.2.9)置于原坩埚中,搅拌均匀后,覆盖约10 mm厚的覆盖剂(2.2.8),后续操作按2.5.4.2进行,弃去熔渣,保留铅扣。

2.5.4.4 灰吹:将二次试金铅扣放入已在950 ℃灰吹电炉(2.3.7)中预热20 min的镁砂灰皿中,关闭炉门1 min～2 min,待熔铅脱膜后,半开炉门,并控制温度860 ℃灰吹至铅扣剩2 g左右,取出灰皿冷却后,将剩余铅扣与一次铅扣同时放入已预热过的灰皿中。按上述操作再次进行灰吹,控制灰吹温度880 ℃,待出现闪光后,将灰皿移至炉门口放置1 min,取出冷却。当灰吹后的金银合粒表面不圆或含有杂质时,在进行2.5.4.6步骤时应分析分金液中杂质(铂、钯、碲、铅、铋等)的含量,在银结果计算中予以减除。当灰吹后的金银合粒表面不圆或含有杂质时,在进行2.5.4.6步骤时应分析分金液中杂质(铂、钯、碲、铅、铋等)的含量,在银结果计算中予以减除。

注:如样品只需分析金的含量,可控制灰吹温度900 ℃灰吹。

2.5.4.5 合粒处理:用小镊子将合粒从灰皿中取出,刷去粘附杂质,置于30 mL瓷坩埚中,加入10 mL乙酸(2.2.15),置于低温电热板上,保持近沸,并蒸至约5 mL,取下冷却,倾出液体,用热水洗涤三次,放在电炉上烘干,取下冷却,称重,即为金银合粒质量。将合粒在小钢砧上锤成0.2 mm～0.3 mm薄片。如果合粒中金与银比值小于五分之一时,可直接分金。大于五分之一应补纯银(2.2.7)。再锤成0.2 mm～0.3 mm薄片。

补银方法:采用灰吹法,把合粒和需补的纯银(2.2.7)用3 g～5 g铅箔(2.2.10)包好,按2.5.4.4进行。

2.5.4.6 分金:将金银薄片放入比色管中,加入10 mL硝酸(2.2.13),把比色管置入沸水中加热。待合粒与酸反应停止后,取出比色管,倾出酸液。再加入10 mL微沸的硝酸溶液(2.2.14),再于沸水中加热30 min。取出比色管,倾出酸液,用蒸馏水洗净金粒后,移入坩埚中,在600 ℃高温炉中灼烧2 min～3 min,冷却后,将金粒放在天平(2.3.5)上称量。金粒颜色异常时应溶解金粒,采用其他方法测定金的含量,如容量法或火焰原子吸收光谱法。

2.5.4.7 银量的补正:

灰皿回收法:将灰吹后的灰皿粉碎后(0.18 mm)按面粉法配料,进行试金。将灰皿、50 g碳酸钠(2.2.1)、50 g二氧化硅(2.2.5)、50 g氧化铅(2.2.2)、50 g硼砂(2.2.3)、5 g面粉(2.2.9)置于坩埚中,搅拌均匀后,覆盖约10 mm厚的覆盖剂(2.2.8),以下按2.5.4.2、2.5.4.4、2.5.4.5进行。按2.6中式(7)计算银结果。

灰吹系数法:称取与试料含银量相近的纯银(2.2.7)三份用40 g铅箔(2.2.10)将纯银(2.2.7)包裹好并用锤子砸实,放于样品铅扣两侧,以下按2.5.4.4、2.5.4.5进行。按2.6中式(9)计算银的灰吹补正系数,按2.6中式(8)计算银结果。

注:实验所得灰吹损失系数近似为1.01,实验室经验证后采纳。

2.6 结果计算

按式(6)、式(7)、式(8)计算金、银的质量分数:

$$w(\text{Au}) = \frac{m_6 - m_8}{m_0} \times 1\,000 \quad\cdots\cdots\cdots\cdots (6)$$

$$w(\text{Ag}) = \frac{m_7 - m_6 - m_9 + m_{10}}{m_0} \times 1\,000 \quad\cdots\cdots\cdots\cdots (7)$$

$$w(\text{Ag}) = \frac{(m_7 - m_6 - m_9) \times \bar{k}}{m_0} \times 1\,000 \quad\cdots\cdots\cdots\cdots (8)$$

$$k = \frac{m_{11}}{m_{12}} \quad\cdots\cdots\cdots\cdots (9)$$

式中：

$w(\mathrm{Au})$——金的质量分数，单位为克每吨（g/t）；

$w(\mathrm{Ag})$——银的质量分数，单位为克每吨（g/t）；

m_0——试料的质量，单位为克（g）；

m_6——金粒质量，单位为毫克（mg）；

m_7——金银合粒的质量，单位为毫克（mg）；

m_8——分析时所用氧化铅总量中含金的质量，单位为毫克（mg）；

m_9——分析时所用氧化铅总量中含银的质量，单位为毫克（mg）；

m_{10}——灰皿中银的质量，单位为毫克（mg）；

m_{11}——灰吹前纯银的质量，单位为毫克（mg）；

m_{12}——灰吹后纯银的质量，单位为毫克（mg）；

k——金属银灰吹损失补正系数；

$\overline{k}$——三份银灰吹损失补正系数平均值。

分析结果表示至小数点后一位。

2.7 精密度

2.7.1 重复性

在重复性条件下获得的两次独立测试结果的测定值，在以下给出的平均值范围内，这两个测试结果的绝对差值不大于重复性限(r)，超过重复性限(r)的情况不超过5%；重复性限(r)按表1数据采用线性内插法求得。金、银含量低于最低水平，重复性限按最低水平执行；金、银含量高于最高水平，重复性限按最高水平执行。

表 1 重复性限（方法1）

金	$w(\mathrm{Au})/(\mathrm{g/t})$	13.3	25.3	44.7	87.7	138.7	448.1	—	—
	$r/(\mathrm{g/t})$	0.8	1.4	1.8	2.4	2.8	5.0	—	—
银	$w(\mathrm{Ag})/(\mathrm{g/t})$	219.2	501.4	1 036.6	1 527.1	2 209.0	4 339.8	5 519.9	11 327.8
	$r/(\mathrm{g/t})$	14.2	20.6	30.1	40.1	60.0	80.0	90.0	160.3

2.7.2 再现性

在再现性条件下获得的两次独立测试结果的测定值，在以下给出的平均值范围内，这两个测试结果的绝对差值不大于再现性限(R)，超过再现性限(R)的情况不超过5%；再现性限(R)按表2数据采用线性内插法求得。金、银含量低于最低水平，再现性限按最低水平执行；金、银含量高于最高水平，再现性限按最高水平执行。

表 2 再现性限（方法1）

金	$w(\mathrm{Au})/(\mathrm{g/t})$	13.3	25.3	44.7	87.7	138.7	448.1	—	—
	$R/(\mathrm{g/t})$	1.2	2.0	2.5	3.2	3.8	7.0	—	—
银	$w(\mathrm{Ag})/(\mathrm{g/t})$	219.2	501.4	1 036.6	1 527.1	2 209.0	4 339.8	5 519.9	11 327.8
	$R/(\mathrm{g/t})$	20.0	35.0	50.3	63.2	75.0	108.0	125.0	200.0

2.8 试验报告

试验报告至少应给出以下几个方面的内容：

——试样；

——使用的标准(GB/T 7739.1—2019)；

——使用的方法；

——分析结果及其表示；

——与基本分析步骤的差异；

——测定中观察到的异常现象；

——试验日期。

3 方法2:活性炭富集-火焰原子吸收光谱法

3.1 原理

试料经焙烧后,用王水溶解,金以氯金酸形式进入溶液中,用活性炭富集金与干扰元素分离,灰化后用王水溶解金,在盐酸介质中,用火焰原子吸收光谱仪在波长242.8 nm处测定金吸光度值。

3.2 试剂和材料

除非另有说明,在分析中仅使用确认为分析纯的试剂和蒸馏水或去离子水或相当纯度的水。

3.2.1 硝酸($\rho=1.42$ g/mL)。

3.2.2 盐酸($\rho=1.19$ g/mL)。

3.2.3 王水:三体积盐酸(3.2.2)与一体积硝酸(3.2.1)混合,现用现配。

3.2.4 王水(1+1):三体积盐酸(3.2.2)、一体积硝酸(3.2.1)与四体积水混合,现用现配。

3.2.5 盐酸(5+95)。

3.2.6 氟化氢铵溶液(20 g/L)。

3.2.7 氯化钠溶液(200 g/L)。

3.2.8 明胶溶液(50 g/L)。

3.2.9 活性炭:粒度不大于0.074 mm,将分析纯或化学纯活性炭放入氟化氢铵溶液(3.2.6)中浸泡3 d后抽滤,盐酸(3.2.5)及水各洗涤3次。

3.2.10 定性滤纸。

3.2.11 活性炭-纸浆混合物:活性炭(3.2.9)与定性滤纸(3.2.10)的质量比为1:2,放入2 L塑料烧杯中,搅碎混匀,盐酸(3.2.5)及水各洗涤3次。

3.2.12 金标准贮存溶液(1.00 mg/mL):称取0.500 0 g金[w(Au)≥99.99%],置于100 mL烧杯中,加入20 mL王水(3.2.3),低温加热至完全溶解,取下冷却至室温,移入500 mL容量瓶中,用水稀释至刻度,混匀。此溶液1 mL含1.00 mg金。

3.2.13 金标准溶液(100 μg/mL):移取50.00 mL金标准贮存溶液(3.2.12),于500 mL容量瓶中,加入10 mL王水(3.2.3),用水稀释至刻度,混匀。此溶液1 mL含100 μg金。

3.3 仪器和设备

3.3.1 活性炭吸附抽滤装置

将玻璃吸附柱插入抽滤筒孔中,柱内放一片多孔塑料板,并放入一片与多孔塑料板直径等大的滤纸片。倾入纸浆抽滤,滤干后纸浆层厚约3 mm~4 mm,再加入活性炭-纸浆混合物(3.2.11),抽干后厚度为 5 mm～10 mm,以水吹洗柱壁,加入一层薄纸浆。装上布氏漏斗,在漏斗上垫两张定性滤纸并加入少许纸浆于滤纸边缘,使滤纸边缘与布氏漏斗壁没有缝隙。抽滤装置如图1。

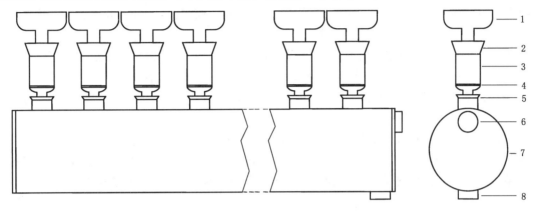

说明:
1 ——布氏漏斗;
2,5 ——胶塞;
3 ——玻璃吸附柱;
4 ——多孔塑料板;
6——抽气孔;
7——抽滤筒;
8——排废液口。

图 1 活性炭吸附抽滤装置示意图

3.3.2 火焰原子吸收光谱仪

在火焰原子吸收光谱仪最佳工作条件下,凡能达到下列指标者均可使用:
——灵敏度:在与测量试料溶液的基体相一致的溶液中,金的特征浓度应不大于 0.23 μg/mL。
——精密度:用最高浓度的标准溶液测量 11 次,其标准偏差应不超过平均吸光度的 1.5%;用最低浓度的标准溶液(不是"零"标准溶液)测量 11 次,其标准偏差应不超过标准溶液的平均吸光度的 0.5%。
——标准曲线的线性:将标准曲线按浓度等分成五段,最高段的吸光度差值与最低段的吸光度差值之比,应不小于 0.8。

3.4 试样

3.4.1 试样粒度不大于 0.074 mm。

3.4.2 试样应在 100 ℃～105 ℃烘干 1 h 后,置于干燥器中,冷却至室温。

3.5 试验步骤

3.5.1 试料

称取 10 g 试样,精确至 0.01 g。
独立地进行两次测定,结果取其平均值。

3.5.2 空白试验

随同试料做空白试验。

3.5.3 测定

3.5.3.1 将试料(3.5.1)置于方瓷舟中,放入马弗炉,程序升温 300 ℃、400 ℃、500 ℃各保温 20 min,再

升温到 650 ℃,保温 30 min～60 min,取出冷却。

3.5.3.2 将试料转入 400 mL 烧杯中,用水润湿,加入王水(3.2.4)100 mL,盖上表面皿,置于电热板上低温加热 1 h,控制溶液体积不小于 50 mL,取下,加入 15 mL 明胶溶液(3.2.8),用水冲洗表面皿和杯壁,稀释至 100 mL,使可溶性盐类溶解,搅拌并冷却至 40 ℃～60 ℃。

3.5.3.3 将试料溶液倾入已准备好的活性炭吸附抽滤装置抽滤,漏斗内溶液全部滤干后,用 40 ℃～60 ℃盐酸(3.2.5)洗涤烧杯 2 次～3 次,洗涤残渣和漏斗 4 次～5 次,取下布氏漏斗,用 40 ℃～60 ℃氟化氢铵溶液(3.2.6)洗涤吸附柱 4 次～5 次,用 40 ℃～60 ℃盐酸(3.2.5)洗涤 4 次～5 次,用 40 ℃～60 ℃水洗涤 4 次～5 次,滤干后停止抽气。

3.5.3.4 取出吸附柱内的活性炭纸浆块,放入 50 mL 瓷坩埚中,在电炉上烘干,放入马弗炉中于 700 ℃灰化完全,取出冷却。加入 3 滴氯化钠溶液(3.2.7),2 mL 王水(3.2.3),置于水浴上溶解,蒸至近干,取下冷却,用盐酸(3.2.5)浸出,按表 3 移入相应体积容量瓶中,用盐酸(3.2.5)稀释至刻度,混匀。

表 3　定容体积

金质量分数/(g/t)	容量瓶体积/mL
10.0～60.0	100
>60.0～120.0	200
>120.0～150.0	250

3.5.3.5 于火焰原子吸收光谱仪波长 242.8 nm 处,分别测量试液(3.5.3.4)及随同试料空白溶液的吸光度,在标准曲线上查出相应金的质量浓度。

3.5.4 标准曲线的绘制

移取 0 mL、0.50 mL、1.00 mL、2.00 mL、3.00 mL、4.00 mL、5.00 mL、6.00 mL 金标准溶液(3.2.13),分别置于一组 100 mL 容量瓶中,加入 5 mL 盐酸(3.2.2),以水稀释至刻度,混匀。与试液相同条件下测量标准溶液的吸光度(减去"零"浓度的吸光度),以金的质量浓度为横坐标,吸光度为纵坐标,绘制标准曲线。

3.6　结果计算

按式(10)计算金的质量分数 $w(\text{Au})$,数值以 g/t 表示:

$$w(\text{Au}) = \frac{(\rho_1 - \rho_0) \times V}{m_0} \quad\quad\quad\quad (10)$$

式中:

$w(\text{Au})$——金的质量分数,单位为克每吨(g/t);

ρ_1　　——自标准曲线上查得试液中金的质量浓度,单位为微克每毫升(μg/mL);

ρ_0　　——自标准曲线上查得空白试液中金的质量浓度,单位为微克每毫升(μg/mL);

V　　——试液的总体积,单位为毫升(mL);

m_0　　——试料的质量,单位为克(g)。

结果保留至小数点后一位。

3.7　精密度

3.7.1　重复性

在重复性条件下获得的两次独立测试结果的测定值,在以下给出的平均值范围内,这两个测试结果

的绝对差值不超过重复性限(r),超过重复性限(r)的情况不超过5%,重复性限(r)按表4数据采用线性内插法求得。金含量低于最低水平,重复性限按最低水平执行;金含量高于最高水平,重复性限按最高水平执行。

表 4 重复性限(方法2)

w(Au)/(g/t)	13.1	25.0	44.3	87.6	138.7
r/(g/t)	0.8	1.3	1.7	2.4	2.9

3.7.2 再现性

在再现性条件下获得的两次独立测试结果的测定值,在以下给出的平均值范围内,这两个测试结果的绝对差值不超过再现性限(R),超过再现性限(R)的情况不超过5%,再现性限(R)按表5数据采用线性内插法求得。金含量低于最低水平,再现性限按最低水平执行;金含量高于最高水平,再现性限按最高水平执行。

表 5 再现性限(方法2)

w(Au)/(g/t)	13.1	25.0	44.3	87.6	138.7
R/(g/t)	1.3	2.1	2.6	3.4	4.0

3.8 试验报告

试验报告至少应给出以下几个方面的内容:
——试样;
——使用的标准(GB/T 7739.1—2019);
——使用的方法;
——分析结果及其表示;
——与基本分析步骤的差异;
——测定中观察到的异常现象;
——试验日期。

4 方法3:活性炭富集-碘量法

4.1 原理

试料经焙烧后,用王水溶解,金以氯金酸的形式进入溶液中,用活性炭富集金与干扰元素分离,经灰化后王水溶解金,在盐酸介质中,用碘化钾使 Au^{3+} 还原为 Au^+,释放出一定量的碘,以淀粉为指示剂,用硫代硫酸钠标准溶液滴定。

4.2 试剂和材料

除非另有说明,在分析中仅使用确认为分析纯的试剂和蒸馏水或去离子水或相当纯度的水。

4.2.1 碘化钾。

4.2.2 碳酸钠。

4.2.3 氟化氢铵

4.2.4 盐酸($\rho = 1.19$ g/mL)。

4.2.5 硝酸($\rho = 1.42$ g/mL)。

4.2.6 冰乙酸($\rho = 1.05$ g/mL)。

4.2.7 王水:三体积盐酸(4.2.4)与一体积硝酸(4.2.5)混合,现用现配。

4.2.8 王水(1+1):三体积盐酸(4.2.4)、一体积硝酸(4.2.5)与四体积水混合,现用现配。

4.2.9 盐酸(5+95)。

4.2.10 氟化氢铵溶液(20 g/L)。

4.2.11 氯化钠溶液(200 g/L)。

4.2.12 乙酸(7+93)。

4.2.13 明胶溶液(50 g/L)。

4.2.14 乙二胺四乙酸(EDTA)溶液(25 g/L)。

4.2.15 活性炭:粒度不大于 0.074 mm,将分析纯或化学纯活性炭放入氟化氢铵溶液(4.2.10)中浸泡 3 天后抽滤,盐酸(4.2.9)及水各洗涤 3 次。

4.2.16 定性滤纸。

4.2.17 活性炭-纸浆混合物:活性炭(4.2.15)与定性滤纸(4.2.16)的质量比为 1:2,放入 2 L 塑料烧杯 中,搅碎混匀,盐酸(4.2.9)及水各洗涤 3 次。

4.2.18 金标准贮存溶液(100 μg/mL):称取 0.100 0 g 金[w(Au)≥99.99%]于 50 mL 烧杯中,加入 5 mL~10 mL 王水(4.2.7),低温加热至完全溶解后,加入 5 滴氯化钠溶液(4.2.11),于水浴上蒸干,冷却 后加入 2 mL 盐酸(4.2.4)重复蒸干 2 次~3 次,加入 8 mL 盐酸(4.2.4)温热溶解后,用水转移烧杯溶液 至 1 000 mL 容量瓶中,用水稀释至刻度,混匀。此溶液 1 mL 含 100 μg 金。

4.2.19 硫代硫酸钠标准溶液的制备:

a) 硫代硫酸钠标准溶液 I[c(Na$_2$S$_2$O$_3$)≈0.000 6 mol/L]:称取 2.52 g 硫代硫酸钠(Na$_2$S$_2$O$_3$· 5H$_2$O),加入 0.1 g 碳酸钠(4.2.2),用煮沸后冷却的水定容至 1 L(溶液 pH 为 7.2~7.5),混匀。 取 60 mL 上述溶液,加入 0.1 g 碳酸钠(4.2.2),用煮沸后冷却的蒸馏水稀释至 1 L,混匀,放置 一周,经标定后使用。

b) 硫代硫酸钠标准溶液 II[c(Na$_2$S$_2$O$_3$)≈0.000 9 mol/L]:称取 2.52 g 硫代硫酸钠(Na$_2$S$_2$O$_3$· 5H$_2$O),加入 0.1 g 碳酸钠(4.2.2),用煮沸后冷却的水定容至 1 L(溶液 pH 为 7.2~7.5),混匀。 取 90 mL 上述溶液,加入 0.1 g 碳酸钠(4.2.2),用煮沸后冷却的蒸馏水稀释至 1 L,混匀,放置 一周,经标定后使用。

4.2.20 硫代硫酸钠标准溶液标定:移取含金 1 000 μg 和含金 1 500 μg 的金标准贮存溶液(4.2.18)各三 份,分别置于 50 mL 瓷坩埚中,加 0.1 g 碘化钾(4.2.1),搅拌,立即用硫代硫酸钠标准溶液 I 和硫代硫酸 钠标准溶液 II 滴定至微黄色后,加 3 滴~5 滴 EDTA 溶液(4.2.14),加入 3 滴~5 滴淀粉溶液(4.2.21), 在充分搅拌下继续用硫代硫酸钠标准溶液滴定到溶液无色为终点。随同标定作空白试验。

按式(11)计算硫代硫酸钠标准溶液的实际浓度:

$$c = \frac{2 \times m}{M \times (V_1 - V_0) \times 1\,000} \qquad\qquad (11)$$

式中:

c ——硫代硫酸钠标准溶液的实际浓度,单位为摩尔每升(mol/L);

m ——移取金标准溶液中金的质量,单位为微克(μg);

M ——金的摩尔质量,单位为克每摩尔(g/mol),[M(Au)=196.97];

V_1 ——标定时,滴定金溶液所消耗的硫代硫酸钠标准溶液的体积,单位为毫升(mL);

V_0——标定时,滴定金空白溶液所消耗的硫代硫酸钠标准溶液的体积,单位为毫升(mL)。

平行标定三份,测定值保留四位有效数字,其极差不大于 8×10^{-7} mol/L,取其平均值,否则重新标定。此溶液放置超过一周,使用前应重新标定一次。

4.2.21 淀粉溶液(10 g/L)。

4.3 仪器和设备

活性炭吸附抽滤装置:将玻璃吸附柱插入抽滤筒孔中,柱内放一片多孔塑料板,并放入一片与多孔塑料板直径等大的滤纸片。倾入纸浆抽滤,滤干后纸浆层厚约 3 mm~4 mm,再加入活性炭-纸浆混合物(4.2.17),抽干后厚度为 5 mm~10 mm,以水吹洗柱壁,加入一层薄纸浆。装上布氏漏斗,在漏斗上垫两张定性滤纸并加入少许纸浆于滤纸边缘,使滤纸边缘与布氏漏斗壁没有缝隙。装置见图1。

4.4 试样

4.4.1 试样粒度不大于 0.074 mm。

4.4.2 试样应在 100 ℃~105 ℃烘干 1 h后,置于干燥器中,冷却至室温。

4.5 试验步骤

4.5.1 试料

称取 10 g 试样,精确至 0.01 g。

独立地进行两次测定,结果取其平均值。

4.5.2 空白试验

随同试料做空白试验。

4.5.3 测定

4.5.3.1 将试料(4.5.1)置于方瓷舟中,放入马弗炉,程序升温 300 ℃、400 ℃、500 ℃各温度保温 20 min,再升温到 650 ℃,保温 30 min~60 min,取出冷却。

4.5.3.2 将试料转入 400 mL 烧杯中,用水润湿,加入王水(4.2.8)100 mL,盖上表面皿,置于电热板上低温加热 1 h,控制溶液体积不小于 50 mL,取下,加入 15 mL 明胶溶液(4.2.13),用水冲洗表面皿和杯壁,稀释至 100 mL,使可溶性盐类溶解,搅拌并冷却至 40 ℃~60 ℃。

4.5.3.3 将试料溶液倾入已准备好的活性炭吸附抽滤装置抽滤,漏斗内溶液全部滤干后,用 40 ℃~60 ℃盐酸溶液(4.2.9)洗涤烧杯 2 次~3 次,洗涤残渣和漏斗 4 次~5 次,取下布氏漏斗,用 40 ℃~60 ℃氟化氢铵溶液(4.2.10)洗涤吸附柱 4 次~5 次,用 40 ℃~60 ℃盐酸(4.2.9)洗涤 4 次~5 次,用 40 ℃~60 ℃水洗涤 4 次~5 次,滤干后,停止抽滤。

4.5.3.4 取出吸附柱中的活性炭纸浆块,放入 50 mL 瓷坩埚中,在电炉上烘干,放入马弗炉中于 700 ℃灰化完全,取出冷却。加入 3 滴氯化钠溶液(4.2.11),加入 2 mL 王水(4.2.7),置于水浴上溶解,蒸至近干,取下冷却,加入适量盐酸(4.2.4),重复蒸干 2 次~3 次。取下加入 5 mL 乙酸(4.2.12),于水浴上微热溶解,取下冷却后,加入 0.1 g 氟化氢铵(4.2.3),再加入 0.2 mL~2 mL 的 EDTA 溶液(4.2.14)(视铜量而定),加入 0.1 g~0.5 g 碘化钾(4.2.1),搅拌均匀,根据试料中金的质量分数,按照表6选择硫代硫酸钠标准溶液(4.2.19)滴定至微黄色,加 3 滴~5 滴淀粉溶液(4.2.21),继续滴定至蓝色消失,即为终点。

表 6 标准溶液的选择

金质量分数/(g/t)	硫代硫酸钠标准溶液
10.0～60.0	硫代硫酸钠标准溶液 I
>60.0～150.0	硫代硫酸钠标准溶液 II

4.6 结果计算

按式(12)计算金的质量分数 $w(\text{Au})$，数值以 g/t 表示：

$$w(\text{Au}) = \frac{c \times (V_3 - V_2) \times M \times 1\,000}{2 \times m_0} \quad\cdots\cdots\cdots\cdots\cdots\cdots\cdots\cdots (12)$$

式中：

$w(\text{Au})$ ——金的质量分数，单位为克每吨(g/t)；

c ——硫代硫酸钠标准溶液的实际浓度，单位为摩尔每升(mol/L)；

V_3 ——滴定试样时消耗硫代硫酸钠标准溶液的体积，单位为毫升(mL)；

V_2 ——滴定空白时消耗硫代硫酸钠标准溶液的体积，单位为毫升(mL)；

M ——金的摩尔质量，单位为克每摩尔(g/mol)，$[M(\text{Au}) = 196.97]$；

m_0 ——试料的质量，单位为克(g)。

结果保留至小数点后一位。

4.7 精密度

4.7.1 重复性

在重复性条件下获得的两次独立测试结果的测定值，在以下给出的平均值范围内，这两个测试结果的绝对差值不超过重复性限(r)，超过重复性限(r)的情况不超过5%，重复性限(r)按表7数据采用线性内插法求得。金含量低于最低水平，重复性限按最低水平执行；金含量高于最高水平，重复性限按最高水平执行。

表 7 重复性限（方法3）

$w(\text{Au})/(g/t)$	12.8	24.8	44.4	87.4	139.0
$r/(g/t)$	0.9	1.4	1.8	2.4	3.0

4.7.2 再现性

在再现性条件下获得的两次独立测试结果的测定值，在以下给出的平均值范围内，这两个测试结果的绝对差值不超过再现性限(R)，超过再现性限(R)的情况不超过5%，再现性限(R)按表8数据采用线性内插法求得。金含量低于最低水平，再现性限按最低水平执行；金含量高于最高水平，再现性限按最高水平执行。

表 8 再现性限（方法3）

$w(\text{Au})/(g/t)$	12.8	24.8	44.4	87.4	139.0
$R/(g/t)$	1.4	2.2	2.7	3.6	4.2

4.8 试验报告

试验报告至少应给出以下几个方面的内容：

——试样；

——使用的标准（GB/T 7739.1—2019）；

——使用的方法；

——分析结果及其表示；

——与基本分析步骤的差异；

——测定中观察到的异常现象；

——试验日期。

ICS 73.060.99
D 46

中华人民共和国国家标准

GB/T 7739.2—2019
代替 GB/T 7739.2—2007

金精矿化学分析方法
第 2 部分：银量的测定
火焰原子吸收光谱法

Methods for chemical analysis of gold concentrates—
Part 2：Determination of silver content—
Flame atomic absorption spectrometric method

2019-12-31 发布

2020-11-01 实施

国家市场监督管理总局
国家标准化管理委员会 发布

前　言

GB/T 7739《金精矿化学分析方法》分为如下部分：

——第1部分：金量和银量的测定；

——第2部分：银量的测定　火焰原子吸收光谱法；

——第3部分：砷量的测定；

——第4部分：铜量的测定；

——第5部分：铅量的测定；

——第6部分：锌量的测定；

——第7部分：铁量的测定；

——第8部分：硫量的测定；

——第9部分：碳量的测定；

——第10部分：锑量的测定；

——第12部分：砷、汞、镉、铅和铋量的测定　原子荧光光谱法；

——第13部分：铅、锌、铋、铬、镉、砷和汞量的测定　电感耦合等离子体原子发射光谱法；

——第14部分：铊量的测定　电感耦合等离子体原子发射光谱法和电感耦合等离子体质谱法。

本部分为GB/T 7739的第2部分。

本部分按照GB/T 1.1—2009给出的规则起草。

本部分代替GB/T 7739.2—2007《金精矿化学分析方法　第2部分：银量的测定》。

本部分与GB/T 7739.2—2007相比，除编辑性修改外主要技术变化如下：

——增加了"重复性"和"再现性"要求(见8.1和8.2)；

——删除了"允许差"要求(见2007年版的第8章)；

——修改了样品前处理手段(见6.3,2007年版的6.3)。

本部分由全国黄金标准化技术委员会(SAC/TC 379)提出并归口。

本部分起草单位：长春黄金研究院有限公司、河南中原黄金冶炼厂有限责任公司、深圳市金质金银珠宝检验研究中心有限公司、紫金矿业集团股份有限公司、北矿检测技术有限公司、国投金城冶金有限责任公司、赤峰黄金雄风环保科技有限公司、山东国大黄金股份有限公司、招金矿业股份有限公司金翅岭金矿、河南黄金产业技术研究院有限公司。

本部分主要起草人：陈永红、高振广、芦新根、洪博、关国军、党宏庆、姜艳水、相继恩、杨佩、罗荣根、杨艳朋、南君芳、李铁栓、孔令强、翁占平、王青丽、杨庆玉。

本部分所代替标准的历次版本发布情况为：

——GB/T 7739.2—1987、GB/T 7739.2—2007。

金精矿化学分析方法
第2部分：银量的测定
火焰原子吸收光谱法

1 范围

GB/T 7739 的本部分规定了金精矿中银量的原子吸收光谱测定方法。

本部分适用于金精矿中银量的原子吸收光谱测定。测定范围：10.00 g/t～2 000.0 g/t。

2 原理

试料经盐酸、硝酸、高氯酸分解，在稀盐酸介质中，于火焰原子吸收光谱仪波长 328.1 nm 处，以空气-乙炔火焰测量银的吸光度值，按标准曲线法计算银量。

3 试剂

除非另有说明，在分析中仅使用确认为分析纯的试剂和蒸馏水或去离子水或相当纯度的水。

3.1 盐酸($\rho=1.19$ g/mL)。

3.2 硝酸($\rho=1.42$ g/mL)。

3.3 硫酸($\rho=1.83$ g/mL)。

3.4 高氯酸($\rho=1.67$ g/mL)。

3.5 盐酸(3+17)。

3.6 银标准贮存溶液(500 μg/mL)：称取 0.500 0 g 纯银(质量分数≥99.99%)，置于 100 mL 烧杯中，加入 20 mL 硝酸(3.2)，加热至完全溶解，煮沸驱除氮的氧化物，取下冷却，用不含氯离子的水移入 1 000 mL 棕色容量瓶中，加入 30 mL 硝酸(3.2)，用不含氯离子水稀释至刻度，混匀。此溶液 1 mL 含 0.500 0 mg 银。

3.7 银标准溶液(50 μg/mL)：移取 50.00 mL 银标准贮存溶液(3.6)，于 500 mL 棕色容量瓶中，加入 10 mL 硝酸(3.2)，用不含氯离子水稀释至刻度，混匀。此溶液 1 mL 含 50 μg 银。

4 仪器

原子吸收光谱仪，附银空心阴极灯。在仪器最佳条件下，凡能达到下列指标的火焰原子吸收光谱仪均可使用：

——灵敏度：在与测量溶液基体相一致的溶液中，银的特征浓度应不大于 0.034 μg/mL。

——精密度：用最高浓度的标准溶液测量 11 次吸光度，其标准偏差应不超过平均吸光度的 1.0%；用最低浓度的标准溶液(不是"零"标准溶液)测量 11 次吸光度，其标准偏差应不超过最高浓度标准溶液平均吸光度的 0.5%。

——标准曲线线性：将标准曲线按浓度等分成五段，最高段的吸光度差值与最低段的吸光度差值之比应不小于 0.8。

5 试样

5.1 试样粒度不大于 0.074 mm。

5.2 试样应在 100 ℃～105 ℃烘干 1 h 后,置于干燥器中冷却至室温。

6 试验步骤

6.1 试料

按表 1 称取 0.20 g～1.00 g 试样,精确至 0.000 1 g。

独立地进行两次测定,结果取其平均值。

6.2 空白试验

随同试料做空白试验。

6.3 测定

6.3.1 将试料(6.1)置于 250 mL 烧杯中,加少量水润湿,加入 15 mL 盐酸(3.1),加热 3 min～5 min,取下加入 10 mL 硝酸(3.2),5 mL 高氯酸(3.4),继续加热至高氯酸冒浓白烟,蒸至湿盐状,取下冷却。按表 1 加入盐酸(3.1),用水吹洗表皿和杯壁,加热使盐类溶解,取下冷却到室温。

注 1:如样品含炭,且高氯酸冒浓烟后炭仍未能完全除去,则向样品中加入 2 mL 硫酸(3.3)继续加热,直至样品消解完全。

注 2:如样品中锑含量达到 300 μg/mL 或铅含量达到 400 μg/mL 时,对银的测量结果存在干扰可稀释测定。

6.3.2 按表 1 将试液移入相应体积的容量瓶中,用水稀释至刻度,混匀,静置澄清。

表 1 称取试料量和定容体积

银质量分数/(g/t)	试料质量/g	容量瓶体积/mL	加盐酸(3.1)/mL
10.0～100.0	1.00	50	7.5
>100.0～500.0	0.50	100	15.0
>500.0～1 000.0	0.20	100	15.0
>1 000.0～2 000.0	0.20	200	30.0

6.3.3 在火焰原子吸收光谱仪波长 328.1 nm 处,以随同试料的空白调零,测量吸光度,扣除背景吸收,自标准曲线上查出相应的银的质量浓度。

6.4 标准曲线的绘制

移取 0 mL、0.50 mL、1.00 mL、2.00 mL、3.00 mL、4.00 mL、5.00 mL 银标准溶液(3.7),分别置于一组 100 mL 容量瓶中,用盐酸溶液(3.5)稀释至刻度,混匀。以试剂空白调零,测量吸光度。以银浓度为横坐标,吸光度为纵坐标,绘制标准曲线。

7 结果计算

按式(1)计算银的质量分数:

$$w(\mathrm{Ag}) = \frac{\rho \times V}{m} \quad \cdots\cdots\cdots\cdots\cdots\cdots\cdots\cdots\cdots\cdots\cdots\cdots\cdots (1)$$

式中：

$w(\mathrm{Ag})$——银的质量分数，单位为克每吨（g/t）；

ρ ——以试料溶液的吸光度自标准曲线查得银的质量浓度，单位为微克每毫升（μg/mL）；

V ——试料溶液的体积，单位为毫升（mL）；

m ——试料的质量，单位为克（g）。

当测定结果小于 100.0 g/t 时保留至小数点后两位，当测定结果大于或等于 100.0 g/t 时，结果保留至小数点后一位。

8 精密度

8.1 重复性

在重复性条件下获得的两次独立测试结果的测定值，在以下给出的平均值范围内，这两个测试结果的绝对差值不超过重复性限(r)，超过重复性限(r)的情况不超过 5%，重复性限(r)按表 2 数据采用线性内插法求得。

表 2 重复性限

$w(\mathrm{Ag})/(\mathrm{g/t})$	8.66	44.56	218.2	494.7	1 047.8	1 517.8	2 236.8
$r/(\mathrm{g/t})$	1.48	2.16	10.6	19.1	35.2	56.6	73.4

8.2 再现性

在再现性条件下获得的两次独立测试结果的测定值，在以下给出的平均值范围内，这两个测试结果的绝对差值不超过再现性限(R)，超过再现性限(R)的情况不超过 5%，再现性限(R)按表 3 数据采用线性内插法求得。

表 3 再现性限

$w(\mathrm{Ag})/(\mathrm{g/t})$	8.66	44.56	218.2	494.7	1 047.8	1 517.8	2 236.8
$R/(\mathrm{g/t})$	2.34	5.86	20.0	40.0	59.1	70.3	90.4

9 试验报告

试验报告至少应给出以下几个方面的内容：

——试样；

——使用的标准（GB/T 7739.2—2019）；

——使用的方法；

——分析结果及其表示；

——与基本分析步骤的差异；

——测定中观察到的异常现象；

——试验日期。

ICS 73.060.99
D 46

中华人民共和国国家标准

GB/T 7739.3—2019
代替 GB/T 7739.3—2007

金精矿化学分析方法
第 3 部分：砷量的测定

Methods for chemical analysis of gold concentrates—
Part 3：Determination of arsenic content

2019-12-31 发布

2020-11-01 实施

国家市场监督管理总局
国家标准化管理委员会　发 布

前　言

GB/T 7739《金精矿化学分析方法》分为如下部分：

——第1部分：金量和银量的测定；

——第2部分：银量的测定　火焰原子吸收光谱法；

——第3部分：砷量的测定；

——第4部分：铜量的测定；

——第5部分：铅量的测定；

——第6部分：锌量的测定；

——第7部分：铁量的测定；

——第8部分：硫量的测定；

——第9部分：碳量的测定；

——第10部分：锑量的测定；

——第12部分：砷、汞、镉、铅和铋量的测定　原子荧光光谱法；

——第13部分：铅、锌、铋、铬、镉、铬、砷和汞量的测定　电感耦合等离子体原子发射光谱法；

——第14部分：铊量的测定　电感耦合等离子体原子发射光谱法和电感耦合等离子体质谱法。

本部分为 GB/T 7739 的第3部分。

本部分按照 GB/T 1.1—2009 给出的规则起草。

本部分代替 GB/T 7739.3—2007《金精矿化学分析方法　第3部分：砷量的测定》，与 GB/T 7739.3—2007 相比，除编辑性修改外主要技术变化如下：

——增加了"重复性"条款和"再现性"要求（见2.7和3.6）；

——删除了"允许差"要求（见2007年版的2.7和4.6）；

——删除了"碘量法测定砷量"方法（见2007年版的第3章）；

——修改了二乙基二硫代氨基甲酸银分光光度法，硫酸铁铵溶液替代硫酸铜，试验步骤进行调整
（见2.5.3.3,2007年版的2.5.3.3）；

——将卑磷酸盐滴定法修改为重铬酸钾滴定法，重铬酸钾滴定法的测定范围为"0.15%～15.00%"
（见第1章和第3章,2007年版的第4章）。

本部分由全国黄金标准化技术委员会（SAC/TC 379）提出并归口。

本部分起草单位：长春黄金研究院有限公司、山东恒邦冶炼股份有限公司、北矿检测技术有限公司、紫金矿业集团股份有限公司、灵宝黄金集团股份有限公司、潼关中金冶炼有限责任公司、江西三和金业有限公司。

本部分主要起草人：陈永红、苏广东、芦新根、孟宪伟、刘正红、洪博、栾海光、王丽丽、姜兴伟、张俊峰、隋俊勇、王凌燕、蒯丽君、陈殿耿、卢小龙、谢燕红、朱延胜、胡站锋、郭雅琴、柳鸿飞、张广盛。

本部分所代替标准的历次版本发布情况为：

——GB/T 7739.3—1987、GB/T 7739.3—2007。

金精矿化学分析方法
第3部分：砷量的测定

1 范围

GB/T 7739 的本部分规定了金精矿中砷量的测定方法。

本部分适用于金精矿中砷量的测定。方法 1 测定范围：0.050%～0.350%；方法 2 测定范围：0.15%～15.00%。

2 方法 1：二乙基二硫代氨基甲酸银分光光度法

2.1 原理

试料经酸分解，于 1.0 mol/L～1.5 mol/L 硫酸介质中砷被无砷锌粒还原，生成砷化氢气体，用二乙基二硫代氨基甲酸银（以下简称铜试剂银盐）三氯甲烷溶液吸收。铜试剂银盐中的银离子被砷化氢还原成单质胶态银而呈红色。于分光光度计波长 530 nm 处测量其吸光度。

2.2 试剂和材料

除非另有说明，在分析中仅使用确认为分析纯的试剂和蒸馏水或去离子水或相当纯度的水。

2.2.1 无砷锌粒。

2.2.2 氯酸钾。

2.2.3 三氯甲烷。

2.2.4 硝酸（$\rho=1.42$ g/mL）。

2.2.5 硫酸（1+1）。

2.2.6 酒石酸溶液（400 g/L）。

2.2.7 碘化钾溶液（300 g/L）。

2.2.8 二氯化锡溶液（400 g/L）：以盐酸（1+1）配制。

2.2.9 三乙醇胺（或三乙胺）三氯甲烷溶液（3+97）。

2.2.10 硫酸铁铵溶液[$\rho(Fe)=20$ g/L]：称取 108 g 硫酸铁铵[$NH_4Fe(SO_4)_2 \cdot 2H_2O$]，加入水和 10 mL 硫酸（2.2.5），搅拌溶解后，移入 1 000 mL 容量瓶中，用水稀释至刻度，摇匀。

2.2.11 铜试剂银盐三氯甲烷溶液（2 g/L）：称取 1 g 铜试剂银盐于 1 000 mL 试剂瓶中，加入 500 mL 三乙醇胺三氯甲烷溶液（2.2.9），搅拌使其溶解，静置过夜，过滤后使用。贮存于棕色试剂瓶中。

2.2.12 砷标准溶液（1 000 μg/mL）：有证标准溶液。

2.2.13 砷标准溶液 Ⅰ（100 μg/mL）：移取 10.00 mL 砷标准溶液（2.2.12）于 100 mL 容量瓶中，加 5 mL 硝酸（2.2.4），用水稀释至刻度，混匀。

2.2.14 砷标准溶液 Ⅱ（5 μg/mL）：移取 5.00 mL 砷标准溶液 Ⅰ（2.2.13）于 100 mL 容量瓶中，加 5 mL 硝酸（2.2.4），用水稀释至刻度，混匀。

2.2.15 乙酸铅脱脂棉：将脱脂棉浸于 100 mL 乙酸铅溶液中（100 g/L，内含 1 mL 冰乙酸），取出，干燥后使用。

2.3 仪器和设备

2.3.1 紫外可见分光光度计。

2.3.2 砷化氢气体发生器及吸收装置(见图1)。

单位为毫米

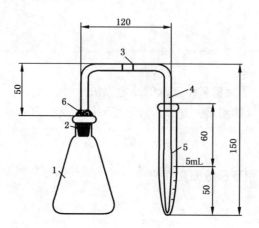

说明:

1——砷化氢发生器(125 mL 14 号标准口锥形瓶);

2——半球形空心 14 号标准口瓶塞;

3——医用胶皮管;

4——导管(内径 0.5 mm~1 mm,外径 6 mm~7 mm);

5——砷化氢吸收管(外径 16 mm);

6——乙酸铅脱脂棉。

图 1 砷化氢气体发生器及吸收装置

2.4 试样

2.4.1 试样粒度不大于 0.074 mm。

2.4.2 试样应在 100 ℃~105 ℃烘干 1 h 后,置于干燥器中,冷却至室温。

2.5 试验步骤

2.5.1 试料

称取 0.20 g 试样。精确至 0.000 1 g。

独立进行两次测定,结果取其平均值。

2.5.2 空白试验

随同试料做空白试验。

2.5.3 测定

2.5.3.1 将试料(2.5.1)置于 250 mL 烧杯中,加入少量水润湿后,加入 10 mL 硝酸(2.2.4),低温溶解 5 min,加入 0.5 g 氯酸钾(2.2.2),加入 10 mL 硫酸(2.2.5),加热溶解,蒸至冒白烟,取下冷却。

2.5.3.2 用 10 mL 水冲洗杯壁,加入 10 mL 酒石酸溶液(2.2.6),加热煮沸,使可溶性盐溶解,取下,冷至室温,移入 100 mL 容量瓶中,用水稀释至刻度,混匀。按表1分取溶液于 125 mL 砷化氢气体发生器中。

表 1 试液分取量

砷质量分数/%	分取试料溶液体积/mL
0.050～0.100	10.00
＞0.100～0.200	5.00
＞0.200～0.350	2.00

2.5.3.3 加入 7 mL 硫酸(2.2.5),5 mL 酒石酸溶液(2.2.6),3 mL 硫酸铁铵溶液(2.2.10),加水使体积约为 40 mL,加入 3 mL 碘化钾溶液(2.2.7),3 mL 二氯化锡溶液(2.2.8),放置 10 min～15 min,每加一种试剂混匀后再加另一种试剂。

2.5.3.4 移取 10.00 mL 铜试剂银盐三氯甲烷溶液(2.2.11)于有刻度的吸收管中,连接导管。向砷化氢气体发生器中加入 5 g 无砷锌粒(2.2.1),立即塞紧橡皮塞,40 min 后,取下吸收管。

2.5.3.5 向吸收管中加入少量三氯甲烷(2.2.3)补充挥发的三氯甲烷,使体积为 10.00 mL,混匀。

2.5.3.6 将部分溶液(2.5.3.5)移入 1 cm 比色皿中,以铜试剂银盐三氯甲烷溶液(2.2.11)为参比液于分光光度计波长 530 nm 处测量吸光度,从标准曲线上查出相应的砷的质量浓度。

2.5.3.7 移取 0 mL、1.00 mL、2.00 mL、3.00 mL、4.00 mL、5.00 mL、6.00 mL 砷标准溶液Ⅱ(2.2.14)分别置于砷化氢发生器中,以下按 2.5.3.3～2.5.3.6 进行。以砷量为横坐标,吸光度为纵坐标绘制标准曲线。

2.6 结果计算

按式(1)计算砷的质量分数 $w(\text{As})$:

$$w(\text{As}) = \frac{(\rho_1 - \rho_0) \times V_0 \times V_2 \times 10^{-6}}{m_0 \times V_1} \times 100\% \quad \cdots\cdots\cdots\cdots\cdots\cdots (1)$$

式中:

$w(\text{As})$——砷的质量分数;

ρ_1 ——自标准曲线上查得的砷的质量浓度,单位为微克每毫升(μg/mL);

ρ_0 ——自标准曲线上查得的随同试料空白试液砷的质量浓度,单位为微克每毫升(μg/mL);

V_0 ——试料溶液的体积,单位为毫升(mL);

V_2 ——吸收管试液的体积,单位为毫升(mL);

m_0 ——试料的质量,单位为克(g);

V_1 ——分取试液的体积,单位为毫升(mL)。

分析结果表示至小数点后三位。

2.7 精密度

2.7.1 重复性

在重复性条件下获得的两次独立测试结果的测定值,在以下给出的平均值范围内,这两个测试结果的绝对差值不超过重复性限(r),超过重复性限(r)的情况不超过 5%,重复性限(r)按表 2 数据采用线性内插法求得。

表 2 重复性限(方法 1)

$w(\text{As})/\%$	0.047	0.150	0.221	0.267	0.370
$r/\%$	0.006	0.020	0.025	0.027	0.030

2.7.2 再现性

在再现性条件下获得的两次独立测试结果的测定值,在以下给出的平均值范围内,这两个测试结果的绝对差值不超过再现性限(R),超过再现性限(R)的情况不超过5%,再现性限(R)按表3数据采用线性内插法求得。

表 3 再现性限(方法1)

$w(As)/\%$	0.047	0.150	0.221	0.267	0.370
$R/\%$	0.010	0.031	0.039	0.042	0.050

2.8 试验报告

试验报告至少应给出以下几个方面的内容:

——试样;

——使用的标准(GB/T 7739.3—2019);

——使用的方法;

——分析结果及其表示;

——与基本分析步骤的差异;

——测定中观察到的异常现象;

——试验日期。

3 方法2:重铬酸钾滴定法

3.1 原理

试料用酸分解,在6 mol/L盐酸介质中,用卑磷酸盐将砷还原为单体状态析出,析出的砷过滤分离,在硫酸溶液中,用重铬酸钾溶液溶解,过量的重铬酸钾以苯基代邻氨基苯甲酸为指示剂,用硫酸亚铁铵溶液返滴定。

3.2 试剂和材料

除非另有说明,在分析中仅使用确认为分析纯的试剂和蒸馏水或去离子水或相当纯度的水。

3.2.1 氯酸钾。

3.2.2 次亚磷酸钠(卑磷酸钠)。

3.2.3 五水硫酸铜。

3.2.4 盐酸($\rho=1.19$ g/mL)。

3.2.5 硝酸($\rho=1.42$ g/mL)。

3.2.6 硫酸(1+1)。

3.2.7 硫酸(1+2)。

3.2.8 次亚磷酸钠溶液(20 g/L):以盐酸(1+3)配制。

3.2.9 硫酸铵溶液(50 g/L)。

3.2.10 重铬酸钾标准溶液Ⅰ[$c(K_2Cr_2O_7)=0.006\,662$ mol/L]:称取 1.960 0 g 预先在150 ℃~200 ℃烘2 h的优级纯重铬酸钾($K_2Cr_2O_7$),加水溶解后,移入1 000 mL容量瓶中,用水稀释至刻度,摇匀。

3.2.11 重铬酸钾标准溶液Ⅱ[$c(K_2Cr_2O_7)=0.013\,324$ mol/L]:称取 3.920 0 g 预先在150 ℃~200 ℃

烘 2 h 的优级纯重铬酸钾($K_2Cr_2O_7$),加水溶解后,移入 1 000 mL 容量瓶中,用水稀释至刻度,摇匀。

3.2.12 硫酸亚铁铵标准溶液 I[c[$(NH_4)_2SO_4$]·$FeSO_4$· $6H_2O\approx 0.04$ mol/L]:称取 16 g 硫酸亚铁铵[$(NH_4)_2SO_4$]·$FeSO_4$·$6H_2O$]溶解于含有 50 mL 硫酸(3.2.6)的 1 000 mL 水中,静置过夜,使用前需标定。

3.2.13 硫酸亚铁铵标准溶液 II[c[$(NH_4)_2SO_4$]·$FeSO_4$· $6H_2O\approx 0.08$ mol/L]:称取 32 g 硫酸亚铁铵[$(NH_4)_2SO_4$]·$FeSO_4$·$6H_2O$]溶解于含有 50 mL 硫酸(3.2.6)的 1 000 mL 水中,静置过夜,使用前需标定。

3.2.14 K 值标定:吸取 20.00 mL 重铬酸钾标准溶液(3.2.10)置于 200 mL 烧杯中,用水稀释至 100 mL 左右,加入 5 mL 硫酸(3.2.6)和 5 滴苯基代邻氨基苯甲酸指示剂(3.2.15),用硫酸亚铁铵标准溶液(3.2.12)滴定至溶液由紫色变为蓝绿色为终点。用所取重铬酸钾标准溶液(3.2.10,3.2.11)体积(20.00 mL)与滴定消耗硫酸亚铁铵(3.2.12,3.2.13)标准溶液的体积之比计算 K 值。平行标定三份,其差值不大于 0.01,保留至小数点后两位。

3.2.15 苯基代邻氨基苯甲酸(钒试剂)指示剂:称取 0.2 g 苯基代邻氨基苯甲酸(钒试剂)指示剂溶于 100 ml 水中,加入 0.2 g 碳酸钠。

3.3 试样

3.3.1 试样粒度不大于 0.074 mm。

3.3.2 试样应在 100 ℃～105 ℃烘干 1 h 后,置于干燥器中,冷却至室温。

3.4 试验步骤

3.4.1 试料

根据试样中砷的含量,按表 4 称取试料量,精确至 0.000 1 g。

表 4 试料量

砷的质量分数/%	试料量/g
0.15～3.00	0.50
>3.00～5.00	0.30
>5.00～15.00	0.20

独立进行两次测定,结果取其平均值。

3.4.2 空白试验

随同试料做空白试验。

3.4.3 测定

3.4.3.1 将试料(3.4.1)置于 500 mL 锥形瓶中,用少量水润湿,加入 15 mL 硝酸(3.2.5)低温溶解 5 min,加入 0.5 g 氯酸钾(3.2.1),加热溶解,试样溶解完全后,取下冷却。

3.4.3.2 加入 10 mL 硫酸(3.2.6),用少量水吹洗瓶壁,加热蒸发至冒三氧化硫浓烟,取下冷却,用水吹洗瓶壁,继续加热蒸发至冒三氧化硫浓烟,并保持 5 min,取下冷却,加入 35 mL 水,加热使可溶性盐类溶解,取下稍冷,加入 35 mL 盐酸(3.2.4),加入 0.1 g 五水硫酸铜(3.2.3),不断搅拌,分次加入次亚磷酸钠(3.2.2)至溶液黄绿色褪去后,再过量 2 g。

3.4.3.3 在锥形瓶上用橡皮塞连接一个约 70 cm～80 cm 的玻璃管,煮沸 30 min,使沉淀凝聚。冷却后,用脱脂棉加纸浆过滤,用次亚磷酸钠溶液(3.2.8)洗涤沉淀及锥形瓶 3 次~4 次,再用硫酸铵(3.2.9)洗涤沉淀及锥形瓶 6 次~7 次,弃去滤液。

3.4.3.4 将沉淀、脱脂棉及纸浆全部移入原锥形瓶中,用小片滤纸擦净漏斗,放入原锥形瓶中,加入 50 mL 硫酸(3.2.7),准确加入过量重铬酸钾标准溶液(3.2.10),确保黑色残渣完全溶解为止,滴加 5 滴苯基代邻氨基苯甲酸指示剂(3.2.15),由硫酸亚铁铵标准溶液(3.2.12)滴定至溶液由紫色变为蓝绿色为终点。根据试料中砷的质量分数,按照表 5 选择适当的标准溶液。

表 5　标准溶液的选择

砷的质量分数/%	重铬酸钾标准溶液	硫酸亚铁铵标准溶液
0.15~8.00	重铬酸钾标准溶液Ⅰ	硫酸亚铁铵标准溶液Ⅰ
>8.00~15.00	重铬酸钾标准溶液Ⅱ	硫酸亚铁铵标准溶液Ⅱ

3.5　结果计算

按式(2)计算砷的质量分数 $w(\text{As})$:

$$w(\text{As}) = \frac{[(V_1 - V_3) - K \times (V_2 - V_4)] \times c \times 0.089\,90}{m} \times 100\% \quad\cdots\cdots(2)$$

式中:

$w(\text{As})$ ——砷的质量分数;

V_1 ——溶解样品单体砷所消耗的重铬酸钾标准溶液体积,单位为毫升(mL);

V_3 ——空白试验中消耗的重铬酸钾标准溶液体积,单位为毫升(mL);

K ——重铬酸钾标准溶液与硫酸亚铁铵标准溶液的体积比,计算见式(3);

V_2 ——滴定样品时消耗的硫酸亚铁铵标准溶液体积,单位为毫升(mL);

V_4 ——空白试验中消耗硫酸亚铁铵的体积,单位为毫升(mL);

c ——重铬酸钾标准溶液的浓度,单位为摩尔每升(mol/L);

0.089 90——与 1 mL 重铬酸钾标准溶液相当的砷的摩尔质量,单位为克每摩尔(g/mol)。

m ——试料的质量,单位为克(g);

$$K = \frac{20.00}{V_5} \quad\cdots\cdots\cdots\cdots\cdots\cdots\cdots\cdots(3)$$

式中:

V_5——滴定重铬酸钾所消耗硫酸亚铁铵的体积,单位为毫升(mL);

分析结果表示至小数点后两位。

3.6　精密度

3.6.1　重复性

在重复性条件下获得的两次独立测试结果的测定值,在以下给出的平均值范围内,这两个测试结果的绝对差值不超过重复性限(r),超过重复性限(r)的情况不超过 5%,重复性限(r)按表 6 数据采用线性内插法求得。

表 6　重复性限(方法 2)

$w(\text{As})/\%$	0.15	0.38	1.14	3.56	5.44	8.29	10.28	15.05
$r/\%$	0.02	0.03	0.06	0.14	0.17	0.21	0.24	0.29

3.6.2 再现性

在再现性条件下获得的两次独立测试结果的测定值,在以下给出的平均值范围内,这两个测试结果的绝对差值不超过再现性限(R),超过再现性限(R)的情况不超过5%,再现性限(R)按表7数据采用线性内插法求得。

表 7 再现性限(方法 2)

$w(As)/\%$	0.15	0.38	1.14	3.56	5.44	8.29	10.28	15.05
$R/\%$	0.03	0.05	0.10	0.20	0.28	0.34	0.39	0.46

3.7 试验报告

试验报告至少应给出以下几个方面的内容:
——试样;
——使用的标准(GB/T 7739.3—2019);
——使用的方法;
——分析结果及其表示;
——与基本分析步骤的差异;
——测定中观察到的异常现象;
——试验日期。

ICS 73.060.99
CCS D 46

中华人民共和国国家标准

GB/T 7739.4—2021
代替 GB/T 7739.4—2007

金精矿化学分析方法
第 4 部分：铜量的测定

Methods for chemical analysis of gold concentrates—
Part 4：Determination of copper content

2021-05-21 发布

2021-12-01 实施

国家市场监督管理总局
国家标准化管理委员会 发布

前　言

本文件按照 GB/T 1.1—2020《标准化工作导则　第 1 部分:标准化文件的结构和起草规则》的规定起草。

本文件为 GB/T 7739 的第 4 部分,GB/T 7739《金精矿化学分析方法》已经发布了以下 14 个部分:
——第 1 部分:金量和银量的测定;
——第 2 部分:银量的测定　火焰原子吸收光谱法;
——第 3 部分:砷量的测定;
——第 4 部分:铜量的测定;
——第 5 部分:铅量的测定;
——第 6 部分:锌量的测定;
——第 7 部分:铁量的测定;
——第 8 部分:硫量的测定;
——第 9 部分:碳量的测定;
——第 10 部分:锑量的测定;
——第 11 部分:砷量和铋量的测定;
——第 12 部分:砷、汞、镉、铅和铋量的测定　原子荧光光谱法;
——第 13 部分:铅、锌、铋、镉、铬、砷和汞量的测定　电感耦合等离子体原子发射光谱法;
——第 14 部分:铊量的测定　电感耦合等离子体原子发射光谱法和电感耦合等离子体质谱法。

本文件代替 GB/T 7739.4—2007《金精矿化学分析方法　第 4 部分:铜量的测定》,与 GB/T 7739.4—2007 相比,除结构调整和编辑性改动外,主要技术变化如下:
a)　方法 1 中,更改了铜质量分数的范围(见表 1,2007 年版的第 2 章);
b)　删除了"允许差"要求(见 2007 年版的 2.7、3.6);
c)　方法 1 中,更改了铜标准贮存溶液配制时硝酸的浓度(见 4.2.6,2007 年版的 2.2.4);
d)　方法 1 中,更改了消解方式,由"盐酸、硝酸"改为"盐酸、硝酸、高氯酸"(见 4.5.3.1,2007 年版的 2.5.3.1);
e)　方法 1 中,增加了"若试料中含碳、硫不高,则消解时无须加入高氯酸"(见 4.5.3.1);
f)　增加了"重复性"和"再现性"要求(见 4.7、5.6);
g)　方法 2 中,更改了硫代硫酸钠标准滴定溶液的浓度和复标规定(见 5.2.14,2007 年版的 3.2.18);
h)　方法 2 中,更改了标定与结果的计算公式[见公式(2)、公式(3),2007 年版的公式(2)、公式(3)];
i)　方法 2 中,增加了淀粉的配制方法(见 5.2.15);
j)　方法 2 中,更改了含硅高的表述方式(见 5.4.3.1,2007 年版的 3.4.3.1);
k)　方法 2 中,更改了含碳高的处理方式(见 5.4.3.1,2007 年版的 3.4.3.1);
l)　方法 2 中,增加了钒、铬、锰的干扰消除方式(见 5.4.3.1)。

请注意本文件的某些内容可能涉及专利。本文件的发布机构不承担专利的识别责任。

本文件由全国黄金标准化技术委员会(SAC/TC 379)提出并归口。

本文件起草单位:长春黄金研究院有限公司、大冶有色设计研究院有限公司、深圳市金质金银珠宝检验研究中心有限公司、北矿检测技术有限公司、紫金矿业集团股份有限公司、河南中原黄金冶炼厂有限责任公司、北京国首珠宝首饰检测有限公司、国投金城冶金有限责任公司、灵宝黄金集团股份有限公司黄金冶炼分公司、云南铜业股份有限公司、中国黄金集团内蒙古矿业有限公司。

本文件主要起草人：陈永红、张越、芦新根、洪博、孟宪伟、赵可迪、李延吉、黄上元、魏文、胡军凯、杜媛媛、王德雨、张晨、韩聪美、杨页好、俞金生、田静、麻瑞苡、秦胜辉、王青丽、朱延胜、黄珊莎、穆秀美、刘炳镝。

本文件及其所代替文件的历次版本发布情况为：

——GB/T 7739.4—2007；

——本次为第一次修订。

引　言

原矿经过选别作业处理后,其主要成分已在精矿中富集,同时矿石的次要成分或其他伴生金属也得到回收,GB/T 7739《金精矿化学分析方法》旨在帮助黄金工矿企业准确了解金精矿的主要成分及杂质含量,有利于优化选冶工艺控制参数,精准控制药剂消耗、减少杂质元素对冶炼提纯过程的干扰、提高各有价元素的综合回收率,能够为整个黄金行业资源的高效回收利用、可持续绿色健康发展及智慧矿山的建设提供技术支撑。GB/T 7739 由 14 个部分构成。

——第 1 部分:金量和银量的测定。目的在于规定金精矿中金量和银量测定的火试金重量法、活性炭富集-火焰原子吸收光谱法和活性炭富集-碘量法及各方法适用的测定范围。

——第 2 部分:银量的测定　火焰原子吸收光谱法。目的在于规定金精矿中银量测定的火焰原子吸收光谱法及适用的测定范围。

——第 3 部分:砷量的测定。目的在于规定金精矿中砷量测定的二乙基二硫代氨基甲酸银分光光度法和重铬酸钾滴定法及各方法适用的测定范围。

——第 4 部分:铜量的测定。目的在于规定金精矿中铜量测定的火焰原子吸收光谱法和硫代硫酸钠滴定法及各方法适用的测定范围。

——第 5 部分:铅量的测定。目的在于规定金精矿中铅量测定的火焰原子吸收光谱法和乙二胺四乙酸二钠滴定法及各方法适用的测定范围。

——第 6 部分:锌量的测定。目的在于规定金精矿中锌量测定的火焰原子吸收光谱法和乙二胺四乙酸二钠滴定法及各方法适用的测定范围。

——第 7 部分:铁量的测定。目的在于规定金精矿中铁量测定的重铬酸钾滴定法及适用的测定范围。

——第 8 部分:硫量的测定。目的在于规定金精矿中硫量测定的硫酸钡重量法和燃烧-酸碱滴定法及各方法适用的测定范围。

——第 9 部分:碳量的测定。目的在于规定金精矿中碳量测定的乙醇-乙醇胺-氢氧化钾滴定法及适用的测定范围。

——第 10 部分:锑量的测定。目的在于规定金精矿中锑量测定的硫酸铈滴定法和氢化物发生-原子荧光光谱法及各方法适用的测定范围。

——第 11 部分:砷量和铋量的测定。目的在于规定金精矿中砷量和铋量测定的氢化物发生-原子荧光光谱法及适用的测定范围。

——第 12 部分:砷、汞、镉、铅和铋量的测定　原子荧光光谱法。目的在于规定金精矿中砷、汞、镉、铅和铋量测定的氢化物发生-原子荧光光谱法及适用的测定范围。

——第 13 部分:铅、锌、铋、镉、铬、砷和汞量的测定　电感耦合等离子体原子发射光谱法。目的在于规定金精矿中铅、锌、铋、镉、铬、砷和汞量测定的电感耦合等离子体原子发射光谱法及适用的测定范围。

——第 14 部分:铊量的测定　电感耦合等离子体原子发射光谱法和电感耦合等离子体质谱法。目的在于规定金精矿中铊量测定的电感耦合等离子体原子发射光谱法和电感耦合等离子体质谱法及各方法适用的测定范围。

金精矿化学分析方法
第4部分：铜量的测定

1 范围

本文件规定了金精矿中铜量的测定方法。

本文件适用于金精矿中铜量的测定。方法1测定范围：0.050%～2.00%；方法2测定范围：2.00%～25.00%。

2 规范性引用文件

下列文件中的内容通过文中的规范性引用而构成本文件必不可少的条款。其中，注日期的引用文件，仅该日期对应的版本适用于本文件；不注日期的引用文件，其最新版本（包括所有的修改单）适用于本文件。

GB/T 17433 冶金产品化学分析基础术语

3 术语和定义

GB/T 17433 界定的术语和定义适用于本文件。

3.1

实验室样品 laboratory sample

为送交实验室供检验或测试而制备的样品。

［来源：GB/T 17433—2014,2.3.2.1］

3.2

试样 test sample

由实验室样品进一步制得的，可进行称量的样品。

［来源：GB/T 17433—2014,2.3.2.2］

3.3

试料 test portion

用以进行检验或观测所称取的一定量的试样。

［来源：GB/T 17433—2014,2.3.2.3］

4 方法1：火焰原子吸收光谱法

4.1 原理

试料经盐酸、硝酸、高氯酸溶解。在稀盐酸介质中，于原子吸收光谱仪波长324.7 nm 处，以空气-乙炔火焰测量铜的吸光度。

4.2 试剂或材料

除非另有说明，在分析中仅使用确认为分析纯的试剂和蒸馏水或去离子水或相当纯度的水。

4.2.1 金属铜（$w_{Cu} \geqslant 99.99\%$）。将金属铜放入冰乙酸（1+3）中，微沸 1 min，取出后依次用水和无水乙醇分别冲洗两次以上，在 100 ℃ 烘箱中烘 4 min，冷却，置于磨口试剂瓶中备用。

4.2.2 盐酸（$\rho=1.19$ g/mL）。

4.2.3 硝酸（$\rho=1.42$ g/mL）。

4.2.4 高氯酸（$\rho=1.67$ g/mL）。

4.2.5 盐酸（1+1）。

4.2.6 铜标准贮存溶液：称取 1.000 0 g 金属铜（4.2.1）置于 250 mL 烧杯中，加入 25 mL 硝酸（1+1），盖上表面皿，于电热板上低温加热至完全溶解，煮沸驱赶尽氮的氧化物。取下冷至室温，移入 1 000 mL 容量瓶中，用水稀释至刻度，混匀。

注：此溶液 1 mL 含 1 mg 铜。

4.2.7 铜标准溶液：移取 25.00 mL 铜标准贮存溶液（4.2.6）于 250 mL 容量瓶中，加入 25 mL 盐酸（4.2.5），用水稀释至刻度，混匀。

注：此溶液 1 mL 含 100 μg 铜。

4.3 仪器设备

原子吸收光谱仪，附铜空心阴极灯。

在仪器最佳条件下，凡能满足下列指标的原子吸收光谱仪均可使用。

——灵敏度：在与测量溶液的基体相一致的溶液中，铜的特征浓度应不大于 0.034 μg/mL。

——精密度：用最高浓度的标准溶液测量 11 次吸光度，其标准偏差应不超过平均吸光度的 1.0%；用最低浓度的标准溶液（不是"零"标准溶液）测量 11 次吸光度，其标准偏差应不超过最高浓度标准溶液平均吸光度的 0.5%。

——标准曲线线性：将标准曲线按浓度等分成五段，最高段的吸光度差值与最低段的吸光度差值之比应不小于 0.8。

4.4 样品

4.4.1 试样

4.4.1.1 试样粒度不大于 0.074 mm。

4.4.1.2 试样应在 100 ℃～105 ℃ 烘干 1 h 后，置于干燥器中，冷却至室温。

4.4.2 试料

称取 0.20 g 试样，精确至 0.000 1 g。

4.5 试验步骤

4.5.1 空白试验

随同试料做空白试验。

4.5.2 测定次数

独立进行两次测定，结果取其平均值。

4.5.3 测定

4.5.3.1 将试料置于 250 mL 烧杯中，加入少量水润湿后，加入 15 mL 盐酸（4.2.2），盖上表面皿，于电热板上低温加热溶解 5 min，取下稍冷，加入 5 mL 硝酸（4.2.3）和 3 mL 高氯酸（4.2.4）。若试料中含碳、硫不高,则消解时无须加入高氯酸(4.2.4)。继续加热,待试料完全溶解后,蒸至湿盐状,取下冷至室温。加入 10 mL 盐酸(4.2.5),用水吹洗表面皿及杯壁,加热使可溶性盐类完全溶解,取下冷至室温。

4.5.3.2 将试液按表 1 移入相应的容量瓶中,需要分取的则按照所对应的分取体积、稀释后定容体积和补加盐酸量进行操作。用水稀释至刻度,混匀。

表 1 试液分取体积

铜质量分数 %	定容体积 mL	分取体积 mL	稀释后定容体积 mL	补加盐酸(4.2.5) mL
0.050～0.25	100	—	—	—
>0.25～1.25	100	10	50	4
>1.25～2.00	100	10	100	9

4.5.3.3 于原子吸收光谱仪波长 324.7 nm 处,使用空气-乙炔火焰,以水调零,测量试液的吸光度,减去随同试料的空白溶液的吸光度,从 4.5.4.2 所得标准曲线上查出相应的铜质量浓度。

4.5.4 标准曲线的绘制

4.5.4.1 移取 0 mL、1.00 mL、2.00 mL、3.00 mL、4.00 mL、5.00 mL 铜标准溶液(4.2.7),分别置于一组 100 mL 容量瓶中,加入 10 mL 盐酸(4.2.5),用水稀释至刻度,混匀。

4.5.4.2 在与测量试液相同条件下,测量系列铜标准溶液的吸光度,减去零浓度溶液的吸光度,以铜质量浓度为横坐标、吸光度为纵坐标,绘制标准曲线。

4.6 试验数据处理

按公式(1)计算铜的质量分数 w_{Cu}:

$$w_{Cu} = \frac{(\rho_1 - \rho_0) \cdot V_0 \cdot V_2 \times 10^{-6}}{m_0 \cdot V_1} \times 100 \qquad\cdots\cdots\cdots\cdots\cdots\cdots\cdots(1)$$

式中:

w_{Cu} ——铜的质量分数,%;

ρ_1 ——试液自标准曲线上查得的铜质量浓度,单位为微克每毫升($\mu g/mL$);

ρ_0 ——空白溶液自标准曲线上查得的铜质量浓度,单位为微克每毫升($\mu g/mL$);

V_0 ——试液的总体积,单位为毫升(mL);

V_2 ——分取试液稀释后的定容体积,单位为毫升(mL);

m_0 ——试料的质量,单位为克(g);

V_1 ——分取试液的体积,单位为毫升(mL)。

计算结果表示至小数点后两位,若质量分数小于 0.10% 时,表示至小数点后三位。

4.7 精密度

4.7.1 重复性

在重复性条件下获得的两次独立测试结果的测定值,在以下给出的平均值范围内,这两个测试结果的绝对差值不超过重复性限(r),超出重复性限(r)的情况不超过 5%,重复性限(r)按表 2 数据采用线性内插法求得。铜的含量低于最低水平,重复性限按外延法求得。

表 2　重复性限（方法 1）

w_{Cu}/%	0.11	0.47	1.06	2.01
r/%	0.01	0.03	0.06	0.08

4.7.2　再现性

在再现性条件下获得的两次独立测试结果的测定值，在以下给出的平均值范围内，这两个测试结果的绝对差值不超过再现性限（R），超出再现性限（R）的情况不超过 5%，再现性限（R）按表 3 数据采用线性内插法求得。铜的含量低于最低水平，再现性限按外延法求得。

表 3　再现性限（方法 1）

w_{Cu}/%	0.11	0.47	1.06	2.01
R/%	0.02	0.04	0.10	0.11

4.8　试验报告

试验报告至少应给出以下内容：
——试样；
——使用的标准 GB/T 7739.4—2021；
——使用的方法；
——测定结果及其表示；
——与基本试验步骤的差异；
——测定中观察到的异常现象；
——试验日期。

5　方法 2：硫代硫酸钠滴定法

5.1　原理

试料经盐酸、硝酸和溴分解，用乙酸-乙酸铵溶液调节溶液的 pH 值为 3.0～4.0，用氟化氢铵掩蔽铁，加入碘化钾与二价铜离子作用，析出的碘以淀粉为指示剂，用硫代硫酸钠标准滴定溶液进行滴定。根据消耗硫代硫酸钠标准滴定溶液的体积计算铜的含量。

5.2　试剂或材料

除非另有说明，在分析中仅使用确认为分析纯的试剂和蒸馏水或去离子水或相当纯度的水。

5.2.1　金属铜（$w_{Cu} \geqslant 99.99\%$）。将金属铜放入冰乙酸（1+3）中，微沸 1 min，取出后依次用水和无水乙醇分别冲洗两次以上，在 100 ℃烘箱中烘 4 min，冷却，置于磨口试剂瓶中备用。

5.2.2　碘化钾。

5.2.3　氟化氢铵。

5.2.4　溴。

5.2.5　盐酸（$\rho = 1.19$ g/mL）。

5.2.6　硝酸（$\rho = 1.42$ g/mL）。

5.2.7 高氯酸($\rho=1.67$ g/mL)。

5.2.8 硫酸($\rho=1.84$ g/mL)。

5.2.9 氟化氢铵饱和溶液:将氟化氢铵(5.2.3)溶于水至饱和状态,贮存于聚乙烯瓶中。

5.2.10 乙酸-乙酸铵溶液(300 g/L):称取 90 g 乙酸铵,置于 400 mL 烧杯中,加 150 mL 水和 100 mL 冰乙酸($\rho=1.05$ g/mL),溶解后,用水稀释至 300 mL,混匀,此溶液 pH 值约为 5。

5.2.11 三氯化铁溶液(100 g/L)。

5.2.12 硫氰酸钾溶液(100 g/L):称取 10 g 硫氰酸钾于 400 mL 烧杯中,加入约 100 mL 水溶解后,加入 2 g 碘化钾(5.2.2),待溶解后,加入 2 mL 淀粉溶液(5.2.15),滴加碘溶液(0.04 mol/L)至刚呈稳定的蓝色,再用硫代硫酸钠标准滴定溶液(5.2.14)滴定至蓝色刚消失。

5.2.13 铜标准溶液:称取 0.500 0 g 金属铜(5.2.1)置于 500 mL 锥形烧杯中,缓慢加入 20 mL 硝酸(1+1),盖上表面皿,置于电热板上低温处,加热使其完全溶解,煮沸驱赶尽氮的氧化物,取下,用水吹洗表面皿及杯壁,冷至室温。将溶液移入 500 mL 容量瓶中,以水稀释至刻度,混匀。

注:此溶液 1 mL 含 1 mg 铜。

5.2.14 硫代硫酸钠标准滴定溶液[$c(\mathrm{Na_2S_2O_3 \cdot 5H_2O}) \approx 0.04$ mol/L]。

a) **配制**。称取 100 g 硫代硫酸钠($\mathrm{Na_2S_2O_3 \cdot 5H_2O}$)置于 500 mL 烧杯中,加入 2 g 无水碳酸钠溶于约 300 mL 煮沸并冷却的蒸馏水中,移入 10 L 棕色试剂瓶中。用煮沸并冷却的蒸馏水稀释至约 10 L,加入 10 mL 三氯甲烷,静置两周。

b) **标定**。移取 50.00 mL 铜标准溶液(5.2.13)于 500 mL 锥形烧杯中,加入 5 mL 硝酸(5.2.6),加入 1 mL 三氯化铁溶液(5.2.11),置于电热板低温处蒸至溶液体积约为 1 mL。取下冷却,用约 30 mL 水吹洗杯壁,煮沸,取下冷至室温。按照 5.4.3.2 进行标定。记录硫代硫酸钠标准滴定溶液在滴定中消耗的体积,随同标定做空白试验。

按公式(2)计算硫代硫酸钠标准滴定溶液的实际浓度:

$$c = \frac{\rho \cdot V_3 \times 1\,000}{(V_4 - V_5) \cdot M_r} \quad\quad\quad\quad\quad\quad (2)$$

式中:

c ——硫代硫酸钠标准滴定溶液的实际浓度,单位为摩尔每升(mol/L);

ρ ——铜标准溶液的质量浓度,单位为克每毫升(g/mL);

V_3 ——移取铜标准溶液的体积,单位为毫升(mL);

V_4 ——滴定铜标准溶液所消耗硫代硫酸钠标准滴定溶液的体积,单位为毫升(mL);

V_5 ——标定时空白溶液所消耗的硫代硫酸钠标准滴定溶液的体积,单位为毫升(mL);

M_r ——铜的摩尔质量,单位为克每摩尔(g/mol),[$M_r(\mathrm{Cu}) = 63.546$]。

两人平行标定,每人标定四份,最终结果保留四位有效数字,其极差值不大于 8×10^{-5} mol/L 时,取其平均值,否则重新标定。此溶液每隔一周后应重新标定一次,各实验室可根据复标结果适当延长复标时间间隔。

5.2.15 淀粉溶液(5 g/L):称取 0.5 g 淀粉,用少量冷水将其打散至无颗粒后,用热水稀释至 100 mL,于电炉盘上煮沸至澄清,取下冷至室温。

5.3 样品

5.3.1 试样

5.3.1.1 试样粒度不大于 0.074 mm。

5.3.1.2 试样应在 100 ℃~105 ℃烘 1 h 后,置于干燥器中,冷却至室温。

5.3.2 试料

根据试样中铜的含量,按表 4 称取试料,精确至 0.000 1 g。

表 4　试料质量

铜的质量分数 %	试料质量 g
2.00～10.00	0.50
>10.00～25.00	0.30

5.4　试验步骤

5.4.1　空白试验

随同试料做空白试验。

5.4.2　测定次数

独立进行两次测定,结果取其平均值。

5.4.3　测定

5.4.3.1　将试料置于 500 mL 锥形烧杯中。用少量水润湿,加入 10 mL 盐酸(5.2.5),置于电热板上低温加热微沸 3 min～5 min,取下稍冷,加入 5 mL 硝酸(5.2.6)和 0.5 mL 溴(5.2.4),盖上表面皿,混匀,低温加热。

若试料中硅含量较高,且对结果有影响,应另加入 0.5 g 氟化氢铵(5.2.3),待试料完全溶解后,继续加热蒸至近干,取下冷却。

若试料中碳含量较高,应在加入溴后加入 2 mL～5 mL 高氯酸(5.2.7)和 2 mL 硫酸(5.2.8),加热溶解至无黑色残渣,并蒸干。

若试料中含硅、碳均高,应在加入溴后加入 0.5 g 氟化氢铵(5.2.3)和 5 mL～10 mL 高氯酸(5.2.7),并蒸干。

若试料含钒、铬、锰高,应在加入溴后加入高氯酸(5.2.7),待溶液蒸干,取下冷却,滴加盐酸(5.2.5)使烧杯底部浸湿完全,蒸至近干。

5.4.3.2　用 30 mL 水洗涤表面皿及杯壁,盖上表面皿,置于电热板上煮沸,使可溶性盐类完全溶解,取下冷至室温。若试料铁含量极少,补加 1 mL 三氯化铁溶液(5.2.11)。滴加乙酸-乙酸铵溶液(5.2.10)至红色不再加深并过量 4 mL,然后加入 4 mL 氟化氢铵饱和溶液(5.2.9),混匀。加入 3 g 碘化钾(5.2.2)摇动溶解,立即用硫代硫酸钠标准滴定溶液(5.2.14)滴定至浅黄色,加入 2 mL 淀粉溶液(5.2.15)。若试料铅、铋含量高时,应提前加 2 mL 淀粉溶液(5.2.15)。继续滴定至浅蓝色,加入 5 mL 硫氰酸钾溶液(5.2.12),激烈摇振至蓝色加深,再滴定至蓝色刚好消失为终点,记录消耗硫代硫酸钠标准滴定溶液的体积。

5.5　试验数据处理

按公式(3)计算铜的质量分数 w_{Cu}:

$$w_{Cu} = \frac{c \cdot (V_6 - V_7) \cdot M_r}{m \times 1\ 000} \times 100 \qquad\qquad\cdots\cdots\cdots\cdots\cdots\cdots\cdots(3)$$

式中:

w_{Cu}——铜的质量分数,%;

c　——硫代硫酸钠标准滴定溶液的实际浓度,单位为摩尔每升(mol/L);

V_6 ——试液消耗硫代硫酸钠标准滴定溶液的体积,单位为毫升(mL);

V_7 ——空白溶液消耗硫代硫酸钠标准滴定溶液的体积,单位为毫升(mL);

M_r ——铜的摩尔质量,单位为克每摩尔(g/mol),$[M_r(Cu)=63.546]$;

m ——试料的质量,单位为克(g)。

计算结果表示至小数点后两位。

5.6 精密度

5.6.1 重复性

在重复性条件下获得的两次独立测试结果的测定值,在以下给出的平均值范围内,这两个测试结果的绝对差值不超过重复性限(r),超出重复性限(r)的情况不超过5%,重复性限(r)按表5数据采用线性内插法求得。铜的含量低于最低水平,重复性限按外延法求得;铜的含量高于最高水平,重复性限按最高水平执行。

表 5 重复性限(方法2)

w_{Cu}/%	2.06	3.17	8.27	13.53	18.85	24.04
r/%	0.08	0.09	0.10	0.12	0.15	0.18

5.6.2 再现性

在再现性条件下获得的两次独立测试结果的测定值,在以下给出的平均值范围内,这两个测试结果的绝对差值不超过再现性限(R),超出再现性限(R)的情况不超过5%,再现性限(R)按表6数据采用线性内插法求得。铜的含量低于最低水平,再现性限按外延法求得;铜的含量高于最高水平,再现性限按最高水平执行。

表 6 再现性限(方法2)

w_{Cu}/%	2.06	3.17	8.27	13.53	18.85	24.04
R/%	0.13	0.14	0.17	0.20	0.22	0.24

5.7 试验报告

试验报告至少应给出以下内容:

——试样;

——使用的标准 GB/T 7739.4—2021;

——使用的方法;

——测定结果及其表示;

——与基本试验步骤的差异;

——测定中观察到的异常现象;

——试验日期。

ICS 73.060.99
CCS D 46

中华人民共和国国家标准

GB/T 7739.5—2021
代替 GB/T 7739.5—2007

金精矿化学分析方法
第5部分：铅量的测定

Methods for chemical analysis of gold concentrates—
Part 5：Determination of lead content

2021-08-20 发布

2022-03-01 实施

国家市场监督管理总局
国家标准化管理委员会 发布

前　　言

本文件按照 GB/T 1.1—2020《标准化工作导则　第 1 部分:标准化文件的结构和起草规则》的规定起草。

本文件为 GB/T 7739 的第 5 部分,GB/T 7739《金精矿化学分析方法》已经发布了以下 14 个部分:

——第 1 部分:金量和银量的测定;

——第 2 部分:银量的测定　火焰原子吸收光谱法;

——第 3 部分:砷量的测定;

——第 4 部分:铜量的测定;

——第 5 部分:铅量的测定;

——第 6 部分:锌量的测定;

——第 7 部分:铁量的测定;

——第 8 部分:硫量的测定;

——第 9 部分:碳量的测定;

——第 10 部分:锑量的测定;

——第 11 部分:砷量和铋量的测定;

——第 12 部分:砷、汞、镉、铅和铋量的测定　原子荧光光谱法;

——第 13 部分:铅、锌、铋、镉、铬、砷和汞量的测定　电感耦合等离子体原子发射光谱法;

——第 14 部分:铊量的测定　电感耦合等离子体原子发射光谱法和电感耦合等离子体质谱法。

本文件代替 GB/T 7739.5—2007《金精矿化学分析方法　第 5 部分:铅量的测定》,与 GB/T 7739.5—2007 相比,除结构调整和编辑性改动外,主要技术变化如下:

    a)　方法 1 中,测定范围由"0.50%～5.00%"调整为"0.10%～5.00%"(见第 1 章,2007 年版的第 2 章);

    b)　方法 2 中,测定范围由"5.00%～40.00%"调整为"5.00%～50.00%"(见第 1 章,2007 年版的第 3 章);

    c)　删除了"允许差"要求(见 2007 年版的 2.7、3.6);

    d)　改变了样品的消解及干扰消除方式(见 4.5.3.1、5.5.3,2007 年版的 2.5.3.1、3.4.3);

    e)　增加了"重复性"和"再现性"要求(见 4.7、5.7);

    f)　方法 2 中,增加了滤液中铅含量的补正(见 5.5.3.6)。

请注意本文件的某些内容可能涉及专利。本文件的发布机构不承担识别专利的责任。

本文件由全国黄金标准化技术委员会(SAC/TC 379)提出并归口。

本文件起草单位:长春黄金研究院有限公司、北矿检测技术有限公司、深圳市金质金银珠宝检验研究中心有限公司、山东黄金冶炼有限公司、大冶有色设计研究院有限公司、国投金城冶金有限责任公司、紫金矿业集团股份有限公司、东吴黄金集团有限公司、河南豫光金铅股份有限公司、河南中原黄金冶炼厂有限责任公司、云南黄金矿业集团贵金属检测有限公司。

本文件主要起草人:陈永红、赵亚明、芦新根、孟宪伟、洪博、张越、李延吉、罗海霞、张晨、范丽新、韩聪美、杨佩、王德雨、杨新华、冯媛、胡智康、王青丽、陈鹏、周华玉、林翠芳、包小玲、姚中平、李莉君、姜艳水、赵栋杰、陈晓科、吕文先。

本文件及其所代替文件的历次版本发布情况为:

——GB/T 7739.5—2007;

——本次为第一次修订。

引　言

原矿经过选别作业处理后,其主要成分已在精矿中富集,同时矿石的次要成分或其他伴生金属也得到回收,GB/T 7739《金精矿化学分析方法》旨在帮助黄金工矿企业准确了解金精矿的主要成分及杂质含量,有利于优化选冶工艺控制参数,精准控制药剂消耗、减少杂质元素对冶炼提纯过程的干扰、提高各有价元素的综合回收率,能够为整个黄金行业资源的高效回收利用、可持续绿色健康发展及智慧矿山的建设提供技术支撑。GB/T 7739 由 15 个部分构成。

——第 1 部分:金量和银量的测定。目的在于规定金精矿中金量和银量测定的火试金重量法、活性炭富集-火焰原子吸收光谱法和活性炭富集-碘量法及各方法适用的测定范围。

——第 2 部分:银量的测定　火焰原子吸收光谱法。目的在于规定金精矿中银量测定的火焰原子吸收光谱法及适用的测定范围。

——第 3 部分:砷量的测定。目的在于规定金精矿中砷量测定的二乙基二硫代氨基甲酸银分光光度法和重铬酸钾滴定法及各方法适用的测定范围。

——第 4 部分:铜量的测定。目的在于规定金精矿中铜量测定的火焰原子吸收光谱法和硫代硫酸钠滴定法及各方法适用的测定范围。

——第 5 部分:铅量的测定。目的在于规定金精矿中铅量测定的火焰原子吸收光谱法和乙二胺四乙酸二钠滴定法及各方法适用的测定范围。

——第 6 部分:锌量的测定。目的在于规定金精矿中锌量测定的火焰原子吸收光谱法和乙二胺四乙酸二钠滴定法及各方法适用的测定范围。

——第 7 部分:铁量的测定。目的在于规定金精矿中铁量测定的重铬酸钾滴定法及适用的测定范围。

——第 8 部分:硫量的测定。目的在于规定金精矿中硫量测定的硫酸钡重量法和燃烧—酸碱滴定法及各方法适用的测定范围。

——第 9 部分:碳量的测定。目的在于规定金精矿中碳量测定的乙醇-乙醇胺-氢氧化钾滴定法及适用的测定范围。

——第 10 部分:锑量的测定。目的在于规定金精矿中锑量测定的硫酸铈滴定法和氢化物发生-原子荧光光谱法及各方法适用的测定范围。

——第 11 部分:砷量和铋量的测定。目的在于规定金精矿中砷量和铋量测定的氢化物发生-原子荧光光谱法及适用的测定范围。

——第 12 部分:砷、汞、镉、铅和铋量的测定　原子荧光光谱法。目的在于规定金精矿中砷、汞、镉、铅和铋量测定的氢化物发生-原子荧光光谱法及适用的测定范围。

——第 13 部分:铅、锌、铋、镉、铬、砷和汞量的测定　电感耦合等离子体原子发射光谱法。目的在于规定金精矿中铅、锌、铋、镉、铬、砷和汞量测定的电感耦合等离子体原子发射光谱法及适用的测定范围。

——第 14 部分:铊量的测定　电感耦合等离子体原子发射光谱法和电感耦合等离子体质谱法。目的在于规定金精矿中铊量测定的电感耦合等离子体原子发射光谱法和电感耦合等离子体质谱法及各方法适用的测定范围。

金精矿化学分析方法
第 5 部分:铅量的测定

1 范围

本文件规定了金精矿中铅量的测定方法。

本文件包括方法 1 和方法 2 两种测定方法。方法 1 适用于金精矿中铅量的测定,测定范围:0.10%～5.00%;方法 2 适用于钡含量小于 1‰的金精矿中铅量的测定,测定范围:>5.00%～50.00%。

2 规范性引用文件

下列文件中的内容通过文中的规范性引用而构成本文件必不可少的条款。其中,注日期的引用文件,仅该日期对应的版本适用于本文件;不注日期的引用文件,其最新版本(包括所有的修改单)适用于本文件。

GB/T 17433 冶金产品化学分析基础术语

3 术语和定义

GB/T 17433 界定的术语和定义适用于本文件。

3.1

实验室样品 laboratory sample

为送交实验室供检验或测试而制备的样品。

[来源:GB/T 17433—2014,2.3.2.1]

3.2

试样 test sample

由实验室样品进一步制得的,可进行称量的样品。

[来源:GB/T 17433—2014,2.3.2.2]

3.3

试料 test portion

用以进行检验或观测所称取的一定量的试样。

[来源:GB/T 17433—2014,2.3.2.3]

4 方法 1:火焰原子吸收光谱法

4.1 原理

试料用盐酸、硝酸、高氯酸溶解。在稀盐酸介质中,于原子吸收光谱仪波长 283.3 nm 处,以空气-乙炔火焰,测量铅的吸光度。

4.2 试剂或材料

除非另有说明,在分析中仅使用确认为分析纯的试剂和蒸馏水或去离子水或相当纯度的水。

4.2.1　盐酸($\rho=1.19$ g/mL)。

4.2.2　硝酸($\rho=1.42$ g/mL)。

4.2.3　高氯酸($\rho=1.67$ g/mL)

4.2.4　硝酸(1+3)。

4.2.5　盐酸(1+1)。

4.2.6　铅标准贮存溶液:称取 1.000 0 g 金属铅($w_{Pb}\geqslant99.99\%$)于 250 mL 烧杯中,加 20 mL 硝酸
(4.2.4),盖上表面皿,于电热板上低温加热至完全溶解,煮沸除去氮的氧化物,冷至室温。移入
1 000 mL 容量瓶中,用水稀释至刻度,混匀。

> 注:此溶液 1 mL 含 1 mg 铅。

4.2.7　铅标准溶液:移取 25.00 mL 铅标准贮存溶液(4.2.6)于 250 mL 容量瓶中,加入 5 mL 硝酸
(4.2.2),用水稀释至刻度,混匀。

> 注:此溶液 1 mL 含 100 μg 铅。

4.3　仪器设备

火焰原子吸收光谱仪,附铅空心阴极灯。

在仪器最佳条件下,凡能满足下列指标的原子吸收光谱仪均可使用。

——灵敏度:在与测量溶液的基体相一致的溶液中,铅的特征浓度应不大于 0.077 μg/mL。

——精密度:用最高浓度的标准溶液测量 11 次吸光度,其标准偏差应不超过平均吸光度的 1.0%;
用最低浓度的标准溶液(不是"零"标准溶液)测量 11 次吸光度,其标准偏差应不超过最高浓度
标准溶液平均吸光度的 0.5%。

——标准曲线线性:将标准曲线按浓度等分成五段,最高段的吸光度差值与最低段的吸光度差值之
比应不小于 0.8。

4.4　样品

4.4.1　试样

4.4.1.1　试样粒度不大于 0.074 mm。

4.4.1.2　试样应在 100 ℃~105 ℃烘干 1 h 后,置于干燥器中,冷却至室温。

4.4.2　试料

称取 0.20 g 试样。精确至 0.000 1 g。

4.5　试验步骤

4.5.1　空白试验

随同试料做空白试验。

4.5.2　测定次数

独立进行两次测定,结果取其平均值。

4.5.3　测定

4.5.3.1　将试料置于 200 mL 烧杯中,用少量水润湿,加入 15 mL 盐酸(4.2.1),置于电热板上加热数分
钟,取下稍冷。加入 5 mL 硝酸(4.2.2)、2 mL~3 mL 高氯酸(4.2.3),当试料中碳、硫含量不高时,可不
加高氯酸。蒸至湿盐状,取下冷却,加入 10 mL 盐酸(4.2.5),煮沸溶解盐类,取下冷至室温。将溶液移

入 100 mL 容量瓶中,以水稀释至刻度,混匀,静置。

4.5.3.2 按表 1 分取 4.5.3.1 所得试液,并补加盐酸(4.2.5)于容量瓶中,用水稀释至刻度,混匀。

表 1 试液分取量

铅质量分数 %	试液分取量 mL	补加盐酸(4.2.5)量 mL	容量瓶体积 mL
0.10～0.50	—	—	100
>0.50～2.50	20.00	7.5	100
>2.50～5.00	10.00	9.0	100

4.5.3.3 于原子吸收光谱仪波长 283.3 nm 处,使用空气-乙炔火焰,以水调零,测量铅的吸光度,减去随同试料的空白溶液吸光度,从 4.5.4.2 所得标准曲线上查出相应的铅质量浓度。

4.5.4 标准曲线的绘制

4.5.4.1 移取 0 mL、2.00 mL、4.00 mL、6.00 mL、8.00 mL、10.00 mL 铅标准溶液(4.2.7)分别于一组 100 mL 容量瓶中,加入 10 mL 盐酸(4.2.5),用水稀释至刻度,混匀。

4.5.4.2 在与试料测定相同条件下,测量系列铅标准溶液吸光度。以铅质量浓度为横坐标、吸光度(减去"零"浓度溶液吸光度)为纵坐标,绘制标准曲线。

4.6 试验数据处理

按公式(1)计算铅的质量分数 w_{Pb}:

$$w_{Pb} = \frac{(\rho_1 - \rho_0) \cdot V \cdot V_2 \times 10^{-6}}{m \cdot V_1} \times 100 \quad\quad\quad\quad\quad (1)$$

式中:

w_{Pb}——铅的质量分数,%质量;

ρ_1 ——试液自标准曲线上查得的铅质量浓度,单位为微克每毫升($\mu g/mL$);

ρ_0 ——空白溶液自标准曲线上查得的铅质量浓度,单位为微克每毫升($\mu g/mL$);

V ——试液的总体积,单位为毫升(mL);

V_2 ——分取试液稀释后的体积,单位为毫升(mL);

m ——试料的质量,单位为克(g);

V_1 ——分取试液的体积,单位为毫升(mL)。

计算结果表示至小数点后两位。

4.7 精密度

4.7.1 重复性

在重复性条件下获得的两次独立测试结果的测定值,在以下给出的平均值范围内,这两个测试结果的绝对差值不超过重复性限(r),超过重复性限(r)的情况不超过 5%,重复性限(r)按表 2 数据采用线性内插法求得。铅的含量低于最低水平,重复性限按外延法求得。铅的含量高于最高水平,重复性限按最高水平执行。

表 2　重复性限（方法 1）

$w_{Pb}/\%$	0.35	1.21	2.34	4.98
$r/\%$	0.02	0.04	0.09	0.12

4.7.2　再现性

在再现性条件下获得的两次独立测试结果的测定值，在以下给出的平均值范围内，这两个测试结果的绝对差值不超过再现性限(R)，超过再现性限(R)的情况不超过 5%，再现性限(R)按表 3 数据采用线性内插法求得。铅的含量低于最低水平，再现性限按外延法求得。铅的含量高于最高水平，再现性限按最高水平执行。

表 3　再现性限（方法 1）

$w_{Pb}/\%$	0.35	1.21	2.34	4.98
$R/\%$	0.06	0.09	0.14	0.22

4.8　试验报告

试验报告至少应给出以下内容：
——试验对象；
——使用的标准 GB/T 7739.5—2021；
——使用的方法；
——测定结果及其表示；
——与基本试验步骤的差异；
——测定中观察到的异常现象；
——试验日期。

5　方法 2：乙二胺四乙酸二钠滴定法

5.1　原理

试料用盐酸、硝酸溶解，在硫酸介质中铅形成硫酸铅沉淀，过滤，与共存元素分离。硫酸铅沉淀用乙酸-乙酸钠缓冲溶液溶解，在 pH 值为 5.0～6.0 时，以二甲酚橙为指示剂，用乙二胺四乙酸二钠标准滴定溶液滴定。根据消耗乙二胺四乙酸二钠标准滴定溶液的体积计算铅的含量。滤液加热浓缩后以稀盐酸为介质于原子吸收光谱仪波长 283.3 nm 处，以空气-乙炔火焰测量铅的吸光度，计算滤液中的铅含量。将滴定法和原子吸收法测得的铅量相加即为样品中铅的含量。

5.2　试剂或材料

除非另有说明，在分析中仅使用确认为分析纯的试剂和蒸馏水或去离子水或相当纯度的水。

5.2.1　抗坏血酸。

5.2.2　无水乙醇。

5.2.3　盐酸($\rho = 1.19$ g/mL)。

5.2.4　硝酸($\rho = 1.42$ g/mL)。

5.2.5 硫酸($\rho = 1.84$ g/mL)。

5.2.6 氢溴酸($\rho = 1.50$ g/mL)。

5.2.7 盐酸(1+1)。

5.2.8 硝酸(1+3)。

5.2.9 硫酸(1+1)。

5.2.10 硝硫混酸(1+1)。

5.2.11 氨水(1+1)。

5.2.12 氟化铵溶液(250 g/L)。

5.2.13 乙二胺四乙酸二钠溶液(1.5 g/L)。

5.2.14 硫酸洗液(2+98)。

5.2.15 乙酸-乙酸钠缓冲溶液:150 g 无水乙酸钠溶于水中,加 20 mL 冰乙酸,用水稀释至 1 000 mL,混匀。

5.2.16 铅标准溶液 A:称取 2.000 0 g 金属铅($w_{Pb} \geqslant 99.99\%$)于 250 mL 烧杯中,加 20 mL 硝酸(5.2.8),盖上表面皿,低温加热溶解,待完全溶解后,煮沸除去氮的氧化物,取下,冷至室温。移入 500 mL 容量瓶中,用水稀释至刻度,混匀。

注:此溶液 1 mL 含 4 mg 铅。

5.2.17 铅标准溶液 B:称取 0.100 0 g 金属铅($w_{Pb} \geqslant 99.99\%$)于 250 mL 烧杯中,加 20 mL 硝酸(5.2.8),盖上表面皿,低温加热溶解,待完全溶解后,煮沸除去氮的氧化物,取下,冷至室温。移入 1 000 mL 容量瓶中,用水稀释至刻度,混匀。

注:此溶液 1 mL 含 100 μg 铅。

5.2.18 乙二胺四乙酸二钠标准滴定溶液。

    a) **配制**。称取 7.4 g 乙二胺四乙酸二钠置于 400 mL 烧杯中,加水溶解,移入 1 000 mL 容量瓶中,用水稀释至刻度,混匀。放置三天后标定。

    b) **标定**。移取四份 20.00 mL 铅标准溶液 A(5.2.16),分别置于 400 mL 锥形烧杯中,加 50 mL 水、4 滴二甲酚橙指示剂(5.2.19),加 50 mL 乙酸-乙酸钠缓冲溶液(5.2.15),用乙二胺四乙酸二钠标准滴定溶液[5.2.18a)]滴定至溶液由紫红色变为亮黄色即为终点。随同标定做空白试验。

按公式(2)计算乙二胺四乙酸二钠标准滴定溶液的实际浓度:

$$c_1 = \frac{\rho \cdot V_3 \times 1\,000}{(V_4 - V_0) \cdot M_r} \qquad\qquad\qquad (2)$$

式中:

c_1 ——乙二胺四乙酸二钠标准滴定溶液的实际浓度,单位为摩尔每升(mol/L);

ρ ——铅标准溶液的质量浓度,单位为克每毫升(g/mL);

V_3 ——移取铅标准溶液的体积,单位为毫升(mL);

V_4 ——滴定时消耗乙二胺四乙酸二钠标准滴定溶液的体积,单位为毫升(mL);

V_0 ——空白溶液消耗的乙二胺四乙酸二钠标准滴定溶液的体积,单位为毫升(mL);

M_r ——铅的摩尔质量,单位为克每摩尔(g/mol),[$M_r(Pb) = 207.2$]。

两人平行标定,每人标定四份,最终结果保留四位有效数字,其极差值不大于 4×10^{-5} mol/L 时,取其平均值,否则重新标定。

5.2.19 二甲酚橙指示剂(5 g/L),限两周内使用。

5.3 仪器设备

火焰原子吸收光谱仪,附铅空心阴极灯。

仪器参数符合 4.3 的设定。

5.4 样品

5.4.1 试样

5.4.1.1 试样粒度不大于 0.074 mm。

5.4.1.2 试样应在 100 ℃～105 ℃烘干 1 h 后,置于干燥器中,冷却至室温。

5.4.2 试料

根据试样中铅的含量,按表 4 称取试料量,精确至 0.000 1 g。

表 4 试料质量

铅的质量分数 %	试料量 g
>5.00～15.00	0.50
>15.00～50.00	0.30

5.5 试验步骤

5.5.1 空白试验

随同试料做空白试验。

5.5.2 测定次数

独立进行两次测定,结果取其平均值。

5.5.3 测定

5.5.3.1 将试料置于 400 mL 烧杯中,用少量水润湿,加入 15 mL 盐酸(5.2.3),盖上表面皿,低温加热溶解数分钟,取下稍冷,加入 5 mL 硝酸(5.2.4)和 3 mL 氟化铵溶液(5.2.12),继续加热至试样溶解完全,稍冷,加入 10 mL 硫酸(5.2.9),加热至冒浓白烟约 2 min,取下冷却。

当试样中碳含量较高时,应在冒硫酸烟时取下加入少量硝硫混酸(5.2.10),继续加热至黑色消失。

当试样中砷、锑含量大于 0.50%时,应加入 10 mL 氢溴酸(5.2.6),缓慢加热至冒浓白烟,冷却。再次加入 10 mL 氢溴酸(5.2.6),缓慢加热至冒浓白烟,冷却。

5.5.3.2 用少量水吹洗表面皿及杯壁,应加入 80 mL 水,加热保持微沸 10 min,冷却至室温,加入 5 mL 无水乙醇(5.2.2),放置 1 h 以上。

5.5.3.3 用慢速定量滤纸过滤硫酸铅沉淀,用硫酸洗液(5.2.14)洗涤烧杯 2 次、沉淀 3 次～4 次,最后用水洗涤烧杯 1 次、沉淀 2 次,保留滤液和洗液于 400 mL 烧杯中,用于火焰原子吸收光谱法测定铅量(见5.5.3.6)。

5.5.3.4 将滤纸展开,连同沉淀一起放入原烧杯中,加入 100 mL 乙酸-乙酸钠缓冲溶液(5.2.15),盖上表面皿,加热微沸 10 min,搅拌使沉淀溶解,取下冷却,加水至 150 mL。

5.5.3.5 加入 0.1 g 抗坏血酸(5.2.1)、3 滴～4 滴二甲酚橙指示剂(5.2.19),用乙二胺四乙酸二钠标准滴定溶液(5.2.18)滴定至溶液由紫红色变成亮黄色为终点。记录消耗的乙二胺四乙酸二钠标准滴定溶液体积。

当试样中铋含量大于 0.50% 时，应用硝酸(5.2.4)调节溶液的 pH 值约为 1.5，加入 2 滴二甲酚橙指示剂(5.2.19)，用乙二胺四乙酸二钠溶液(5.2.13)滴定至紫红色变为黄色，不计读数。用氨水(5.2.11)调节溶液的 pH 值约为 5.5，然后用乙二胺四乙酸二钠标准溶液(5.2.18)滴定至溶液由紫红色变成亮黄色为终点，记录消耗的乙二胺四乙酸二钠标准滴定溶液体积。

5.5.3.6 将 5.5.3.3 中所得滤液加热浓缩至湿盐状，冷却后加入 10 mL 盐酸(5.2.7)，用水洗涤表面皿和杯壁，煮沸使可溶性盐溶解，取下冷至室温。将溶液移入 100 mL 容量瓶中，以水稀释至刻度，混匀，静置。

校准溶液的配制：移取 0 mL、2.00 mL、4.00 mL、6.00 mL、8.00 mL、10.00 mL 铅标准溶液 B (5.2.17)分别于一组 100 mL 容量瓶中，加入 10 mL 盐酸(5.2.7)，用水稀释至刻度，混匀。标准系列溶液中铅含量分别为 0 mg、0.20 mg、0.40 mg、0.60 mg、0.80 mg、1.00 mg。

于火焰原子吸收光谱仪波长 283.3 nm 处，使用空气-乙炔火焰，以水调零，测量滤液中铅的吸光度，用校准溶液中的铅量与吸光度绘制标准曲线，从曲线上查出测量溶液中的铅量 m_1，单位为毫克(mg)。

5.6 试验数据处理

按公式(3)计算铅的质量分数 w_{Pb}：

$$w_{Pb} = \frac{c_1 \cdot (V_5 - V_6) \cdot M_r + m_1}{m_0 \times 1\,000} \times 100 \qquad\qquad (3)$$

式中：

w_{Pb} ——铅的质量分数，%；

c_1 ——乙二胺四乙酸二钠标准滴定溶液的实际浓度，单位为摩尔每升(mol/L)；

V_5 ——试液消耗乙二胺四乙酸二钠标准滴定溶液的体积，单位为毫升(mL)；

V_6 ——空白溶液消耗乙二胺四乙酸二钠标准滴定溶液的体积，单位为毫升(mL)；

M_r ——铅的摩尔质量，单位为克每摩尔(g/mol)，$[M_r(Pb) = 207.2]$；

m_1 ——自标准曲线上查得的滤液中铅的质量，单位为毫克(mg)；

m_0 ——试料的质量，单位为克(g)。

计算结果表示至小数点后两位。

5.7 精密度

5.7.1 重复性

在重复性条件下获得的两次独立测试结果的测定值，在以下给出的平均值范围内，这两个测试结果的绝对差值不超过重复性限(r)，超过重复性限(r)的情况不超过 5%，重复性限(r)按表 5 数据采用线性内插法求得。铅的含量低于最低水平，重复性限按外延法求得。

表 5 重复性限(方法 2)

w_{Pb}/%	5.06	7.87	20.06	30.10	39.77	50.99
r/%	0.14	0.15	0.17	0.21	0.26	0.32

5.7.2 再现性

在再现性条件下获得的两次独立测试结果的测定值，在以下给出的平均值范围内，这两个测试结果的绝对差值不超过再现性限(R)，超过再现性限(R)的情况不超过 5%，再现性限(R)按表 6 数据采用线性内插法求得。铅的含量低于最低水平，再现性限按外延法求得。

表 6　再现性限(方法 2)

$w_{Pb}/\%$	5.06	7.87	20.06	30.10	39.77	50.99
$R/\%$	0.21	0.23	0.32	0.40	0.47	0.52

5.8　试验报告

试验报告至少应给出以下内容:

——试验对象;

——使用的标准 GB/T 7739.5—2021;

——使用的方法;

——测定结果及其表示;

——与基本试验步骤的差异;

——测定中观察到的异常现象;

——试验日期。

ICS 73.060.99
CCS D 46

中华人民共和国国家标准

GB/T 7739.6—2021
代替 GB/T 7739.6—2007

金精矿化学分析方法
第 6 部分：锌量的测定

Methods for chemical analysis of gold concentrates—
Part 6：Determination of zinc content

2021-08-20 发布

2022-03-01 实施

国家市场监督管理总局
国家标准化管理委员会 发布

前　言

本文件按照 GB/T 1.1—2020《标准化工作导则　第 1 部分:标准化文件的结构和起草规则》的规定起草。

本文件为 GB/T 7739 的第 6 部分,GB/T 7739《金精矿化学分析方法》已经发布了以下 14 个部分:

——第 1 部分:金量和银量的测定;

——第 2 部分:银量的测定　火焰原子吸收光谱法;

——第 3 部分:砷量的测定;

——第 4 部分:铜量的测定;

——第 5 部分:铅量的测定;

——第 6 部分:锌量的测定;

——第 7 部分:铁量的测定;

——第 8 部分:硫量的测定;

——第 9 部分:碳量的测定;

——第 10 部分:锑量的测定;

——第 11 部分:砷量和铋量的测定;

——第 12 部分:砷、汞、镉、铅和铋量的测定　原子荧光光谱法;

——第 13 部分:铅、锌、铋、镉、铬、砷和汞量的测定　电感耦合等离子体原子发射光谱法;

——第 14 部分:铊量的测定　电感耦合等离子体原子发射光谱法和电感耦合等离子体质谱法。

本文件代替 GB/T 7739.6—2007《金精矿化学分析方法　第 6 部分:锌量的测定》,与 GB/T 7739.6—2007 相比,除结构调整和编辑性改动外,主要技术变化如下:

a)　更改了样品的测定范围(见第 1 章,2007 年版的第 2 章);

b)　删除了"允许差"要求(见 2007 年版的 2.7、3.6);

c)　方法 1 中,样品的消解由"盐酸、硝酸"更改为"盐酸、硝酸和高氯酸"(见 4.1,2007 年版的 2.1);

d)　增加了"重复性"和"再现性"要求(见 4.7、5.7);

e)　方法 2 中,称样量由"0.30 g"更改为"根据试样中锌的含量,按表 4 称取试料量,精确至 0.000 1 g"见(5.4.2,2007 年版的 3.4.1);

f)　方法 2 中,增加了铅含量大于 5% 样品的测定方式(5.5.3)。

请注意本文件的某些内容可能涉及专利。本文件的发布机构不承担识别专利的责任。

本文件由全国黄金标准化技术委员会(SAC/TC 379)提出并归口。

本文件起草单位:长春黄金研究院有限公司、国标(北京)检验认证有限公司、深圳市金质金银珠宝检验研究中心有限公司、北矿检测技术有限公司、大冶有色设计研究院有限公司、河南中原黄金冶炼厂有限责任公司、紫金矿业集团股份有限公司、云南云铜锌业股份有限公司、河南豫光金铅股份有限公司、云南黄金矿业集团贵金属检测有限公司、山东招金集团有限公司。

本文件主要起草人:陈永红、郭嘉鹏、芦新根、孟宪伟、洪博、张越、李延吉、刘丽媛、李甜、佟伶、张力久、杨佩、王德雨、罗海霞、范丽新、肖泽红、曾静、田静、姜艳水、谢燕红、黄春琴、高文键、李春林、王海利、李艳芳、李力、陈晓科、栾作春、宫在阳。

本文件及其所代替文件的历次版本发布情况为:

——GB/T 7739.6—2007;

——本次为第一次修订。

GB/T 7739.6—2021

引　言

　　原矿经过选别作业处理后，其主要成分已在精矿中富集，同时矿石的次要成分或其他伴生金属也得到回收，GB/T 7739《金精矿化学分析方法》旨在帮助黄金工矿企业准确了解金精矿的主要成分及杂质含量，有利于优化选冶工艺控制参数，精准控制药剂消耗、减少杂质元素对冶炼提纯过程的干扰、提高各有价元素的综合回收率，能够为整个黄金行业资源的高效回收利用、可持续绿色健康发展及智慧矿山的建设提供技术支撑。GB/T 7739 由 14 个部分构成。

　　——第 1 部分：金量和银量的测定。目的在于规定金精矿中金量和银量测定的火试金重量法、活性炭富集-火焰原子吸收光谱法和活性炭富集-碘量法及各方法适用的测定范围。

　　——第 2 部分：银量的测定　火焰原子吸收光谱法。目的在于规定金精矿中银量测定的火焰原子吸收光谱法及适用的测定范围。

　　——第 3 部分：砷量的测定。目的在于规定金精矿中砷量测定的二乙基二硫代氨基甲酸银分光光度法和重铬酸钾滴定法及各方法适用的测定范围。

　　——第 4 部分：铜量的测定。目的在于规定金精矿中铜量测定的火焰原子吸收光谱法和硫代硫酸钠滴定法及各方法适用的测定范围。

　　——第 5 部分：铅量的测定。目的在于规定金精矿中铅量测定的火焰原子吸收光谱法和乙二胺四乙酸二钠滴定法及各方法适用的测定范围。

　　——第 6 部分：锌量的测定。目的在于规定金精矿中锌量测定的火焰原子吸收光谱法和乙二胺四乙酸二钠滴定法及各方法适用的测定范围。

　　——第 7 部分：铁量的测定。目的在于规定金精矿中铁量测定的重铬酸钾滴定法及适用的测定范围。

　　——第 8 部分：硫量的测定。目的在于规定金精矿中硫量测定的硫酸钡重量法和燃烧-酸碱滴定法及各方法适用的测定范围。

　　——第 9 部分：碳量的测定。目的在于规定金精矿中碳量测定的乙醇-乙醇胺-氢氧化钾滴定法及适用的测定范围。

　　——第 10 部分：锑量的测定。目的在于规定金精矿中锑量测定的硫酸铈滴定法和氢化物发生-原子荧光光谱法及各方法适用的测定范围。

　　——第 11 部分：砷量和铋量的测定。目的在于规定金精矿中砷量和铋量测定的氢化物发生-原子荧光光谱法及适用的测定范围。

　　——第 12 部分：砷、汞、镉、铅和铋量的测定　原子荧光光谱法。目的在于规定金精矿中砷、汞、镉、铅和铋量测定的氢化物发生-原子荧光光谱法及适用的测定范围。

　　——第 13 部分：铅、锌、铋、镉、铬、砷和汞量的测定　电感耦合等离子体原子发射光谱法。目的在于规定金精矿中铅、锌、铋、镉、铬、砷和汞量测定的电感耦合等离子体原子发射光谱法及适用的测定范围。

　　——第 14 部分：铊量的测定　电感耦合等离子体原子发射光谱法和电感耦合等离子体质谱法。目的在于规定金精矿中铊量测定的电感耦合等离子体原子发射光谱法和电感耦合等离子体质谱法及各方法适用的测定范围。

金精矿化学分析方法
第6部分:锌量的测定

1 范围

本文件规定了金精矿中锌量的测定方法。

本文件适用于金精矿中锌量的测定。方法1测定范围:0.10%～2.00%;方法2测定范围:>2.00%～30.00%。

2 规范性引用文件

下列文件中的内容通过文中的规范性引用而构成本文件必不可少的条款。其中,注日期的引用文件,仅该日期对应的版本适用于本文件;不注日期的引用文件,其最新版本(包括所有的修改单)适用于本文件。

GB/T 17433 冶金产品化学分析基础术语

3 术语和定义

GB/T 17433界定的术语和定义适用于本文件。

3.1

实验室样品 laboratory sample

为送交实验室供检验或测试而制备的样品。

[来源:GB/T 17433—2014,2.3.2.1]

3.2

试样 test sample

由实验室样品进一步制得的,可进行称量的样品。

[来源:GB/T 17433—2014,2.3.2.2]

3.3

试料 test portion

用以进行检验或观测所称取的一定量的试样。

[来源:GB/T 17433—2014,2.3.2.3]

4 方法1:火焰原子吸收光谱法

4.1 原理

试样经盐酸、硝酸、高氯酸溶解。在稀盐酸介质中,于火焰原子吸收光谱仪波长213.9 nm处,以空气-乙炔火焰测量锌的吸光度。按标准曲线法计算锌的含量。

4.2 试剂或材料

除非另有说明,在分析中仅使用确认为分析纯的试剂和蒸馏水或去离子水或相当纯度的水。

4.2.1 盐酸($\rho=1.19$ g/mL)。

4.2.2 硝酸($\rho=1.42$ g/mL)。

4.2.3 高氯酸($\rho=1.67$ g/mL)。

4.2.4 盐酸(1+1)。

4.2.5 硝酸(1+1)。

4.2.6 锌标准贮存溶液:称取 1.000 0 g 金属锌($w_{Zn}\geqslant99.99\%$)置于 250 mL 烧杯中,加入 20 mL 硝酸
(4.2.5),盖上表面皿,于电热板上低温加热至完全溶解,煮沸驱赶氮的氧化物。取下冷至室温,移入
1 000 mL 容量瓶中,用水稀释至刻度,混匀。

注:此溶液 1 mL 含 1 mg 锌。

4.2.7 锌标准溶液:移取 10 mL 锌标准贮存溶液(4.2.6)于 250 mL 容量瓶中,加入 10 mL 硝酸(4.2.5),
用水稀释至刻度,混匀。

注:此溶液 1 mL 含 40 μg 锌。

4.3 仪器设备

火焰原子吸收光谱仪,附锌空心阴极灯。

在仪器最佳条件下,凡能满足下列指标的原子吸收光谱仪均可使用。

——灵敏度:在与测量溶液的基体相一致的溶液中,锌的特征浓度应不大于 0.007 7 μg/mL。

——精密度:用最高浓度的标准溶液测量 11 次吸光度,其标准偏差应不超过平均吸光度的 1.0%;
用最低浓度的标准溶液(不是"零"标准溶液)测量 11 次吸光度,其标准偏差应不超过最高浓度
标准溶液平均吸光度的 0.5%。

——标准曲线线性:将标准曲线按浓度等分成五段,最高段的吸光度差值与最低段的吸光度差值之
比应不小于 0.8。

4.4 样品

4.4.1 试样

4.4.1.1 试样粒度不大于 0.074 mm。

4.4.1.2 试样应在 100 ℃~105 ℃烘干 1 h 后,置于干燥器中,冷却至室温。

4.4.2 试料

称取 0.20 g 试样。精确至 0.000 1 g。

4.5 试验步骤

4.5.1 空白试验

随同试料做空白试验。

4.5.2 测定次数

独立进行两次测定,结果取其平均值。

4.5.3 测定

4.5.3.1 将试料置于 250 mL 烧杯中,加入少量水润湿,加入 15 mL 盐酸(4.2.1),盖上表面皿,于电热板
上低温加热溶解 2 min~5 min,取下稍冷。加入 5 mL 硝酸(4.2.2)、3 mL~5 mL 高氯酸(4.2.3),当试
样中碳、硫含量不高时,可不加高氯酸。蒸至湿盐状,取下冷却。加入 10 mL 盐酸(4.2.4),用水吹洗表

面皿及杯壁,加热煮沸使可溶性盐溶解,取下冷至室温。将溶液移入 100 mL 容量瓶中,以水稀释至刻度,混匀,静置。

4.5.3.2 按表 1 分取 4.5.3.1 所得试液,并补加盐酸(4.2.4)于容量瓶中,用水稀释至刻度,摇匀。

表 1 试液分取量

锌质量分数 %	试液分取量 mL	补加盐酸(4.2.4)量 mL	容量瓶体积 mL
0.10~0.50	10	5	50
>0.50~1.00	10	10	100
>1.00~2.00	5	10	100

4.5.3.3 于原子吸收光谱仪波长 213.9 nm 处,使用空气-乙炔火焰,以水调零,测量锌的吸光度,减去随同试料的空白溶液吸光度,从 4.5.4.2 所得标准曲线上查出相应的锌质量浓度。

4.5.4 标准曲线的绘制

4.5.4.1 准确移取 0 mL、1.00 mL、2.00 mL、3.00 mL、4.00 mL、5.00 mL 锌标准溶液(4.2.7),分别置于一组 100 mL 容量瓶中,加入 10 mL 盐酸(4.2.4),用水稀释至刻度,混匀。

4.5.4.2 在与测量试液相同条件下,测量系列锌标准溶液的吸光度,减去零浓度溶液的吸光度,以锌质量浓度为横坐标、吸光度为纵坐标,绘制标准曲线。

4.6 试验数据处理

按公式(1)计算锌的质量分数 w_{Zn}:

$$w_{Zn} = \frac{(\rho_1 - \rho_0) \cdot V_0 \cdot V_2 \times 10^{-6}}{m_1 \cdot V_1} \times 100 \quad\cdots\cdots\cdots\cdots\cdots\cdots\cdots(1)$$

式中:

w_{Zn}——锌的质量分数,%;

ρ_1 ——试液自标准曲线上查得的锌质量浓度,单位为微克每毫升(μg/mL);

ρ_0 ——空白溶液自标准曲线上查得的锌质量浓度,单位为微克每毫升(μg/mL);

V_0 ——试液的总体积,单位为毫升(mL);

V_2 ——分取试液稀释后的体积,单位为毫升(mL);

m_1 ——试料的质量,单位为克(g);

V_1 ——分取试液的体积,单位为毫升(mL)。

计算结果表示至小数点后两位。

4.7 精密度

4.7.1 重复性

在重复性条件下获得的两次独立测试结果的测定值,在以下给出的平均值范围内,这两个测试结果的绝对差值不超过重复性限(r),超过重复性限(r)的情况不超过 5%,重复性限(r)按表 2 数据采用线性内插法求得。锌的含量低于最低水平,重复性限按外延法求得。

表 2　重复性限(方法 1)

$w_{Zn}/\%$	0.49	1.03	1.46	2.06
$r/\%$	0.03	0.05	0.07	0.09

4.7.2　再现性

在再现性条件下获得的两次独立测试结果的测定值,在以下给出的平均值范围内,这两个测试结果的绝对差值不超过再现性限(R),超过再现性限(R)的情况不超过 5%,再现性限(R)按表 3 数据采用线性内插法求得。锌的含量低于最低水平,再现性限按外延法求得。

表 3　再现性限(方法 1)

$w_{Zn}/\%$	0.49	1.03	1.46	2.06
$R/\%$	0.05	0.08	0.11	0.13

4.8　试验报告

试验报告至少应给出以下内容:
——试样;
——使用的标准 GB/T 7739.6—2021;
——使用的方法;
——测定结果及其表示;
——与基本试验步骤的差异;
——测定中观察到的异常现象;
——试验日期。

5　方法 2:乙二胺四乙酸二钠滴定法

5.1　原理

试样用盐酸、硝酸和硫酸分解,在氧化剂存在的条件下,用氨水沉淀分离铁、锰等元素,滤液加氟化铵、抗坏血酸、硫脲掩蔽铝、铁、铜等元素,控制 pH 值在 5.0～6.0 间,以二甲酚橙为指示剂,乙二胺四乙酸二钠标准滴定溶液滴定锌、镉含量。扣除镉量即得锌量。

5.2　试剂或材料

除非另有说明,在分析中仅使用确认为分析纯的试剂和蒸馏水或去离子水或相当纯度的水。
5.2.1　氯化铵。
5.2.2　氟化铵。
5.2.3　抗坏血酸。
5.2.4　盐酸($\rho=1.19$ g/mL)。
5.2.5　硝酸($\rho=1.42$ g/mL)。
5.2.6　硫酸($\rho=1.84$ g/mL)。
5.2.7　高氯酸($\rho=1.67$ g/mL)。

5.2.8 氨水($\rho=0.90$ g/mL)。

5.2.9 乙酸($\rho=1.049$ g/mL)。

5.2.10 硫酸(1+1)。

5.2.11 硫酸(1+9)。

5.2.12 盐酸(1+1)。

5.2.13 氨水(1+1)。

5.2.14 硫酸(2+98)。

5.2.15 硝硫混酸:7 体积硝酸(5.2.5)与 3 体积硫酸(5.2.6)混合。

5.2.16 过硫酸铵溶液(100 g/L),使用前配制。

5.2.17 硫脲饱和溶液。

5.2.18 乙酸-乙酸钠缓冲溶液:将 150 g 无水乙酸钠溶于水中,加入 20 mL 冰乙酸(5.2.9),用水稀释至 1 000 mL,混匀。

5.2.19 氨性洗涤液:称取 25 g 氯化铵(5.2.1)溶于水中,加 25 mL 氨水(5.2.8),用水稀释至 500 mL,混匀。

5.2.20 硫酸铁溶液(100 g/L):称取 100 g 硫酸铁溶解于 1 000 mL 硫酸溶液(5.2.11)中。

5.2.21 锌标准溶液:称取 2.000 0 g 金属锌($w_{Zn}\geqslant99.99\%$)置于 250 mL 烧杯中,加入 30 mL 盐酸(5.2.12),置于电热板上微热溶解,取下冷却,移入 1 000 mL 容量瓶中,用水稀释至刻度,混匀。

注:此溶液 1 mL 含 2 mg 锌。

5.2.22 乙二胺四乙酸二钠标准滴定溶液(0.02 mol/L)。

a) **配制**。称取 7.5 g 乙二胺四乙酸二钠,加水微热溶解,冷至室温,移入 1 000 mL 容量瓶中,用水稀释至刻度,混匀。放置三天后标定。

b) **标定**。移取四份 25.00 mL 锌标准溶液(5.2.21)置于 500 mL 三角烧杯中,用水稀释至 50 mL,加入 2 滴~3 滴二甲酚橙指示剂(5.2.23),用氨水(5.2.13)中和至微红色,加 20 mL 乙酸-乙酸钠缓冲溶液(5.2.18),用乙二胺四乙酸二钠标准滴定溶液[5.2.22a)]滴定至溶液由紫红色变成亮黄色为终点。随同标定做空白试验。

按公式(2)计算乙二胺四乙酸二钠标准滴定溶液的实际浓度:

$$c=\frac{\rho \cdot V_4 \times 1\,000}{(V_5-V_3)\cdot M_r} \quad\quad\quad\quad\quad\quad\quad (2)$$

式中:

c ——乙二胺四乙酸二钠标准滴定溶液的实际浓度,单位为摩尔每升(mol/L);

ρ ——锌标准溶液的质量浓度,单位为克每毫升(g/mL);

V_4 ——移取锌标准溶液的体积,单位为毫升(mL);

V_5 ——滴定时消耗乙二胺四乙酸二钠标准滴定溶液的体积,单位为毫升(mL);

V_3 ——空白溶液消耗的乙二胺四乙酸二钠标准滴定溶液的体积,单位为毫升(mL);

M_r ——锌的相对分子质量,单位为克每摩尔(g/mol),[$M_r(Zn)=65.38$]。

两人平行标定,每人标定四份,最终结果保留四位有效数字,其极差值不大于 3×10^{-5} mol/L 时,取其平均值,否则重新标定。

5.2.23 二甲酚橙指示剂(5 g/L),限两周内使用。

5.3 仪器设备

火焰原子吸收光谱仪,附锌空心阴极灯。

仪器参数符合 4.3 的设定。

5.4 样品

5.4.1 试样

5.4.1.1 试样粒度不大于 0.074 mm。

5.4.1.2 试样应在 100 ℃~105 ℃烘干 1 h 后,置于干燥器中,冷却至室温。

5.4.2 试料

根据试样中锌的含量,按表 4 称取试料量,精确至 0.000 1 g。

表 4 试料量

锌的质量分数 %	试料量 g
2.00~20.00	0.30
>20.00~30.00	0.20

5.5 试验步骤

5.5.1 空白试验

随同试料做空白试验。

5.5.2 测定次数

独立进行两次测定,结果取其平均值。

5.5.3 测定

5.5.3.1 将试料置于 400 mL 烧杯中,用少量水润湿,加入 10 mL 盐酸(5.2.4),盖上表面皿,置于电热板上加热数分钟,取下稍冷。

5.5.3.2 当铅含量小于 5%时,应加入 10 mL 硝硫混酸(5.2.15),加热使试料溶解完全,蒸至近干。如果试料含碳量较高,可在蒸至冒白烟时取下,稍冷,加入 2 mL~3 mL 高氯酸(5.2.7),继续蒸至近干。稍冷加入 20 mL 硫酸(5.2.11),盖上表面皿,加热溶解盐类,稍冷,用水吹洗表面皿和杯壁,稀释体积至 60 mL 左右。

5.5.3.3 当铅含量大于 5%时,应加入 15 mL 硝硫混酸(5.2.15),加热至冒浓白烟,并蒸至体积约 2 mL,取下冷却。用水吹洗表面皿及杯壁,并稀释体积至 50 mL 左右,加热微沸 10 min,冷却至室温,静置 1 h。用慢速定量滤纸过滤,滤液用 400 mL 烧杯承接,用硫酸(5.2.14)洗涤烧杯及沉淀各 5 次,水洗烧杯及沉淀各 1 次,保留滤液。

5.5.3.4 将 5.5.3.2 或 5.5.3.3 所得的溶液加入 3 g~5 g 氯化铵(5.2.1),5 mL 过硫酸铵溶液(5.2.16),用氨水(5.2.8)中和至沉淀完全再过量 10 mL,加热微沸 1 min~2 min,趁热用快速定性滤纸过滤,用热的氨性洗涤液(5.2.19)洗涤烧杯和沉淀各 3 次~4 次,滤液保留。如溶液中含铁较低,应适当补加硫酸铁溶液(5.2.20)使溶液中含铁约 20 mg。

5.5.3.5 将沉淀用热的氨性洗涤液(5.2.19)洗到原烧杯中,加入盐酸(5.2.4)使沉淀溶解,加入 5 mL 过硫酸铵溶液(5.2.16),用氨水(5.2.8)中和至沉淀完全再过量 10 mL,加热微沸 1 min~2 min,取下,趁热经原滤纸过滤于 5.5.3.4 保留滤液的烧杯中,用热的氨性洗涤液(5.2.19)洗涤烧杯和沉淀各 3 次~4 次,滤液保留。

5.5.3.6 将滤液加热浓缩至约 100 mL,取下冷却,加 0.3 g 氟化铵(5.2.2)、0.1 g 抗坏血酸(5.2.3)、3 滴～4 滴二甲酚橙指示剂(5.2.23),用硫酸(5.2.10)调至溶液由微红色变为黄色,再用氨水(5.2.13)调至溶液恰由黄色变为红色,加入 20 mL 乙酸-乙酸钠缓冲溶液(5.2.18),10 mL 硫脲饱和溶液(5.2.17),混匀。用乙二胺四乙酸二钠标准滴定溶液(5.2.22)滴定至溶液由紫红色变成亮黄色为终点。

5.6 试验数据处理

按公式(3)计算锌的质量分数 w_{Zn}:

$$w_{Zn} = \frac{c \cdot (V_7 - V_6) \cdot M_r}{m_2 \times 1\,000} \times 100 - w_{Cd} \times 0.581\,6 \quad\cdots\cdots\cdots\cdots\cdots\cdots\quad (3)$$

式中:

w_{Zn} ——锌的质量分数,%;

c ——乙二胺四乙酸二钠标准滴定溶液的实际浓度,单位为摩尔每升(mol/L);

V_7 ——滴定试液消耗乙二胺四乙酸二钠标准滴定溶液的体积,单位为毫升(mL);

V_6 ——滴定空白溶液消耗乙二胺四乙酸二钠标准滴定溶液的体积,单位为毫升(mL);

M_r ——锌的相对分子质量,单位为克每摩尔(g/mol),$[M_r(Zn)=65.38]$;

m_2 ——试料的质量,单位为克(g);

w_{Cd} ——镉的质量分数(按附录 A 测定),%;

0.581 6——镉量换算成锌量的换算因数。

计算结果表示至小数点后两位。

5.7 精密度

5.7.1 重复性

在重复性条件下获得的两次独立测试结果的测定值,在以下给出的平均值范围内,这两个测试结果的绝对差值不超过重复性限(r),超过重复性限(r)的情况不超过 5%,重复性限(r)按表 5 数据采用线性内插法求得。锌的含量低于最低水平,重复性限按外延法求得。

表 5 重复性限(方法 2)

w_{Zn}/%	3.18	8.12	14.18	22.20	30.65
r/%	0.10	0.16	0.20	0.24	0.27

5.7.2 再现性

在再现性条件下获得的两次独立测试结果的测定值,在以下给出的平均值范围内,这两个测试结果的绝对差值不超过再现性限(R),超过再现性限(R)的情况不超过 5%,再现性限(R)按表 6 数据采用线性内插法求得。锌的含量低于最低水平,再现性限按外延法求得。

表 6 再现性限(方法 2)

w_{Zn}/%	3.18	8.12	14.18	22.20	30.65
R/%	0.19	0.25	0.30	0.35	0.40

5.8　试验报告

试验报告至少应给出以下内容：

——试样；

——使用的标准 GB/T 7739.6—2021；

——使用的方法；

——测定结果及其表示；

——与基本试验步骤的差异；

——测定中观察到的异常现象；

——试验日期。

附 录 A

（规范性）

火焰原子吸收光谱法测定镉量

A.1 范围

本附录规定了金精矿中镉量的测定方法。

本附录适用于金精矿中镉量的测定。测定范围：0.010%～0.50%。

A.2 原理

试样经盐酸、硝酸、高氯酸溶解。在稀硝酸介质中，于火焰原子吸收光谱仪波长 228.8 nm 处，以空气-乙炔火焰测量镉的吸光度。按标准曲线法计算镉的含量。

A.3 试剂或材料

除非另有说明，在分析中仅使用确认为分析纯的试剂和蒸馏水或去离子水或相当纯度的水。

A.3.1 盐酸($\rho = 1.19$ g/mL)。

A.3.2 硝酸($\rho = 1.42$ g/mL)。

A.3.3 高氯酸($\rho = 1.67$ g/mL)。

A.3.4 硝酸(1+1)。

A.3.5 镉标准贮存溶液：称取 0.500 0 g 金属镉($w_{Cd} \geqslant 99.99\%$)置于 250 mL 烧杯中，加入 20 mL 硝酸(A.3.4)，盖上表面皿，于电热板上低温加热至完全溶解，煮沸驱赶氮的氧化物。取下冷至室温，移入 1 000 mL 容量瓶中，用水稀释至刻度，混匀。

注：此溶液 1 mL 含 0.5 mg 镉。

A.3.6 镉标准溶液：移取 10 mL 镉标准贮存溶液(A.3.5)于 500 mL 容量瓶中，加入 10 mL 硝酸(A.3.4)，用水稀释至刻度，混匀。

注：此溶液 1 mL 含 10 μg 镉。

A.4 仪器设备

火焰原子吸收光谱仪，附镉空心阴极灯。

在仪器最佳条件下，凡能满足下列指标的原子吸收光谱仪均可使用。

——灵敏度：在与测量溶液的基体一致的溶液中，镉的特征浓度应不大于 0.003 8 μg/mL。

——精密度和标准曲线线性符合 4.3 设定。

A.5 样品

A.5.1 试样

A.5.1.1 试样粒度不大于 0.074 mm。

A.5.1.2 试样应在 100 ℃～105 ℃烘干 1 h 后，置于干燥器中，冷却至室温。

A.5.2 试料

称取 0.20 g 试样。精确至 0.000 1 g。

A.6 试验步骤

A.6.1 空白试验

随同试料做空白试验。

A.6.2 测定次数

独立地进行两次测定,取其平均值。

A.6.3 测定

A.6.3.1 将试料置于 250 mL 烧杯中,加入少量水润湿,加入 15 mL 盐酸(A.3.1),盖上表面皿,于电热板上低温加热溶解 2 min~5 min,取下稍冷。加入 5 mL 硝酸(A.3.2)、2 mL~3 mL 高氯酸(A.3.3),蒸至湿盐状,取下冷却。加入 10 mL 硝酸(A.3.4),用水吹洗表面皿及杯壁,加热煮沸使可溶性盐溶解,取下冷至室温。将溶液移入 100 mL 容量瓶中,以水稀释至刻度,混匀,静置。

A.6.3.2 按表 A.1 分取 A.6.3.1 所得试液,并补加硝酸(A.3.4)于 100 mL 容量瓶中,用水稀释至刻度,摇匀。

表 A.1 试液分取量

镉质量分数 %	试液分取量 mL	补加硝酸(A.3.4)量 mL
0.010~0.10	50.00	5.0
>0.10~0.20	25.00	7.5
>0.20~0.50	10.00	9.0

A.6.3.3 于原子吸收光谱仪波长 228.8 nm 处,使用空气-乙炔火焰,以水调零,测量镉的吸光度,减去随同试料的空白溶液吸光度,从 A.6.4.2 所得标准曲线上查出相应的镉质量浓度。

A.6.4 标准曲线的绘制

A.6.4.1 准确移取 0 mL、2.00 mL、4.00 mL、6.00 mL、8.00 mL、10.00 mL 镉标准溶液(A.3.6),分别置于一组 100 mL 容量瓶中,加入 10 mL 硝酸(A.3.4),用水稀释至刻度,混匀。

A.6.4.2 在与测量试液相同条件下,测量系列镉标准溶液的吸光度,减去零浓度溶液的吸光度,以镉质量浓度为横坐标、吸光度为纵坐标,绘制标准曲线。

A.7 试验数据处理

按公式(A.1)计算镉的质量分数 w_{Cd}:

$$w_{Cd} = \frac{(\rho_3 - \rho_4) \cdot V_8 \cdot V_{10} \times 10^{-6}}{m_3 \cdot V_9} \times 100 \quad\cdots\cdots\cdots\cdots\cdots\cdots(A.1)$$

式中:

w_{Cd} ——镉的质量分数,%;

ρ_3 ——试液自标准曲线上查得的镉质量浓度,单位为微克每毫升($\mu g/mL$);

ρ_4 ——空白溶液自标准曲线上查得的镉质量浓度,单位为微克每毫升($\mu g/mL$);

V_8 ——试液的总体积,单位为毫升(mL);

V_{10} ——分取试液稀释后的体积,单位为毫升(mL);

m_3 ——试料的质量,单位为克(g);

V_9 ——分取试液的体积,单位为毫升(mL)。

计算结果表示至两位小数,若质量分数小于 0.10% 时,表示至三位小数。

A.8 精密度

A.8.1 重复性

在重复性条件下获得的两次独立测试结果的测定值,在以下给出的平均值范围内,这两个测试结果的绝对差值不超过重复性限(r),超过重复性限(r)的情况不超过 5%,重复性限(r)按表 A.2 数据采用线性内插法求得。镉的含量低于最低水平,重复性限按外延法求得。镉的含量高于最高水平,重复性限按最高水平执行。

表 A.2 重复性限

w_{Cd}/%	0.051	0.22	0.48
r/%	0.007	0.01	0.02

A.8.2 再现性

在再现性条件下获得的两次独立测试结果的测定值,在以下给出的平均值范围内,这两个测试结果的绝对差值不超过再现性限(R),超过再现性限(R)的情况不超过 5%,再现性限(R)按表 A.3 数据采用线性内插法求得。镉的含量低于最低水平,再现性限按外延法求得。镉的含量高于最高水平,再现性限按最高水平执行。

表 A.3 再现性限

w_{Cd}/%	0.051	0.22	0.48
R/%	0.010	0.02	0.03

ICS 73.060.99
D 46

中华人民共和国国家标准

GB/T 20899.1—2019
代替 GB/T 20899.1—2007

金矿石化学分析方法
第 1 部分：金量的测定

Methods for chemical analysis of gold ores—
Part 1:Determination of gold content

2019-12-31 发布

2020-11-01 实施

国家市场监督管理总局
国家标准化管理委员会   发布

前　言

GB/T 20899《金矿石化学分析方法》分为 14 个部分：
——第 1 部分：金量的测定；
——第 2 部分：银量的测定　火焰原子吸收光谱法；
——第 3 部分：砷量的测定；
——第 4 部分：铜量的测定；
——第 5 部分：铅量的测定；
——第 6 部分：锌量的测定；
——第 7 部分：铁量的测定；
——第 8 部分：硫量的测定；
——第 9 部分：碳量的测定；
——第 10 部分：锑量的测定；
——第 11 部分：砷量和铋量的测定；
——第 12 部分：砷、汞、镉、铅和铋量的测定　原子荧光光谱法；
——第 13 部分：铅、锌、铋、镉、铬、砷和汞量的测定　电感耦合等离子体原子发射光谱法；
——第 14 部分：铊量的测定　电感耦合等离子体原子发射光谱法和电感耦合等离子体质谱法。

本部分为 GB/T 20899 的第 1 部分。

本部分按照 GB/T 1.1—2009 给出的规则起草。

本部分代替 GB/T 20899.1—2007《金矿石化学分析方法　第 1 部分：金量的测定》。

本部分与 GB/T 20899.1—2007 相比，除进行了编辑性修改外，主要技术变化如下：
——增加了"重复性"和"再现性"要求（见 2.7、3.7、4.7 和 5.7）；
——删除了"允许差"要求（见 2007 年版的 2.7 和 3.7）；
——增加了"方法 3：活性炭富集—火焰原子吸收光谱法"和"方法 4：活性炭富集—碘量法"（见第 4 章和第 5 章）。

本部分由全国黄金标准化技术委员会（SAC/TC 379）提出并归口。

本部分起草单位：长春黄金研究院有限公司、紫金矿业集团股份有限公司、山东国大黄金股份有限公司、深圳市金质金银珠宝检验研究中心有限公司、河南中原黄金冶炼厂有限责任公司、灵宝黄金集团股份有限公司、国投金城冶金有限责任公司、赤峰吉隆矿业有限责任公司、山东黄金冶炼有限公司、招金矿业股份有限公司金翅岭金矿、中国地质科学院郑州矿产综合利用研究所、湖南辰州矿业有限责任公司、潼关中金冶炼有限责任公司、江苏北矿金属循环利用科技有限公司、北矿检测技术有限公司。

本部分主要起草人：芦新根、陈永红、马丽军、洪博、孟宪伟、苏广东、王佳俊、苏本臣、周旭亮、穆岩、钟英楠、夏珍珠、卢小龙、张园、俞金生、刘永玉、林常兰、龙秀甲、包卫东、邱盛香、王建政、孔令强、邵国强、王德雨、党宏庆、胡站锋、朱延胜、张斗群、吕晓兆、周发军、徐忠敏、杨永文、高小飞、叶芳芳、田娜、周童、谢大伟、王皓莹、刘秋波。

本部分所代替标准的历次版本发布情况为：
——GB/T 20899.1—2007。

金矿石化学分析方法
第 1 部分：金量的测定

警示——使用本标准的人员应有正规实验室工作的实践经验。本标准并未指出所有的安全问题。使用者有责任采取适当的安全和健康措施，并保证符合国家有关法规规定的条件。

1 范围

GB/T 20899 的本部分规定了金矿石中金量的测定方法。

本部分适用于金矿石中金量的测定。方法 1 测定范围：0.20 g/t～150.0 g/t；方法 2 测定范围：0.10 g/t～100.0 g/t；方法 3 测定范围：0.10 g/t～100.0 g/t；方法 4 测定范围：0.30 g/t～100.0 g/t。

2 方法 1：火试金重量法

2.1 方法提要

试料经配料、熔融，获得适当质量的含有贵金属的铅扣与易碎性的熔渣。通过灰吹使金、银与铅扣分离，得到金银合粒，合粒经硝酸分金后，用重量法测定金量。

2.2 试剂和材料

除非另有说明，在分析中仅使用确认为分析纯的试剂和蒸馏水或相当纯度的水。

2.2.1 碳酸钠：工业纯，粉状。

2.2.2 氧化铅：工业纯，粉状。氧化铅中的金量小于 0.02 g/t。

2.2.3 硼砂：工业纯，粉状。

2.2.4 玻璃粉：粒度≤0.18 mm。

2.2.5 二氧化硅：工业纯，粉状。

2.2.6 硝酸钾：工业纯，粉状。

2.2.7 面粉。

2.2.8 覆盖剂(2+1)：两份碳酸钠与一份硼砂混匀。

2.2.9 纯银($w_{Ag}{\geqslant}99.99\%$)。

2.2.10 硝酸银溶液(10 g/L)：称取 5.000 g 纯银(2.2.9)，置于 300 mL 烧杯中，加入 20 mL 硝酸溶液(2.2.13)，低温加热至完全溶解，冷却至室温，移入 500 mL 容量瓶中，用硝酸溶液(2.2.13)洗涤烧杯，洗液合并入容量瓶中，以水稀释至刻度，混匀。1 mL 此溶液含 10 mg 银。

2.2.11 硝酸($\rho = 1.42$ g/mL)。

2.2.12 硝酸溶液(1+7)。

2.2.13 硝酸溶液(1+2)。

2.3 仪器和设备

2.3.1 试金坩埚：材质为耐火黏土，容积约为 300 mL 或保证放置试料深度不超过坩埚深度的 3/4。

2.3.2 镁砂灰皿：水泥(标号 425)、镁砂(≤0.18 mm)与水按质量比(15∶85∶10)搅拌均匀，在灰皿机上压制成型，体积不小于 5 mL，阴干 3 个月后备用。

2.3.3 比色管:25 mL。

2.3.4 天平:感量不大于 0.01 g。

2.3.5 天平:感量不大于 0.001 mg。

2.3.6 熔融电炉:最高加热温度不低于 1 200 ℃。

2.3.7 灰吹电炉:最高加热温度不低于 1 000 ℃。

2.3.8 粉碎机。

2.3.9 铸铁模。

2.4 试样

2.4.1 试样粒度应不大于 0.074 mm。

2.4.2 试样应在 100 ℃～105 ℃烘干 1 h 后,置于干燥器中冷却至室温。

2.5 试验步骤

2.5.1 试料

根据各种类型金矿石的组成和还原力,计算试料称取量和试剂的加入量。控制硝酸钾(2.2.6)加入量小于 30 g。称取试料 10 g～30 g,精确至 0.01 g。

独立进行两次测定,结果取其平均值。

2.5.2 空白试验

随同试料做空白试验,平行测定 3 份,或按批次抽样进行氧化铅空白试验,测定结果不少于 10 次,结果取其平均值。

方法:称取 200 g 氧化铅(2.2.2)、40 g 碳酸钠(2.2.1)、40 g 玻璃粉(2.2.4)、4 g 面粉(2.2.7),以下按 2.5.4.2、2.5.4.3、2.5.4.4 进行,测定金量。

2.5.3 试样还原力的测定方法

2.5.3.1 测定法

称取 5 g 试料(2.5.1),30 g 碳酸钠(2.2.1)、60 g 氧化铅(2.2.2)、10 g 玻璃粉(2.2.4),以下按 2.5.4.2 操作。称量所得铅扣,按式(1)计算试样的还原力。

$$F = \frac{m_1 - m_2}{m_0} \qquad \cdots\cdots\cdots\cdots(1)$$

式中:

F ——试样的还原力;

m_1——称取试料所得铅扣质量,单位为克(g);

m_2——未称取试料所得铅扣质量,单位为克(g)。

m_0——试料质量,单位为克(g)。

2.5.3.2 计算法

按式(2)计算试样的还原力:

$$F = \frac{w_s \times 20}{100} \qquad \cdots\cdots\cdots\cdots(2)$$

式中:

F ——试样的还原力;

w_S——试样中硫的质量分数,%;

20——1 g硫可还原出约20 g铅扣的经验值。

2.5.4 测定

2.5.4.1 配料:根据试样的化学组分、还原力及称取试料质量,按下列方法计算试剂加入量。

碳酸钠(2.2.1)加入量:为试料(2.5.1)量的1.5倍~2.5倍,不低于30 g。

氧化铅(2.2.2)加入量按式(3)计算:

$$m_3 = m_0 F \times 1.1 + 30 \qquad\qquad (3)$$

式中:

m_3——氧化铅加入量,单位为克(g);

m_0——试料质量,单位为克(g);

F——试样的还原力。

当还原力低时,氧化铅的加入量应不低于80 g。如试样中含铜较高时,氧化铅加入量除需要造30 g铅扣的氧化铅外,还需补加30倍~50倍铜量的氧化铅。

二氧化硅(2.2.5)加入量:为在熔融过程中生成的金属氧化物,以及加入的碱性溶剂,在0.5~1.0硅酸度时,所需的二氧化硅总量中,减去称取试料中含有的二氧化硅量之后的三分之二。

玻璃粉(2.2.4)加入量:按1 g二氧化硅相当于2.5 g玻璃粉计算出玻璃粉(2.2.4)加入量。

注:二氧化硅(2.2.5)和玻璃粉(2.2.4)可任选其一加入。

硼砂(2.2.3)加入量:按所需补加二氧化硅(2.2.5)量的二分之一,除以0.39计算。但不应低于7 g。

硝酸钾(2.2.6)或面粉(2.2.7)的加入量按式(4)、式(5)计算:

当$m_0 F > 30$时,

$$m_4 = \frac{m_0 F - 30}{4} \qquad\qquad (4)$$

当$m_0 F < 30$时,

$$m_5 = \frac{30 - m_0 F}{12} \qquad\qquad (5)$$

式中:

m_4——硝酸钾加入量,单位为克(g);

m_5——面粉加入量,单位为克(g);

m_0——试料质量,单位为克(g);

F——试样的还原力。

将试料(2.5.1)及上述配料置于黏土坩埚中,搅拌均匀后,加入0.5 mL~1.0 mL硝酸银溶液(2.2.10),覆盖约10 mm厚的覆盖剂(2.2.8)。

2.5.4.2 熔融:将坩埚置于炉温为800 ℃的熔融电炉(2.3.6)内,关闭炉门,升温至930 ℃,保温15 min,再升温至1 100 ℃~1 200 ℃,保温10 min后出炉。将坩埚平稳地旋动数次,并在铁板上轻轻敲击2下~3下,使附着在坩埚壁上的铅珠下沉,然后将熔融物小心地全部倒入预热的铸铁模中。冷却后,把铅扣与熔渣分离,将铅扣锤成立方体并称量(应为25 g~50 g),保留铅扣。

2.5.4.3 灰吹:将试金铅扣放入已在950 ℃灰吹电炉(2.3.7)中预热20 min后的镁砂灰皿中,关闭炉门1 min~2 min,待熔铅脱膜后,半开炉门,并控制炉温在900 ℃灰吹,待出现闪光后,将灰皿移至炉门口放置1 min,取出冷却。

2.5.4.4 用小镊子将合粒从灰皿中取出,刷去黏附杂质,将合粒在小钢砧上锤成0.2 mm~0.3 mm薄片。

2.5.4.5 分金:将金银薄片放入比色管中,并加入10 mL硝酸溶液(2.2.12),把比色管置入沸水中加热。

待合粒与酸反应停止后,取出比色管,倾出酸液。再加入 10 mL 微沸的硝酸溶液(2.2.13),再于沸水中加热 30 min。取出比色管,倾出酸液,用蒸馏水洗净金粒后,移入坩埚中,在 600 ℃高温炉中灼烧 2 min ~3 min,冷却后,将金粒放在天平(2.3.5)上称量。金粒颜色异常时应溶解金粒,采用其他方法测定金的含量,如容量法或火焰原子吸收光谱法。

2.6 结果计算

按式(6)计算金的质量分数:

$$w_{Au} = \frac{m_6 - m_7}{m_0} \times 1\,000 \quad\cdots\cdots\cdots\cdots\cdots\cdots\cdots\cdots\cdots\cdots(6)$$

式中:

w_{Au}——金的质量分数,单位为克每吨(g/t);

m_6 ——金粒质量,单位为毫克(mg);

m_7 ——分析时所用氧化铅总量中含金的质量,单位为毫克(mg);

m_0 ——试料质量,单位为克(g)。

结果保留至小数点后一位,当分析结果小于 10.0 g/t 时,结果保留至小数点后两位。

2.7 精密度

2.7.1 重复性

在重复性条件下获得的两次独立测试结果的测定值,在以下给出的平均值范围内,这两个测试结果的绝对差值不大于重复性限(r),超过重复性限(r)的情况不超过 5%,重复性限(r)按表 1 数据采用线性内插法求得。金含量低于最低水平,重复性限按最低水平执行,金含量高于最高水平,重复性限按最高水平执行。

表 1　重复性限(方法 1)

w_{Au}/(g/t)	0.35	1.20	2.59	4.90	20.2	86.2	148.5
r/(g/t)	0.10	0.20	0.28	0.33	1.2	2.1	3.2

2.7.2 再现性

在再现性条件下获得的两次独立测试结果的测定值,在以下给出的平均值范围内,这两个测试结果的绝对差值不大于再现性限(R),超过再现性限(R)的情况不超过 5%,再现性限(R)按表 2 数据采用线性内插法求得。金含量低于最低水平,再现性限按最低水平执行,金含量高于最高水平,再现性限按最高水平执行。

表 2　再现性限(方法 1)

w_{Au}/(g/t)	0.35	1.20	2.66	4.90	20.2	86.2	148.5
R/(g/t)	0.15	0.25	0.35	0.50	1.7	3.2	3.9

2.8 试验报告

试验报告至少应给出以下几个方面的内容:

——试样;

——使用的标准 GB/T 20899.1—2019；

——使用的方法；

——分析结果及其表示；

——与基本分析步骤的差异；

——测定中观察到的异常现象；

——试验日期。

3 方法2：火试金富集-火焰原子吸收光谱法

3.1 方法提要

试料经配料、熔融。获得适当质量的含有贵金属的铅扣与易碎性的熔渣。通过灰吹使金、银与铅扣分离，得到金银合粒，合粒经硝酸和王水溶解，用火焰原子吸收光谱仪在波长 242.8 nm 处测定金吸光度值。

3.2 试剂和材料

除非另有说明，在分析中仅使用确认为分析纯的试剂和蒸馏水或相当纯度的水。

3.2.1 碳酸钠：工业纯，粉状。

3.2.2 氧化铅：工业纯，粉状。氧化铅中的金量小于 0.02 g/t。

3.2.3 硼砂：工业纯，粉状。

3.2.4 玻璃粉：粒度≤0.18 mm。

3.2.5 二氧化硅：工业纯，粉状。

3.2.6 硝酸钾：工业纯，粉状。

3.2.7 面粉。

3.2.8 覆盖剂(2＋1)：两份碳酸钠与一份硼砂混匀。

3.2.9 纯银(w_{Ag}≥99.99%)。

3.2.10 金(w_{Au}≥99.99%)。

3.2.11 硝酸银溶液(10 g/L)：称取 5.000 g 纯银(3.2.9)，置于 300 mL 烧杯中，加入 20 mL 硝酸溶液 (3.2.14)，低温加热至完全溶解，冷却至室温，移入 500 mL 容量瓶中，用硝酸溶液(3.2.14)洗涤烧杯，洗液合并入容量瓶中，以水稀释至刻度，混匀。此溶液 1 mL 含 10 mg 银。

3.2.12 硝酸(ρ＝1.42 g/mL)。

3.2.13 盐酸(ρ＝1.19 g/mL)。

3.2.14 硝酸溶液(1＋2)。

3.2.15 王水：三体积盐酸与一体积硝酸混合，现用现配。

3.2.16 氯化钠溶液(200 g/L)。

3.2.17 盐酸溶液(1＋19)。

3.2.18 金标准贮存溶液：称取 0.500 0 g 金(3.2.10)，置于 100 mL 烧杯中，加入 20 mL 王水(3.2.15)，低温加热至完全溶解，取下冷却至室温，移入 500 mL 容量瓶中，以 20 mL 王水(3.2.15)洗涤烧杯，再用水洗烧杯，合并于容量瓶中，用水稀释至刻度，混匀。此溶液 1 mL 含 1.00 mg 金。

3.2.19 金标准溶液：移取 50.00 mL 金标准贮存溶液(3.2.18)，于 500 mL 容量瓶中，加入 10 mL 王水 (3.2.15)，用水稀释至刻度，混匀。1 mL 此溶液含 100 μg 金。

3.3 仪器和设备

3.3.1 试金坩埚：材质为耐火黏土，容积约为 300 mL 或保证放置试料深度不超过坩埚深度的 3/4。

3.3.2 镁砂灰皿:水泥(标号425)、镁砂(<0.18 mm)与水按质量比(15∶85∶10)搅拌均匀,在灰皿机上压制成型,体积不小于5 mL,阴干3个月后备用。

3.3.3 天平:感量不大于0.01 g。

3.3.4 熔融电炉:最高加热温度不低于1 200 ℃。

3.3.5 灰吹电炉:最高加热温度不低于1 000 ℃。

3.3.6 火焰原子吸收光谱仪,附金空心阴极灯。

在火焰原子吸收光谱仪最佳工作条件下,凡能达到下列指标者均可使用。

灵敏度:在与测量试料溶液的基体相一致的溶液中,金的特征浓度应不大于0.23 μg/mL。

精密度:用最高浓度的标准溶液测量11次吸光度,其标准偏差应不超过平均吸光度的1.5%;用最低浓度的标准溶液(不是"零"标准溶液)测量11次吸光度,其标准偏差应不超过最高浓度标准溶液的平均吸光度的0.5%。

标准曲线线性:将标准曲线按浓度等分成五段,最高段的吸光度差值与最低段的吸光度差值之比应不小于0.8。

3.4 试样

3.4.1 试样粒度不大于0.074 mm。

3.4.2 试样应在100 ℃~105 ℃烘干1 h后,置于干燥器中冷却至室温。

3.5 试验步骤

3.5.1 试料

根据金矿石的组成和还原力,计算试料称取量和试剂的加入量,称样量一般为20 g~50 g,精确至0.01 g。

独立进行两次测定,结果取其平均值。

3.5.2 空白试验

随同试料做空白试验。

方法:称取与试料相同质量的氧化铅(3.2.2)、40 g碳酸钠(3.2.1)、20 g~40 g玻璃粉(3.2.4)、4 g面粉(3.2.7),以下按3.5.4.2,3.5.4.3,3.5.4.4、3.5.5.1,3.5.5.2进行,测定金量。

3.5.3 试样还原力的测定

3.5.3.1 测定法

称取5 g试料(3.5.1),30 g碳酸钠(3.2.1)、80 g氧化铅(3.2.2)、10 g玻璃粉(3.2.4)、2.0 g面粉(3.2.7),以下按3.5.4.2操作。称量所得铅扣,按式(7)计算试样的还原力。

$$F = \frac{m_1 - m_2}{m_0} \quad\quad\quad\quad\quad\quad\quad\quad\quad\quad (7)$$

式中:

F ——试样的还原力;

m_1 ——称取试料所得铅扣质量,单位为克(g);

m_2 ——未称取试料所得铅扣质量,单位为克(g);

m_0 ——试料质量,单位为克(g)。

3.5.3.2 计算法

按式(8)计算试样的还原力:

$$F = \frac{w_S \times 20}{100} \quad \cdots\cdots\cdots\cdots\cdots (8)$$

式中：

F ——试样的还原力；

w_S ——试样中硫的质量分数，%；

20 ——1 g硫可还原出约20 g铅扣的经验值。

3.5.4 火试金富集

3.5.4.1 配料：根据试样的化学组成，按下列方法计算试剂加入量。

碳酸钠(3.2.1)加入量：为试料量(3.5.1)的1.5倍～2.0倍，不低于30 g。

氧化铅(3.2.2)加入量按式(9)计算：

$$m_3 = m_0 F \times 1.1 + 30 \quad \cdots\cdots\cdots\cdots\cdots (9)$$

式中：

m_3 ——氧化铅加入量，单位为克(g)；

m_0 ——试料质量，单位为克(g)；

F ——试样的还原力。

当还原力低时，氧化铅的加入量应不低于80 g。如试样中含铜较高时，氧化铅加入量除需要造30 g铅扣的氧化铅外，还需补加30倍～50倍铜量的氧化铅。

二氧化硅(3.2.5)加入量：为在熔融过程中生成的金属氧化物，以及加入的碱性溶剂，在0.5～1.0硅酸度时，所需的二氧化硅总量中，减去称取试料中含有的二氧化硅之后的三分之二。

玻璃粉(3.2.4)加入量：按1 g二氧化硅相当于2.5 g玻璃粉计算出玻璃粉(3.2.4)加入量。

注：二氧化硅(3.2.5)和玻璃粉(3.2.4)可任选其一加入。

硼砂(3.2.3)加入量：按所需补加二氧化硅量的三分之一，除以0.30计算，但不应低于7 g。硝酸钾(3.2.6)或面粉(3.2.7)的加入量，按式(10)和式(11)计算：

当$m_0 F > 30$时，

$$m_4 = \frac{m_0 F - 30}{4} \quad \cdots\cdots\cdots\cdots\cdots (10)$$

当$m_0 F < 30$时，

$$m_5 = \frac{30 - m_0 F}{12} \quad \cdots\cdots\cdots\cdots\cdots (11)$$

式中：

m_4 ——硝酸钾加入量，单位为克(g)；

m_5 ——面粉加入量，单位为克(g)；

m_0 ——试料质量，单位为克(g)；

F ——试样的还原力。

将试料(3.5.1)及上述配料置于粘土坩埚中，搅拌均匀后，加入0.5 mL～1.0 mL硝酸银溶液(3.2.11)，覆盖约10 mm厚的覆盖剂(3.2.8)。

3.5.4.2 熔融：将坩埚置于炉温为800 ℃的熔融电炉(3.3.4)内，关闭炉门，升温至930 ℃，保温15 min，再升温至1 100 ℃～1 200 ℃，保温10 min后出炉。将坩埚平稳地旋动数次，并在铁板上轻轻敲击2下～3下，使附着在坩埚壁上的铅珠下沉，然后将熔融物小心地全部倒入预热的铸铁模中。冷却后，把铅扣与熔渣分离，将铅扣锤成立方体并称量(应为25 g～50 g)，保留铅扣。

3.5.4.3 灰吹：将试金铅扣放入已在950 ℃灰吹电炉(3.3.5)中预热20 min后的镁砂灰皿中，关闭炉门

1 min～2 min,待熔铅脱膜后,半开炉门,并控制炉温在 900 ℃灰吹,待出现闪光后,将灰皿移至炉门口放置 1 min,取出冷却。

3.5.4.4 用小镊子将合粒从灰皿中取出,刷去黏附杂质,将合粒在小钢砧上锤成薄片。

3.5.5 火焰原子吸收光谱测定

3.5.5.1 将金银合粒薄片置于 30 mL 瓷坩埚中,加入 5 mL 硝酸(3.2.12),低温加热溶解银,过滤,滤纸放入原坩埚,低温放入马弗炉中于 650 ℃灰化 1 h,灰化完全后取出,冷却至室温,加入 2 滴氯化钠溶液(3.2.16),加入 2 mL 王水(3.2.15),低温加热至完全溶解,蒸至近干,取下冷至室温。按表 3 用盐酸溶液(3.2.17)稀释、混匀、待测。

表 3 容量瓶的选择

金的质量分数/(g/t)	容量瓶体积/mL	分取试液体积/mL	稀释容量瓶体积/mL
0.10～1.00	10	—	—
>1.00～5.00	50	—	—
>5.00～10.0	100	—	—
>10.0～50.0	100	20	100
>50.0～100.0	100	10	100

3.5.5.2 将试液(3.5.5.1)于火焰原子吸收光谱仪波长 242.8 nm 处,使用空气-乙炔火焰,测量金的吸光度,自标准曲线上查出相应的金浓度。

3.5.6 标准曲线的绘制

移取 0 mL、0.50 mL、1.00 mL、2.00 mL、3.00 mL、4.00 mL、5.00 mL 金标准溶液(3.2.19),分别置于一组 100 mL 容量瓶中,加入 5 mL 盐酸溶液(3.2.17),以水稀释至刻度,混匀。与试液相同条件下测量标准溶液的吸光度(减去"零"浓度的吸光度),以金浓度为横坐标,吸光度为纵坐标,绘制标准曲线。

3.6 结果计算

按式(12)计算金的质量分数:

$$w_{Au} = \frac{(\rho_1 - \rho_0) \times V}{m_0} \quad\quad\quad\quad\quad\quad (12)$$

式中:

w_{Au}——金的质量分数,单位为克每吨(g/t);

ρ_1 ——自标准曲线上查得试液金的质量浓度,单位为微克每毫升(μg/mL);

ρ_0 ——自标准曲线上查得空白试液金的质量浓度,单位为微克每毫升(μg/mL);

V ——试液的总体积,单位为毫升(mL);

m_0 ——试料质量,单位为克(g)。

结果保留至小数点后一位,当分析结果小于 10.0 g/t 时,结果保留至小数点后两位。

3.7 精密度

3.7.1 重复性

在重复性条件下获得的两次独立测试结果的测定值,在以下给出的平均值范围内,这两个测试结果

的绝对差值不大于重复性限（r），超过重复性限（r）的情况不超过5%，重复性限（r）按表4数据采用线性内插法求得。金含量低于最低水平，重复性限按最低水平执行；金含量高于最高水平，重复性限按最高水平执行。

表4　重复性限（方法2）

$w_{Au}/(g/t)$	0.35	1.29	2.66	4.85	19.8	85.6
$r/(g/t)$	0.11	0.20	0.29	0.33	1.2	2.1

3.7.2　再现性

在再现性条件下获得的两次独立测试结果的测定值，在以下给出的平均值范围内，这两个测试结果的绝对差值不大于再现性限（R），超过再现性限（R）的情况不超过5%，再现性限（R）按表5数据采用线性内插法求得。金含量低于最低水平，再现性限按最低水平执行；金含量高于最高水平，再现性限按最高水平执行。

表5　再现性限（方法2）

$w_{Au}/(g/t)$	0.35	1.29	2.66	4.85	19.8	85.6
$R/(g/t)$	0.17	0.28	0.43	0.52	1.9	3.2

3.8　试验报告

试验报告至少应给出以下几个方面的内容：
——试样；
——使用的标准GB/T 20899.1—2019；
——使用的方法；
——分析结果及其表示；
——与基本分析步骤的差异；
——测定中观察到的异常现象；
——试验日期。

4　方法3：活性炭富集-火焰原子吸收光谱法

4.1　方法提要

试料经焙烧后，用王水溶解，金以氯金酸形式进入溶液中，用活性炭富集金与干扰元素分离，灰化后采用王水溶解金，在盐酸介质中，用火焰原子吸收光谱仪在波长242.8 nm处测定金吸光度值。

4.2　试剂和材料

除非另有说明，在分析中仅使用确认为分析纯的试剂和蒸馏水或去离子水或相当纯度的水。

4.2.1　硝酸（$\rho=1.42$ g/mL）。

4.2.2　盐酸（$\rho=1.19$ g/mL）。

4.2.3　王水：三体积盐酸（4.2.2）与一体积硝酸（4.2.1）混合，现用现配。

4.2.4 王水(1+1):三体积盐酸(4.2.2)、一体积硝酸(4.2.1)与四体积水混合,现用现配。

4.2.5 盐酸溶液(5+95)。

4.2.6 氟化氢铵溶液(20 g/L)。

4.2.7 氯化钠溶液(200 g/L)。

4.2.8 明胶溶液(50 g/L)。

4.2.9 活性炭:粒度不大于 0.074 mm,将分析纯或化学纯活性炭放入氟化氢铵溶液(4.2.6)中浸泡 3 d 后抽滤,盐酸(4.2.5)及水各洗涤 3 次。

4.2.10 定性滤纸。

4.2.11 活性炭-纸浆混合物:活性炭(4.2.9)与定性滤纸(4.2.10)的质量比为 1:2,放入 2 L 塑料烧杯中,搅碎混匀,盐酸溶液(4.2.5)及水各洗涤 3 次。

4.2.12 金标准贮存溶液(1.00 mg/mL):称取 0.500 0 g 金($w_{Au} \geqslant 99.99\%$),置于 100 mL 烧杯中,加入 20 mL 王水(4.2.3),低温加热至完全溶解,取下冷却至室温,移入 500 mL 容量瓶中,用水稀释至刻度,混匀。此溶液 1 mL 含 1.00 mg 金。

4.2.13 金标准溶液(100 μg/mL):移取 50.00 mL 金标准贮存溶液(4.2.12),于 500 mL 容量瓶中,加入 10 mL 王水(4.2.3),用水稀释至刻度,混匀。此溶液 1 mL 含 100 μg 金。

4.3 仪器和设备

4.3.1 活性炭吸附抽滤装置

将玻璃吸附柱插入抽滤筒孔中,柱内放一片多孔塑料板,并放入一片与多孔塑料板直径等大的滤纸片。倾入纸浆抽滤,滤干后纸浆层厚约 3 mm～4 mm,再加入活性炭-纸浆混合物(4.2.11),抽干后厚度为 5 mm～10 mm,以水吹洗柱壁,加入一层薄纸浆。装上布氏漏斗,在漏斗上垫两张定性滤纸并加入少许纸浆于滤纸边缘,使滤纸边缘与布氏漏斗壁没有缝隙。抽滤装置如图 1。

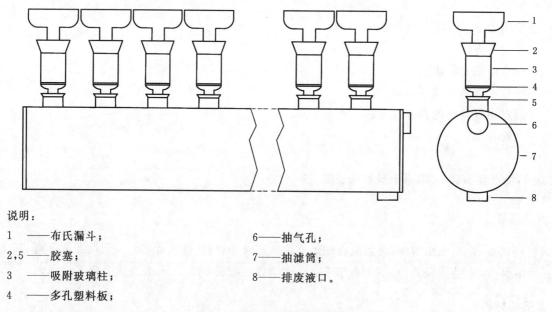

说明:
1 ——布氏漏斗;
2,5 ——胶塞;
3 ——吸附玻璃柱;
4 ——多孔塑料板;
6——抽气孔;
7——抽滤筒;
8——排废液口。

图 1 活性炭吸附抽滤装置示意图

4.3.2 火焰原子吸收光谱仪

在火焰原子吸收光谱仪最佳工作条件下,凡能达到下列指标者均可使用:

——灵敏度:在与测量试料溶液的基体相一致的溶液中,金的特征浓度应不大于 0.23 μg/mL。

——精密度:用最高浓度的标准溶液测量 11 次,其标准偏差应不超过平均吸光度的 1.5%;用最低浓度的标准溶液(不是"零"标准溶液)测量 11 次,其标准偏差应不超过标准溶液的平均吸光度的 0.5%。

——标准曲线线性:将标准曲线按浓度等分成五段,最高段的吸光度差值与最低段的吸光度差值之比,应不小于 0.8。

4.4 试样

4.4.1 试样粒度不大于 0.074 mm。

4.4.2 试样应在 100 ℃～105 ℃烘干 1 h 后,置于干燥器中冷却至室温。

4.5 试验步骤

4.5.1 试料

按表 6 称取试样,精确至 0.01 g。

独立地进行两次测定,结果取其平均值。

4.5.2 空白试验

随同试料做空白试验。

4.5.3 测定

4.5.3.1 将试料(4.5.1)置于方瓷舟中,放入马弗炉,程序升温 300 ℃、400 ℃、500 ℃各保温 20 min,再升温到 650 ℃,保温 30 min～60 min,取出冷却。

4.5.3.2 将试料转入 400 mL 烧杯中,用水润湿,加入王水(4.2.4)100 mL,盖上表面皿,置于电热板上低温加热 1 h,控制溶液体积不小于 50 mL,取下,加入 15 mL 明胶溶液(4.2.8),用水冲洗表面皿和杯壁,稀释至 100 mL,使可溶性盐类溶解,搅拌并冷却至 40 ℃～60 ℃。

4.5.3.3 将试料溶液倾入已准备好的活性炭吸附抽滤装置抽滤,漏斗内溶液全部滤干后,用 40 ℃～60 ℃盐酸溶液(4.2.5)洗涤烧杯 2 次～3 次,洗涤残渣和漏斗 4 次～5 次,取下布氏漏斗,用 40 ℃～60 ℃氟化氢铵溶液(4.2.6)洗涤吸附柱 4 次～5 次,用 40 ℃～60 ℃盐酸溶液(4.2.5)洗涤 4 次～5 次,用 40 ℃～60 ℃水洗涤 4 次～5 次,滤干后停止抽气。

4.5.3.4 取出吸附柱内的活性炭纸浆块,放入 50 mL 瓷坩埚中,在电炉上烘干,放入马弗炉中于 700 ℃灰化完全,取出冷却。加入 3 滴氯化钠溶液(4.2.7),2 mL 王水(4.2.3),置于水浴上溶解,蒸至近干,取下冷却,用盐酸溶液(4.2.5)浸出,按表 6 移入相应体积容量瓶中,用盐酸溶液(4.2.5)稀释至刻度,混匀。

表 6 试样量及定容体积

金的质量分数/(g/t)	试料量/g	容量瓶体积/mL
0.10～1.00	30.0	10
>1.00～5.00	20.0	25
>5.00～20.0	10.0	50
>20.0～50.0	10.0	100
>50.0～100.0	10.0	200

4.5.3.5 于火焰原子吸收光谱仪波长 242.8 nm 处,分别测量试液(4.5.3.4)及随同试料空白溶液的吸光度,在标准曲线上查出相应金的质量浓度。

4.5.4 标准曲线的绘制

移取 0 mL、0.50 mL、1.00 mL、2.00 mL、3.00 mL、4.00 mL、5.00 mL、6.00 mL 金标准溶液(4.2.13),分别置于一组 100 mL 容量瓶中,加入 5 mL 盐酸(4.2.2),以水稀释至刻度,混匀。与试液相同条件下测量标准溶液的吸光度(减去"零"浓度的吸光度),以金的质量浓度为横坐标,吸光度为纵坐标,绘制标准曲线。

4.6 结果计算

按式(13)计算金的质量分数 w_{Au}:

$$w_{Au} = \frac{(\rho_1 - \rho_0) \times V}{m_0} \qquad\qquad\qquad (13)$$

式中:

w_{Au}——金的质量分数,单位为克每吨(g/t);

ρ_1 ——自标准曲线上查得试液中金的质量浓度,单位为微克每毫升(μg/mL);

ρ_0 ——自标准曲线上查得空白试液中金的质量浓度,单位为微克每毫升(μg/mL);

V ——试液的总体积,单位为毫升(mL);

m_0 ——试料质量,单位为克(g)。

结果保留至小数点后一位,当分析结果小于 10.0 g/t 时,结果保留至小数点后两位。

4.7 精密度

4.7.1 重复性

在重复性条件下获得的两次独立测试结果的测定值,在以下给出的平均值范围内,这两个测试结果的绝对差值不超过重复性限(r),超过重复性限(r)的情况不超过 5%,重复性限(r)按表 7 数据采用线性内插法求得。金含量低于最低水平,重复性限按最低水平执行;金含量高于最高水平,重复性限按最高水平执行。

表 7 重复性限(方法 3)

w_{Au}/(g/t)	0.31	1.18	4.89	20.2	48.1	85.9
r/(g/t)	0.12	0.22	0.34	1.3	1.8	2.2

4.7.2 再现性

在再现性条件下获得的两次独立测试结果的测定值,在以下给出的平均值范围内,这两个测试结果的绝对差值不超过再现性限(R),超过再现性限(R)的情况不超过 5%,再现性限(R)按表 8 数据采用线性内插法求得。金含量低于最低水平,再现性限按最低水平执行;金含量高于最高水平,再现性限按最高水平执行。

表 8 再现性限（方法 3）

w_{Au}/(g/t)	0.31	1.18	4.89	20.2	48.1	85.9
R/(g/t)	0.19	0.34	0.55	2.1	3.0	3.4

4.8 试验报告

试验报告至少应给出以下几个方面的内容：

——试样；

——使用的标准 GB/T 20899.1—2019；

——使用的方法；

——分析结果及其表示；

——与基本分析步骤的差异；

——测定中观察到的异常现象；

——试验日期。

5 方法 4：活性炭富集-碘量法

5.1 方法提要

试料经焙烧后，用王水溶解，金以氯金酸的形式进入溶液中，用活性炭富集金与干扰元素分离，经灰化后王水溶解金，在盐酸介质中，用碘化钾使 Au^{3+} 还原为 Au^+，释放出一定量的碘，以淀粉为指示剂，用硫代硫酸钠标准溶液滴定。

5.2 试剂和材料

除非另有说明，在分析中仅使用确认为分析纯的试剂和蒸馏水或去离子水或相当纯度的水。

5.2.1 碘化钾。

5.2.2 碳酸钠。

5.2.3 盐酸（$\rho=1.19$ g/mL）。

5.2.4 硝酸（$\rho=1.42$ g/mL）。

5.2.5 冰乙酸（$\rho=1.05$ g/mL）。

5.2.6 王水：三体积盐酸（5.2.3）与一体积硝酸（5.2.4）混合，现用现配。

5.2.7 王水（1+1）：三体积盐酸（5.2.3）、一体积硝酸（5.2.4）与四体积水混合，现用现配。

5.2.8 盐酸溶液（5+95）。

5.2.9 氟化氢铵溶液（20 g/L）。

5.2.10 氯化钠溶液（200 g/L）。

5.2.11 乙酸溶液（7+93）。

5.2.12 明胶溶液（50 g/L）。

5.2.13 乙二胺四乙酸（EDTA）溶液（25 g/L）。

5.2.14 活性炭：粒度不大于 0.074 mm，将分析纯或化学纯活性炭放入氟化氢铵溶液（5.2.9）中浸泡 3 天后抽滤，盐酸溶液（5.2.8）及水各洗涤 3 次。

5.2.15 定性滤纸。

5.2.16 活性炭—纸浆混合物:活性炭(5.2.14)与定性滤纸(5.2.15)的质量比为1:2,放入2 L塑料烧杯中,搅碎混匀,盐酸(5.2.8)及水各洗涤3次。

5.2.17 金标准贮存溶液(100 μg/mL):称取0.100 0 g金($w_{Au}\geqslant$99.99%)于50 mL烧杯中,加入5 mL~10 mL王水(5.2.6),低温加热至完全溶解后,加入5滴氯化钠溶液(5.2.10),于水浴上蒸干,冷却后加入2 mL盐酸(5.2.3)重复蒸干2次~3次,加入8 mL盐酸(5.2.3)温热溶解后,用水转移烧杯溶液至1 000 mL容量瓶中,用水稀释至刻度,混匀。此溶液1 mL含100 μg金。

5.2.18 硫代硫酸钠标准溶液的制备:

    a) 硫代硫酸钠标准溶液Ⅰ[$c(Na_2S_2O_3)\approx$0.000 3 mol/L]:称取2.52 g硫代硫酸钠($Na_2S_2O_3\cdot$5H_2O),加入0.1 g碳酸钠(5.2.2),用煮沸后冷却的水定容至1 L(溶液pH值为7.2~7.5),混匀。取30 mL上述溶液,加入0.1 g碳酸钠(5.2.2),用煮沸后冷却的蒸馏水稀释至1 L,混匀,放置一周,经标定后使用。

    b) 硫代硫酸钠标准溶液Ⅱ[$c(Na_2S_2O_3)\approx$0.000 6 mol/L]:称取2.52 g硫代硫酸钠($Na_2S_2O_3\cdot$5H_2O),加入0.1 g碳酸钠(5.2.2),用煮沸后冷却的水定容至1 L(溶液pH值为7.2~7.5),混匀。取60 mL上述溶液,加入0.1 g碳酸钠(5.2.2),用煮沸后冷却的蒸馏水稀释至1 L,混匀,放置一周,经标定后使用。

    c) 硫代硫酸钠标准溶液Ⅲ[$c(Na_2S_2O_3)\approx$0.000 9 mol/L]:称取2.52 g硫代硫酸钠($Na_2S_2O_3\cdot$5H_2O),加入0.1 g碳酸钠(5.2.2),用煮沸后冷却的水定容至1 L(溶液pH值为7.2~7.5),混匀。取90 mL上述溶液,加入0.1 g碳酸钠(5.2.2),用煮沸后冷却的蒸馏水稀释至1 L,混匀,放置一周,经标定后使用。

5.2.19 硫代硫酸钠标准溶液标定:移取含金500 μg、1 000 μg和1 500 μg的金标准贮存溶液(5.2.17)各三份,分别置于50 mL瓷坩埚中,加0.1 g碘化钾(5.2.1),搅拌,立即用硫代硫酸钠标准溶液Ⅰ、硫代硫酸钠标准溶液Ⅱ和硫代硫酸钠标准溶液Ⅲ滴定至微黄色后,加3滴~5滴EDTA溶液(5.2.13),加入3滴~5滴淀粉溶液(5.2.20),在充分搅拌下继续用硫代硫酸钠标准溶液滴定到溶液无色为终点。随同标定作空白试验。

按式(14)计算硫代硫酸钠标准溶液的实际浓度:

$$c=\frac{2\times m}{M\times(V_1-V_0)\times 1\,000} \quad\quad\quad\cdots\cdots\cdots\cdots\cdots\cdots\cdots(14)$$

式中:

c ——硫代硫酸钠标准溶液的实际浓度,单位为摩尔每升(mol/L);

m ——移取金标准溶液中金的质量,单位为微克(μg);

M ——金的摩尔质量,单位为克每摩尔(g/mol),[M(Au)=196.97];

V_1 ——标定时,滴定金溶液所消耗的硫代硫酸钠标准溶液的体积,单位为毫升(mL);

V_0 ——标定时,滴定金空白溶液所消耗的硫代硫酸钠标准溶液的体积,单位为毫升(mL)。

平行标定三份,测定值保留四位有效数字,其极差不大于8×10^{-7} mol/L,取其平均值,否则重新标定。此溶液放置超过一周,使用前应重新标定一次。

5.2.20 淀粉溶液(10 g/L)。

5.3 仪器和设备

活性炭吸附抽滤装置:将玻璃吸附柱插入抽滤筒孔中,柱内放一片多孔塑料板,并放入一片与多孔塑料板直径等大的滤纸片。倾入纸浆抽滤,滤干后纸浆层厚约3 mm~4 mm,再加入活性炭-纸浆混合物(5.2.16),抽干后厚度为5 mm~10 mm,以水吹洗柱壁,加入一层薄纸浆。装上布氏漏斗,在漏斗上垫两张定性滤纸并加入少许纸浆于滤纸边缘,使滤纸边缘与布氏漏斗壁没有缝隙。装置见图1。

5.4 试样

5.4.1 试样粒度不大于0.074 mm。

5.4.2 试样应在100 ℃~105 ℃烘干1 h后,置于干燥器中冷却至室温。

5.5 试验步骤

5.5.1 试料

按表9称取试样,精确至0.01 g。

独立地进行两次测定,结果取其平均值。

表9 试样量

金的质量分数/(g/t)	试料量/g
0.30~1.00	30.0
>1.00~5.00	20.0
>5.00~20.0	10.0
>20.0~50.0	10.0
>50.0~100.0	10.0

5.5.2 空白试验

随同试料做空白试验。

5.5.3 测定

5.5.3.1 将试料(5.5.1)置于方瓷舟中,放入马弗炉,程序升温300 ℃、400 ℃、500 ℃各保温20 min,再升温到650 ℃,保温30 min~60 min,取出冷却。

5.5.3.2 将试料转入400 mL烧杯中,用水润湿,加入王水(5.2.7)100 mL,盖上表面皿,置于电热板上低温加热1 h,控制溶液体积不小于50 mL,取下,加入15 mL明胶溶液(5.2.12),用水冲洗表面皿和杯壁,稀释至100 mL,使可溶性盐类溶解,搅拌并冷却至40 ℃~60 ℃。

5.5.3.3 将试料溶液倾入已准备好的活性炭吸附抽滤装置抽滤,漏斗内溶液全部滤干后,用40 ℃~60 ℃盐酸溶液(5.2.8)洗涤烧杯2次~3次,洗涤残渣和漏斗4次~5次,取下布氏漏斗,用40 ℃~60 ℃氟化氢铵溶液(5.2.9)洗涤吸附柱4次~5次,用40 ℃~60 ℃盐酸溶液(5.2.8)洗涤4次~5次,用40 ℃~60 ℃水洗涤4次~5次,滤干后,停止抽滤。

5.5.3.4 取出吸附柱中的活性炭纸浆块,放入50 mL瓷坩埚中,在电炉上烘干,放入马弗炉中于700 ℃灰化完全,取出冷却。加入3滴氯化钠溶液(5.2.10),加入2 mL王水(5.2.6),置于水浴上溶解,蒸至近干,取下冷却,加入适量盐酸(5.2.3),重复蒸干2次~3次。取下加入5 mL乙酸溶液(5.2.11),于水浴上微热溶解,取下冷却后,加入0.1 g氟化氢铵(5.2.3),再加入0.2 mL~2 mL的EDTA溶液(5.2.13)(视铜量而定),加入0.1 g~0.5g碘化钾(5.2.1),搅拌均匀,根据试料中金的质量分数,按照表10选择硫代硫酸钠标准溶液(5.2.18)滴定至微黄色,加3滴~5滴淀粉溶液(5.2.20),继续滴定至蓝色消失,即为终点。

表 10　标准溶液的选择

金的质量分数/(g/t)	硫代硫酸钠标准溶液
0.30～5.00	硫代硫酸钠标准溶液 I
>5.00～60.0	硫代硫酸钠标准溶液 II
>60.0～100.0	硫代硫酸钠标准溶液 III

5.6　结果计算

按式(15)计算金的质量分数 w_{Au}：

$$w_{Au} = \frac{c \times (V_3 - V_2) \times M \times 1\,000}{2 \times m_0} \qquad\qquad (15)$$

式中：

w_{Au}——金的质量分数,单位为克每吨(g/t)；

c　——硫代硫酸钠标准溶液的实际浓度,单位为摩尔每升(mol/L)；

V_3　——滴定试样时消耗硫代硫酸钠标准溶液的体积,单位为毫升(mL)；

V_2　——滴定空白时消耗硫代硫酸钠标准溶液的体积,单位为毫升(mL)；

M　——金的摩尔质量,单位为克每摩尔(g/mol),[$M(Au)=196.97$]；

m_0　——试料质量,单位为克(g)。

结果保留至小数点后一位,当分析结果小于 10.0 g/t 时,结果保留至小数点后两位。

5.7　精密度

5.7.1　重复性

在重复性条件下获得的两次独立测试结果的测定值,在以下给出的平均值范围内,这两个测试结果的绝对差值不超过重复性限(r),超过重复性限(r)的情况不超过 5%,重复性限(r)按表 11 数据采用线性内插法求得。金含量高于最高水平,重复性限按最高水平执行。

表 11　重复性限(方法 4)

w_{Au}/(g/t)	0.32	1.20	4.83	20.4	48.3	85.7
r/(g/t)	0.12	0.24	0.36	1.4	1.9	2.2

5.7.2　再现性

在再现性条件下获得的两次独立测试结果的测定值,在以下给出的平均值范围内,这两个测试结果的绝对差值不超过再现性限(R),超过再现性限(R)的情况不超过 5%,再现性限(R)按表 12 数据采用线性内插法求得。金含量高于最高水平,再现性限按最高水平执行。

表 12　再现性限(方法 4)

w_{Au}/(g/t)	0.32	1.20	4.83	20.4	48.3	85.7
R/(g/t)	0.21	0.36	0.57	2.3	3.1	3.5

5.8 试验报告

试验报告至少应给出以下几个方面的内容：

——试样；

——使用的标准 GB/T 20899.1—2019；

——使用的方法；

——分析结果及其表示；

——与基本分析步骤的差异；

——测定中观察到的异常现象；

——试验日期。

ICS 73.060.99
D 46

中华人民共和国国家标准

GB/T 20899.2—2019
代替 GB/T 20899.2—2007

金矿石化学分析方法
第 2 部分：银量的测定
火焰原子吸收光谱法

Methods for chemical analysis of gold ores—
Part 2：Determination of silver content—
Flame atomic absorption spectrometric method

2019-12-10 发布

2020-11-01 实施

国家市场监督管理总局
国家标准化管理委员会 发布

前　言

GB/T 20899《金矿石化学分析方法》分为以下部分：
——第1部分：金量的测定；
——第2部分：银量的测定　火焰原子吸收光谱法；
——第3部分：砷量的测定；
——第4部分：铜量的测定；
——第5部分：铅量的测定；
——第6部分：锌量的测定；
——第7部分：铁量的测定；
——第8部分：硫量的测定；
——第9部分：碳量的测定；
——第10部分：锑量的测定；
——第12部分：砷、汞、镉、铅和铋量的测定　原子荧光光谱法；
——第13部分：铅、锌、铋、镉、铬、砷和汞量的测定　电感耦合等离子体原子发射光谱法；
——第14部分：铊量的测定　电感耦合等离子体原子发射光谱法和电感耦合等离子体质谱法。

本部分为 GB/T 20899 的第2部分。

本部分按照 GB/T 1.1—2009 给出的规则起草。

本部分代替 GB/T 20899.2—2007《金矿石化学分析方法　第2部分：银量的测定》。

本部分与 GB/T 20899.2—2007 相比，除编辑性修改外主要技术变化如下：
——增加了"重复性"和"再现性"要求（见8.1和8.2）；
——删除了"允许差"要求（见2007年版的第8章）；
——修改了前处理手段，使用聚四氟乙烯烧杯四酸溶样（见6.3,2007年版的6.3.1）。

本部分由全国黄金标准化技术委员会（SAC/TC 379）提出并归口。

本部分起草单位：长春黄金研究院有限公司、河南中原黄金冶炼厂有限责任公司、深圳市金质金银珠宝检验研究中心有限公司、紫金矿业集团股份有限公司、北矿检测技术有限公司、国投金城冶金有限责任公司、赤峰黄金雄风环保科技有限公司、山东国大黄金股份有限公司、招金矿业股份有限公司金翅岭金矿、河南黄金产业技术研究院有限公司、中国地质科学院郑州矿产综合利用研究所。

本部分主要起草人：陈永红、高振广、孟宪伟、洪博、关国军、党宏庆、姜艳水、赵栋杰、杨佩、徐超秀、杨艳朋、强盖昆、李飞繁、王建政、蔡鹏娜、王青丽、刘晓纪、高小飞。

本部分所代替标准的历次版本发布情况为：
——GB/T 20899.2—2007。

金矿石化学分析方法
第2部分：银量的测定
火焰原子吸收光谱法

1 范围

GB/T 20899 的本部分规定了金矿石中银量的测定方法。

本部分适用于金矿石中银量的测定。测定范围：2.00 g/t～1 000.0 g/t。

2 原理

试料经盐酸、硝酸、高氯酸、氢氟酸分解，在稀盐酸介质中，于火焰原子吸收光谱仪波长 328.1 nm 处，以空气-乙炔火焰测量银的吸光度值，按标准曲线法计算银量。

3 试剂

除非另有说明，在分析中仅使用确认为分析纯的试剂和蒸馏水或去离子水或相当纯度的水。

3.1 盐酸($\rho = 1.19$ g/mL)。

3.2 硝酸($\rho = 1.42$ g/mL)。

3.3 高氯酸($\rho = 1.67$ g/mL)。

3.4 氢氟酸($\rho = 1.15$ g/mL)。

3.5 盐酸溶液(3+17)。

3.6 银标准贮存溶液：称取 0.500 0 g 纯银($w_{Ag} \geqslant 99.99\%$)，置于 100 mL 烧杯中，加入 20 mL 硝酸 (3.2)，加热至完全溶解，煮沸驱除氮的氧化物，取下冷却，用不含氯离子的水移入 1 000 mL 棕色容量瓶 中，加入 30 mL 硝酸(3.2)，用不含氯离子水稀释至刻度，混匀。此溶液 1 mL 含 0.500 0 mg 银。

3.7 银标准溶液：移取 50.00 mL 银标准贮存溶液(3.6)，于 500 mL 棕色容量瓶中，加入 10 mL 硝酸 (3.2)，用不含氯离子水稀释至刻度，混匀。此溶液 1 mL 含 50 μg 银。

4 仪器

原子吸收光谱仪，附银空心阴极灯。

在仪器最佳工作条件下，凡能达到下列指标的火焰原子吸收光谱仪均可使用：

——灵敏度：在与测量溶液基体相一致的溶液中，银的特征浓度应不大于 0.034 μg/mL。

——精密度：用最高浓度的标准溶液测量 11 次吸光度，其标准偏差应不超过平均吸光度的 1.0%； 用最低浓度的标准溶液(不是"零"标准溶液)测量 11 次吸光度，其标准偏差应不超过最高浓度 标准溶液平均吸光度的 0.5%。

——标准曲线线性：将标准曲线按浓度等分成五段，最高段的吸光度差值与最低段的吸光度差值之 比应不小于 0.8。

5 试样

5.1 试样粒度不大于 0.074 mm。

5.2 试样应在 100 ℃～105 ℃烘干 1 h 后,置于干燥器中冷却至室温。

6 试验步骤

6.1 试料

按表 1 称取 0.20 g～1.00 g 试样,精确至 0.000 1 g。

独立地进行两次测定,结果取其平均值。

6.2 空白试验

随同试料做空白试验。

6.3 测定

6.3.1 将试料(6.1)置于 50 mL 聚四氟烧杯中,加少量水润湿,加入 5 mL 盐酸(3.1),加热 3 min～5 min,取下加入 3 mL 硝酸(3.2),3 mL 氢氟酸(3.4),2 mL 高氯酸(3.3),低温继续加热至高氯酸冒浓白烟,蒸至湿盐状,取下冷却。按表 1 加入盐酸(3.1),用水吹洗表皿和杯壁,加热使盐类溶解,取下冷却到室温。

6.3.2 按表 1 将试液移入相应体积的容量瓶中,用水稀释至刻度,混匀,静置澄清。

表 1 称取试料量和定容体积

银的质量分数/(g/t)	试料量/g	容量瓶体积/mL	盐酸(3.1)/mL
2.00～50.00	1.00	25	4.0
>50.00～100.0	1.00	50	7.5
>100.0～500.0	0.50	100	15.0
>500.0～1 000.0	0.20	100	15.0

6.3.3 在火焰原子吸收光谱仪波长 328.1 nm 处,以随同试料的空白调零,测量吸光度,扣除背景吸收,自标准曲线上查出相应的银的质量浓度。

6.4 标准曲线的绘制

移取 0 mL、0.50 mL、1.00 mL、2.00 mL、3.00 mL、4.00 mL、5.00 mL 银标准溶液(3.7),分别置于一组 100 mL 容量瓶中,用盐酸溶液(3.5)稀释至刻度,混匀。以试剂空白调零,测量吸光度。以银浓度为横坐标,吸光度为纵坐标,绘制标准曲线。

7 结果计算

按式(1)计算银的质量分数:

$$w_{Ag} = \frac{\rho \times V}{m} \qquad\qquad\qquad\cdots\cdots\cdots\cdots\cdots\cdots(1)$$

式中：

w_{Ag} —— 银的质量分数，单位为克每吨（g/t）；

ρ —— 以试料溶液的吸光度自标准曲线查得银的质量浓度，单位为微克每毫升（$\mu g/mL$）；

V —— 试料溶液的体积，单位为毫升（mL）；

m —— 试料的质量，单位为克（g）。

结果保留至小数点后一位，当测定结果小于100.0 g/t时，结果保留至小数点后两位。

8 精密度

8.1 重复性

在重复性条件下获得的两次独立测试结果的测定值，在以下给出的平均值范围内，这两个测试结果的绝对差值不超过重复性限（r），超过重复性限（r）的情况不超过5%，重复性限（r）按表2数据采用线性内插法求得。银含量低于最低水平，重复性限按线性外延法求得。

表 2　重复性限

w_{Ag}/(g/t)	6.50	21.00	50.50	95.80	294.2	625.1	1 091.3
r/(g/t)	1.22	1.72	3.01	5.01	11.5	20.3	40.4

8.2 再现性

在再现性条件下获得的两次独立测试结果的测定值，在以下给出的平均值范围内，这两个测试结果的绝对差值不超过再现性限（R），超过再现性限（R）的情况不超过5%，再现性限（R）按表3数据采用线性内插法求得。银含量低于最低水平，再现性限按线性外延法求得。

表 3　再现性限

w_{Ag}/(g/t)	6.50	21.00	50.50	95.80	294.2	625.1	1 091.3
R/(g/t)	1.59	3.30	5.76	7.23	17.0	45.3	62.4

9 试验报告

试验报告至少应给出以下几个方面的内容：

—— 试样；

—— 使用的标准（GB/T 20899.2—2019）；

—— 使用的方法；

—— 分析结果及其表示；

—— 与基本分析步骤的差异；

—— 测定中观察到的异常现象；

—— 试验日期。

ICS 73.060.99
D 46

中华人民共和国国家标准

GB/T 20899.3—2019
代替 GB/T 20899.3—2007

金矿石化学分析方法
第 3 部分：砷量的测定

Methods for chemical analysis of gold ores—
Part 3：Determination of arsenic content

2019-12-10 发布

2020-11-01 实施

国家市场监督管理总局
国家标准化管理委员会 发 布

前　言

GB/T 20899《金矿石化学分析方法》分为以下部分：

——第 1 部分：金量的测定；

——第 2 部分：银量的测定　火焰原子吸收光谱法；

——第 3 部分：砷量的测定；

——第 4 部分：铜量的测定；

——第 5 部分：铅量的测定；

——第 6 部分：锌量的测定；

——第 7 部分：铁量的测定；

——第 8 部分：硫量的测定；

——第 9 部分：碳量的测定；

——第 10 部分：锑量的测定；

——第 12 部分：砷、汞、镉、铅和铋量的测定　原子荧光光谱法；

——第 13 部分：铅、锌、铋、镉、铬、砷和汞量的测定　电感耦合等离子体原子发射光谱法；

——第 14 部分：铊量的测定　电感耦合等离子体原子发射光谱法和电感耦合等离子体质谱法。

本部分为 GB/T 20899 的第 3 部分。

本部分按照 GB/T 1.1—2009 给出的规则起草。

本部分代替 GB/T 20899.3—2007《金矿石化学分析方法　第 3 部分：砷量的测定》。

本部分与 GB/T 20899.3—2007 相比，除编辑性修改外主要技术变化如下：

——增加了"重复性"和"再现性"要求（见 2.7 和 3.6）；

——删除了"允许差"要求（见 2007 年版的 2.7 和 3.6）；

——方法 1 中，硫酸铁铵溶液替代硫酸铜，试验步骤进行调整（见 2.5.3.3，2007 年版的 2.5.3.3）；

——方法 2 中，重铬酸钾标准溶液替代碘，硫酸亚铁铵标准溶液替代亚砷酸钠，硫酸代替碳酸氢钠
（见 3.4.3.4，2007 年版的 3.4.3.4）。

本部分由全国黄金标准化技术委员会（SAC/TC 379）提出并归口。

本部分起草单位：长春黄金研究院有限公司、山东恒邦冶炼股份有限公司、北矿检测技术有限公司、
紫金矿业集团股份有限公司、灵宝黄金集团股份有限公司、潼关中金冶炼有限责任公司、江西三和金业
有限公司。

本部分主要起草人：陈永红、苏广东、芦新根、孟宪伟、刘正红、洪博、张艳峰、宋健伟、栾绍玉、
王飞虎、芦倩、张月、蒯丽君、陈殿耿、夏珍珠、卢小龙、胡站锋、朱延胜、郭雅琴、柳鸿飞、张广盛。

本部分所代替标准的历次版本发布情况为：

——GB/T 20899.3—2007。

金矿石化学分析方法
第3部分:砷量的测定

1 范围

GB/T 20899 的本部分规定了金矿石中砷量的测定方法。

本部分适用于金矿石中砷量的测定,方法1测定范围:0.050%～0.350%;方法2测定范围:0.15%～5.00%。

2 方法1:二乙基二硫代氨基甲酸银分光光度法

2.1 原理

试料经酸分解,于 1.0 mol/L～1.5 mol/L 硫酸介质中砷被无砷锌粒还原,生成砷化氢气体,用二乙基二硫代氨基甲酸银(以下简称铜试剂银盐)三氯甲烷溶液吸收。铜试剂银盐中的银离子被砷化氢还原成单质胶态银而呈红色。于分光光度计波长 530 nm 处测量其吸光度。

2.2 试剂和材料

除非另有说明,在分析中仅使用确认为分析纯的试剂和蒸馏水或去离子水或相当纯度的水。

2.2.1 无砷锌粒。

2.2.2 氯酸钾。

2.2.3 三氯甲烷。

2.2.4 硝酸($\rho=1.42$ g/mL)。

2.2.5 硫酸溶液(1+1)。

2.2.6 酒石酸溶液(400 g/L)。

2.2.7 碘化钾溶液(300 g/L)。

2.2.8 二氯化锡溶液(400 g/L):以盐酸溶液(1+1)配制。

2.2.9 三乙醇胺(或三乙胺)三氯甲烷溶液(3+97)。

2.2.10 硫酸铁铵溶液[$\rho(Fe)=20$ g/L]:称取 108 g [$NH_4Fe(SO_4)_2 \cdot 2H_2O$],加入水和 10 mL 硫酸(2.2.5),搅拌溶解后,移入 1 000 mL 容量瓶中,用水稀释至刻度,摇匀。

2.2.11 铜试剂银盐三氯甲烷溶液(2 g/L):称取 1 g 铜试剂银盐于 1 000 mL 试剂瓶中,加入 500 mL 三乙醇胺三氯甲烷溶液(2.2.9),搅拌使其溶解,静止过夜,过滤后使用。贮存于棕色试剂瓶中。

2.2.12 砷标准溶液(1 000 μg/mL):有证标准溶液。

2.2.13 砷标准溶液 I (100 μg/mL):移取 10.00 mL 砷标准溶液(2.2.12)于 100 mL 容量瓶中,加 5 mL 硝酸(2.2.4),用水稀释至刻度,混匀。

2.2.14 砷标准溶液 II (5 μg/mL):移取 5.00 mL 砷标准溶液 I (2.2.13)于 100 mL 容量瓶中,加 5 mL 硝酸(2.2.4),用水稀释至刻度,混匀。

2.2.15 乙酸铅脱脂棉:将脱脂棉浸于 100 mL 乙酸铅溶液中(100 g/L,内含 1 mL 冰乙酸),取出,干燥后使用。

2.3 仪器和设备

2.3.1 紫外可见分光光度计。

2.3.2 砷化氢气体发生器及吸收装置(见图1)。

单位为毫米

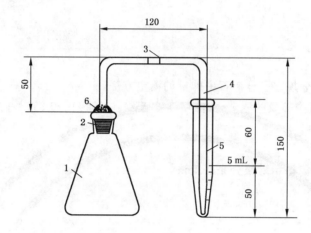

说明:

1——砷化氢发生器(125 mL 14 号标准口锥形瓶);

2——半球形空心 14 号标准口瓶塞;

3——医用胶皮管;

4——导管(内径 0.5 mm~1 mm,外径 6 mm~7 mm);

5——砷化氢吸收管(外径 16 mm);

6——乙酸铅脱脂棉。

图 1 砷化氢气体发生器及吸收装置

2.4 试样

2.4.1 试样粒度不大于 0.074 mm。

2.4.2 试样应在 100 ℃~105 ℃烘干 1 h 后,置于干燥器中,冷却至室温。

2.5 试验步骤

2.5.1 试料

称取 0.20 g 试样。精确至 0.000 1 g。

独立进行两次测定,结果取其平均值。

2.5.2 空白试验

随同试料做空白试验。

2.5.3 测定

2.5.3.1 将试料(2.5.1)置于 250 mL 烧杯中,加入少量水润湿后,加入 10 mL 硝酸(2.2.4),低温溶解 5 min,加入 0.5 g 氯酸钾(2.2.2),加入 10 mL 硫酸溶液(2.2.5),加热溶解,蒸至冒白烟,取下冷却。

2.5.3.2 用 10 mL 水冲洗杯壁,加入 10 mL 酒石酸溶液(2.2.6),加热煮沸,使可溶性盐溶解,取下,冷至室温,移入 100 mL 容量瓶中,用水稀释至刻度,混匀。按表 1 分取溶液于 125 mL 砷化氢气体发生器中。

表 1 试液分取量

砷质量分数/%	分取试料溶液体积/mL
0.050～0.100	10.00
>0.100～0.200	5.00
>0.200～0.350	2.00

2.5.3.3 加入 7 mL 硫酸溶液(2.2.5),5 mL 酒石酸溶液(2.2.6),3 mL 硫酸铁铵溶液(2.2.10),加水使体积约为 40 mL,加入 3 mL 碘化钾溶液(2.2.7),3 mL 二氯化锡溶液(2.2.8),放置 10 min～15 min,每加一种试剂混匀后再加另一种试剂。

2.5.3.4 移取 10.00 mL 铜试剂银盐三氯甲烷溶液(2.2.11)于有刻度的吸收管中,连接导管。向砷化氢气体发生器中加入 5 g 无砷锌粒(2.2.1),立即塞紧橡皮塞,40 min 后,取下吸收管。

2.5.3.5 向吸收管中加入少量三氯甲烷(2.2.3)补充挥发的三氯甲烷,使体积为 10.00 mL,混匀。

2.5.3.6 将部分溶液(2.5.3.5)移入 1 cm 比色皿中,以铜试剂银盐三氯甲烷溶液(2.2.11)为参比液于分光光度计波长 530 nm 处测量吸光度,从标准曲线上查出相应的砷的质量浓度。

2.5.3.7 移取 0 mL、1.00 mL、2.00 mL、3.00 mL、4.00 mL、5.00 mL、6.00 mL 砷标准溶液Ⅱ(2.2.14),分别置于砷化氢发生器中,以下按 2.5.3.3～2.5.3.6 进行。以砷量为横坐标,吸光度为纵坐标绘制标准曲线。

2.6 结果计算

按式(1)计算砷的质量分数 w_{As},数值以%表示:

$$w_{As} = \frac{(\rho_1 - \rho_0) \times V_0 \times V_2 \times 10^{-6}}{m_0 \times V_1} \times 100 \quad\cdots\cdots\cdots\cdots(1)$$

式中:

w_{As}——砷的质量分数,%;

ρ_1 ——自标准曲线上查得的砷的质量浓度,单位为微克每毫升(μg/mL);

ρ_0 ——自标准曲线上查得的空白试液砷的质量浓度,单位为微克每毫升(μg/mL);

V_0 ——试料溶液的体积,单位为毫升(mL);

V_2 ——吸收管试液的体积,单位为毫升(mL);

m_0 ——试料的质量,单位为克(g);

V_1 ——分取试液的体积,单位为毫升(mL)。

分析结果表示至小数点后三位。

2.7 精密度

2.7.1 重复性

在重复性条件下获得的两次独立测试结果的测定值,在以下给出的平均值范围内,这两个测试结果的绝对差值不超过重复性限(r),超过重复性限(r)的情况不超过5%,重复性限(r)按表2数据采用线性内插法求得。砷的含量低于最低水平,重复性限按最低水平执行。

表 2　重复性限(方法 1)

w_{As}/%	0.073	0.136	0.227	0.277	0.417
r/%	0.009	0.018	0.024	0.027	0.031

2.7.2 再现性

在再现性条件下获得的两次独立测试结果的测定值,在以下给出的平均值范围内,这两个测试结果的绝对差值不超过再现性限(R),超过再现性限(R)的情况不超过 5%,再现性限(R)按表 3 数据采用线性内插法求得。砷的含量低于最低水平,再现性限按最低水平执行。

表 3　再现性限(方法 1)

w_{As}/%	0.073	0.136	0.227	0.277	0.417
R/%	0.012	0.031	0.042	0.045	0.050

2.8　试验报告

试验报告至少应给出以下几个方面的内容:
——试样;
——使用的标准(GB/T 20899.3—2019);
——使用的方法;
——分析结果及其表示;
——与基本分析步骤的差异;
——测定中观察到的异常现象;
——试验日期。

3　方法 2:重铬酸钾滴定法

3.1　原理

试料用酸分解,在 6 mol/L 盐酸介质中,用被磷酸盐将砷还原为单体状态析出,析出的砷过滤分离,在硫酸溶液中,用重铬酸钾溶液溶解,过量的重铬酸钾以苯基代邻氨基苯甲酸为指示剂,用硫酸亚铁铵溶液返滴定。

3.2　试剂和材料

除非另有说明,在分析中仅使用确认为分析纯的试剂和蒸馏水或去离子水或相当纯度的水。

3.2.1　氯酸钾。

3.2.2　次亚磷酸钠(卑磷酸钠)。

3.2.3　五水硫酸铜。

3.2.4　盐酸(ρ=1.19 g/mL)。

3.2.5　硝酸(ρ=1.42 g/mL)。

3.2.6　硫酸溶液(1+1)。

3.2.7　硫酸溶液(1+2)。

3.2.8 次亚磷酸钠溶液(20 g/L):以盐酸溶液(1+3)配制。

3.2.9 硫酸铵溶液(50 g/L)。

3.2.10 重铬酸钾标准溶液[$c(K_2Cr_2O_7)=0.006\ 662$ mol/L]:称取 1.960 0 g 预先在 150 ℃～200 ℃ 烘 2 h 的优级纯重铬酸钾($K_2Cr_2O_7$),加水溶解后,移入 1 000 mL 容量瓶中,用水稀释至刻度,摇匀。

3.2.11 硫酸亚铁铵标准溶液[$c[(NH_4)_2SO_4 \cdot FeSO_4 \cdot 6H_2O \approx 0.04$ mol/L]:称取 16 g $(NH_4)_2SO_4 \cdot$ $FeSO_4 \cdot 6H_2O$ 溶解于含有 50 mL 硫酸溶液(3.2.6)的 1 000 mL 水中,静置过夜,使用前需标定。

3.2.12 K 值标定:吸取 20.00 mL 重铬酸钾标准溶液(3.2.10)置于 200 mL 烧杯中,用水稀释至100 mL 左右,加入 5 mL 硫酸溶液(3.2.6)和 5 滴苯基代邻氨基苯甲酸指示剂(3.2.13),用硫酸亚铁铵标准溶液 (3.2.11)滴定至溶液由紫色变为蓝绿色为终点。由所取重铬酸钾标准溶液(3.2.10)体积(20.00 mL)与 滴定消耗硫酸亚铁铵标准溶液(3.2.11)的体积之比计算 K 值。平行标定三份,其差值不大于 0.01,保留 至小数点后两位。

3.2.13 苯基代邻氨基苯甲酸(钒试剂)指示剂:称取 0.2 g 苯基代邻氨基苯甲酸(钒试剂)溶于 100 mL 水中,加入 0.2 g 碳酸钠。

3.3 试样

3.3.1 试样粒度不大于 0.074 mm。

3.3.2 试样应在 100 ℃～105 ℃烘干 1 h 后,置于干燥器中,冷却至室温。

3.4 试验步骤

3.4.1 试料

根据试样中砷的含量,按表 4 称取试料量,精确至 0.000 1g。

表 4 试料量

砷的质量分数/%	试料量/g
0.15～3.00	0.50
>3.00～5.00	0.30

独立进行两次测定,结果取其平均值。

3.4.2 空白试验

随同试料做空白试验。

3.4.3 测定

3.4.3.1 将试料(3.4.1)置于 500 mL 锥形瓶中,用少量水润湿,加入 15 mL 硝酸(3.2.5)低温溶解 5 min,加入 0.5 g 氯酸钾(3.2.1),加热溶解,试样溶解完全后,取下冷却。

3.4.3.2 加入 10 mL 硫酸溶液(3.2.6),用少量水吹洗瓶壁,加热蒸发至冒三氧化硫浓烟,取下冷却,用 水吹洗瓶壁,继续加热蒸发至冒三氧化硫浓烟,并保持 5 min,取下冷却,加入 35 mL 水,加热使可溶性 盐类溶解,取下稍冷,加入 35 mL 盐酸(3.2.4),加入 0.1 g 五水硫酸铜(3.2.3),不断搅拌,分次加入次亚 磷酸钠(3.2.2)至溶液黄绿色褪去后,再过量 2 g。

3.4.3.3 在锥形瓶上用橡皮塞连接一个约 70 cm～80 cm 的玻璃管,煮沸 30 min,使沉淀凝聚。冷却 后,用脱脂棉加纸浆过滤,用次亚磷酸钠溶液(3.2.8)洗涤沉淀及锥形瓶 3 次～4 次,再用硫酸铵溶液 (3.2.9)洗涤沉淀及锥形瓶 6 次～7 次,弃去滤液。

3.4.3.4 将沉淀、脱脂棉及纸浆全部移入原锥形瓶中,用小片滤纸擦净漏斗,放入原锥形瓶中,加入 50 mL硫酸溶液(3.2.7),准确加入过量重铬酸钾标准溶液(3.2.10),确保黑色残渣完全溶解为止,滴加 5滴苯基代邻氨基苯甲酸指示剂(3.2.13),用硫酸亚铁铵标准溶液(3.2.11)滴定至溶液由紫色变为蓝绿 色为终点。

3.5 结果计算

按式(2)计算砷的质量分数 w_{As},数值以%表示:

$$w_{As} = \frac{[(V_1 - V_3) - K \times (V_2 - V_4)] \times c \times 0.089\,90}{m} \times 100 \quad\quad\quad (2)$$

$$K = \frac{20.00}{V_5} \quad\quad\quad\quad\quad\quad (3)$$

式中:

w_{As} ——砷的质量分数,%;

V_1 ——溶解样品单体砷所消耗的重铬酸钾标准溶液体积,单位为毫升(mL);

V_3 ——空白试验中消耗的重铬酸钾标准溶液体积,单位为毫升(mL);

V_2 ——滴定样品时消耗的硫酸亚铁铵标准溶液体积,单位为毫升(mL);

V_4 ——空白试验中消耗硫酸亚铁铵的体积,单位为毫升(mL);

c ——重铬酸钾标准溶液的浓度,单位为摩尔每升(mol/L);

m ——试料的质量,单位为克(g);

V_5 ——滴定重铬酸钾所消耗硫酸亚铁铵的体积,单位为毫升(mL);

0.089 90——与1 mL重铬酸钾标准溶液相当的砷的摩尔质量,单位为克每摩尔(g/mol)。

分析结果表示至小数点后两位。

3.6 精密度

3.6.1 重复性

在重复性条件下获得的两次独立测试结果的测定值,在以下给出的平均值范围内,这两个测试结果 的绝对差值不超过重复性限(r),超过重复性限(r)的情况不超过5%,重复性限(r)按表5数据采用线 性内插法求得。

表 5 重复性限(方法2)

w_{As}/%	0.14	0.42	1.06	2.13	3.17	5.04
r/%	0.02	0.03	0.05	0.09	0.13	0.16

3.6.2 再现性

在再现性条件下获得的两次独立测试结果的测定值,在以下给出的平均值范围内,这两个测试结果 的绝对差值不超过再现性限(R),超过再现性限(R)的情况不超过5%,再现性限(R)按表6数据采用线 性内插法求得。

表 6 再现性限(方法2)

w_{As}/%	0.14	0.42	1.06	2.13	3.17	5.04
R/%	0.03	0.05	0.09	0.15	0.20	0.26

3.7 试验报告

试验报告至少应给出以下几个方面的内容：

——试样；

——使用的标准(GB/T 20899.3—2019)；

——使用的方法；

——分析结果及其表示；

——与基本分析步骤的差异；

——测定中观察到的异常现象；

——试验日期。

ICS 73.060.99
CCS D 46

中华人民共和国国家标准

GB/T 20899.4—2021
代替 GB/T 20899.4—2007

金矿石化学分析方法
第 4 部分：铜量的测定

Methods for chemical analysis of gold ores—
Part 4: Determination of copper content

2021-08-20 发布

2022-03-01 实施

国家市场监督管理总局
国家标准化管理委员会 发布

前　言

本文件按照 GB/T 1.1—2020《标准化工作导则　第1部分:标准化文件的结构和起草规则》的规定起草。

本文件为 GB/T 20899《金矿石化学分析方法》的第4部分,GB/T 20899 已经发布了以下14个部分:

——第1部分:金量的测定;

——第2部分:银量的测定　火焰原子吸收光谱法;

——第3部分:砷量的测定;

——第4部分:铜量的测定;

——第5部分:铅量的测定;

——第6部分:锌量的测定;

——第7部分:铁量的测定;

——第8部分:硫量的测定;

——第9部分:碳量的测定;

——第10部分:锑量的测定;

——第11部分:砷量和铋量的测定;

——第12部分:砷、汞、镉、铅和铋量的测定　原子荧光光谱法;

——第13部分:铅、锌、铋、镉、铬、砷和汞量的测定　电感耦合等离子体原子发射光谱法;

——第14部分:铊量的测定　电感耦合等离子体原子发射光谱法和电感耦合等离子体质谱法。

本文件代替 GB/T 20899.4—2007《金矿石化学分析方法　第4部分:铜量的测定》,与 GB/T 20899.4—2007 相比,除结构性调整和编辑性改动外,主要技术变化如下:

a)　删除了"允许差"要求(见2007年版的2.7、3.6);

b)　方法1中,铜标准溶液的配制由加入"硝酸"更改为"盐酸"(见4.2.8,2007年版的2.2.7);

c)　方法1中,浸出、定容分取后和标准系列配制时加入酸的浓度由"浓盐酸"更改为"1+1盐酸"(见4.5.3.1和表1,2007年版的2.5.3.1和表1);

d)　方法1中,增加了高氯酸的使用条件(见4.5.3.1);

e)　方法1中,更改了铜质量分数的范围(见表1,2007年版的表1);

f)　增加了"重复性"和"再现性"要求(见4.7、5.6);

g)　方法2中,更改了硫代硫酸钠标准滴定溶液标定时的极差值和复标规定(见5.2.14,2007年版的3.2.18);

h)　方法2中,更改了标定与结果的计算公式[见公式(2)、公式(3),2007年版的公式(2)、公式(3)];

i)　方法2中,增加了淀粉的配制方法(见5.2.15);

j)　方法2中,更改了含硅高的表述方式(见5.4.3.1,2007年版的3.4.3.1);

k)　方法2中,更改了含碳高的处理方式(见5.4.3.1,2007年版的3.4.3.1);

l)　方法2中,增加了钒、铬、锰的干扰消除方式(见5.4.3.1)。

请注意本文件的某些内容可能涉及专利。本文件的发布机构不承担识别专利的责任。

本文件由全国黄金标准化技术委员会(SAC/TC 379)提出并归口。

本文件起草单位:长春黄金研究院有限公司、大冶有色设计研究院有限公司、深圳市金质金银珠宝检验研究中心有限公司、北矿检测技术有限公司、紫金矿业集团股份有限公司、河南中原黄金冶炼厂有限责任公司、北京国首珠宝首饰检测有限公司、国投金城冶金有限责任公司、灵宝黄金集团股份有限公司黄金冶炼分公司、云南铜业股份有限公司、中国黄金集团内蒙古矿业有限公司、嵩县金牛有限责任公司。

本文件主要起草人：陈永红、张越、芦新根、洪博、孟宪伟、赵可迪、李延吉、严鹏、胡晓帅、刘晓燕、施小英、杜媛媛、王德雨、韩晓、蔡晓英、杨页好、张园、田静、麻瑞苊、王健、王青丽、朱延胜、李君、金涛、刘炳镝、乔小虎。

本文件及其所代替文件的历次版本发布情况为：
——GB/T 20899.4—2007；
——本次为第一次修订。

引　言

GB/T 20899《金矿石化学分析方法》旨在帮助黄金工矿企业准确了解金矿石的有价元素及杂质含量,有利于优化选冶工艺控制参数,精准控制药剂消耗、减少杂质元素对冶炼提纯过程的干扰、提高各有价元素的综合回收率,能够为整个黄金行业资源的高效回收利用、可持续绿色健康发展及智慧矿山的建设提供技术支撑。GB/T 20899拟由15个部分构成。

——第1部分:金量和银量的测定。目的在于规定金矿石中金量和银量测定的火试金重量法、火试金富集-火焰原子吸收光谱法、活性炭富集-火焰原子吸收光谱法、活性炭富集-碘量法及各方法适用的测定范围。

——第2部分:银量的测定　火焰原子吸收光谱法。目的在于规定金矿石中银量测定的火焰原子吸收光谱法及适用的测定范围。

——第3部分:砷量的测定。目的在于规定金矿石中砷量测定的二乙基二硫代氨基甲酸银分光光度法和重铬酸钾滴定法及各方法适用的测定范围。

——第4部分:铜量的测定。目的在于规定金矿石中铜量测定的火焰原子吸收光谱法和硫代硫酸钠滴定法及各方法适用的测定范围。

——第5部分:铅量的测定。目的在于规定金矿石中铅量测定的火焰原子吸收光谱法和乙二胺四乙酸二钠滴定法及各方法适用的测定范围。

——第6部分:锌量的测定。目的在于规定金矿石中锌量测定的火焰原子吸收光谱法及适用的测定范围。

——第7部分:铁量的测定。目的在于规定金矿石中铁量测定的重铬酸钾滴定法及适用的测定范围。

——第8部分:硫量的测定。目的在于规定金矿石中硫量测定的硫酸钡重量法和燃烧-酸碱滴定法及各方法适用的测定范围。

——第9部分:碳量的测定。目的在于规定金矿石中碳量测定的乙醇-乙醇胺-氢氧化钾滴定法及适用的测定范围。

——第10部分:锑量的测定。目的在于规定金矿石中锑量测定的硫酸铈滴定法和氢化物发生-原子荧光光谱法及各方法适用的测定范围。

——第11部分:砷量和铋量的测定。目的在于规定金矿石中砷量和铋量测定的氢化物发生-原子荧光光谱法及适用的测定范围。

——第12部分:砷、汞、镉、铅和铋量的测定　原子荧光光谱法。目的在于规定金矿石中砷、汞、镉、铅和铋量测定的氢化物发生-原子荧光光谱法及适用的测定范围。

——第13部分:铅、锌、铋、镉、铬、砷和汞量的测定　电感耦合等离子体原子发射光谱法。目的在于规定金矿石中铅、锌、铋、镉、铬、砷和汞量测定的电感耦合等离子体原子发射光谱法及适用的测定范围。

——第14部分:铊量的测定　电感耦合等离子体原子发射光谱法和电感耦合等离子体质谱法。目的在于规定金矿石中铊量测定的电感耦合等离子体原子发射光谱法和电感耦合等离子体质谱法及各方法适用的测定范围。

——第15部分:铜、铅、锌、银、铁、锰、镍、钴、铝、铬、镉、锑、铋、砷、汞、硒、钡和铍量的测定　电感耦合等离子体质谱法。目的在于规定金精矿中铜、铅、锌、银、铁、锰、镍、钴、铝、铬、镉、锑、铋、砷、汞、硒、钡和铍量测定的电感耦合等离子体质谱法及适用的测定范围。

金矿石化学分析方法
第4部分:铜量的测定

1 范围

本文件规定了金矿石中铜量的测定方法。

本文件适用于金矿石中铜量的测定。方法1测定范围:0.010%~2.00%;方法2测定范围:2.00%~10.00%。

2 规范性引用文件

下列文件中的内容通过文中的规范性引用而构成本文件必不可少的条款。其中,注日期的引用文件,仅该日期对应的版本适用于本文件;不注日期的引用文件,其最新版本(包括所有的修改单)适用于本文件。

GB/T 17433 冶金产品化学分析基础术语

3 术语和定义

GB/T 17433 界定的术语和定义适用于本文件。

3.1
实验室样品 laboratory sample
为送交实验室供检验或测试而制备的样品。
[来源:GB/T 17433—2014,2.3.2.1]

3.2
试样 test sample
由实验室样品进一步制得的,可进行称量的样品。
[来源:GB/T 17433—2014,2.3.2.2]

3.3
试料 test portion
用以进行检验或观测所称取的一定量的试样。
[来源:GB/T 17433—2014,2.3.2.3]

4 方法1:火焰原子吸收光谱法

4.1 原理

试料经盐酸、硝酸溶解。在稀盐酸介质中,于原子吸收光谱仪波长324.7 nm处,以空气-乙炔火焰测量铜的吸光度。

4.2 试剂或材料

除非另有说明,在分析中仅使用确认为分析纯的试剂和蒸馏水或去离子水或相当纯度的水。

4.2.1 金属铜($w_{Cu} \geqslant 99.99\%$)。将金属铜放入冰乙酸(1+3)中,微沸 1 min,取出后依次用水和无水乙醇分别冲洗两次以上,在 100 ℃烘箱中烘 4 min,冷却,置于磨口试剂瓶中备用。

4.2.2 盐酸($\rho = 1.19$ g/mL)。

4.2.3 硝酸($\rho = 1.42$ g/mL)。

4.2.4 高氯酸($\rho = 1.67$ g/mL)。

4.2.5 氢氟酸($\rho = 1.13$ g/mL)。

4.2.6 盐酸(1+1)。

4.2.7 铜标准贮存溶液:称取 1.000 0 g 金属铜(4.2.1)置于 250 mL 烧杯中,加入 25 mL 硝酸(1+1),盖上表面皿,于电热板上低温加热至完全溶解,煮沸驱赶尽氮的氧化物。取下冷至室温,移入 1 000 mL 容量瓶中,用水稀释至刻度,混匀。

注:此溶液 1 mL 含 1 mg 铜。

4.2.8 铜标准溶液:移取 25.00 mL 铜标准贮存溶液(4.2.7)于 250 mL 容量瓶中,加入 25 mL 盐酸(4.2.6),用水稀释至刻度,混匀。

注:此溶液 1 mL 含 100 μg 铜。

4.3 仪器设备

火焰原子吸收光谱仪,附铜空心阴极灯。

在仪器最佳条件下,凡能满足下列指标的原子吸收光谱仪均可使用。

灵敏度:在与测量溶液的基体一致的溶液中,铜的特征浓度应不大于 0.034 μg/mL。

精密度:用最高浓度的标准溶液测量 11 次吸光度,其标准偏差应不超过平均吸光度的 1.0%;用最低浓度的标准溶液(不是"零"标准溶液)测量 11 次吸光度,其标准偏差应不超过最高浓度标准溶液平均吸光度的 0.5%。

标准曲线线性:将标准曲线按浓度等分成五段,最高段的吸光度差值与最低段的吸光度差值之比应不小于 0.8。

4.4 样品

4.4.1 试料

4.4.1.1 试样粒度不大于 0.074 mm。

4.4.1.2 试样应在 100 ℃~105 ℃烘干 1 h 后,置于干燥器中,冷却至室温。

4.4.2 试料

称取 0.20 g 试样,精确至 0.000 1 g。

4.5 试验步骤

4.5.1 空白试验

随同试料做空白试验。

4.5.2 测定次数

独立进行两次测定,结果取其平均值。

4.5.3 测定

4.5.3.1 将试料置于 250 mL 烧杯中,加入少量水润湿后,加入 15 mL 盐酸(4.2.2),盖上表面皿,于电热板上低温加热溶解 5 min，取下稍冷，加入 5 mL 硝酸(4.2.3)。

若试料中含碳、硫高，应另加入 3 mL 高氯酸(4.2.4)。

若试料含硅高，用聚四氟乙烯塑料烧杯溶解试样，加入盐酸(4.2.2)和硝酸(4.2.3)后应另加入 5 mL 氢氟酸(4.2.5)。

继续加热，待试料完全溶解后，蒸至湿盐状，取下冷至室温。加入 10 mL 盐酸(4.2.6)，用水吹洗表面皿及杯壁，加热使可溶性盐类完全溶解，取下冷至室温。

4.5.3.2 将试液按表 1 移入相应的容量瓶中，需要分取的则按照所对应的分取体积、稀释后定容体积和补加盐酸量进行操作。用水稀释至刻度，混匀。

表 1 试液分取体积

铜质量分数 %	定容体积 mL	分取体积 mL	稀释后定容体积 mL	补加盐酸(4.2.6) mL
0.010～0.12	50	—	—	—
>0.12～0.25	100	—	—	—
>0.25～1.25	100	10	50	4
>1.25～2.00	100	10	100	9

4.5.3.3 于原子吸收光谱仪波长 324.7 nm 处，使用空气-乙炔火焰，以水调零，测量试液的吸光度，减去随同试料的空白溶液的吸光度，从 4.5.4.2 所得标准曲线上查出相应的铜的质量浓度。

4.5.4 标准曲线的绘制

4.5.4.1 移取 0 mL、1.00 mL、2.00 mL、3.00 mL、4.00 mL、5.00 mL 铜标准溶液(4.2.8)，分别置于一组 100 mL 容量瓶中，加入 10 mL 盐酸(4.2.6)，用水稀释至刻度，混匀。

4.5.4.2 在与测量试液相同条件下，测量系列铜标准溶液的吸光度，减去零浓度溶液的吸光度，以铜的浓度为横坐标、吸光度为纵坐标，绘制标准曲线。

4.6 试验数据处理

按公式(1)计算铜的质量分数 w_{Cu}：

$$w_{Cu} = \frac{(\rho_1 - \rho_0) \cdot V_0 \cdot V_2 \times 10^{-6}}{m_0 \cdot V_1} \times 100 \qquad\qquad (1)$$

式中：

w_{Cu}——铜的质量分数，%；

ρ_1 ——试料溶液自标准曲线上查得的铜的质量浓度，单位为微克每毫升(μg/mL)；

ρ_0 ——空白溶液自标准曲线上查得的铜的质量浓度，单位为微克每毫升(μg/mL)；

V_0 ——试液的总体积，单位为毫升(mL)；

V_2 ——分取试液稀释后的定容体积，单位为毫升(mL)；

m_0 ——试料的质量，单位为克(g)；

V_1 ——分取试液的体积，单位为毫升(mL)。

计算结果表示至小数点后两位，若质量分数小于 0.10% 时，表示至小数点后三位。

4.7 精密度

4.7.1 重复性

在重复性条件下获得的两次独立测试结果的测定值，在以下给出的平均值范围内，这两个测试结果的绝对差值不超过重复性限(r),超出重复性限(r)的情况不超过5%,重复性限(r)按表2数据采用线性内插法求得。铜的含量低于最低水平,重复性限按外延法求得。

表2 重复性限(方法1)

$w_{Cu}/\%$	0.064	0.51	1.00	1.56	2.01
$r/\%$	0.011	0.03	0.05	0.08	0.11

4.7.2 再现性

在再现性条件下获得的两次独立测试结果的测定值,在以下给出的平均值范围内,这两个测试结果的绝对差值不超过再现性限(R),超出再现性限(R)的情况不超过5%,再现性限(R)按表3数据采用线性内插法求得。铜的含量低于最低水平,再现性限按外延法求得。

表3 再现性限(方法1)

$w_{Cu}/\%$	0.064	0.51	1.00	1.56	2.01
$R/\%$	0.013	0.05	0.08	0.10	0.12

4.8 试验报告

试验报告至少应给出以下内容:
——试样,
——使用的标准 GB/T 20899.4—2021,
——使用的方法,
——测定结果及其表示,
——与基本试验步骤的差异,
——测定中观察到的异常现象,
——试验日期。

5 方法2:硫代硫酸钠滴定法

5.1 原理

试料经盐酸、硝酸和溴分解,用乙酸-乙酸铵溶液调节溶液的pH值为3.0~4.0,用氟化氢铵掩蔽铁,加入碘化钾与二价铜离子作用,析出的碘以淀粉为指示剂,用硫代硫酸钠标准滴定溶液进行滴定。根据消耗硫代硫酸钠标准滴定溶液的体积计算铜的含量。

5.2 试剂或材料

除非另有说明,在分析中仅使用确认为分析纯的试剂和蒸馏水或去离子水或相当纯度的水。

5.2.1 金属铜($w_{Cu} \geqslant 99.99\%$)。将金属铜放入冰乙酸(1+3)中,微沸1 min,取出后依次用水和无水乙醇分别冲洗两次以上,在100 ℃烘箱中烘4 min,冷却,置于磨口试剂瓶中备用。

5.2.2 碘化钾。

5.2.3 氟化氢铵。

5.2.4 溴。

5.2.5 盐酸($\rho=1.19$ g/mL)。

5.2.6 硝酸($\rho=1.42$ g/mL)。

5.2.7 高氯酸($\rho=1.67$ g/mL)。

5.2.8 硫酸($\rho=1.84$ g/mL)。

5.2.9 氟化氢铵饱和溶液:将氟化氢铵(5.2.3)溶于水至饱和状态,贮存于聚乙烯瓶中。

5.2.10 乙酸-乙酸铵溶液(300 g/L):称取 90 g 乙酸铵,置于 400 mL 烧杯中,加 150 mL 水和 100 mL 冰乙酸($\rho=1.05$ g/mL),溶解后,用水稀释至 300 mL,混匀,此溶液 pH 值约为 5。

5.2.11 三氯化铁溶液(100 g/L)。

5.2.12 硫氰酸钾溶液(100 g/L):称取 10 g 硫氰酸钾于 400 mL 烧杯中,加入约 100 mL 水溶解后,加入 2 g 碘化钾(5.2.2),待溶解后,加入 2 mL 淀粉溶液(5.2.15),滴加碘溶液(0.04 mol/L)至刚呈稳定的蓝色,再用硫代硫酸钠标准滴定溶液(5.2.14)滴定至蓝色刚消失。

5.2.13 铜标准溶液:称取 0.500 0 g 金属铜(5.2.1)置于 500 mL 锥形烧杯中,缓慢加入 20 mL 硝酸(1+1),盖上表面皿,置于电热板上低温处,加热使其完全溶解,煮沸驱赶尽氮的氧化物,取下,用水吹洗表面皿及杯壁,冷至室温。将溶液移入 500 mL 容量瓶中,以水稀释至刻度,混匀。

注: 此溶液 1 mL 含 1 mg 铜。

5.2.14 硫代硫酸钠标准滴定溶液[$c(\mathrm{Na_2S_2O_3 \cdot 5H_2O}) \approx 0.02$ mol/L]。

　　a) 配制。称取 50 g 硫代硫酸钠($\mathrm{Na_2S_2O_3 \cdot 5H_2O}$)置于 500 mL 烧杯中,加入 2 g 无水碳酸钠溶于约 300 mL 煮沸并冷却的蒸馏水中,移入 10 L 棕色试剂瓶中。用煮沸并冷却的蒸馏水稀释至约 10 L,加入 10 mL 三氯甲烷,静置两周。

　　b) 标定。移取 25.00 mL 铜标准溶液(5.2.13)于 500 mL 锥形烧杯中,加入 5 mL 硝酸(5.2.6),加入 1 mL 三氯化铁溶液(5.2.11)置于电热板低温处蒸至溶液体积约为 1 mL。取下冷却,用约 30 mL 水吹洗杯壁,煮沸,取下冷至室温。按照 5.4.3.2 进行标定。记下硫代硫酸钠标准滴定溶液在滴定中消耗的体积,随同标定做空白试验。

　　按公式(2)计算硫代硫酸钠标准滴定溶液的实际浓度:

$$c=\frac{\rho \cdot V_3 \times 1\,000}{(V_4-V_5) \cdot M_r} \quad\quad\quad\quad\quad\quad (2)$$

式中:

c ——硫代硫酸钠标准滴定溶液的实际浓度,单位为摩尔每升(mol/L);

ρ ——铜标准溶液的质量浓度,单位为克每毫升(g/mL);

V_3 ——移取铜标准溶液的体积,单位为毫升(mL);

V_4 ——滴定铜标准溶液所消耗硫代硫酸钠标准滴定溶液的体积,单位为毫升(mL);

V_5 ——标定时空白溶液所消耗的硫代硫酸钠标准滴定溶液的体积,单位为毫升(mL);

M_r ——铜的摩尔质量,单位为克每摩尔(g/mol),[$M_r(\mathrm{Cu})=63.546$]。

　　两人平行标定,每人标定四份,最终结果保留四位有效数字,其极差值不大于 5×10^{-5} mol/L 时,取其平均值,否则重新标定。此溶液每隔一周后应重新标定一次,各实验室可根据复标结果适当延长复标时间间隔。

5.2.15 淀粉溶液(5 g/L):称取 0.5 g 淀粉,用少量冷水将其打散至无颗粒后,用热水稀释至 100 mL,于电炉盘上煮沸至澄清,取下冷至室温。

5.3 样品

5.3.1 试样

5.3.1.1 试样粒度不大于 0.074 mm。

5.3.1.2 试样应在 100 ℃~105 ℃烘 1 h 后,置于干燥器中,冷却至室温。

5.3.2 试料

称取 0.50 g 试样,精确至 0.000 1 g。

5.4 试验步骤

5.4.1 空白试验

随同试料做空白试验。

5.4.2 测定次数

独立进行两次测定,结果取其平均值。

5.4.3 测定

5.4.3.1 将试料置于 500 mL 锥形烧杯中。用少量水润湿,加入 10 mL 盐酸(5.2.5),置于电热板上低温加热微沸 3 min~5 min,取下稍冷,加入 5 mL 硝酸(5.2.6)和 0.5 mL 溴(5.2.4),盖上表面皿,混匀,低温加热。

若试料中硅含量较高,且对结果有影响,应另加入 0.5 g 氟化氢铵(5.2.3),待试料完全溶解后,继续加热蒸至近干,取下冷却。

若试料中碳含量较高,应在加入溴后加入 2 mL~5 mL 高氯酸(5.2.7)和 2 mL 硫酸(5.2.8),加热溶解至无黑色残渣,并蒸干。

若试料中含硅、碳均高,应在加入溴后加入 0.5 g 氟化氢铵(5.2.3)和 5 mL~10 mL 高氯酸(5.2.7),并蒸干。

若试料含钒、铬、锰高,应在加入溴后加入高氯酸(5.2.7),待溶液蒸干,取下冷却,滴加盐酸(5.2.5)使烧杯底部浸湿完全,蒸至近干。

5.4.3.2 用 30 mL 水洗涤表面皿及杯壁,盖上表面皿,置于电热板上煮沸,使可溶性盐类完全溶解,取下冷至室温。

若试料铁含量极少,补加 1 mL 三氯化铁溶液(5.2.11)。滴加乙酸-乙酸铵溶液(5.2.10)至红色不再加深并过量 4 mL,然后加入 4 mL 氟化氢铵饱和溶液(5.2.9),混匀。加入 3 g 碘化钾(5.2.2)摇动溶解,立即用硫代硫酸钠标准滴定溶液(5.2.14)滴定至浅黄色,加入 2 mL 淀粉溶液(5.2.15)。

若试料铅、铋含量高,应提前加 2 mL 淀粉溶液(5.2.15)。继续滴定至浅蓝色,加入 5 mL 硫氰酸钾溶液(5.2.12),激烈摇振至蓝色加深,再滴定至蓝色刚好消失为终点,记录消耗硫代硫酸钠标准滴定溶液的体积。

5.5 试验数据处理

按公式(3)计算铜的质量分数 w_{Cu}:

$$w_{Cu} = \frac{c \cdot (V_6 - V_7) \cdot M_r}{m \times 1\,000} \times 100 \qquad\qquad\cdots\cdots\cdots\cdots\cdots\cdots(3)$$

式中:

w_{Cu}——铜的质量分数,%;

c ——硫代硫酸钠标准滴定溶液的实际浓度,单位为摩尔每升(mol/L);

V_6 ——试料溶液消耗硫代硫酸钠标准滴定溶液的体积,单位为毫升(mL);

V_7 ——空白溶液消耗硫代硫酸钠标准滴定溶液的体积,单位为毫升(mL);

M_r ——铜的摩尔质量,单位为克每摩尔(g/mol),[$M_r(Cu)=63.546$];

m ——试料的质量,单位为克(g)。

计算结果表示至小数点后两位。

5.6 精密度

5.6.1 重复性

在重复性条件下获得的两次独立测试结果的测定值,在以下给出的平均值范围内,这两个测试结果的绝对差值不超过重复性限(r),超出重复性限(r)的情况不超过5%,重复性限(r)按表4数据采用线性内插法求得。铜的含量低于最低水平,重复性限按外延法求得。

表 4　重复性限(方法 2)

$w_{Cu}/\%$	3.05	4.17	6.15	8.11	10.09
$r/\%$	0.09	0.10	0.11	0.12	0.13

5.6.2 再现性

在再现性条件下获得的两次独立测试结果的测定值,在以下给出的平均值范围内,这两个测试结果的绝对差值不超过再现性限(R),超出再现性限(R)的情况不超过5%,再现性限(R)按表5数据采用线性内插法求得。铜的含量低于最低水平,再现性限按外延法求得。

表 5　再现性限(方法 2)

$w_{Cu}/\%$	3.05	4.17	6.15	8.11	10.09
$R/\%$	0.14	0.15	0.16	0.17	0.18

5.7 试验报告

试验报告至少应给出以下内容:

——试样,

——使用的标准 GB/T 20899.4—2021,

——使用的方法,

——测定结果及其表示,

——与基本试验步骤的差异,

——测定中观察到的异常现象,

——试验日期。

ICS 73.060.99
CCS D 46

中华人民共和国国家标准

GB/T 20899.5—2021
代替 GB/T 20899.5—2007

金矿石化学分析方法
第 5 部分：铅量的测定

Methods for chemical analysis of gold ores—
Part 5：Determination of lead content

2021-08-20 发布 2022-03-01 实施

国家市场监督管理总局
国家标准化管理委员会 发 布

前　言

本文件按照 GB/T 1.1—2020《标准化工作导则　第 1 部分:标准化文件的结构和起草规则》的规定起草。

本文件为 GB/T 20899《金矿石化学分析方法》的第 5 部分,GB/T 20899 已经发布了以下 14 个部分:

——第 1 部分:金量的测定;
——第 2 部分:银量的测定　火焰原子吸收光谱法;
——第 3 部分:砷量的测定;
——第 4 部分:铜量的测定;
——第 5 部分:铅量的测定;
——第 6 部分:锌量的测定;
——第 7 部分:铁量的测定;
——第 8 部分:硫量的测定;
——第 9 部分:碳量的测定;
——第 10 部分:锑量的测定;
——第 11 部分:砷量和铋量的测定;
——第 12 部分:砷、汞、镉、铅和铋量的测定　原子荧光光谱法;
——第 13 部分:铅、锌、铋、镉、铬、砷和汞量的测定　电感耦合等离子体原子发射光谱法;
——第 14 部分:铊量的测定　电感耦合等离子体原子发射光谱法和电感耦合等离子体质谱法。

本文件代替 GB/T 20899.5—2007《金矿石化学分析方法　第 5 部分:铅量的测定》,与 GB/T 20899.5—2007 相比,除结构性调整和编辑性改动外,主要技术变化如下:

a)　方法 1 中,测定范围由"0.50%~5.00%"调整为"0.10%~5.00%"(见第 1 章,2007 年版的第 2 章);

b)　删除了"允许差"要求(见 2007 年版的 2.7、3.6);

c)　增加了"重复性"和"再现性"要求(见 4.7、5.7);

d)　方法 2 中,改变了样品的消解及干扰消除方式(见 5.5.3,2007 年版的 3.4.3);

e)　方法 2 中,增加了滤液中铅含量的补正(见 5.5.3.6)。

请注意本文件的某些内容可能涉及专利。本文件的发布机构不承担识别专利的责任。

本文件由全国黄金标准化技术委员会(SAC/TC 379)提出并归口。

本文件起草单位:长春黄金研究院有限公司、北矿检测技术有限公司、深圳市金质金银珠宝检验研究中心有限公司、山东黄金冶炼有限公司、大冶有色设计研究院有限公司、国投金城冶金有限责任公司、紫金矿业集团股份有限公司、东吴黄金集团有限公司、河南豫光金铅股份有限公司、河南中原黄金冶炼厂有限责任公司、云南黄金矿业集团贵金属检测有限公司、山东招金集团有限公司。

本文件主要起草人:陈永红、赵亚明、芦新根、孟宪伟、赵可迪、张越、李延吉、严鹏、孙计先、韩晓、郝璐、韩聪美、杨佩、王德雨、周发军、冯媛、魏文、崔亚军、范兢克、周华玉、林云峰、包小玲、杨英、赵敏、谢飞、田静、吕文先、陈晓科、栾作春、宫在阳。

本文件及其所代替文件的历次版本发布情况为:

——GB/T 20899.5—2007;

——本次为第一次修订。

引　言

GB/T 20899《金矿石化学分析方法》旨在帮助黄金工矿企业准确了解金矿石的有价元素及杂质含量,有利于优化选冶工艺控制参数,精准控制药剂消耗、减少杂质元素对冶炼提纯过程的干扰、提高各有价元素的综合回收率,能够为整个黄金行业资源的高效回收利用、可持续绿色健康发展及智慧矿山的建设提供技术支撑。GB/T 20899拟由15个部分构成。

——第1部分:金量和银量的测定。目的在于规定金矿石中金量和银量测定的火试金重量法、火试金富集-火焰原子吸收光谱法、活性炭富集-火焰原子吸收光谱法、活性炭富集-碘量法及各方法适用的测定范围。

——第2部分:银量的测定　火焰原子吸收光谱法。目的在于规定金矿石中银量测定的火焰原子吸收光谱法及适用的测定范围。

——第3部分:砷量的测定。目的在于规定金矿石中砷量测定的二乙基二硫代氨基甲酸银分光光度法和重铬酸钾滴定法及各方法适用的测定范围。

——第4部分:铜量的测定。目的在于规定金矿石中铜量测定的火焰原子吸收光谱法和硫代硫酸钠滴定法及各方法适用的测定范围。

——第5部分:铅量的测定。目的在于规定金矿石中铅量测定的火焰原子吸收光谱法和乙二胺四乙酸二钠滴定法及各方法适用的测定范围。

——第6部分:锌量的测定。目的在于规定金矿石中锌量测定的火焰原子吸收光谱法及适用的测定范围。

——第7部分:铁量的测定。目的在于规定金矿石中铁量测定的重铬酸钾滴定法及适用的测定范围。

——第8部分:硫量的测定。目的在于规定金矿石中硫量测定的硫酸钡重量法和燃烧-酸碱滴定法及各方法适用的测定范围。

——第9部分:碳量的测定。目的在于规定金矿石中碳量测定的乙醇-乙醇胺-氢氧化钾滴定法及适用的测定范围。

——第10部分:锑量的测定。目的在于规定金矿石中锑量测定的硫酸铈滴定法和氢化物发生-原子荧光光谱法及各方法适用的测定范围。

——第11部分:砷量和铋量的测定。目的在于规定金矿石中砷量和铋量测定的氢化物发生-原子荧光光谱法及适用的测定范围。

——第12部分:砷、汞、镉、铅和铋量的测定　原子荧光光谱法。目的在于规定金矿石中砷、汞、镉、铅和铋量测定的氢化物发生-原子荧光光谱法及适用的测定范围。

——第13部分:铅、锌、铋、镉、铬、砷和汞量的测定　电感耦合等离子体原子发射光谱法。目的在于规定金矿石中铅、锌、铋、镉、铬、砷和汞量测定的电感耦合等离子体原子发射光谱法及适用的测定范围。

——第14部分:铊量的测定　电感耦合等离子体原子发射光谱法和电感耦合等离子体质谱法。目的在于规定金矿石中铊量测定的电感耦合等离子体原子发射光谱法和电感耦合等离子体质谱法及各方法适用的测定范围。

——第15部分:铜、铅、锌、银、铁、锰、镍、钴、铝、铬、镉、锑、铋、砷、汞、硒、钡和铍量的测定　电感耦合等离子体质谱法。目的在于规定金精矿中铜、铅、锌、银、铁、锰、镍、钴、铝、铬、镉、锑、铋、砷、汞、硒、钡和铍量测定的电感耦合等离子体质谱法及适用的测定范围。

金矿石化学分析方法
第5部分:铅量的测定

1 范围

本文件规定了金矿石中铅量的测定方法。

本文件包括方法1和方法2两种测定方法。方法1适用于金矿石中铅量的测定,测定范围:
0.10%~5.00%;方法2适用于钡含量小于1%的金矿石中铅量的测定,测定范围:>5.00%~15.00%。

2 规范性引用文件

下列文件中的内容通过文中的规范性引用而构成本文件必不可少的条款。其中,注日期的引用文件,仅该日期对应的版本适用于本文件;不注日期的引用文件,其最新版本(包括所有的修改单)适用于本文件。

GB/T 17433 冶金产品化学分析基础术语

3 术语和定义

GB/T 17433界定的术语和定义适用于本文件。

3.1

实验室样品 laboratory sample
为送交实验室供检验或测试而制备的样品。
[来源:GB/T 17433—2014,2.3.2.1]

3.2

试样 test sample
由实验室样品进一步制得的,可进行称量的样品。
[来源:GB/T 17433—2014,2.3.2.2]

3.3

试料 test portion
用以进行检验或观测所称取的一定量的试样。
[来源:GB/T 17433—2014,2.3.2.3]

4 方法1:火焰原子吸收光谱法

4.1 原理

试料用盐酸、硝酸、高氯酸溶解。在稀盐酸介质中,于原子吸收光谱仪波长283.3 nm处,以空气-乙炔火焰,测量铅的吸光度。

4.2 试剂或材料

除非另有说明,在分析中仅使用确认为分析纯的试剂和蒸馏水或去离子水或相当纯度的水。

4.2.1 盐酸($\rho=1.19$ g/mL)。

4.2.2 硝酸($\rho=1.42$ g/mL)。

4.2.3 高氯酸($\rho=1.67$ g/mL)。

4.2.4 氢氟酸($\rho=1.13$ g/mL)。

4.2.5 硝酸(1+3)。

4.2.6 盐酸(1+1)。

4.2.7 铅标准贮存溶液:称取 1.000 0 g 金属铅($w_{Pb}\geqslant99.99\%$)于 250 mL 烧杯中,加 20 mL 硝酸(4.2.5),盖上表面皿,于电热板上低温加热至完全溶解,煮沸除去氮的氧化物,冷至室温。移入1 000 mL 容量瓶中,用水稀释至刻度,混匀。

注:此溶液 1 mL 含 1 mg 铅。

4.2.8 铅标准溶液:移取 25.00 mL 铅标准贮存溶液(4.2.7)于 250 mL 容量瓶中,加入 5 mL 硝酸(4.2.2),用水稀释至刻度,混匀。

注:此溶液 1 mL 含 100 μg 铅。

4.3 仪器设备

火焰原子吸收光谱仪,附铅空心阴极灯。

在仪器最佳条件下,凡能满足下列指标的原子吸收光谱仪均可使用。

灵敏度:在与测量溶液的基体相一致的溶液中,铅的特征浓度应不大于 0.077 μg/mL。

精密度:用最高浓度的标准溶液测量 11 次吸光度,其标准偏差应不超过平均吸光度的 1.0%;用最低浓度的标准溶液(不是"零"标准溶液)测量 11 次吸光度,其标准偏差应不超过最高浓度标准溶液平均吸光度的 0.5%。

标准曲线线性:将标准曲线按浓度等分成五段,最高段的吸光度差值与最低段的吸光度差值之比应不小于 0.8。

4.4 样品

4.4.1 试样

4.4.1.1 试样粒度不大于 0.074 mm。

4.4.1.2 试样应在 100 ℃~105 ℃烘干 1 h 后,置于干燥器中,冷却至室温。

4.4.2 试料

称取 0.20 g 试样。精确至 0.000 1 g。

4.5 试验步骤

4.5.1 空白试验

随同试料做空白试验。

4.5.2 测定次数

独立进行两次测定,结果取其平均值。

4.5.3 测定

4.5.3.1 将试料置于 200 mL 烧杯中,用少量水润湿,加入 15 mL 盐酸(4.2.1),置于电热板上加热数分钟,取下稍冷。加入 5 mL 硝酸(4.2.2)、2 mL~3 mL 高氯酸(4.2.3),蒸至湿盐状。当试样中硅含量较高时,应使用聚四氟乙烯烧杯溶解试样,加入 10 mL 盐酸(4.2.1)、5 mL 硝酸(4.2.2)、5 mL 氢氟酸(4.2.4)和 2 mL～3 mL 高氯酸(4.2.3)低温蒸至湿盐状。取下冷却,加入 10 mL 盐酸(4.2.6),煮沸溶解盐类,取下冷至室温。将溶液移入 100 mL 容量瓶中,以水稀释至刻度,混匀,静置。

4.5.3.2 按表 1 分取 4.5.3.1 所得试液,并补加盐酸(4.2.6)于容量瓶中,用水稀释至刻度,混匀。

表 1 试液分取量

铅质量分数 %	试液分取量 mL	补加盐酸(4.2.6)量 mL	容量瓶体积 mL
0.10～0.50	—	—	100
>0.50～2.50	20.00	8.0	100
>2.50～5.00	10.00	9.0	100

4.5.3.3 于原子吸收光谱仪波长 283.3 nm 处,使用空气-乙炔火焰,以水调零,测量铅的吸光度,减去随同试料的空白溶液吸光度,从 4.5.4.2 所得标准曲线上查出相应的铅的质量浓度。

4.5.4 标准曲线的绘制

4.5.4.1 移取 0 mL、1.00 mL、2.00 mL、4.00 mL、6.00 mL、8.00 mL、10.00 mL 铅标准溶液(4.2.8)分别于一组 100 mL 容量瓶中,加入 10 mL 盐酸(4.2.6),用水稀释至刻度,混匀。

4.5.4.2 在与试料测定相同条件下,测量系列铅标准溶液吸光度。以铅的质量浓度为横坐标、吸光度(减去"零"浓度溶液吸光度)为纵坐标,绘制标准曲线。

4.6 试验数据处理

按公式(1)计算铅的质量分数 w_{Pb}。

$$w_{Pb} = \frac{(\rho_1 - \rho_0) \cdot V \cdot V_2 \times 10^{-6}}{m \cdot V_1} \times 100 \quad\quad\quad\quad (1)$$

式中:
w_{Pb}——铅的质量分数,%;
ρ_1——试料溶液自标准曲线上查得的铅的质量浓度,单位为微克每毫升(μg/mL);
ρ_0——空白溶液自标准曲线上查得的铅的质量浓度,单位为微克每毫升(μg/mL);
V——试液的总体积,单位为毫升(mL);
V_2——分取试液稀释后的体积,单位为毫升(mL);
m——试料的质量,单位为克(g);
V_1——分取试液的体积,单位为毫升(mL)。
计算结果表示至小数点后两位。

4.7 精密度

4.7.1 重复性

在重复性条件下获得的两次独立测试结果的测定值,在以下给出的平均值范围内,这两个测试结果的绝对差值不超过重复性限(r),超过重复性限(r)的情况不超过 5%,重复性限(r)按表 2 数据采用线性内插法求得。铅的含量低于最低水平,重复性限按外延法求得。

表 2   重复性限(方法 1)

$w_{Pb}/\%$	0.10	0.54	1.52	3.07	5.08
$r/\%$	0.01	0.03	0.06	0.10	0.13

4.7.2   再现性

在再现性条件下获得的两次独立测试结果的测定值,在以下给出的平均值范围内,这两个测试结果的绝对差值不超过再现性限(R),超过再现性限(R)的情况不超过 5%,再现性限(R)按表 3 数据采用线性内插法求得。铅的含量低于最低水平,再现性限按外延法求得。

表 3   再现性限(方法 1)

$w_{Pb}/\%$	0.10	0.54	1.52	3.07	5.08
$R/\%$	0.03	0.08	0.12	0.19	0.24

4.8   试验报告

试验报告至少应给出以下内容:
——试验对象;
——使用的标准 GB/T 20899.5—2021;
——使用的方法;
——测定结果及其表示;
——与基本试验步骤的差异;
——测定中观察到的异常现象;
——试验日期。

5   方法 2:乙二胺四乙酸二钠滴定法

5.1   原理

试料用盐酸、硝酸溶解,在硫酸介质中铅形成硫酸铅沉淀,过滤,与共存元素分离。硫酸铅沉淀用乙酸-乙酸钠缓冲溶液溶解,在 pH 值为 5.0~6.0 时,以二甲酚橙为指示剂,用乙二胺四乙酸二钠标准滴定溶液滴定。根据消耗乙二胺四乙酸二钠标准滴定溶液的体积计算铅的含量。滤液加热浓缩后以稀盐酸为介质于原子吸收光谱仪波长 283.3 nm 处,以空气-乙炔火焰测量铅的吸光度,计算滤液中的铅含量。将滴定法和原子吸收法测得的铅量相加即为样品中铅的含量。

5.2   试剂或材料

除非另有说明,在分析中仅使用确认为分析纯的试剂和蒸馏水或去离子水或相当纯度的水。

5.2.1   抗坏血酸。

5.2.2   无水乙醇。

5.2.3   盐酸($\rho=1.19$ g/mL)。

5.2.4   硝酸($\rho=1.42$ g/mL)。

5.2.5   硫酸($\rho=1.84$ g/mL)。

5.2.6 氢溴酸($\rho=1.50$ g/mL)。

5.2.7 盐酸(1+1)。

5.2.8 硝酸(1+3)。

5.2.9 硫酸(1+1)。

5.2.10 硝硫混酸(1+1)。

5.2.11 氨水(1+1)。

5.2.12 氟化铵溶液(250 g/L)。

5.2.13 乙二胺四乙酸二钠溶液(1.5 g/L)。

5.2.14 硫酸洗液(2+98)。

5.2.15 乙酸-乙酸钠缓冲溶液:150 g 无水乙酸钠溶于水中,加 20 mL 冰乙酸,用水稀释至 1 000 mL,混匀。

5.2.16 铅标准溶液 A:称取 1.000 0 g 金属铅($w_{Pb}\geqslant99.99\%$)于 250 mL 烧杯中,加 20 mL 硝酸(5.2.8),盖上表面皿,低温加热溶解,待完全溶解后,煮沸除去氮的氧化物,取下,冷至室温。移入 500 mL 容量瓶中,用水稀释至刻度,混匀。

注:此溶液 1 mL 含 2 mg 铅。

5.2.17 铅标准溶液 B:称取 0.100 0 g 金属铅($w_{Pb}\geqslant99.99\%$)于 250 mL 烧杯中,加 20 mL 硝酸(5.2.8),盖上表面皿,低温加热溶解,待完全溶解后,煮沸除去氮的氧化物,取下,冷至室温。移入 1 000 mL 容量瓶中,用水稀释至刻度,混匀。

注:此溶液 1 mL 含 100 μg 铅。

5.2.18 乙二胺四乙酸二钠标准滴定溶液。

 a) 配制。称取 4.5 g 乙二胺四乙酸二钠置于 400 mL 烧杯中,加水溶解,移入 1 000 mL 容量瓶中,用水稀释至刻度,混匀。放置三天后标定。

 b) 标定。移取四份 20.00 mL 铅标准溶液 A(5.2.16),分别置于 400 mL 锥形烧杯中,加 50 mL 水、2 滴二甲酚橙指示剂(5.2.19),加 50 mL 乙酸-乙酸钠缓冲溶液(5.2.15),用乙二胺四乙酸二钠标准滴定溶液[5.2.18a)]滴定至溶液由紫红色变为亮黄色即为终点。随同标定做空白试验。

按公式(2)计算乙二胺四乙酸二钠标准滴定溶液的实际浓度:

$$c_1=\frac{\rho \cdot V_3\times1\ 000}{(V_4-V_0)\cdot M_r} \qquad\qquad(2)$$

式中:

c_1 ——乙二胺四乙酸二钠标准滴定溶液的实际浓度,单位为摩尔每升(mol/L);

ρ ——铅标准溶液的质量浓度,单位为克每毫升(g/mL);

V_3 ——移取铅标准溶液的体积,单位为毫升(mL);

V_4 ——滴定时消耗乙二胺四乙酸二钠标准滴定溶液的体积,单位为毫升(mL);

V_0 ——空白溶液消耗的乙二胺四乙酸二钠标准滴定溶液的体积,单位为毫升(mL);

M_r ——铅的摩尔质量,单位为克每摩尔(g/mol),[$M_r(Pb)=207.2$]。

两人平行标定,每人标定四份,最终结果保留四位有效数字,其极差值不大于 4×10^{-5} mol/L 时,取其平均值,否则重新标定。

5.2.19 二甲酚橙指示剂(5 g/L),限两周内使用。

5.3 仪器设备

火焰原子吸收光谱仪,附铅空心阴极灯。

仪器参数符合 4.3 的设定。

5.4 样品

5.4.1 试样

5.4.1.1 试样粒度不大于 0.074 mm。

5.4.1.2 试样应在 100 ℃~105 ℃烘干 1 h后,置于干燥器中,冷却至室温。

5.4.2 试料

称取 0.50 g试样。精确至 0.000 1 g。

5.5 试验步骤

5.5.1 空白试验

随同试料做空白试验。

5.5.2 测定次数

独立进行两次测定,结果取其平均值。

5.5.3 测定

5.5.3.1 将试料置于 400 mL烧杯中,用少量水润湿,加入 15 mL盐酸(5.2.3),盖上表面皿,低温加热溶解数分钟,取下稍冷,加入 5 mL硝酸(5.2.4)和 3 mL氟化铵溶液(5.2.12),继续加热至试样溶解完全,稍冷,加入 10 mL硫酸(5.2.9),加热至冒浓白烟约 2 min,取下冷却。

当试样中碳含量较高时,应在冒硫酸烟时取下加入少量硝硫混酸(5.2.10),继续加热至黑色消失。

当试样中砷、锑合量大于 0.50%时,应加入 10 mL氢溴酸(5.2.6),缓慢加热至冒浓白烟,冷却,再次加入 10 mL氢溴酸(5.2.6),缓慢加热至冒浓白烟,冷却。

5.5.3.2 用少量水吹洗表面皿及杯壁,加入 80 mL水,加热保持微沸 10 min,冷却至室温,加入 5 mL无水乙醇(5.2.2),放置 1 h以上。

5.5.3.3 用慢速定量滤纸过滤硫酸铅沉淀,用硫酸洗液(5.2.14)洗涤烧杯 2 次、沉淀 3 次~4 次,最后用水洗涤烧杯 1 次、沉淀 2 次,保留滤液和洗液于 400 mL烧杯中,用于火焰原子吸收光谱法测定铅量(见5.5.3.6)。

5.5.3.4 将滤纸展开,连同沉淀一起放入原烧杯中,加入 100 mL乙酸-乙酸钠缓冲溶液(5.2.15),盖上表面皿,加热微沸 10 min,搅拌使沉淀溶解,取下冷却,加水至 150 mL。

5.5.3.5 加入 0.1 g抗坏血酸(5.2.1)、3 滴~4 滴二甲酚橙溶液(5.2.19),用乙二胺四乙酸二钠标准滴定溶液(5.2.18)滴定至溶液由紫红色变成亮黄色为终点。记录消耗的乙二胺四乙酸二钠标准滴定溶液体积。

当试样中铋含量大于 0.50%时,应用硝酸(5.2.4)调节溶液的 pH值约为 1.5,加入 2 滴二甲酚橙指示剂(5.2.19),用乙二胺四乙酸二钠溶液(5.2.13)滴定至紫红色变为黄色,不计读数。用稀氨水(5.2.11)调节溶液的 pH值约为 5.5,然后用乙二胺四乙酸二钠标准滴定溶液(5.2.18)滴定至溶液由紫红色变成亮黄色为终点,记录消耗的乙二胺四乙酸二钠标准滴定溶液体积。

5.5.3.6 将 5.5.3.3 中所得滤液加热浓缩至湿盐状,冷却后加入 10 mL盐酸(5.2.7),用水洗涤表面皿和杯壁,煮沸使可溶性盐溶解,取下冷至室温。将溶液移入 100 mL容量瓶中,以水稀释至刻度,混匀,静置。

校准溶液的配制:移取 0 mL、2.00 mL、4.00 mL、6.00 mL、8.00 mL、10.00 mL铅标准溶液 B(5.2.17)分别于一组 100 mL容量瓶中,加入 10 mL盐酸(5.2.7),用水稀释至刻度,混匀。标准系列溶液中铅含量分别为 0 mg、0.20 mg、0.40 mg、0.60 mg、0.80 mg、1.00 mg。

于火焰原子吸收光谱仪波长 283.3 nm 处,使用空气-乙炔火焰,以水调零,测量滤液中铅的吸光度,用校准溶液中的铅量与吸光度绘制标准曲线,从曲线上查出测量溶液中的铅量 m_1,单位为毫克(mg)。

5.6 试验数据处理

按公式(3)计算铅的质量分数 w_{Pb}:

$$w_{Pb} = \frac{c_1 \cdot (V_5 - V_6) \cdot M_r + m_1}{m_0 \times 1\,000} \times 100 \qquad\qquad\qquad (3)$$

式中:

w_{Pb}——铅的质量分数,%;

c_1 ——乙二胺四乙酸二钠标准滴定溶液的实际浓度,单位为摩尔每升(mol/L);

V_5 ——试料溶液消耗乙二胺四乙酸二钠标准滴定溶液的体积,单位为毫升(mL);

V_6 ——空白溶液消耗乙二胺四乙酸二钠标准滴定溶液的体积,单位为毫升(mL);

M_r ——铅的摩尔质量,单位为克每摩尔(g/mol),[$M_r(Pb) = 207.2$];

m_1 ——自标准曲线上查得的滤液中铅的质量,单位为毫克(mg);

m_0 ——试料的质量,单位为克(g)。

计算结果表示至小数点后两位。

5.7 精密度

5.7.1 重复性

在重复性条件下获得的两次独立测试结果的测定值,在以下给出的平均值范围内,这两个测试结果的绝对差值不超过重复性限(r),超过重复性限(r)的情况不超过 5%,重复性限(r)按表 4 数据采用线性内插法求得。铅的含量低于最低水平,重复性限按外延法求得。

表 4 重复性限(方法 2)

w_{Pb}/%	5.07	8.01	10.03	12.04	15.03
r/%	0.10	0.13	0.14	0.15	0.16

5.7.2 再现性

在再现性条件下获得的两次独立测试结果的测定值,在以下给出的平均值范围内,这两个测试结果的绝对差值不超过再现性限(R),超过再现性限(R)的情况不超过 5%,再现性限(R)按表 5 数据采用线性内插法求得。铅的含量低于最低水平,再现性限按外延法求得。

表 5 再现性限(方法 2)

w_{Pb}/%	5.07	8.01	10.03	12.04	15.03
R/%	0.19	0.21	0.22	0.23	0.25

5.8 试验报告

试验报告至少应给出以下内容:

——试验对象;

——使用的标准 GB/T 20899.5—2021;

——使用的方法;

——测定结果及其表示;

——与基本试验步骤的差异;

——测定中观察到的异常现象;

——试验日期。

ICS 73.060.99
CCS D 46

中华人民共和国国家标准

GB/T 20899.6—2021
代替 GB/T 20899.6—2007

金矿石化学分析方法
第 6 部分：锌量的测定

Methods for chemical analysis of gold ores—
Part 6：Determination of zinc content

2021-08-20 发布

2022-03-01 实施

国家市场监督管理总局
国家标准化管理委员会 发布

前　言

本文件按照 GB/T 1.1—2020《标准化工作导则　第 1 部分：标准化文件的结构和起草规则》的规定起草。

本文件为 GB/T 20899《金矿石化学分析方法》的第 6 部分，GB/T 20899 已经发布了以下 14 个部分：

——第 1 部分：金量的测定；

——第 2 部分：银量的测定　火焰原子吸收光谱法；

——第 3 部分：砷量的测定；

——第 4 部分：铜量的测定；

——第 5 部分：铅量的测定；

——第 6 部分：锌量的测定；

——第 7 部分：铁量的测定；

——第 8 部分：硫量的测定；

——第 9 部分：碳量的测定；

——第 10 部分：锑量的测定；

——第 11 部分：砷量和铋量的测定；

——第 12 部分：砷、汞、镉、铅和铋量的测定　原子荧光光谱法；

——第 13 部分：铅、锌、铋、镉、铬、砷和汞量的测定　电感耦合等离子体原子发射光谱法；

——第 14 部分：铊量的测定　电感耦合等离子体原子发射光谱法和电感耦合等离子体质谱法。

本文件代替 GB/T 20899.6—2007《金矿石化学分析方法　第 6 部分：锌量的测定》，与 GB/T 20899.6—2007 相比，除结构调整和编辑性改动外，主要技术变化如下：

a)　更改了样品的测定范围(见第 1 章，2007 年版的第 1 章)；

b)　删除了"允许差"条款(见 2007 年版的第 8 章)；

c)　增加了"重复性"条款和"再现性"条款(见第 10 章)。

请注意本文件的某些内容可能涉及专利。本文件的发布机构不承担识别专利的责任。

本文件由全国黄金标准化技术委员会(SAC/TC 379)提出并归口。

本文件起草单位：长春黄金研究院有限公司、国标(北京)检验认证有限公司、深圳市金质金银珠宝检验研究中心有限公司、北矿检测技术有限公司、大冶有色设计研究院有限公司、河南中原黄金冶炼厂有限责任公司、紫金矿业集团股份有限公司、云南云铜锌业股份有限公司、河南豫光金铅股份有限公司、云南黄金矿业集团贵金属检测有限公司、山东恒邦冶炼股份有限公司、招金矿业股份有限公司金翅岭金矿。

本文件主要起草人：陈永红、郭嘉鹏、芦新根、孟宪伟、赵可迪、张越、李延吉、严鹏、陈雄飞、张鑫、张芳、杨佩、王德雨、孙计先、肖泽红、施小英、孙轲、谢燕红、罗华生、高文键、张全胜、王洪栋、陈晓科、吕文先、杨国洮、杨永文。

本文件及其所代替文件的历次版本发布情况为：

——GB/T 20899.6—2007；

——本次为第一次修订。

引　言

　　GB/T 20899《金矿石化学分析方法》旨在帮助黄金工矿企业准确了解金矿石的有价元素及杂质含量,有利于优化选冶工艺控制参数,精准控制药剂消耗、减少杂质元素对冶炼提纯过程的干扰、提高各有价元素的综合回收率,能够为整个黄金行业资源的高效回收利用、可持续绿色健康发展及智慧矿山的建设提供技术支撑。GB/T 20899拟由15个部分构成。

　　——第1部分:金量和银量的测定。目的在于规定金矿石中金量和银量测定的火试金重量法、火试金富集-火焰原子吸收光谱法、活性炭富集-火焰原子吸收光谱法、活性炭富集-碘量法及各方法适用的测定范围。

　　——第2部分:银量的测定　火焰原子吸收光谱法。目的在于规定金矿石中银量测定的火焰原子吸收光谱法及适用的测定范围。

　　——第3部分:砷量的测定。目的在于规定金矿石中砷量测定的二乙基二硫代氨基甲酸银分光光度法和重铬酸钾滴定法及各方法适用的测定范围。

　　——第4部分:铜量的测定。目的在于规定金矿石中铜量测定的火焰原子吸收光谱法和硫代硫酸钠滴定法及各方法适用的测定范围。

　　——第5部分:铅量的测定。目的在于规定金矿石中铅量测定的火焰原子吸收光谱法和乙二胺四乙酸二钠滴定法及各方法适用的测定范围。

　　——第6部分:锌量的测定。目的在于规定金矿石中锌量测定的火焰原子吸收光谱法及适用的测定范围。

　　——第7部分:铁量的测定。目的在于规定金矿石中铁量测定的重铬酸钾滴定法及适用的测定范围。

　　——第8部分:硫量的测定。目的在于规定金矿石中硫量测定的硫酸钡重量法和燃烧-酸碱滴定法及各方法适用的测定范围。

　　——第9部分:碳量的测定。目的在于规定金矿石中碳量测定的乙醇-乙醇胺-氢氧化钾滴定法及适用的测定范围。

　　——第10部分:锑量的测定。目的在于规定金矿石中锑量测定的硫酸铈滴定法和氢化物发生-原子荧光光谱法及各方法适用的测定范围。

　　——第11部分:砷量和铋量的测定。目的在于规定金矿石中砷量和铋量测定的氢化物发生-原子荧光光谱法及适用的测定范围。

　　——第12部分:砷、汞、镉、铅和铋量的测定　原子荧光光谱法。目的在于规定金矿石中砷、汞、镉、铅和铋量测定的氢化物发生-原子荧光光谱法及适用的测定范围。

　　——第13部分:铅、锌、铋、镉、铬、砷和汞量的测定　电感耦合等离子体原子发射光谱法。目的在于规定金矿石中铅、锌、铋、镉、铬、砷和汞量测定的电感耦合等离子体原子发射光谱法及适用的测定范围。

　　——第14部分:铊量的测定　电感耦合等离子体原子发射光谱法和电感耦合等离子体质谱法。目的在于规定金矿石中铊量测定的电感耦合等离子体原子发射光谱法和电感耦合等离子体质谱法及各方法适用的测定范围。

　　——第15部分:铜、铅、锌、银、铁、锰、镍、钴、铝、铬、镉、锑、铋、砷、汞、硒、钡和铍量的测定　电感耦合等离子体质谱法。目的在于规定金精矿中铜、铅、锌、银、铁、锰、镍、钴、铝、铬、镉、锑、铋、砷、汞、硒、钡和铍量测定的电感耦合等离子体质谱法及适用的测定范围。

金矿石化学分析方法
第6部分：锌量的测定

1 范围

本文件规定了金矿石中锌量的测定方法。

本文件适用于金矿石中锌量的测定。测定范围：0.050%～2.00%。

2 规范性引用文件

下列文件中的内容通过文中的规范性引用而构成本文件必不可少的条款。其中，注日期的引用文件，仅该日期对应的版本适用于本文件；不注日期的引用文件，其最新版本（包括所有的修改单）适用于本文件。

GB/T 17433　冶金产品化学分析基础术语

3 术语和定义

GB/T 17433界定的术语和定义适用于本文件。

3.1

实验室样品　laboratory sample

为送交实验室供检验或测试而制备的样品。

［来源：GB/T 17433—2014,2.3.2.1］

3.2

试样　test sample

由实验室样品进一步制得的，可进行称量的样品。

［来源：GB/T 17433—2014,2.3.2.2］

3.3

试料　test portion

用以进行检验或观测所称取的一定量的试样。

［来源：GB/T 17433—2014,2.3.2.3］

4 原理

试样经盐酸、硝酸、高氯酸溶解。在稀盐酸介质中，于火焰原子吸收光谱仪波长 213.9 nm 处，以空气-乙炔火焰测量锌的吸光度。按标准曲线法计算锌的含量。

5 试剂或材料

除非另有说明，在分析中仅使用确认为分析纯的试剂和蒸馏水或去离子水或相当纯度的水。

5.1　盐酸（$\rho = 1.19$ g/mL）。

5.2 硝酸($\rho=1.42$ g/mL)。

5.3 高氯酸($\rho=1.67$ g/mL)。

5.4 氢氟酸($\rho=1.13$ g/mL)。

5.5 盐酸(1+1)。

5.6 硝酸(1+1)。

5.7 锌标准贮存溶液:称取 1.000 0 g 金属锌($w_{Zn}\geqslant99.99\%$)置于 250 mL 烧杯中,加入 20 mL 硝酸 (5.6),盖上表面皿,于电热板上低温加热至完全溶解,煮沸驱赶氮的氧化物。取下冷至室温,移入 1 000 mL 容量瓶中,用水稀释至刻度,混匀。

> 注:此溶液 1 mL 含 1 mg 锌。

5.8 锌标准溶液:移取 10 mL 锌标准贮存溶液(5.7)于 250 mL 容量瓶中,加入 10 mL 硝酸(5.6),用水 稀释至刻度,混匀。

> 注:此溶液 1 mL 含 40 μg 锌。

6 仪器设备

火焰原子吸收光谱仪,附锌空心阴极灯。

在仪器最佳条件下,凡能满足下列指标的原子吸收光谱仪均可使用。

灵敏度:在与测量溶液的基体相一致的溶液中,锌的特征浓度应不大于 0.007 7 μg/mL。

精密度:用最高浓度的标准溶液测量 11 次吸光度,其标准偏差应不超过平均吸光度的 1.0%;用最 低浓度的标准溶液(不是"零"标准溶液)测量 11 次吸光度,其标准偏差应不超过最高浓度标准溶液平均 吸光度的 0.5%。

标准曲线线性:将标准曲线按浓度等分成五段,最高段的吸光度差值与最低段的吸光度差值之比应 不小于 0.8。

7 样品

7.1 试样

7.1.1 试样粒度不大于 0.074 mm。

7.1.2 试样应在 100 ℃~105 ℃烘干 1 h 后,置于干燥器中,冷却至室温。

7.2 试料

称取 0.20 g 试样。精确至 0.000 1 g。

8 试验步骤

8.1 空白试验

随同试料做空白试验。

8.2 测定次数

独立进行两次测定,结果取其平均值。

8.3 测定

8.3.1 将试料置于 250 mL 烧杯中,加入少量水润湿,加入 15 mL 盐酸(5.1),盖上表面皿,于电热板上低温加热溶解 2 min～5 min,取下稍冷。加入 5 mL 硝酸(5.2)、3 mL～5 mL 高氯酸(5.3),蒸至湿盐状,取下冷却。加入 10 mL 盐酸(5.5),用水吹洗表面皿及杯壁,加热煮沸使可溶性盐溶解,取下冷至室温。将溶液移入 100 mL 容量瓶中,以水稀释至刻度,混匀,静置。

当试样中硅含量较高时,使用聚四氟乙烯烧杯溶解试样,加入 15 mL 盐酸(5.1),5 mL 硝酸(5.2),5 mL 氢氟酸(5.4)和 3 mL～5 mL 高氯酸(5.3)低温蒸至近干。

8.3.2 按表 1 分取 8.3.1 所得试液并补加盐酸(5.5)于容量瓶中,用水稀释至刻度,摇匀。

表 1 试液分取量

锌质量分数 %	试液分取量 mL	补加盐酸(5.5)量 mL	容量瓶体积 mL
0.050～0.10	—	—	—
>0.10～0.50	10	5	50
>0.50～1.00	10	10	100
>1.00～2.00	5	10	100

8.3.3 于原子吸收光谱仪波长 213.9 nm 处,使用空气乙炔火焰,以水调零,测量锌的吸光度,减去随同试料的空白溶液吸光度,从 8.4.2 所得标准曲线上查出相应的锌的质量浓度。

8.4 标准曲线的绘制

8.4.1 准确移取 0 mL、0.50 mL、1.00 mL、2.00 mL、3.00 mL、4.00 mL、5.00 mL 锌标准溶液(5.8),分别置于一组 100 mL 容量瓶中,加入 10 mL 盐酸(5.5),用水稀释至刻度,混匀。

8.4.2 在与测量试液相同条件下,测量系列锌标准溶液的吸光度,减去零浓度溶液的吸光度,以锌的质量浓度为横坐标、吸光度为纵坐标,绘制标准曲线。

9 试验数据处理

按公式(1)计算锌的质量分数 w_{Zn}:

$$w_{Zn} = \frac{(\rho_1 - \rho_0) \cdot V_0 \cdot V_2 \times 10^{-6}}{m_0 \cdot V_1} \times 100 \quad\cdots\cdots\cdots\cdots\cdots\cdots(1)$$

式中:

w_{Zn}——锌的质量分数,%;

ρ_1 ——试液自标准曲线上查得的锌的质量浓度,单位为微克每毫升($\mu g/mL$);

ρ_0 ——空白溶液自标准曲线上查得的锌的质量浓度,单位为微克每毫升($\mu g/mL$);

V_0 ——试液的总体积,单位为毫升(mL);

V_2 ——分取试液稀释后的体积,单位为毫升(mL);

m_0 ——试料的质量,单位为克(g);

V_1 ——分取试液的体积,单位为毫升(mL)。

计算结果表示至小数点后两位;质量分数小于 0.10％时,表示至小数点后三位。

10 精密度

10.1 重复性

在重复性条件下获得的两次独立测试结果的测定值,在以下给出的平均值范围内,这两个测试结果

的绝对差值不超过重复性限(r),超过重复性限(r)的情况不超过 5%,重复性限(r)按表 2 数据采用线性内插法求得。锌的含量低于最低水平,重复性限按外延法求得;锌的含量高于最高水平,重复性限按最高水平执行。

表 2　重复性限

$w_{Zn}/\%$	0.11	0.50	0.99	1.29	1.98
$r/\%$	0.01	0.03	0.05	0.07	0.09

10.2　再现性

在再现性条件下获得的两次独立测试结果的测定值,在以下给出的平均值范围内,这两个测试结果的绝对差值不超过再现性限(R),超过再现性限(R)的情况不超过 5%,再现性限(R)按表 3 数据采用线性内插法求得。锌的含量低于最低水平,再现性限按外延法求得;锌的含量高于最高水平,再现性限按最高水平执行。

表 3　再现性限

$w_{Zn}/\%$	0.11	0.50	0.99	1.29	1.98
$R/\%$	0.03	0.05	0.08	0.10	0.13

11　试验报告

试验报告至少应给出以下内容:
——试样;
——使用的标准 GB/T 20899.6—2021;
——使用的方法;
——测定结果及其表示;
——与基本试验步骤的差异;
——测定中观察到的异常现象;
——试验日期。

ICS 77.040.30
H 15

中华人民共和国国家标准

GB/T 25934.1—2010

高纯金化学分析方法

第1部分：乙酸乙酯萃取分离-ICP-AES法

测定杂质元素的含量

Methods for chemical analysis of high purity gold—
Part 1：Ethyl acetate extraction separation-inductively
coupled plasma-atomic emission spectrometry—
Determination of impurity elements contents

2010-12-23 发布 2011-09-01 实施

中华人民共和国国家质量监督检验检疫总局
中国国家标准化管理委员会 发布

前　言

GB/T 25934《高纯金化学分析方法》分为3个部分：

——第1部分：乙酸乙酯萃取分离-ICP-AES法　测定杂质元素的含量；

——第2部分：ICP-MS-标准加入校正-内标法　测定杂质元素的含量；

——第3部分：乙醚萃取分离-ICP-AES法　测定杂质元素的含量。

本部分为第1部分。

本部分由全国黄金标准化技术委员会(SAC/TC 379)提出并归口。

本部分由长春黄金研究院负责起草。

本部分由长春黄金研究院、沈阳造币厂、北京有色金属研究总院、北京矿冶研究总院、长城金银精炼厂、江西铜业股份有限公司、江苏天瑞仪器股份有限责任公司起草。

本部分主要起草人：陈菲菲、黄蕊、陈永红、张雨、王德雨、龙淑杰、刘红、李爱嫦、李万春、于力、陈杰、张波、梁亚群、郭惠、李鹤。

高纯金化学分析方法
第1部分:乙酸乙酯萃取分离-ICP-AES法
测定杂质元素的含量

1 范围

GB/T 25934 的本部分规定了高纯金中杂质元素的测定方法。

本部分适用于 99.999% 高纯金中杂质元素的测定,测定元素及测定的含量范围见表1。

表 1

元素	含量范围/%	元素	含量范围/%	元素	含量范围/%	元素	含量范围/%
Ag	0.000 02~0.001 00	Al	0.000 02~0.001 00	As	0.000 02~0.000 98	Bi	0.000 02~0.001 00
Cd	0.000 02~0.001 00	Cr	0.000 02~0.000 99	Cu	0.000 02~0.001 00	Fe	0.000 10~0.001 00
Ir	0.000 02~0.001 00	Mg	0.000 10~0.001 00	Mn	0.000 02~0.001 00	Ni	0.000 02~0.000 99
Pb	0.000 02~0.001 00	Pd	0.000 02~0.001 00	Pt	0.000 02~0.000 99	Rh	0.000 02~0.001 00
Sb	0.000 02~0.001 00	Se	0.000 02~0.001 00	Te	0.000 02~0.001 00	Ti	0.000 02~0.000 99
Zn	0.000 10~0.001 00						

2 方法原理

试料用混合酸溶解,在 1 mol/L 的盐酸介质中,用乙酸乙酯萃取分离金,水相浓缩后制成一定酸度的待测试液,用电感耦合等离子体原子发射光谱仪测定各元素的谱线强度。

3 试剂

除非另有说明,在分析中仅使用确认为优级纯的试剂和二次蒸馏水或相当纯度(电阻率 ≥18.2 MΩ/cm)的水。

3.1 盐酸(ρ1.19 g/mL),优级纯。

3.2 硝酸(ρ1.42 g/mL),优级纯。

3.3 硫酸(ρ1.84 g/mL),优级纯。

3.4 氢氟酸(ρ1.15 g/mL),优级纯。

3.5 盐酸(1+1)。

3.6 硝酸(1+1)。

3.7 盐酸(1+9)。

3.8 盐酸(1+11)。

3.9 混合酸:以 1 体积硝酸(3.2)、3 体积盐酸(3.1)和 3 体积水混合均匀。

3.10 乙酸乙酯:用盐酸溶液(3.8)洗涤 2~3 次后备用。

3.11 标准贮存溶液。

3.11.1 银标准贮存溶液:称取 0.100 0 g 金属银(质量分数≥99.99%)于 100 mL 烧杯中,加入 10 mL 硝酸溶液(3.6),低温加热溶解,挥发氮的氧化物,冷却至室温,移入 100 mL 容量瓶中,加入 25 mL 盐酸(3.1),用水稀释至刻度,混匀。此溶液 1 mL 含 1 mg 银。

3.11.2 铝标准贮存溶液:称取 0.100 0 g 金属铝(质量分数≥99.99%)于 100 mL 烧杯中,加入 20 mL 盐酸溶液(3.5),低温加热溶解,冷却至室温,用盐酸溶液(3.7)移入 100 mL 容量瓶中并稀释至刻度,混匀。此溶液 1 mL 含 1 mg 铝。

3.11.3 砷标准贮存溶液:称取 0.132 0 g 三氧化二砷(基准试剂,于 100 ℃~105 ℃烘 1 h),置于 100 mL 烧杯中,加入 5 mL 氢氧化钠溶液(200 g/L),低温加热至完全溶解,加入 50 mL 水、1 滴酚酞乙醇溶液(1 g/L),用硫酸溶液(1+4)中和至红色刚消失再过量 2 mL,冷却至室温,移入 100 mL 容量瓶中,用水稀释至刻度,混匀。此溶液 1 mL 含 1 mg 砷。

3.11.4 铋标准贮存溶液:称取 0.100 0 g 金属铋(质量分数≥99.99%)于 100 mL 烧杯中,加入 20 mL 硝酸溶液(3.6),低温加热溶解,挥发氮的氧化物,冷却至室温,移入 100 mL 容量瓶中,用水稀释至刻度,混匀。此溶液 1mL 含 1mg 铋。

3.11.5 镉标准贮存溶液:称取 0.100 0 g 金属镉(质量分数≥99.99%)于 100 mL 烧杯中,加入 20 mL 硝酸溶液(3.6),低温加热溶解,挥发氮的氧化物,冷却至室温,移入 100 mL 容量瓶中,用水稀释至刻度,混匀。此溶液 1 mL 含 1 mg 镉。

3.11.6 铬标准贮存溶液:称取 0.282 9 重铬酸钾(基准试剂,于 100 ℃~105 ℃烘 1 h),置于 100 mL 烧杯中,加入 20 mL 盐酸溶液(3.5),低温加热至完全溶解,冷却至室温,移入 100 mL 容量瓶中,用水稀释至刻度,混匀。此溶液 1 mL 含 1 mg 铬。

3.11.7 铜标准贮存溶液:称取 0.100 0 g 金属铜(质量分数≥99.99%)于 100 mL 烧杯中,加入 20 mL 硝酸溶液(3.6),低温加热溶解,挥发氮的氧化物,冷却至室温,移入 100 mL 容量瓶中,用水稀释至刻度,混匀。此溶液 1 mL 含 1 mg 铜。

3.11.8 铁标准贮存溶液:称取 0.100 0 g 金属铁(质量分数≥99.99%)于 100 mL 烧杯中,加入 20 mL 硝酸溶液(3.6),低温加热溶解,挥发氮的氧化物,冷却至室温,移入 100 mL 容量瓶中,用水稀释至刻度,混匀。此溶液 1 mL 含 1 mg 铁。

3.11.9 铱标准贮存溶液:称取 0.229 4 g 氯铱酸铵(光谱纯)于 100 mL 烧杯中,加入 20 mL 盐酸溶液(3.7),低温加热溶解,冷却至室温,移入 100 mL 容量瓶中,用盐酸溶液(3.7)稀释至刻度,混匀。此溶液 1 mL 含 1 mg 铱。

3.11.10 镁标准贮存溶液:称取 0.165 8 g 预先经 780 ℃灼烧 1 h 的氧化镁(氧化镁的质量分数≥99.99%),置于 100 mL 烧杯中,加入 20 mL 盐酸溶液(3.5),低温加热溶解,冷却至室温。将溶液移入 100 mL 容量瓶中,用水稀释至刻度,混匀。此溶液 1 mL 含 1 mg 镁。

3.11.11 锰标准贮存溶液:称取 0.100 0 g 金属锰(质量分数≥99.99%)于 100 mL 烧杯中,加入 20 mL 硝酸溶液(3.6),低温加热溶解,挥发氮的氧化物,冷却至室温,移入 100 mL 容量瓶中,用水稀释至刻度,混匀。此溶液 1 mL 含 1 mg 锰。

3.11.12 镍标准贮存溶液:称取 0.100 0 g 金属镍(质量分数≥99.99%)于 100 mL 烧杯中,加入 20 mL 硝酸溶液(3.6),低温加热溶解,挥发氮的氧化物,冷却至室温,移入 100 mL 容量瓶中,用水稀释至刻度,混匀。此溶液 1 mL 含 1 mg 镍。

3.11.13 铅标准贮存溶液:称取 0.100 00 g 金属铅(质量分数≥99.99%)于 100 mL 烧杯中,加入 20 mL 硝酸溶液(3.6),低温加热溶解,挥发氮的氧化物,冷却至室温,移入 100 mL 容量瓶中,用水稀释至刻度,混匀。此溶液 1 mL 含 1 mg 铅。

3.11.14 钯标准贮存溶液:称取 0.100 0 g 金属钯(质量分数≥99.99%)于 100 mL 烧杯中,加入 20 mL 混合酸(3.9),低温加热溶解,挥发氮的氧化物,冷却至室温,移入 100 mL 容量瓶中,用水稀释至刻度,混匀。此溶液 1 mL 含 1 mg 钯。

3.11.15 铂标准贮存溶液:称取 0.100 0 g 金属铂(质量分数≥99.99%)于 100 mL 烧杯中,加入 20 mL 混合酸(3.9),低温加热溶解,挥发氮的氧化物,冷却至室温,移入 100 mL 容量瓶中,用水稀释至刻度,混匀。此溶液 1 mL 含 1 mg 铂。

3.11.16 铑标准贮存溶液：称取 0.359 3 g 氯铑酸铵［光谱纯，分子式：$(NH_4)_3RhCl_6$］，加入 20 mL 盐酸溶液(3.7)，低温加热溶解，冷却至室温，移入 100 mL 容量瓶中，用盐酸溶液(3.7)稀释至刻度，混匀。此溶液 1 mL 含 1 mg 铑。

3.11.17 锑标准贮存溶液：称取 0.100 0 g 金属锑（质量分数≥99.99%）于 100 mL 烧杯中，加入 20 mL 混合酸(3.9)，低温加热溶解，挥发氮的氧化物，冷却至室温，移入 100 mL 容量瓶中，用水稀释至刻度，混匀。此溶液 1 mL 含 1 mg 锑。

3.11.18 硒标准贮存溶液：称取 0.100 0 g 金属硒（质量分数≥99.99%）于 100 mL 烧杯中，加入 20 mL 盐酸溶液(3.5)，低温加热溶解，冷却至室温，移入 100 mL 容量瓶中，用水稀释至刻度，混匀。此溶液 1 mL 含 1 mg 硒。

3.11.19 碲标准贮存溶液：称取 0.100 0 g 金属碲（质量分数≥99.99%）于 100 mL 烧杯中，加入 20 mL 硝酸溶液(3.6)，低温加热溶解，挥发氮的氧化物，冷却至室温，移入 100 mL 容量瓶中，用水稀释至刻度，混匀。此溶液 1 mL 含 1 mg 碲。

3.11.20 钛标准贮存溶液：称取 0.100 0 g 金属钛（质量分数≥99.99%）于铂皿中，加入 1 mL 氢氟酸(3.4)、5 mL 硫酸(3.3)，加热溶解并蒸发至冒三氧化硫白烟使氟除尽，冷却，加入 20 mL 水和 2 mL 硫酸(3.3)，加热溶解盐类，冷却至室温，移入 100 mL 容量瓶中，用水稀释至刻度，混匀。此溶液 1 mL 含 1 mg 钛。

3.11.21 锌标准贮存溶液：称取 0.100 0 g 金属锌（质量分数≥99.99%）于 100 mL 烧杯中，加入 20 mL 硝酸溶液(3.6)，低温加热溶解，挥发氮的氧化物，冷却至室温，移入 100 mL 容量瓶中，用水稀释至刻度，混匀。此溶液 1 mL 含 1 mg 锌。

3.12 混合标准溶液：分别移取 1 mL 标准贮存溶液(3.11.1~3.11.21)于 100 mL 容量瓶中，加入 20 mL 混合酸(3.9)，用水稀释至刻度，混匀。此溶液 1 mL 含 10 μg 银、铝、砷、铋、镉、铬、铜、铁、铱、镁、锰、镍、铅、钯、铂、铑、锑、硒、碲、钛和锌。

4 仪器

电感耦合等离子体原子发射光谱仪。

银、铝、砷、铋、镉、铬、铜、铁、铱、镁、锰、镍、铅、钯、铂、铑、锑、硒、碲、钛和锌的分析谱线参见附录 A。

5 试样

将试样碾成 1 mm 厚的薄片，用不锈钢剪刀剪成小碎片，放入烧杯中，加入 20 mL 乙醇溶液(1+1)，于电热板上加热煮沸 5 min 取下，将乙醇溶液倾去，用水反复洗涤金片 3 次，继续加入 20 mL 盐酸溶液(3.5)，加热煮沸 5 min，倾去盐酸溶液，用水反复洗涤金片 3 次，将金片用无尘纸包裹起来放入烘箱在 105 ℃烘干，取出备用。

6 分析步骤

6.1 试料

称取 5.0 g 高纯金试样(5)，精确至 0.000 1 g。独立进行两次测定，取其平均值。

6.2 空白试验

随同试料做空白试验。

6.3 测定

6.3.1 将试料(6.1)分别置于 250 mL 烧杯中，加入 30 mL 混合酸溶液(3.9)，盖上表皿，低温加热使试料完全溶解，继续蒸发至试液颜色呈棕褐色(冷却后不应析出单体金)取下，打开表皿挥发氮的氧化物，冷却至室温。

6.3.2 用盐酸溶液(3.8)洗涤表皿并将试液转移至 125 mL 分液漏斗中定容至 40 mL，加入 25 mL 乙酸乙酯(3.10),振荡 20 s,静置分层。有机相放入另一分液漏斗中,加入 2 mL 盐酸溶液(3.8)轻轻振荡数次,洗涤有机相和漏斗,静置分层,水相合并(有机相保留回收金)。

6.3.3 水相中加入 20 mL 乙酸乙酯(3.10),振荡 20 s,静置分层,水相放入另一分液漏斗中。有机相加入 2 mL 盐酸溶液(3.8)轻轻振荡数次,静置分层,水相合并(有机相保留回收金)。

6.3.4 合并后的水相按 6.3.3 重复操作一次,静置分层后水相均放入原烧杯中。

6.3.5 将试液(6.3.4)低温蒸发至 2 mL～3 mL(切勿蒸干),取下冷却至室温,用盐酸溶液(3.7)按表 2 转移至相应的容量瓶中,稀释至刻度,混匀。

表 2

元素	质量分数/%	试液体积/mL
Ag、Al、As、Bi、Cd、Cr、Cu、Ir、Mn、Ni、Pb、Pd、Pt、Rh、Sb、Se、Te、Ti	0.000 02～0.000 10	10
Fe、Mg、Zn	0.000 10～0.000 20	
Ag、Al、As、Bi、Cd、Cr、Cu、Ir、Mn、Ni、Pb、Pd、Pt、Rh、Sb、Se、Te、Ti	>0.000 10～0.001 00	25
Fe、Mg、Zn	>0.000 20～0.00 100	

6.3.6 在电感耦合等离子体原子发射光谱仪上,测量被测元素的谱线强度,扣除空白值,自工作曲线上查出相应被测元素的质量浓度。

6.4 工作曲线的绘制

6.4.1 分别移取 0.00 mL、1.00 mL、5.00 mL、10.00 mL 含有银、铝、砷、铋、镉、铬、铜、铁、铱、镁、锰、镍、铅、钯、铂、铑、锑、硒、碲、钛和锌的混合标准溶液(3.12),置于一组 50 mL 容量瓶中,用盐酸溶液(3.7)定容至刻度,混匀。

6.4.2 在与试料溶液测定相同的条件下,测量标准溶液中各元素的谱线强度,以各被测元素的质量浓度为横坐标,谱线强度为纵坐标绘制工作曲线。

7 分析结果的计算

按式(1)计算被测杂质元素的质量分数 $w(X)$,数值以%表示:

$$w(X) = \frac{(\rho_x \cdot V_x - \rho_0 \cdot V_0) \times 10^{-6}}{m} \times 100 \quad \cdots\cdots\cdots\cdots\cdots\cdots\cdots (1)$$

式中:

ρ_x——试料溶液中被测元素的质量浓度,单位为微克每毫升($\mu g/mL$);

V_x——试料溶液的体积,单位为毫升(mL);

ρ_0——空白溶液中被测元素的质量浓度,单位为微克每毫升($\mu g/mL$);

V_0——空白溶液的体积,单位为毫升(mL);

m——试料质量,单位为克(g)。

分析结果保留至小数点后第五位。

8 精密度

8.1 重复性

在重复性条件下获得的两次独立测试结果的测定值,在以下给出的平均值范围内,这两个测试结果的绝对差值不超过重复性限(r),超过重复性限(r)的情况不超过 5%,重复性限(r)按表 3 数据采用线性内插法求得。

表 3

银的质量分数/%	0.000 02	0.000 10	0.001 00
r/%	0.000 01	0.000 02	0.000 15
铝的质量分数/%	0.000 02	0.000 10	0.001 05
r/%	0.000 01	0.000 02	0.000 18
砷的质量分数/%	0.000 02	0.000 10	0.000 98
r/%	0.000 01	0.000 02	0.000 15
铋的质量分数/%	0.000 02	0.000 10	0.001 00
r/%	0.000 01	0.000 02	0.000 10
镉的质量分数/%	0.000 02	0.000 10	0.001 01
r/%	0.000 01	0.000 02	0.000 10
铬的质量分数/%	0.000 02	0.000 10	0.000 99
r/%	0.000 01	0.000 02	0.000 15
铜的质量分数/%	0.000 02	0.000 10	0.001 01
r/%	0.000 01	0.000 02	0.000 10
铁的质量分数/%	0.000 10	0.000 21	0.001 01
r/%	0.000 03	0.000 05	0.000 15
铱的质量分数/%	0.000 02	0.000 10	0.001 00
r/%	0.000 01	0.000 02	0.000 15
镁的质量分数/%	0.000 10	0.000 20	0.001 01
r/%	0.000 03	0.000 05	0.000 15
锰的质量分数/%	0.000 02	0.000 10	0.001 01
r/%	0.000 01	0.000 02	0.000 10
镍的质量分数/%	0.000 02	0.000 10	0.000 99
r/%	0.000 01	0.000 02	0.000 15
铅的质量分数/%	0.000 02	0.000 10	0.001 01
r/%	0.000 01	0.000 02	0.000 15
钯的质量分数/%	0.000 02	0.000 10	0.001 00
r/%	0.000 01	0.000 02	0.000 15
铂的质量分数/%	0.000 02	0.000 10	0.000 99
r/%	0.000 01	0.000 02	0.000 10
铑的质量分数/%	0.000 02	0.000 10	0.001 00
r/%	0.000 01	0.000 02	0.000 15
锑的质量分数/%	0.000 02	0.000 10	0.001 00
r/%	0.000 01	0.000 02	0.000 15
硒的质量分数/%	0.000 02	0.000 10	0.001 02
r/%	0.000 01	0.000 02	0.000 15

表 3（续）

碲的质量分数/%	0.000 02	0.000 10	0.001 02
r/%	0.000 01	0.000 02	0.000 10
钛的质量分数/%	0.000 02	0.000 10	0.000 99
r/%	0.000 01	0.000 03	0.000 15
锌的质量分数/%	0.000 10	0.000 20	0.001 01
r/%	0.000 04	0.000 06	0.000 18

8.2 再现性

在再现性条件下获得的两次独立测试结果的测定值,在以下给出的平均值范围内,这两个测试结果的绝对差值不超过再现性限(R),超过再现性限(R)的情况不超过 5%,再现性限(R)按表 4 数据采用线性内插法求得。

表 4

银的质量分数/%	0.000 02	0.000 10	0.001 00
R/%	0.000 01	0.000 02	0.000 15
铝的质量分数/%	0.000 02	0.000 10	0.001 05
R/%	0.000 01	0.000 02	0.000 21
砷的质量分数/%	0.000 02	0.000 10	0.000 98
R/%	0.000 01	0.000 02	0.000 20
铋的质量分数/%	0.000 02	0.000 10	0.001 00
R/%	0.000 01	0.000 02	0.000 10
镉的质量分数/%	0.000 02	0.000 10	0.001 01
R/%	0.000 01	0.000 02	0.000 10
铬的质量分数/%	0.000 02	0.000 10	0.000 99
R/%	0.000 01	0.000 02	0.000 15
铜的质量分数/%	0.000 02	0.000 10	0.001 01
R/%	0.000 01	0.000 02	0.000 15
铁的质量分数/%	0.000 10	0.000 21	0.001 01
R/%	0.000 06	0.000 10	0.000 20
铱的质量分数/%	0.000 02	0.000 10	0.001 00
R/%	0.000 01	0.000 02	0.000 15
镁的质量分数/%	0.000 10	0.000 20	0.001 01
R/%	0.000 05	0.000 08	0.000 15
锰的质量分数/%	0.000 02	0.000 10	0.001 01
R/%	0.000 01	0.000 02	0.000 10
镍的质量分数/%	0.000 02	0.000 10	0.000 99
R/%	0.000 01	0.000 02	0.000 15

表 4 （续）

铅的质量分数/%	0.000 02	0.000 10	0.001 01
R/%	0.000 01	0.000 02	0.000 18
钯的质量分数/%	0.000 02	0.000 10	0.001 00
R/%	0.000 01	0.000 02	0.000 15
铂的质量分数/%	0.000 02	0.000 10	0.000 99
R/%	0.000 01	0.000 02	0.000 15
铑的质量分数/%	0.000 02	0.000 10	0.001 00
R/%	0.000 01	0.000 02	0.000 15
锑的质量分数/%	0.000 02	0.000 10	0.001 00
R/%	0.000 01	0.000 03	0.000 15
硒的质量分数/%	0.000 02	0.000 10	0.001 02
R/%	0.000 01	0.000 02	0.000 18
碲的质量分数/%	0.000 02	0.000 10	0.001 02
R/%	0.000 01	0.000 02	0.000 15
钛质量分数/%	0.000 02	0.000 10	0.000 99
R/%	0.000 01	0.000 03	0.000 15
锌质量分数/%	0.000 10	0.000 20	0.001 01
R/%	0.000 05	0.000 08	0.000 20

9 质量控制和保证

应用国家级或行业级标准样品(当两者没有时,也可用自制的控制样品代替),每周或两周验证一次本标准的有效性。当过程失控时,应找出原因,纠正错误后,重新进行校核,并采取相应的预防措施。

附 录 A
（资料性附录）
仪器工作参数

使用美国 Themo 公司的 IRIS Intrepid Ⅱ XSP 型电感耦合等离子体原子发射光谱仪[1]，其测定银、铝、砷、铋、镉、铬、铜、铁、铱、镁、锰、镍、铅、钯、铂、铑、锑、硒、碲、钛和锌的谱线如表 A.1。

表 A.1

元素	波长/nm	元素	波长/nm	元素	波长/nm	元素	波长/nm
Ag	328.068	Al	308.215	As	189.042	Bi	223.061
Cd	228.802	Cr	283.563	Cu	324.754	Fe	259.940
Ir	224.268	Mg	279.553	Mn	257.610	Ni	221.647
Pb	220.353	Pd	324.270	Pt	214.423	Rh	343.489
Sb	206.833	Se	196.090	Te	214.281	Ti	334.941
Zn	213.856						

注：上述各元素的分析谱线针对美国 Themo 公司的 IRIS Intrepid Ⅱ XSP 型电感耦合等离子体原子发射光谱仪，供使用单位选择分析谱线时参考。

---

[1]　给出这一信息是为了方便本标准的使用者，并不表示对该产品的认可。如果其他等效产品具有相同的效果，则可使用这些等效产品。

ICS 77.040.30

H 15

GB/T 25934.2—2010

中华人民共和国国家标准

高纯金化学分析方法
第2部分：ICP-MS-标准
加入校正-内标法
测定杂质元素的含量

Methods for chemical analysis of high purity gold—
Part 2：Inductively coupled plasma mass spectrometry-
standard enter emendation-inner standard method—
Determination of impurity elements contents

2010-12-23 发布

2011-09-01 实施

中华人民共和国国家质量监督检验检疫总局
中国国家标准化管理委员会 发布

前　言

GB/T 25934《高纯金化学分析方法》分为 3 个部分：
——第 1 部分：乙酸乙酯萃取分离-ICP-AES 法　测定杂质元素的含量；
——第 2 部分：ICP-MS-标准加入校正-内标法　测定杂质元素的含量；
——第 3 部分：乙醚萃取分离-ICP-AES 法　测定杂质元素的含量。
本部分为第 2 部分。

本部分由全国黄金标准化技术委员会(SAC/TC 379)提出并归口。

本部分由长春黄金研究院负责起草。

本部分由长春黄金研究院、国家金银及制品质量及监督检验中心(长春)、北京有色金属研究总院、沈阳造币厂、北京矿冶研究总院、江西铜业股份有限公司、江苏天瑞仪器股份有限责任公司起草。

本部分主要起草人：陈菲菲、黄蕊、陈永红、张雨、刘红、李爱嫦、王德雨、龙淑杰、李万春、冯先进、杨宇东、杨红生、郑建明。

高纯金化学分析方法
第2部分:ICP-MS-标准
加入校正-内标法
测定杂质元素的含量

1 范围

GB/T 25934 的本部分规定了高纯金中杂质元素的测定方法。

本部分适用于 99.999% 高纯金中杂质元素的测定,测定元素及测定的含量范围见表1。

表 1

元素	含量范围/%	元素	含量范围/%	元素	含量范围/%	元素	含量范围/%
Ag	0.000 02～0.001 00	Al	0.000 06～0.001 00	As	0.000 05～0.001 00	Bi	0.000 02～0.001 00
Cd	0.000 02～0.001 00	Cr	0.000 11～0.001 00	Cu	0.000 02～0.001 00	Fe	0.000 15～0.001 00
Ir	0.000 02～0.001 00	Mg	0.000 05～0.001 00	Mn	0.000 02～0.001 00	Na	0.000 06～0.001 00
Ni	0.000 02～0.001 00	Pb	0.000 02～0.001 00	Pd	0.000 02～0.001 00	Pt	0.000 02～0.001 00
Rh	0.000 02～0.001 00	Sb	0.000 02～0.001 00	Se	0.000 06～0.001 00	Sn	0.000 12～0.001 00
Te	0.000 02～0.001 00	Ti	0.000 02～0.000 99	Zn	0.000 05～0.001 00		

2 方法原理

样品经混合酸溶解,通过加入内标元素和采用标准加入校正的方式,用电感耦合等离子体质谱仪测定各元素的谱线强度,并计算各元素的质量分数。

3 试剂

除非另有说明,在分析中仅使用确认为优级纯或更高纯度的试剂和二次蒸馏水(电阻率 ≥18.2 MΩ/cm)或相当纯度的水。

3.1 盐酸(ρ1.19 g/mL),MOS级。

3.2 硝酸(ρ1.42 g/mL),MOS级。

3.3 硫酸(ρ1.84 g/mL),MOS级。

3.4 氢氟酸(ρ1.15 g/mL),MOS级。

3.5 盐酸(1+1)。

3.6 硝酸(1+1)。

3.7 盐酸(1+9)。

3.8 混合酸:以1体积硝酸(3.2)、3体积盐酸(3.1)和4体积水混合均匀。

3.9 标准贮存溶液

3.9.1 银标准贮存溶液:称取 0.100 0 g 金属银(质量分数≥99.99%)于 100 mL 烧杯中,加入 10 mL 硝酸溶液(3.6),低温加热溶解,挥发氮的氧化物,冷却至室温,移入 100 mL 容量瓶中,加入 25 mL 盐酸 (3.1),用水稀释至刻度,混匀。此溶液 1 mL 含 1 mg 银。

3.9.2 铝标准贮存溶液:称取 0.100 0 g 金属铝(质量分数≥99.99%)于 100 mL 烧杯中,加入 20 mL 盐酸溶液(3.5),低温加热溶解,冷却至室温,用盐酸溶液(3.7)移入 100 mL 容量瓶中并稀释至刻度,混匀。此溶液 1 mL 含 1 mg 铝。

3.9.3 砷标准贮存溶液:称取 0.132 0 g 三氧化二砷(基准试剂,于 100 ℃～105 ℃烘 1 h),置于 100 mL 烧杯中,加入 20 mL 盐酸溶液(3.5),低温加热至完全溶解,冷却至室温,移入 100 mL 容量瓶中,用水稀释至刻度,混匀。此溶液 1 mL 含 1 mg 砷。

3.9.4 铋标准贮存溶液:称取 0.100 0 g 金属铋(质量分数≥99.99%)于 100 mL 烧杯中,加入 20 mL 硝酸溶液(3.6),低温加热溶解,挥发氮的氧化物,冷却至室温,移入 100 mL 容量瓶中,用水稀释至刻度,混匀。此溶液 1 mL 含 1 mg 铋。

3.9.5 镉标准贮存溶液:称取 0.100 0 g 金属镉(质量分数≥99.99%)于 100 mL 烧杯中,加入 20 mL 硝酸溶液(3.6),低温加热溶解,挥发氮的氧化物,冷却至室温,移入 100 mL 容量瓶中,用水稀释至刻度,混匀。此溶液 1 mL 含 1 mg 镉。

3.9.6 铬标准贮存溶液:称取 0.282 9 重铬酸钾(基准试剂,于 100 ℃～105 ℃烘 1 h),置于 100 mL 烧杯中,加入 20 mL 盐酸溶液(3.5),低温加热至完全溶解,冷却至室温,移入 100 mL 容量瓶中,用水稀释至刻度,混匀。此溶液 1 mL 含 1 mg 铬。

3.9.7 铜标准贮存溶液:称取 0.100 0 g 金属铜(质量分数≥99.99%)于 100 mL 烧杯中,加入 20 mL 硝酸溶液(3.6),低温加热溶解,挥发氮的氧化物,冷却至室温,移入 100 mL 容量瓶中,用水稀释至刻度,混匀。此溶液 1 mL 含 1 mg 铜。

3.9.8 铁标准贮存溶液:称取 0.100 0 g 金属铁(质量分数≥99.99%)于 100 mL 烧杯中,加入 20 mL 硝酸溶液(3.6),低温加热溶解,挥发氮的氧化物,冷却至室温,移入 100mL 容量瓶中,用水稀释至刻度,混匀。此溶液 1 mL 含 1 mg 铁。

3.9.9 铱标准贮存溶液:称取 0.229 4 g 氯铱酸铵(光谱纯)于 100 mL 烧杯中,加入 20 mL 盐酸溶液(3.7),低温加热溶解,冷却至室温,移入 100 mL 容量瓶中,用盐酸溶液(3.7)稀释至刻度,混匀。此溶液 1mL 含 1mg 铱。

3.9.10 镁标准贮存溶液:称取 0.165 8 g 预先经 780 ℃灼烧 1 h 的氧化镁(氧化镁的质量分数≥99.99%),置于 100 mL 烧杯中,加入 20 mL 盐酸溶液(3.5),低温加热溶解,冷却至室温。将溶液移入 100 mL 容量瓶中,用水稀释至刻度,混匀。此溶液 1 mL 含 1 mg 镁。

3.9.11 锰标准贮存溶液:称取 0.100 0 g 金属锰(质量分数≥99.99%)于 100 mL 烧杯中,加入 20 mL 硝酸溶液(3.6),低温加热溶解,挥发氮的氧化物,冷却至室温,移入 100 mL 容量瓶中,用水稀释至刻度,混匀。此溶液 1 mL 含 1 mg 锰。

3.9.12 钠标准贮存溶液:称取 0.188 6 g 氯化钠(光谱纯,于 100 ℃～105 ℃烘 1 h),置于 100 mL 烧杯中,加入 50 mL 水,低温加热溶解,冷却至室温,移入 100 mL 聚乙烯容量瓶中,用水稀释至刻度,混匀。此溶液 1 mL 含 1 mg 钠。

3.9.13 镍标准贮存溶液:称取 0.100 0 g 金属镍(质量分数≥99.99%)于 100 mL 烧杯中,加入 20 mL 硝酸溶液(3.6),低温加热溶解,挥发氮的氧化物,冷却至室温,移入 100 mL 容量瓶中,用水稀释至刻度,混匀。此溶液 1 mL 含 1 mg 镍。

3.9.14 铅标准贮存溶液:称取 0.100 00 g 金属铅(质量分数≥99.99%)于 100 mL 烧杯中,加入 20 mL 硝酸溶液(3.6),低温加热溶解,挥发氮的氧化物,冷却至室温,移入 100 mL 容量瓶中,用水稀释至刻度,混匀。此溶液 1 mL 含 1 mg 铅。

3.9.15 钯标准贮存溶液:称取 0.100 0 g 金属钯(质量分数≥99.99%)于 100 mL 烧杯中,加入 20 mL 混合酸(3.8),低温加热溶解,挥发氮的氧化物,冷却至室温,移入 100 mL 容量瓶中,用水稀释至刻度,混匀。此溶液 1 mL 含 1 mg 钯。

3.9.16 铂标准贮存溶液:称取 0.100 0 g 金属铂(质量分数≥99.99%)于 100 mL 烧杯中,加入 20 mL 混合酸(3.8),低温加热溶解,挥发氮的氧化物,冷却至室温,移入 100 mL 容量瓶中,用水稀释至刻度,混匀。此溶液 1 mL 含 1 mg 铂。

3.9.17 铑标准贮存溶液:称取 0.359 3 g 氯铑酸铵[光谱纯,分子式:$(NH_4)_3RhCl_6$],加入 20 mL 盐酸溶液(3.7),低温加热溶解,冷却至室温,移入 100 mL 容量瓶中,用盐酸溶液(3.7)稀释至刻度,混匀。此溶液 1 mL 含 1 mg 铑。

3.9.18 锑标准贮存溶液:称取 0.100 0 g 金属锑(质量分数≥99.99%)于 100 mL 烧杯中,加入 20 mL 混合酸(3.8),低温加热溶解,挥发氮的氧化物,冷却至室温,移入 100 mL 容量瓶中,用水稀释至刻度,混匀。此溶液 1 mL 含 1 mg 锑。

3.9.19 硒标准贮存溶液:称取 0.100 0 g 金属硒(质量分数≥99.99%)于 100 mL 烧杯中,加入 20 mL 盐酸溶液(3.5),低温加热溶解,冷却至室温,移入 100 mL 容量瓶中,用水稀释至刻度,混匀。此溶液 1 mL 含 1 mg 硒。

3.9.20 锡标准贮存溶液:称取 0.100 0 g 金属锡(质量分数≥99.99%)于 100 mL 烧杯中,加入 20 mL 盐酸溶液(3.5),低温加热溶解,冷却至室温,移入 100 mL 容量瓶中,用水稀释至刻度,混匀。此溶液 1 mL 含 1 mg 锡。

3.9.21 碲标准贮存溶液:称取 0.100 0 g 金属碲(质量分数≥99.99%)于 100 mL 烧杯中,加入 20 mL 硝酸溶液(3.6),低温加热溶解,挥发氮的氧化物,冷却至室温,移入 100 mL 容量瓶中,用水稀释至刻度,混匀。此溶液 1 mL 含 1 mg 碲。

3.9.22 钛标准贮存溶液:称取 0.100 0 g 金属钛(质量分数≥99.99%)于铂皿中,加入 1 mL 氢氟酸(3.4)、5 mL 硫酸(3.3),加热溶解并蒸发至冒三氧化硫白烟使氟除尽,冷却,加入 20 mL 水和 2 mL 硫酸(3.3),加热溶解盐类,冷却至室温,移入 100 mL 容量瓶中,用水稀释至刻度,混匀。此溶液 1 mL 含 1 mg 钛。

3.9.23 锌标准贮存溶液:称取 0.100 0 g 金属锌(质量分数≥99.99%)于 100 mL 烧杯中,加入 20 mL 硝酸溶液(3.6),低温加热溶解,挥发氮的氧化物,冷却至室温,移入 100mL 容量瓶中,用水稀释至刻度,混匀。此溶液 1 mL 含 1 mg 锌。

3.9.24 钪标准贮存溶液:称取 0.153 4 g 三氧化二钪(光谱纯)于 100 mL 烧杯中,加入 10 mL 盐酸(3.5),低温加热溶解,取下冷却至室温,移入 100 mL 容量瓶中,用水稀释至刻度,混匀。此溶液 1 mL 含 1 mg 钪。

3.9.25 铯标准贮存溶液:称取 0.136 1 g 硫酸铯(优级纯,于 100 ℃~105 ℃烘 1 h)于 100 mL 烧杯中,加入 20 mL 水,低温加热溶解,冷却至室温,移入 100 mL 容量瓶中,用水稀释至刻度,混匀。此溶液 1 mL 含 1 mg 铯。

3.9.26 铼标准贮存溶液:称取 0.100 0 g 金属铼(质量分数≥99.99%)于 100 mL 烧杯中,加入 20 mL 硝酸溶液(3.6),低温加热溶解,挥发氮的氧化物,冷却至室温,移入 100 mL 容量瓶中,用水稀释至刻度,混匀。此溶液 1 mL 含 1 mg 铼。

3.10 混合标准溶液

3.10.1 分别移取 1 mL 标准贮存溶液(3.9.1~3.9.23)于 100 mL 容量瓶中,加入 20 mL 混合酸(3.8),用水稀释至刻度,混匀。此溶液 1 mL 含 10 μg 银、铝、砷、铋、镉、铬、铜、铁、铱、镁、锰、钠、镍、铅、钯、铂、铑、锑、硒、锡、碲、钛和锌。

3.10.2 移取 1 mL 混合标准溶液(3.10.1)于 100 mL 容量瓶中,加入 20 mL 混合酸(3.8),用水稀释至刻度,混匀。此溶液 1 mL 含 0.1 μg 银、铝、砷、铋、镉、铬、铜、铁、铱、镁、锰、钠、镍、铅、钯、铂、铑、锑、硒、锡、碲、钛和锌。

3.11 混合内标溶液

3.11.1 分别移取 1 mL 标准贮存溶液(3.9.24～3.9.26)于 100 mL 容量瓶中,加入 20 mL 混合酸(3.8),用水稀释至刻度,混匀。此溶液 1 mL 含 10 μg 钪、铑和铼。

3.11.2 移取 1 mL 混合标准溶液(3.11.1)于 100 mL 容量瓶中,加入 20 mL 混合酸(3.8),用水稀释至刻度,混匀。此溶液 1 mL 含 0.1 μg 钪、铑和铼。

3.12 金标准贮备液(20 mg/mL):称取高纯金(含金 99.999% 以上)10 g(精确至 0.01 g)放入 250 mL 聚四氟乙烯烧杯中,加入混合酸溶液(3.8)50 mL,于可控温电热板上低温(100 ℃左右)加热溶解,用水转入 500 mL 的容量瓶中,补加浓王水 100 mL,用水稀释至刻度,摇匀后立即转入干净的塑料瓶中备用。此溶液含金 20 mg/mL。

4 仪器

电感耦合等离子体质谱仪。

银、铝、砷、铋、镉、铬、铜、铁、铱、镁、锰、钠、镍、铅、钯、铂、铑、锑、硒、锡、碲、钛和锌的质量数参见附录 A 表 A.1。

5 试样

将试样碾成 1 mm 厚的薄片,用不锈钢剪刀剪成小碎片,放入烧杯中,加入 20 mL 的乙醇溶液(1+1),于电热板上加热煮沸 5 min 取下,将乙醇液倾去,用高纯水反复洗涤金片 3 次,继续加入 20 mL 盐酸溶液(3.5),加热煮沸 5 min,倾去盐酸溶液,用高纯水反复洗涤金片 3 次,将金片用无尘纸包裹起来放入烘箱在 105 ℃烘干,取出备用。

6 干扰校正

由于测定元素多,某些元素间存在着一定的谱线干扰,应采取数学方法对其进行校正。需校正的元素有 As75 和 Se82,被校正元素的强度与干扰元素的强度关系式如下:

As75:$-3.128\ 819×Se77+2.734\ 582×Se82-2.756\ 001×Kr83$

Se82:$-1.007\ 833×Kr83$

7 分析步骤

7.1 试料

称取 0.10 g 高纯金试样(5),精确至 0.000 1 g。

独立进行两次测定,取其平均值。

7.2 空白

随同试料进行空白试验。

7.3 测定

7.3.1 将试料(7.1)置于 50 mL 聚四氟乙烯烧杯中,加入混合酸溶液(3.8)2.50 mL,在可控温电热板上低温加热溶解,冷却后用水转入 50 mL 塑料容量瓶中,加入混合内标溶液(3.11.2)2.50 mL,用水定容至刻度,摇匀待测。

7.3.2 将试料溶液和空白溶液分别用 ICP-MS 进行测定,通过得到的被测元素与内标元素的强度比值在各自的校准曲线上查找到相应的浓度值,计算出各元素的质量分数。

7.4 校准

7.4.1 空白校准曲线

于 5 个 50 mL 容量瓶中各分别加入 2.50 mL 混合酸溶液(3.8)和混合内标溶液(3.11.2)

2.50 mL,再分别向其中加入 0.00 mL、0.50 mL、2.50 mL、5.00 mL、10.00 mL 混合标准溶液
(3.10.2),用水稀释至刻度,摇匀后用 ICP-MS 采用标准加入的方式依次进行测定,将测定得到的被测
元素与内标元素的强度比值作为纵坐标,被测元素的质量浓度为横坐标绘制空白校准曲线。

7.4.2 样品校准曲线

于 5 个 50 mL 容量瓶中各分别加入金标准贮备液 5.00 mL(3.12)和混合内标溶液(3.11.2)
2.50 mL,再分别向其中加入 0.00 mL、0.50 mL、2.50 mL、5.00 mL、10.00 mL 混合标准溶液
(3.10.2),用水稀释至刻度,摇匀后用 ICP-MS 采用标准加入的方式依次进行测定,将测定得到的被测
元素与内标元素的强度比值作为纵坐标,被测元素的质量浓度为横坐标绘制样品校准曲线。

8 分析结果的计算

按式(1)计算被测杂质元素的质量分数 $w(X)$,数值以%表示:

$$w(X) = \frac{(\rho_x \cdot V_x - \rho_0 \cdot V_0) \times 10^{-6}}{m} \times 100 \quad \cdots\cdots\cdots\cdots\cdots\cdots (1)$$

式中:

ρ_x——试料溶液中被测元素的质量浓度,单位为微克每毫升(μg/mL);

V_x——试料溶液的体积,单位为毫升(mL);

ρ_0——空白溶液中被测元素的质量浓度,单位为微克每毫升(μg/mL);

V_0——空白溶液的体积,单位为毫升(mL);

m——试料质量,单位为克(g)。

分析结果保留至小数点后第五位。

9 精密度

9.1 重复性

在重复性条件下获得的两次独立测试结果的测定值,在以下给出的平均值范围内,这两个测试结果
的绝对差值不超过重复性限(r),超过重复性限(r)的情况不超过5%,重复性限(r)按表 2 数据采用线性
内插法求得。

表 2

银的质量分数/%	0.000 02	0.000 21	0.001 02
r/%	0.000 01	0.000 03	0.000 12
铝的质量分数/%	0.000 06	0.000 23	0.001 10
r/%	0.000 03	0.000 05	0.000 12
砷的质量分数/%	0.000 05	0.000 21	0.001 07
r/%	0.000 02	0.000 03	0.000 14
铋的质量分数/%	0.000 02	0.000 20	0.001 01
r/%	0.000 01	0.000 02	0.000 10
镉的质量分数/%	0.000 02	0.000 20	0.001 02
r/%	0.000 01	0.000 02	0.000 10
铬的质量分数/%	0.000 11	0.000 21	0.001 01
r/%	0.000 02	0.000 03	0.000 10

表 2（续）

铜的质量分数/%	0.000 02	0.000 21	0.001 00
r/%	0.000 01	0.000 03	0.000 11
铁的质量分数/%	0.000 15	0.000 57	0.001 11
r/%	0.000 05	0.000 10	0.000 16
铱的质量分数/%	0.000 02	0.000 20	0.001 00
r/%	0.000 01	0.000 02	0.000 10
镁的质量分数/%	0.000 06	0.000 22	0.001 12
r/%	0.000 02	0.000 06	0.000 14
锰的质量分数/%	0.000 02	0.000 20	0.001 00
r/%	0.000 01	0.000 02	0.000 10
钠的质量分数/%	0.000 06	0.000 23	0.001 11
r/%	0.000 02	0.000 03	0.000 18
镍的质量分数/%	0.000 02	0.000 20	0.001 00
r/%	0.000 01	0.000 03	0.000 10
铅的质量分数/%	0.000 02	0.000 21	0.001 03
r/%	0.000 01	0.000 02	0.000 10
钯的质量分数/%	0.000 02	0.000 20	0.001 00
r/%	0.000 01	0.000 02	0.000 13
铂的质量分数/%	0.000 02	0.000 20	0.001 02
r/%	0.000 01	0.000 02	0.000 10
铑的质量分数/%	0.000 02	0.000 50	0.001 02
r/%	0.000 01	0.000 04	0.000 10
锑的质量分数/%	0.000 02	0.000 20	0.001 01
r/%	0.000 01	0.000 02	0.000 10
硒的质量分数/%	0.000 06	0.000 21	0.001 02
r/%	0.000 02	0.000 04	0.000 10
锡的质量分数/%	0.000 12	0.000 53	0.001 04
r/%	0.000 03	0.000 06	0.000 10
碲的质量分数/%	0.000 02	0.000 20	0.001 02
r/%	0.000 01	0.000 03	0.000 13
钛的质量分数/%	0.000 02	0.000 20	0.000 99
r/%	0.000 01	0.000 03	0.000 15
锌的质量分数/%	0.000 05	0.000 20	0.001 00
r/%	0.000 02	0.000 04	0.000 15

9.2 再现性

在再现性条件下获得的两次独立测试结果的测定值,在以下给出的平均值范围内,这两个测试结果的绝对差值不超过再现性限(R),超过再现性限(R)的情况不超过5%,再现性限(R)按表3数据采用线性内插法求得。

表3

银的质量分数/%	0.000 02	0.000 21	0.001 02
R/%	0.000 02	0.000 03	0.000 12
铝的质量分数/%	0.000 06	0.000 23	0.001 10
R/%	0.000 05	0.000 06	0.000 18
砷的质量分数/%	0.000 05	0.000 21	0.001 07
R/%	0.000 03	0.000 05	0.000 33
铋的质量分数/%	0.000 02	0.000 20	0.001 01
R/%	0.000 01	0.000 03	0.000 12
镉的质量分数/%	0.000 02	0.000 20	0.001 02
R/%	0.000 01	0.000 03	0.000 12
铬的质量分数/%	0.000 11	0.000 21	0.001 01
R/%	0.000 05	0.000 07	0.000 15
铜的质量分数/%	0.000 02	0.000 21	0.001 00
R/%	0.000 01	0.000 04	0.000 18
铁的质量分数/%	0.000 15	0.000 57	0.001 11
R/%	0.000 05	0.000 13	0.000 22
铱的质量分数/%	0.000 02	0.000 20	0.001 00
R/%	0.000 01	0.000 03	0.000 12
镁的质量分数/%	0.000 06	0.000 22	0.001 12
R/%	0.000 03	0.000 07	0.000 25
锰的质量分数/%	0.000 02	0.000 20	0.001 00
R/%	0.000 01	0.000 03	0.000 14
钠的质量分数/%	0.000 06	0.000 23	0.001 11
R/%	0.000 02	0.000 04	0.000 20
镍的质量分数/%	0.000 02	0.000 20	0.001 00
R/%	0.000 01	0.000 04	0.000 13
铅的质量分数/%	0.000 02	0.000 21	0.001 03
R/%	0.000 01	0.000 03	0.000 16
钯的质量分数/%	0.000 02	0.000 20	0.001 00
R/%	0.000 01	0.000 03	0.000 13
铂的质量分数/%	0.000 02	0.000 20	0.001 02
R/%	0.000 01	0.000 03	0.000 12
铑的质量分数/%	0.000 02	0.000 20	0.001 02
R/%	0.000 01	0.000 03	0.000 15

表 3（续）

锑的质量分数/%	0.000 02	0.000 20	0.001 01
R/%	0.000 01	0.000 03	0.000 23
硒的质量分数/%	0.000 06	0.000 21	0.001 02
R/%	0.000 03	0.000 04	0.000 13
锡的质量分数/%	0.000 12	0.000 53	0.001 04
R/%	0.000 07	0.000 12	0.000 20
碲的质量分数/%	0.000 02	0.000 20	0.001 02
R/%	0.000 01	0.000 04	0.000 15
钛的质量分数/%	0.000 02	0.000 20	0.000 99
R/%	0.000 01	0.000 03	0.000 15
锌的质量分数/%	0.000 05	0.000 20	0.001 00
R/%	0.000 02	0.000 05	0.000 20

10 质量控制和保证

应用国家级或行业级标准样品（当两者没有时，也可用自制的控制样品代替），每周或两周验证一次本标准的有效性。当过程失控时，应找出原因，纠正错误后，重新进行校核，并采取相应的预防措施。

附　录　A

（资料性附录）

仪器参数和内标组划分

A.1　仪器工作参数

使用美国 PerkinElmer 公司的 Elan 9000 型电感耦合等离子体质谱仪[1]，其测定银、铝、砷、铋、镉、铬、铜、铁、铱、镁、锰、钠、镍、铅、钯、铂、铑、锑、硒、锡、碲、钛和锌的质量数如表 A.1。

表 A.1

元素	质量数	元素	质量数	元素	质量数	元素	质量数
Ag	107	Al	27	As	75	Bi	209
Cd	111	Cr	52	Cu	63	Fe	57
Ir	193	Mg	24	Mn	55	Na	23
Ni	60	Pb	208	Pd	105	Pt	195
Rh	103	Sb	121	Se	82	Sn	118
Te	130	Ti	47	Zn	66		

注：上述各元素的分析谱线针对美国 PerkinElmer 公司的 Elan 9000 型电感耦合等离子体质谱仪，供使用单位选择
各元素的质量数时参考。

A.2　仪器优化参数

仪器经优化后，其灵敏度、双电荷离子、氧化物及背景精密度应满足测定需要。以下为 10 ng/mL 标准溶液的测定参考值，供仪器优化时参考：

灵敏度：$Mg24 \geqslant 100\ 000$ cps；

$\qquad$ $In115 \geqslant 400\ 000$ cps；

$\qquad$ $U238 \geqslant 300\ 000$ cps；

双电荷离子：$Ba^{++}(69)/Ba^{+}(138) \leqslant 3\%$；

氧化物：$CeO^{+}(156)/Ce^{+}(140) \leqslant 3\%$；

背景 220：$RSD \leqslant 5\%$。

A.3　内标组划分

采用 ^{45}Sc、^{133}Cs 及 ^{187}Re 3 种元素作为内标元素，它们分别校正的元素为：

Sc 内标：Na、Mg、Al、Ti、Cr、Mn、Fe、Ni、Cu、Zn、Se；

Cs 内标：As、Rh、Pd、Ag、Cd、Sn、Sb、Te；

Re 内标：Ir、Pt、Pb、Bi。

---

[1]　给出这一信息是为了方便本标准的使用者，并不表示对该产品的认可。如果其他等效产品具有相同的效果，则
可使用这些等效产品。

ICS 77.040.30
H 15

GB

GB/T 25934.3—2010

中华人民共和国国家标准

高纯金化学分析方法
第 3 部分：乙醚萃取分离-ICP-AES 法
测定杂质元素的含量

Methods for chemical analysis of high purity gold—
Part 3：Ethylether extraction separation-inductively
coupled plasma-atomic emission spectrometry—
Determination of impurity elements contents

2010-12-23 发布　　　　　　　　　　　　　　　　2011-09-01 实施

中华人民共和国国家质量监督检验检疫总局
中国国家标准化管理委员会　发布

前　言

GB/T 25934《高纯金化学分析方法》分为3个部分：

——第1部分：乙酸乙酯萃取分离-ICP-AES法　测定杂质元素的含量；

——第2部分：ICP-MS-标准加入校正-内标法　测定杂质元素的含量；

——第3部分：乙醚萃取分离-ICP-AES法　测定杂质元素的含量。

本部分为第3部分。

本部分由全国黄金标准化技术委员会(SAC/TC 379)提出并归口。

本部分由河南中原黄金冶炼厂有限责任公司负责起草。

本部分由河南中原黄金冶炼厂有限责任公司、长城金银精炼厂、长春黄金研究院、沈阳造币厂、北京矿冶研究总院、江苏天瑞仪器股份有限责任公司起草。

本部分主要起草人：刘成祥、张波、张玉明、陈杰、黄蕊、陈菲菲、陈永红、赖茂明、王德雨、李华昌、李万春、于力、郑建明。

高纯金化学分析方法
第3部分：乙醚萃取分离-ICP-AES法
测定杂质元素的含量

1 范围

GB/T 25934 的本部分规定了高纯金中银、铜、铁、铅、锑、铋、钯、镁、锡、铬、镍、锰、铝、铂、铑、铱、锌、钛、镉、硅和砷量的测定方法。

本部分适用于高纯金中银、铜、铁、铅、锑、铋、钯、镁、锡、铬、镍、锰、铝、铂、铑、铱、锌、钛、镉、硅和砷量的测定。测定范围见表1。

表 1

元素	质量分数/%	元素	质量分数/%	元素	质量分数/%	元素	质量分数/%
Ag	0.000 02~0.000 47	Ni	0.000 02~0.000 47	Pt	0.000 02~0.000 48	Zn	0.000 02~0.000 44
Cu	0.000 02~0.000 47	Pd	0.000 02~0.000 49	Sn	0.000 03~0.000 32	Cd	0.000 02~0.000 48
Pb	0.000 05~0.000 48	Al	0.000 05~0.000 45	Ti	0.000 02~0.000 49	Ir	0.000 06~0.000 52
Fe	0.000 02~0.000 48	Mn	0.000 02~0.000 47	Cr	0.000 02~0.000 48	Si	0.000 03~0.000 27
Sb	0.000 04~0.000 43	Mg	0.000 02~0.000 46	Rh	0.000 02~0.000 50	As	0.000 05~0.000 46
Bi	0.000 02~0.000 43						

2 方法提要

试料用混合酸分解，在 1 mol/L 盐酸介质中，用乙醚萃取分离金，水相浓缩后制成盐酸介质待测溶液，使用电感耦合等离子体原子发射光谱仪测定银、铜、铁、铅、锑、铋、钯、镁、锡、铬、镍、锰、铝、铂、铑、铱、锌、钛、镉、硅和砷的量。

3 试剂

除非另有说明，在分析中仅使用确认为优级纯的试剂和二次蒸馏水或相当纯度（电阻率 $\geqslant$18.2 MΩ/cm）的水。

3.1 盐酸（ρ1.19 g/mL）。

3.2 硝酸（ρ1.42 g/mL）。

3.3 硫酸（ρ1.84 g/mL）。

3.4 氢氟酸（ρ1.15g/mL）。

3.5 盐酸（1+1）。

3.6 硝酸（1+1）。

3.7 硝酸（1+2）。

3.8 盐酸（1+9）。

3.9 盐酸（1+11）。

3.10 盐酸（1+29）。

3.11 混合酸：以 1 体积硝酸（3.2）、3 体积盐酸（3.1）和 1 体积水混合均匀。

3.12 乙醚：用盐酸溶液（3.9）洗涤 2~3 次后备用。

警告:使用本标准的人员应有正规实验室工作的经验。本标准并未指出所有可能的安全问题。使用者有责任采取适当的安全和健康措施,并保证符合国家有关法规规定的条件。

3.13 标准贮存溶液

3.13.1 银标准贮存溶液:称取 0.100 0 g 金属银(质量分数≥99.99%)于 100 mL 烧杯中,加入 10 mL 硝酸溶液(3.6),低温加热溶解,冷却至室温,移入 100 mL 容量瓶中,加入 25 mL 盐酸(3.1),用水稀释至刻度,混匀。此溶液 1 mL 含 1 mg 银。

3.13.2 铝标准贮存溶液:称取 0.100 0 g 金属铝(质量分数≥99.99%)于 100 mL 烧杯中,加入 20 mL 盐酸溶液(3.5),低温加热溶解,冷却至室温,用盐酸溶液(3.8)移入 100 mL 容量瓶中并稀释至刻度,混匀。此溶液 1 mL 含 1 mg 铝。

3.13.3 砷标准贮存溶液:称取 0.132 0 g 三氧化二砷(基准试剂,于 100 ℃～105 ℃烘 1 h),置于 100 mL 烧杯中,加入 5 mL 氢氧化钠溶液(200 g/L),低温加热至完全溶解,加入 50 mL 水、1 滴酚酞乙醇溶液(1 g/L),用硫酸溶液(1+4)中和至红色刚消失再过量 2 mL,冷却至室温,移入 100 mL 容量瓶中,用水稀释至刻度,混匀。此溶液 1 mL 含 1 mg 砷。

3.13.4 铋标准贮存溶液:称取 0.100 0 g 金属铋(质量分数≥99.99%)于 100 mL 烧杯中,加入 20 mL 硝酸溶液(3.6),低温加热溶解,冷却至室温,移入 100 mL 容量瓶中,用水稀释至刻度,混匀。此溶液 1 mL 含 1 mg 铋。

3.13.5 镉标准贮存溶液:称取 0.100 0 g 金属镉(质量分数≥99.99%)于 100 mL 烧杯中,加入 20 mL 硝酸溶液(3.6),低温加热溶解,冷却至室温,移入 100 mL 容量瓶中,用水稀释至刻度,混匀。此溶液 1 mL 含 1 mg 镉。

3.13.6 铬标准贮存溶液:称取 0.282 9 重铬酸钾(基准试剂,于 100 ℃～105 ℃烘 1 h),置于 100 mL 烧杯中,加入 20 mL 盐酸溶液(3.5),低温加热至完全溶解,冷却至室温,移入 100 mL 容量瓶中,用水稀释至刻度,混匀。此溶液 1 mL 含 1 mg 铬。

3.13.7 铜标准贮存溶液:称取 0.100 0 g 金属铜(质量分数≥99.99%)于 100 mL 烧杯中,加入 20 mL 硝酸溶液(3.6),低温加热溶解,冷却至室温,移入 100 mL 容量瓶中,用水稀释至刻度,混匀。此溶液 1 mL 含 1 mg 铜。

3.13.8 铁标准贮存溶液:称取 0.100 0 g 金属铁(质量分数≥99.99%)于 100 mL 烧杯中,加入 20 mL 混合酸(3.11),低温加热溶解,冷却至室温,移入 100 mL 容量瓶中,用水稀释至刻度,混匀。此溶液 1 mL 含 1 mg 铁。

3.13.9 铅标准贮存溶液:称取 0.100 00 g 金属铅(质量分数≥99.99%)于 100 mL 烧杯中,加入 20 mL 硝酸(3.7),低温加热溶解,冷却至室温,移入 100 mL 容量瓶中,用水稀释至刻度,混匀。此溶液 1 mL 含 1 mg 铅。

3.13.10 镁标准贮存溶液:称取 0.165 8 g 预先经 780 ℃灼烧 1 h 的氧化镁(氧化镁的质量分数≥99.99%),置于 100 mL 烧杯中,加入 20 mL 盐酸溶液(3.5),低温加热溶解,冷却至室温。将溶液移入 100 mL 容量瓶中,用水稀释至刻度,混匀。此溶液 1 mL 含 1 mg 镁。

3.13.11 锰标准贮存溶液:称取 0.100 0 g 金属锰(质量分数≥99.99%)于 100 mL 烧杯中,加入 20 mL 硝酸溶液(3.6),低温加热溶解,冷却至室温,移入 100 mL 容量瓶中,用水稀释至刻度,混匀。此溶液 1 mL 含 1 mg 锰。

3.13.12 镍标准贮存溶液:称取 0.100 0 g 金属镍(质量分数≥99.99%)于 100 mL 烧杯中,加入 20 mL 硝酸溶液(3.6),低温加热溶解,冷却至室温,移入 100 mL 容量瓶中,用水稀释至刻度,混匀。此溶液 1 mL 含 1 mg 镍。

3.13.13 锌标准贮存溶液:称取 0.100 0 g 金属锌(质量分数≥99.99%)于 100 mL 烧杯中,加入 10 mL 水再缓慢加入 20 mL 盐酸溶液(3.5),低温加热溶解,冷却至室温,移入 100 mL 容量瓶中,用水稀释至刻度,混匀。此溶液 1 mL 含 1 mg 锌。

3.13.14 钯标准贮存溶液:称取 0.100 0 g 金属钯(质量分数≥99.99%)于 100 mL 烧杯中,加入 20 mL 混合酸(3.11),低温加热溶解,冷却至室温,移入 100 mL 容量瓶中,用水稀释至刻度,混匀。此溶液 1 mL 含 1 mg 钯。

3.13.15 铂标准贮存溶液:称取 0.100 0 g 金属铂(质量分数≥99.99%)于 100 mL 烧杯中,加入 20 mL 混合酸(3.11),低温加热溶解,冷却至室温,移入 100 mL 容量瓶中,用水稀释至刻度,混匀。此溶液 1 mL 含 1 mg 铂。

3.13.16 铑标准贮存溶液:称取 0.359 3 g 六氯合铑(Ⅲ)酸铵(光谱纯)于 100 mL 烧杯中,加入 20 mL 盐酸溶液(3.8),低温加热溶解,冷却至室温,移入 100 mL 容量瓶中,用盐酸溶液(3.8)稀释至刻度,混匀。此溶液 1 mL 含 1 mg 铑。

3.13.17 锑标准贮存溶液:称取 0.100 0 g 金属锑(质量分数≥99.99%)于 100 mL 烧杯中,加入 20 mL 混合酸(3.11),低温加热溶解,冷却至室温,移入 100 mL 容量瓶中,用盐酸溶液(3.5)稀释至刻度,混匀。此溶液 1 mL 含 1 mg 锑。

3.13.18 铱标准贮存溶液:称取 0.229 4 g 六氯合铱(Ⅳ)酸铵(光谱纯)于 100 mL 烧杯中,加入 20 mL 盐酸溶液(3.8),低温加热溶解,冷却至室温,移入 100 mL 容量瓶中,用盐酸溶液(3.8)稀释至刻度,混匀。此溶液 1 mL 含 1 mg 铱。

3.13.19 锡标准贮存溶液:称取 0.100 0 g 金属锡(质量分数≥99.99%)于 100 mL 烧杯中,加入 20 mL 盐酸溶液(3.5),低温加热溶解,冷却至室温,移入 100 mL 容量瓶中,用盐酸溶液(3.5)稀释至刻度,混匀。此溶液 1 mL 含 1 mg 锡。

3.13.20 钛标准贮存溶液:称取 0.100 0 g 金属钛(质量分数≥99.99%)于铂皿中,加入 1 mL 氢氟酸(3.4)、5 mL 硫酸(3.3),加热溶解并蒸发至冒三氧化硫白烟使氟除尽,冷却,加入 20 mL 水和 2 mL 硫酸(3.3),加热溶解盐类,冷却至室温,移入 100 mL 容量瓶中,用水稀释至刻度,混匀。此溶液 1 mL 含 1 mg 钛。

3.13.21 硅标准贮存溶液:称取 0.213 9 g 二氧化硅(质量分数≥99.99%)于预先加入 3 g 无水碳酸钠的铂坩埚中,覆盖 1~2 g 无水碳酸钠,先于低温处加热,再于 950 ℃熔融至透明,并继续熔融 3 分钟取出冷却,用水浸出聚四氟乙烯烧杯中,移入 100 mL 聚丙烯容量瓶中,用水稀释至刻度,混匀。此溶液 1 mL 含 1 mg 硅。

3.14 标准溶液

3.14.1 标准溶液 A:分别移取 1.000 mL 标准贮存溶液(3.13.1~3.13.13)于 100 mL 容量瓶中,加入 20 mL 混合酸(3.11),用水稀释至刻度,混匀。此溶液 1 mL 含 10 μg 银、铝、砷、铋、镉、铬、铜、铁、镁、锰、镍、铅和锌。

3.14.2 标准溶液 B:分别移取 1.000 mL 标准贮存溶液(3.13.14~3.13.19)于 100 mL 容量瓶中,加入 20 mL 混合酸(3.11),用水稀释至刻度,混匀。此溶液 1 mL 含 10 μg 铱、钯、铂、铑、锡和锑。

3.14.3 标准溶液 C:移取 1.000 mL 标准贮存溶液(3.13.20)于 100 mL 容量瓶中,加入 10 mL 混合酸(3.11),用水稀释至刻度,混匀。此溶液 1 mL 含 10 μg 钛。

3.14.4 标准溶液 D:移取 1.000 mL 标准贮存溶液(3.13.21)于 100 mL 聚丙烯容量瓶中,加入 10 mL 混合酸(3.11),用水稀释至刻度,混匀。此溶液 1 mL 含 10 μg 硅。

4 仪器

电感耦合等离子体原子发射光谱仪。

银、铜、铁、铅、锑、铋、钯、镁、锡、铬、镍、锰、铝、铂、铑、铱、锌、钛、镉、硅和砷的分析谱线参见附录 A。

5 试样

将试样制成细碎薄片,放入聚四氟乙烯烧杯中,加入 20 mL 盐酸溶液(3.5),加热煮沸 5 min,倾去盐酸溶液,用水反复洗涤金片 3 次,烘干备用。

6 分析步骤

6.1 试料

称取 5.0 g 高纯金试样(5),精确至 0.000 1 g。

独立进行两次测定,取其平均值。

6.2 空白试验

随同试料做空白试验。

6.3 测定

6.3.1 将试料(6.1)置于 100 mL 石英烧杯中,加入 30 mL 混合酸溶液(3.11),盖上表皿,低温加热使试料完全溶解,继续蒸发至试液颜色呈棕褐色(冷却后不应析出单体金)取下,打开表皿挥发氮的氧化物,加入 5 mL 盐酸(3.5)加热至试液颜色成棕褐色冷却至室温。

6.3.2 用盐酸溶液(3.9)洗涤表皿并将试液转移至 125 mL 分液漏斗中,定容至 20 mL,加入 50 mL 乙醚(3.12),振荡 20 s,静置分层。水相移入另一分液漏斗中。

6.3.3 有机相用 5 mL 盐酸(3.9)洗涤,合并两次水相,加入 20 mL 乙醚(3.12)重复操作一次,将水相放入原烧杯中,此有机相再用 5 mL 盐酸(3.9)洗涤一次,水相并入原烧杯中。

6.3.4 以 5 mL 盐酸(3.10)顺序洗涤两个有机相,水相并入原烧杯中(有机相保留回收金)。

6.3.5 加入 2 mL 混合酸(3.11),低温将烧杯中的水相浓缩至 5 mL,取下冷却至室温,用盐酸(3.9)移入 25 mL 容量瓶中并稀释至刻度,混匀待测。

6.3.6 在电感耦合等离子体原子发射光谱仪上,测量被测元素的谱线强度,扣除空白值,自工作曲线上查出被测元素的质量浓度。

6.4 工作曲线的绘制

6.4.1 移取 0.00 mL、0.50 mL、1.00 mL、5.00 mL 含有银、铝、砷、铋、镉、铬、铜、铁、镁、锰、镍、铅和锌的混合标准溶液(3.14.1),置于一组 50 mL 容量瓶中,用盐酸溶液(3.9)定容至刻度,混匀。

6.4.2 移取 0.00 mL、0.50 mL、1.00 mL、5.00 mL 含有铱、钯、铂、铑、锡、锑的混合标准溶液(3.14.2),置于一组 50 mL 容量瓶中,用盐酸溶液(3.9)定容至刻度,混匀。

6.4.3 移取 0.00 mL、0.50 mL、1.00 mL、5.00 mL 含有钛的标准溶液(3.14.3),置于一组 50 mL 容量瓶中,用盐酸溶液(3.9)定容至刻度,混匀。

6.4.4 移取 0.00 mL、0.50 mL、1.00 mL、5.00 mL 含有硅的标准溶液(3.14.4),置于一组 50 mL 聚丙烯容量瓶中,用盐酸溶液(3.9)定容至刻度,混匀。

6.4.5 在与试料溶液测定相同条件下,测量标准溶液中各元素的谱线强度。以各被测元素的质量浓度为横坐标,谱线强度为纵坐标绘制工作曲线。

7 分析结果的计算

按式(1)计算被测元素的量,即质量分数 $w(X)$,数值以%表示:

$$w(X) = \frac{(\rho_X \cdot V_X - \rho_0 \cdot V_0) \times 10^{-6}}{m} \times 100 \quad\cdots\cdots\cdots\cdots\cdots(1)$$

式中:

ρ_X——试液中被测元素的质量浓度,单位为微克每毫升(μg/mL);

V_X——试液的体积,单位为毫升(mL);

ρ_0——空白溶液中被测元素的质量浓度,单位为微克每毫升(μg/mL);

V_0——空白溶液的体积,单位为毫升(mL);

m——试料质量,单位为克(g)。

分析结果保留至小数点后第五位。

8 精密度

8.1 重复性

在重复性条件下获得的两次独立测试结果的测定值,在以下给出的平均值范围内,这两个测试结果的绝对差值不超过重复性限(r),以大于重复性限(r)的情况不超过5%为前提,重复性限(r)按表2数据采用线性内插法求得。

表 2

银的质量分数/%	0.000 02	0.000 10	0.000 47
r/%	0.000 01	0.000 02	0.000 05
铝的质量分数/%	0.000 05	0.000 18	0.000 45
r/%	0.000 01	0.000 03	0.000 05
砷的质量分数/%	0.000 05	0.000 19	0.000 46
r/%	0.000 01	0.000 03	0.000 05
铋的质量分数/%	0.000 02	0.000 09	0.000 43
r/%	0.000 01	0.000 02	0.000 05
镉的质量分数/%	0.000 02	0.000 10	0.000 48
r/%	0.000 01	0.000 02	0.000 05
铬的质量分数/%	0.000 02	0.000 10	0.000 48
r/%	0.000 01	0.000 02	0.000 05
铜的质量分数/%	0.000 02	0.000 10	0.000 47
r/%	0.000 01	0.000 02	0.000 05
铁的质量分数/%	0.000 02	0.000 10	0.000 48
r/%	0.000 01	0.000 02	0.000 05
铱的质量分数/%	0.000 06	0.000 22	0.000 52
r/%	0.000 02	0.000 03	0.000 05
镁的质量分数/%	0.000 02	0.000 10	0.000 46
r/%	0.000 01	0.000 02	0.000 05
锰的质量分数/%	0.000 02	0.000 10	0.000 47
r/%	0.000 01	0.000 02	0.000 03
镍的质量分数/%	0.000 02	0.000 10	0.000 47
r/%	0.000 01	0.000 02	0.000 05
铅的质量分数/%	0.000 05	0.000 20	0.000 48
r/%	0.000 01	0.000 03	0.000 05
钯的质量分数/%	0.000 02	0.000 10	0.000 49
r/%	0.000 01	0.000 02	0.000 05
铂的质量分数/%	0.000 02	0.000 10	0.000 48
r/%	0.000 01	0.000 02	0.000 05

表 2（续）

铑的质量分数/%	0.000 02	0.000 10	0.000 50
r/%	0.000 01	0.000 02	0.000 05
锑的质量分数/%	0.000 04	0.000 18	0.000 43
r/%	0.000 01	0.000 03	0.000 05
锌的质量分数/%	0.000 02	0.000 09	0.000 44
r/%	0.000 01	0.000 02	0.000 06
锡的质量分数/%	0.000 03	0.000 13	0.000 32
r/%	0.000 02	0.000 04	0.000 06
钛的质量分数/%	0.000 02	0.000 10	0.000 49
r/%	0.000 01	0.000 02	0.000 03
硅的质量分数/%	0.000 03	0.000 12	0.000 27
r/%	0.000 01	0.000 04	0.000 07

8.2 再现性

在再现性条件下获得的两次独立测试结果的测定值,在以下给出的平均值范围内,这两个测试结果的绝对差值不超过再现性限(R),以不大于再现性限(R)的情况不超过 5% 为前提,再现性限(R)按表 3数据采用线性内插法求得。

表 3

银的质量分数/%	0.000 02	0.000 10	0.000 47
R/%	0.000 01	0.000 02	0.000 05
铝的质量分数/%	0.000 05	0.000 18	0.000 45
R/%	0.000 02	0.000 04	0.000 08
砷的质量分数/%	0.000 05	0.000 19	0.000 46
R/%	0.000 01	0.000 03	0.000 05
铋的质量分数/%	0.000 02	0.000 09	0.000 43
R/%	0.000 01	0.000 03	0.000 10
镉的质量分数/%	0.000 02	0.000 10	0.000 48
R/%	0.000 01	0.000 03	0.000 06
铬的质量分数/%	0.000 02	0.000 10	0.000 48
R/%	0.000 01	0.000 03	0.000 05
铜的质量分数/%	0.000 02	0.000 10	0.000 47
R/%	0.000 01	0.000 02	0.000 05
铁的质量分数/%	0.000 02	0.000 10	0.000 48
R/%	0.000 01	0.000 03	0.000 05
铱的质量分数/%	0.000 06	0.000 22	0.000 52
R/%	0.000 02	0.000 04	0.000 13

表 3（续）

镁的质量分数/%	0.000 02	0.000 10	0.000 46
R/%	0.000 01	0.000 03	0.000 05
锰的质量分数/%	0.000 02	0.000 10	0.000 47
R/%	0.000 01	0.000 02	0.000 05
镍的质量分数/%	0.000 02	0.000 10	0.000 47
R/%	0.000 01	0.000 02	0.000 05
铅的质量分数/%	0.000 05	0.000 20	0.000 48
R/%	0.000 01	0.000 03	0.000 06
钯的质量分数/%	0.000 02	0.000 10	0.000 49
R/%	0.000 01	0.000 02	0.000 05
铂的质量分数/%	0.000 02	0.000 10	0.000 48
R/%	0.000 01	0.000 02	0.000 05
铑的质量分数/%	0.000 02	0.000 10	0.000 50
R/%	0.000 01	0.000 02	0.000 05
锑的质量分数/%	0.000 04	0.000 18	0.000 43
R/%	0.000 02	0.000 05	0.000 11
锌的质量分数/%	0.000 02	0.000 09	0.000 44
R/%	0.000 02	0.000 05	0.000 12
锡的质量分数/%	0.000 03	0.000 13	0.000 32
R/%	0.000 02	0.000 04	0.000 10
钛的质量分数/%	0.000 02	0.000 10	0.000 49
R/%	0.000 01	0.000 02	0.000 03
硅的质量分数/%	0.000 03	0.000 12	0.000 27
R/%	0.000 02	0.000 05	0.000 10

9 质量控制和保证

应用国家级或行业级标准样品（当两者没有时，也可用控制样品代替），每周或两周校核一次本分析方法标准的有效性。当过程失控时，应找出原因，纠正错误后，重新进行校核，并采取相应的预防措施。

附 录 A
（资料性附录）
仪器工作参数

使用美国 PerkinElmer 公司的 4300DV 型电感耦合等离子体原子发射光谱仪[1]（轴向观测），其测定银、铝、砷、铋、镉、铬、铜、铁、铱、镁、锰、镍、铅、钯、铂、铑、锑、硅、锡、钛和锌的谱线如表 A.1。

表 A.1

元素	分析谱线/nm	元素	分析谱线/nm	元素	分析谱线/nm	元素	分析谱线/nm
Ag	328.068	Ni	231.604	Pt	265.945	Zn	206.2
Cu	213.597	Pd	340.458	Sn	235.485	Cd	228.802
Pb	283.306	Al	396.153	Ti	334.94	Ir	224.268
Fe	234.349	Mn	257.61	Cr	267.716	Si	251.611
Sb	206.836	Mg	285.213	Rh	343.489	As	193.696
Bi	223.061						

注：上述各元素的分析谱线针对美国 PerkinElmer 公司的 4300DV 型电感耦合等离子体原子发射光谱仪，供使用单位选择分析谱线时参考。

---

[1] 给出这一信息是为了方便本标准的使用者，并不表示对该产品的认可。如果其他等效产品具有相同的效果，则可使用这些等效产品。

ICS 73.060.99
D 46

中华人民共和国国家标准

GB/T 29509.1—2013

载金炭化学分析方法
第 1 部分：金量的测定

Methods for chemical analysis of gold-loaded carbon—
Part 1:Determination of gold content

2013-05-09 发布

2014-02-01 实施

中华人民共和国国家质量监督检验检疫总局
中国国家标准化管理委员会 发布

前　言

GB/T 29509《载金炭化学分析方法》分为两个部分：
——第1部分：金量的测定；

　　　　　　　火试金重量法

　　　　　　　火焰原子吸收光谱法
——第2部分：银量的测定　火焰原子吸收光谱法。

本部分为 GB/T 29509 的第1部分。

本部分按照 GB/T 1.1—2009 给出的规则起草。

本部分由全国黄金标准化技术委员会(SAC/TC 379)提出并归口。

本部分火试金重量法起草单位：长春黄金研究院、紫金矿业集团股份有限公司、灵宝黄金股份有限公司、山东国大黄金股份有限公司、潼关中金冶炼有限责任公司、河南中原黄金冶炼厂有限责任公司。

本部分火试金重量法主要起草人：陈菲菲、陈永红、马丽军、腾飞、夏珍珠、兰美娥、林常兰、刘鹏飞、朱延胜、孔令强、李铁栓、刘成祥。

本部分火焰原子吸收光谱法起草单位：紫金矿业集团股份有限公司、长春黄金研究院、灵宝黄金股份有限公司、山东国大黄金股份有限公司、潼关中金冶炼有限责任公司、河南中原黄金冶炼厂有限责任公司。

本部分火焰原子吸收光谱法主要起草人：夏珍珠、李春香、刘本发、俞金生、陈菲菲、陈永红、王菊、刘鹏飞、朱延胜、孔令强、李铁栓、刘成祥。

载金炭化学分析方法
第1部分：金量的测定

1 范围

GB/T 29509 的本部分规定了载金炭中金量的测定方法。

本部分适用于载金炭中金含量的测定。测量范围：100.0 g/t～10 000.0 g/t。

2 火试金重量法（仲裁法）

2.1 方法提要

试料经过焙烧处理，与火试金试剂经配料、熔融，获得适当质量的含有贵金属的铅扣。通过灰吹使金银合粒与铅扣分离，得到的金银合粒经过硝酸分金后，用重量法测定金的含量。

2.2 试剂

除非另有说明，在分析中均使用分析纯的试剂和蒸馏水或去离子水或相当纯度的水。

2.2.1 碳酸钠：工业纯，粉状。

2.2.2 氧化铅：工业纯，粉状（空白金量不大于 0.02 g/t）。

2.2.3 硼砂：工业纯，粉状。

2.2.4 二氧化硅：白色结晶小颗粒或白色粉末。

2.2.5 金属银（质量分数≥99.99%）。

2.2.6 覆盖剂（3+1）：三份碳酸钠与一份硼砂混合。

2.2.7 硝酸（ρ=1.42 g/mL）。

2.2.8 硝酸（1+5）。

2.2.9 硝酸（1+2）。

2.2.10 面粉。

2.2.11 铅箔（质量分数≥99.99%）。

2.2.12 冰乙酸（ρ=1.05 g/mL）。

2.2.13 冰乙酸（1+3）。

2.2.14 银标准溶液：称取 5.000 g 金属银（2.2.5），置于 250 mL 烧杯中，加入硝酸（2.2.9）50 mL，低温加热至完全溶解，取下冷却至室温，用不含氯离子的水移入 500 mL 棕色容量瓶中，用水稀释至刻度，混匀。此溶液 1 mL 含 10 mg 银。

2.3 仪器和设备

2.3.1 试金坩埚：材质为耐火黏土。高 130 mm，底部外径 50 mm，容积约为 300 mL。

2.3.2 镁砂灰皿：顶部内径约 35 mm，底部外径约 40 mm，高 30 mm，深约 17 mm。

2.3.3 分金试管：25 mL 比色管。

2.3.4 方形瓷舟：长 90 mm，宽 60 mm，深 17 mm。

2.3.5 瓷坩埚:30 mL。

2.3.6 微量天平:感量不大于 0.01 mg。

2.3.7 天平:感量 0.01 g 和 0.001 g。

2.3.8 箱式电阻炉:最高加热温度为 1 350 ℃。

2.3.9 铁铸模。

2.4 试样

2.4.1 试样粒度应不大于 0.074 mm。

2.4.2 试样应在 100 ℃~105 ℃烘干 1 h 后,置于干燥器中冷却至室温。

2.5 分析步骤

2.5.1 试料

按表 1 称取试样(2.4),精确至 0.001 g。

表 1 试样质量

金质量分数 g/t	试料量 g
100.0~1 000.0	10
>1 000.0~5 000.0	5
>5 000.0~10 000.0	3

独立进行两次测定,取其平均值。

2.5.2 试剂中金空白值的测定

每批氧化铅都要测定其中金量。每次称取三份氧化铅进行平行测定,取其平均值。

方法:称取 200 g 氧化铅(2.2.2)、40 g 碳酸钠(2.2.1)、10 g 硼砂(2.2.3)、15 g 二氧化硅(2.2.4)、4 g 面粉(2.2.10),以下按 2.5.3.3、2.5.3.4、2.5.3.6 进行,测定金量。

2.5.3 测定

2.5.3.1 焙烧:先称取 5 g 二氧化硅(2.2.4)平铺于方形瓷舟(2.3.4)内,再将试料(2.5.1)覆盖在二氧化硅上,放置于低于 350 ℃的电炉内,升温至 650 ℃,保持 1 h~2 h,直至试料焙烧完全,取出冷却。

2.5.3.2 配料:先称取 30 g 碳酸钠(2.2.1)、80 g 氧化铅(2.2.2)、10 g 硼砂(2.2.3)、4 g 面粉(2.2.10)于试金坩埚(2.3.1)内,再将焙烧完全的载金炭试料(2.5.3.1)全部转移至其中,搅拌均匀后,加入 2.00 mL 银标准溶液(2.2.14),覆盖约 10 mm 厚的覆盖剂(2.2.6)。

2.5.3.3 熔融:将坩埚置于炉温为 800 ℃的箱式电阻炉(2.3.8)内,关闭炉门,升温至 930 ℃,保温 15 min,再升温至 1 100 ℃~1 150 ℃,保温 5 min~10 min 后出炉,将坩埚平稳地旋动数次,并在铁板上轻轻敲击 2~3 下,使附着在坩埚壁上的铅珠下沉,然后将熔融物小心地全部倒入预热的铁铸模(2.3.9)中。冷却后,分离铅扣与熔渣,并将铅扣锤成立方体,称量(40 g 左右)。

2.5.3.4 灰吹:将铅扣放入已在 950 ℃电炉(2.3.8)内预热 30 min 的镁砂灰皿中,关闭炉门 1 min~2 min,待熔铅脱膜后,半开炉门,并控制温度在 900 ℃灰吹,待铅扣完全吹尽,将灰皿取出冷却。

2.5.3.5 合粒处理:用小镊子将金银合粒从灰皿中取出,置于 30 mL 的瓷坩埚(2.3.5)中,加入 10 mL

冰乙酸(2.2.13),置于低温电热板上,保持近沸,取下冷却,倾出液体,用热水洗涤三次,放在电炉上烘干,取下,冷却,称量,即为合粒质量。将合粒质量减去预先所加的 20 mg 银近似为载金炭中的金量,并计算出金、银比例,如果金银比例小于 1：3,直接分金;若金银比例大于 1：3,则按 1：3 的比例补银,并把合粒和需要补加的银用 3 g～5 g 铅箔包好,按 2.5.3.4 进行再次灰吹。

2.5.3.6 分金:用小锤将金银合粒砸成薄片(0.2 mm～0.3 mm)。将金银薄片放入分金试管(2.3.3)中,并加入 10 mL 硝酸(2.2.8),把分金试管置于水浴中加热。待合粒与酸不再反应后,取出分金试管,倒出酸液。再加入 10 mL 微沸的硝酸(2.2.9),于沸水浴中继续加热 40 min。取出试管,倒出酸液,用蒸馏水洗净金粒后,移入 30 mL 瓷坩埚(2.3.5)中,在加热板上烘干后退火,冷却后,将金粒放在微量天平(2.3.6)上称量,记录称量质量。

2.6 分析结果的计算

按式(1)计算金的质量分数 ω_{Au},单位为克每吨(g/t):

$$\omega_{Au} = \frac{m_1 - m_0}{m} \times 1\,000 \qquad\cdots\cdots\cdots\cdots\cdots\cdots\cdots\cdots\cdots(1)$$

式中:

m_1——金粒的质量,单位为毫克(mg);

m_0——分析时所用氧化铅中金的质量,单位为毫克(mg);

m ——试料的质量,单位为克(g)。

分析结果表示至小数点后第一位。

2.7 精密度

2.7.1 重复性

在重复性条件下获得的两次独立测试结果的测定值,在以下给出的平均值范围内,这两个测试结果的绝对差值不大于重复性限(r),以大于重复性限(r)的情况不超过 5% 为前提,重复性限(r)按表 2 采用线性内插法求得。

表 2 重复性限
单位为克每吨

金的质量分数	535.7	1 997.1	5 419.4	9 426.7
重复性限(r)	10.0	25.0	70.0	130.0

2.7.2 再现性

在再现性条件下获得的两次独立测试结果的测定值,在以下给出的平均值范围内,这两个测试结果的绝对差值不大于再现性限(R),以大于再现性限(R)的情况不超过 5% 为前提,再现性限(R)按表 3 采用线性内插法求得。

表 3 再现性限
单位为克每吨

金的质量分数	535.7	1 997.1	5 419.4	9 426.7
再现性限(R)	15.0	60.0	120.0	220.0

2.8 质量控制和保证

应用国家级或行业级标准样品(当两者都没有时,可用自制的控制样品代替),每周或两周验证一次本方法的有效性,当过程失控时,应找出原因,纠正错误后,重新进行校核,并采取相应的预防措施。

3 火焰原子吸收光谱法

3.1 方法提要

试样经灼烧灰化后,用王水溶解残渣。在稀盐酸介质中,于火焰原子吸收光谱仪波长242.8 nm处,使用空气-乙炔火焰,测定金的吸光度,按标准曲线法计算金量。

3.2 试剂

除非另有说明,在分析中均使用分析纯试剂和蒸馏水或去离子水或相当纯度的水。

3.2.1 盐酸($\rho=1.19$ g/mL)。

3.2.2 盐酸(1+1)。

3.2.3 硝酸($\rho=1.42$ g/mL)。

3.2.4 王水(盐酸:硝酸=3:1),现用现配。

3.2.5 王水(1+1)。

3.2.6 金标准贮存溶液:称取1.000 0 g纯金(质量分数≥99.99%)于100 mL烧杯中,加入10 mL王水(3.2.5),低温加热至完全溶解,取下冷却至室温。移入1 000 mL容量瓶中,用水稀释至刻度,混匀。此溶液1 mL含1 mg金。

3.2.7 金标准溶液:移取50.00 mL金标准贮存溶液(3.2.6)于500 mL容量瓶中,加入50 mL盐酸(3.2.2),用水稀释至刻度,混匀。此溶液1 mL含100 μg金。

3.3 仪器

原子吸收光谱仪,附金空心阴极灯。

在仪器最佳工作条件下,凡能达到下列指标者均可使用:

——特征浓度:在与测量溶液的基体相一致的溶液中,金的特征浓度应不大于0.095 μg/mL。

——精密度:用最高浓度的标准溶液测量10次吸光度,其标准偏差应不超过平均吸光度的1.0%;用最低浓度的标准溶液(不是"零"浓度标准溶液)测量10次吸光度,其标准偏差应不超过最高浓度标准溶液平均吸光度的0.5%。

——工作曲线线性:将工作曲线按浓度等分成五段,最高段的吸光度差值与最低段的吸光度差值之比应不小于0.8。

3.4 试样

3.4.1 样品粒度应不大于0.074 mm。

3.4.2 样品应在100 ℃~105 ℃烘干1 h后,置于干燥器中冷却至室温。

3.5 分析步骤

3.5.1 试料

按表4称取试样(3.4),精确至0.000 1 g。

表 4 试样量及分取体积

金的质量分数 g/t	试样量 g	试液分取体积 mL	稀释体积 mL	补加盐酸(3.2.2)体积 mL
100.0～400.0	1.0	—	—	—
>400.0～1 600.0	1.0	25.00	100	7.5
>1 600.0～8 000.0	0.5	10.00	100	9.0
>8 000.0～10 000.0	0.2	10.00	100	9.0

3.5.2 测定次数

独立地进行两次测定,取其平均值。

3.5.3 空白试验

随同试料做空白试验。

3.5.4 测定

3.5.4.1 将试料(3.5.1)置于干燥的 30 mL 瓷坩埚中,移入马弗炉中,由低温缓慢升温至 650 ℃,稍开炉门,在有氧条件下于 650 ℃灼烧 1 h～2 h,直至试料(3.5.1)灰化完全,取出坩埚冷却至室温。

3.5.4.2 用少量水润湿坩埚中残渣,加入 10 mL 王水(3.2.5),于水浴中蒸至近干,取下稍冷。加入 10 mL 盐酸(3.2.2),加热使盐类溶解,取下冷却至室温。将溶液移入 100 mL 容量瓶中,用水稀释至刻度,混匀。

3.5.4.3 按表 4 分取试液于相应的容量瓶中,补加相应体积的盐酸(3.2.2),用水稀释至刻度,混匀。

3.5.4.4 于原子吸收光谱仪波长 242.8 nm 处,使用空气-乙炔火焰,以"零"浓度溶液调零,测量试液及随同试料空白的吸光度,从工作曲线上查出相应的金的浓度。

3.5.5 工作曲线绘制

移取 0.00 mL、1.00 mL、2.00 mL、3.00 mL、4.00 mL 金标准溶液(3.2.7),分别置于一组 100 mL 容量瓶中,加入 10 mL 盐酸(3.2.2),用水稀释至刻度,混匀。在与试料溶液相同测定条件下,以"零"浓度溶液调零,测量系列标准溶液的吸光度。以金的浓度为横坐标,吸光度为纵坐标绘制工作曲线。

3.6 分析结果的计算

按式(2)计算金的质量分数 ω_{Au},数值以 g/t 表示:

$$\omega_{Au} = \frac{(\rho_1 - \rho_0) \cdot V_0 \cdot V_2}{m \cdot V_1} \quad \cdots\cdots\cdots\cdots\cdots\cdots(2)$$

式中:

ρ_1——自工作曲线上查得试液中金的浓度,单位为微克每毫升(μg/mL);

ρ_0——自工作曲线上查得空白试液中金的浓度,单位为微克每毫升(μg/mL);

V_0——试液的体积,单位为毫升(mL);

V_1——分取试液的体积,单位为毫升(mL);

V_2——分取试液稀释后的体积,单位为毫升(mL);

m——试料的质量,单位为克(g)。

计算结果表示至小数点后第一位。

3.7 精密度

3.7.1 重复性

在重复性条件下获得的两次独立测试结果的测定值,在以下给出的平均值范围内,这两个测试结果的绝对差值不超过重复性限(r),超过重复性限(r)的情况不超过5%,重复性限(r)按表5数据采用线性内插法求得。

表5 重复性限

单位为克每吨

金的质量分数	525.9	2 014.0	5 376.6	9 446.9
重复性限(r)	20.0	50.0	120.0	200.0

3.7.2 再现性

在再现性条件下获得的两次独立测试结果的测定值,在以下给出的平均值范围内,这两个测试结果的绝对差值不超过再现性限(R),超过再现性(R)的情况不超过5%,再现性(R)按表6数据采用线性内插法求得。

表6 再现性限

单位为克每吨

金的质量分数	525.9	2 014.0	5 376.6	9 446.9
再现性限(R)	30.0	75.0	160.0	260.0

3.8 质量控制和保证

应用国家级或行业级标准样品(当两者没有时,也可用自制的控制样品代替),每周或两周验证一次本方法的有效性。当过程失控时,应找出原因,纠正错误后,重新进行校核,并采取相应的预防措施。

ICS 73.060.99
D 46

中华人民共和国国家标准

GB/T 29509.2—2013

载金炭化学分析方法
第 2 部分：银量的测定
火焰原子吸收光谱法

Methods for chemical analysis of gold-loaded carbon—
Part 2：Determination of silver content—
Flame atomic absorption spectrometry

2013-05-09 发布　　　　　　　　　　2014-02-01 实施

中华人民共和国国家质量监督检验检疫总局
中国国家标准化管理委员会　　发 布

前　言

GB/T 29509《载金炭化学分析方法》分为两个部分：

——第1部分：金量的测定；

　　　　　　火试金重量法

　　　　　　火焰原子吸收光谱法

——第2部分：银量的测定　火焰原子吸收光谱法。

本部分为 GB/T 29509 的第2部分。

本部分按照 GB/T 1.1—2009 给出的规则起草。

本部分由全国黄金标准化技术委员会(SAC/TC 379)提出并归口。

本部分起草单位：长春黄金研究院、紫金矿业集团股份有限公司、灵宝黄金股份有限公司、山东国大黄金股份有限公司、潼关中金冶炼有限责任公司、河南中原黄金冶炼厂有限责任公司。

本部分主要起草人：陈菲菲、陈永红、孟宪伟、王菊、兰美娥、刘志强、李雪花、刘鹏飞、朱延胜、孔令强、李铁栓、刘成祥。

载金炭化学分析方法
第2部分：银量的测定
火焰原子吸收光谱法

1 范围

GB/T 29509 的本部分规定了载金炭中银量的测定方法。

本部分适用于载金炭中银量的测定。测定范围：10.0 g/t～2 500.0 g/t。

2 方法提要

试料经灰化后，用盐酸、硝酸溶解，在稀盐酸介质中，使用空气-乙炔火焰，于火焰原子吸收光谱仪波长 328.1 nm 处测定银的吸光度，按标准曲线法计算载金炭中的银量。

扣除背景吸收，载金炭中共存元素不干扰测定。

3 试剂

除非另有说明，在分析中仅使用确认为分析纯的试剂和蒸馏水或去离子水或相当纯度的水。

3.1 盐酸（$\rho=1.19$ g/mL）。

3.2 硝酸（$\rho=1.42$ g/mL）。

3.3 硝酸（$\rho=1.42$ g/mL），优级纯。

3.4 盐酸（3+17）。

3.5 饱和氯化钠溶液。

3.6 银标准贮存溶液：称取 0.500 0 g 纯银（质量分数≥99.99%），置于 100 mL 烧杯中，加入 20 mL 硝酸（3.3），加热至完全溶解，煮沸驱除氮的氧化物，取下冷却，用不含氯离子的水移入 1 000 mL 棕色容量瓶中，加入 30 mL 硝酸（3.3），用水稀释至刻度，混匀。此溶液 1 mL 含 0.5 mg 银。

3.7 银标准溶液：移取 50.00 mL 银标准贮存溶液（3.6）于 500 mL 棕色容量瓶中，加入 10 mL 硝酸（3.3），用水稀释至刻度，混匀。此溶液 1 mL 含 50 μg 银。

4 仪器

原子吸收光谱仪，附银空心阴极灯。

在仪器最佳条件下，凡能达到下列指标的原子吸收光谱仪均可使用。

特征浓度：在与测量溶液基体相一致的溶液中，银的特征浓度应不大于 0.034 μg/mL。

精密度：用高浓度的标准溶液测量 10 次吸光度，其标准偏差应不超过平均吸光度的 1.0%；用最低浓度的标准溶液（不是"零"浓度标准溶液）测量 10 次吸光度，其标准偏差应不超过最高浓度标准溶液平均吸光度的 0.5%。

工作曲线线性：将工作曲线按浓度等分成五段，最高段的吸光度差值与最低段的吸光度差值之比应不小于 0.8。

5 试样

5.1 试样粒度不大于 0.074 mm。

5.2 试样应在 100 ℃～105 ℃烘干 1 h 后,置于干燥器中冷却至室温。

6 分析步骤

6.1 试料

按表 1 称取试样(第 5 章),精确至 0.000 1 g。

表 1 试样量及定容体积

银质量分数 g/t	试料量 g	容量瓶体积 mL
10.0～100.0	1.0	50
>100.0～500.0	0.50	100
>500.0～1 000.0	0.20	100
>1 000.0～2 500.0	0.20	200

独立进行两次测定,取其平均值。

6.2 空白试验

随同试料做空白试验。

6.3 测定

6.3.1 将试料(6.1)置于 30 mL 瓷坩埚中,于马弗炉中 650 ℃灰化完全,取出冷至室温,加入 3～5 滴氯化钠溶液(3.5),加入 3 mL 盐酸(3.1),水浴加热至微沸,加入 1 mL 硝酸(3.2),继续在水浴上蒸至湿盐状,取下。加入少量盐酸(3.1)和水,加热使盐类溶解,取下冷却至室温。

6.3.2 按表 1 所列用盐酸(3.4)分别定容至相应体积的容量瓶中,混匀。

6.3.3 在原子吸收光谱仪波长 328.1 nm 处,使用空气-乙炔火焰,参考附录 A 所推荐的仪器工作参数,以试剂空白调零,测量试料空白溶液和试料溶液的吸光度,扣除背景吸收,自工作曲线上查出相应的银浓度。

6.4 工作曲线的绘制

移取 0.00 mL、0.50 mL、1.00 mL、2.00 mL、3.00 mL、4.00 mL、5.00 mL、6.00 mL 银标准溶液(3.7),分别置于一组 100 mL 容量瓶中,用盐酸溶液(3.4)稀释至刻度,混匀。以试剂空白调零,测量吸光度。以银浓度为横坐标,吸光度为纵坐标,绘制工作曲线。

7 结果计算

按式(1)计算银的质量分数 ω_{Ag},单位为克每吨(g/t):

$$\omega_{Ag} = \frac{(\rho_1 - \rho_0) \cdot V}{m} \quad\cdots\cdots\cdots\cdots\cdots\cdots\cdots\cdots\cdots (1)$$

式中：

ρ_1——以试料溶液的吸光度自工作曲线查得的银浓度，单位为微克每毫升（$\mu g/mL$）；

ρ_0——以试料空白溶液的吸光度自工作曲线查得的银浓度，单位为微克每毫升（$\mu g/mL$）；

V——试料溶液的体积，单位为毫升（mL）；

m——试料的质量，单位为克（g）。

分析结果表示至小数点后第一位。

8 精密度

8.1 重复性

在重复性条件下获得的两次独立测试结果的测定值，在以下给出的平均值范围内，这两个测试结果的绝对差值不超过重复性限（r），超过重复性限（r）的情况不超过5%，重复性限（r）按表2数据采用线性内插法求得。

表 2 重复性限

单位为克每吨

银的质量分数	160.7	585.7	1 178.8	2 112.0
重复性限（r）	15.0	25.0	40.0	60.0

8.2 再现性

在再现性条件下获得的两次独立测试结果的测定值，在以下给出的平均值范围内，这两个测试结果的绝对差值不超过再现性限（R），超过再现性限（R）的情况不超过5%，再现性限（R）按表3数据采用线性内插法求得。

表 3 再现性限

单位为克每吨

银的质量分数	160.7	585.7	1 178.8	2 112.0
再现性限（R）	24.0	40.0	65.0	110.0

9 质量控制和保证

应用国家级或行业级标准样品（当两者没有时，也可用自制的控制样品代替），每周或两周验证一次本方法的有效性。当过程失控时，应找出原因，纠正错误后，重新进行校核，并采取相应的预防措施。

附 录 A

（资料性附录）

仪器工作参数

使用美国热电公司生产的 ICE3300 型火焰原子吸收光谱仪[1]，所推荐的仪器工作参数见表 A.1。

表 A.1 仪器工作参数

波长 nm	狭缝 nm	灯电流 mA	灯电流效率	燃气、助燃气	观测高度 mm
328.1	0.5	4.0	75%	1.1∶4.4	7

---

[1] 给出这一信息是为了方便本标准的使用者，并不表示对该产品的认可。如果其他等效产品具有相同的效果，则可使用这些等效产品。

ICS 77.120.99
D 46

中华人民共和国国家标准

GB/T 32841—2016

金矿石取样制样方法

Gold lump ores increment sampling and sample preparation

2016-08-29 发布

2017-07-01 实施

中华人民共和国国家质量监督检验检疫总局
中国国家标准化管理委员会 发布

前　言

本标准按照 GB/T 1.1—2009 给出的规则起草。

本标准由全国黄金标准化技术委员会(SAC/TC 379)提出并归口。

本标准起草单位：长春黄金研究院、辽宁金凤黄金矿业有限责任公司、山东恒邦冶炼股份有限公司、辽宁排山楼黄金矿业有限责任公司、吉林海沟黄金矿业有限责任公司、灵宝黄金股份有限公司。

本标准主要起草人：王艳荣、张清波、岳辉、赵志新、曲广涛、孙福红、梁国海、刘志华、王军强、张军胜、张艳峰、宋耀远、高正宝、高德品、郭建峰、胡站峰、刘强、王璆、王怀、张晗。

金矿石取样制样方法

1 范围

本标准规定了金矿石采用手工取样、制样方法；金矿石评定品质波动试验方法及校核取样精密度试验方法。

本标准适用于露天、井下开采的岩金矿石的化学成分、水分及可选性试验样品取样、制样。

本标准不适用于砂金矿石样品的取样、制样。

2 规范性引用文件

下列文件对于本文件的应用是必不可少的。凡是注日期的引用文件，仅注日期的版本适用于本文件。凡是不注日期的引用文件，其最新版本（包括所有的修改单）适用于本文件。

GB/T 2007.6 散装矿产品取样制样通则 水分测定方法 热干燥法

GB/T 20899（所有部分） 金矿石化学分析方法

GB/T 32840 金矿石

3 术语和定义

下列术语和定义适用于本文件。

3.1

手工取样 manual sampling

用人力操作取样工具（包括使用机械、辅助工具）来采集份样以组成正样和副样的方法。

3.2

交货批 consignment

以一次交货的同一类型、同一品质特性的散装金矿石为一交货批，交货批可由一批或多批矿石组成。构成一交货批的矿石质量为交货批量。

3.3

份样 increment

由一交货批矿石中的一个点或一个部位按规定质量取出的样品。该样品质量为份样量。

3.4

正样 sample

由一交货批矿石中的全部份样组合成的样品称为正样（以下称矿样）。组合成的样品质量为正样量。

3.5

副样 duplicate specimen

同一交货批矿石的正样或逐个份样经破碎后，混匀缩分组成的样品。

3.6

矿石最大粒度 maximum particle size of ores

矿石经过筛分，筛余量 5% 时的筛孔尺寸，单位为毫米（mm）。

3.7

品质波动 characteristic fluctuation

是对交货批不均匀性的度量。

4 一般规定

4.1 交货批中取出的份样间质量分数的标准偏差(σ_w)表示该批金矿石的品质波动。

4.2 金矿石类型按 GB/T 32840 要求进行。根据金矿石交货批量和品质波动类型,采取的份样数应不少于表1的规定。当金矿石品质波动类型不明时,应按附录A进行评定品质波动试验。

表 1 品质波动类型与金矿石份样数关系

交货批量 M/t	品质波动类型		
	小($\sigma_w < 0.80$)	中($0.80 \leqslant \sigma_w < 1.5$)	大($\sigma_w \geqslant 1.5$)
	最少份样数(N_{min})		
$M \leqslant 100$	20	40	60
$100 < M \leqslant 200$	40	80	120
$200 < M \leqslant 400$	60	120	180

4.3 交货批金矿石的品质波动 $\sigma_w \geqslant 2.0$ 或混入夹杂物,由供需双方协商或不予取样。

4.4 交货批量大时,每约200 t作为一个取样单元,分别取样、制样、测定,并将各取样单元测定结果加权平均后,作为交货批的结果。

4.5 评定品质波动试验方法见附录A,精密度校核试验方法见附录B。

5 取样

5.1 取样工具

取样工具包括:

a) 内螺旋取样钻机;

b) 尖头钢锹或平头钢锹、矿样截取器(或挡板)、取样铲、毛刷;

c) 带盖盛样桶(箱)或内衬塑料膜的盛样袋、普通盛样袋。

5.2 取样程序

5.2.1 称量交货批金矿石重量。

5.2.2 制定取样方案:

a) 确定取样单元重量;

b) 根据交货批量、品质波动类型,确定应取的份样数;

c) 确定取样方法,选择取样工具;

d) 确定份样组合方法,组成大样或副样。

5.3 份样数、份样量

5.3.1 按表1确定最少取样份数。

5.3.2 根据矿石最大粒度确定份样最小量,应符合表2的规定;所取的份样量应大致相等,其变异系数

CV≤20％。当 CV＞20％时,应单独制样或对份样进行缩分至份样量大致相等,再合并成大样或副样。

表 2　样品最大粒度与份样量关系

样品最大粒度 d/mm	份样量/kg
$d \leqslant 20$	10
$d \leqslant 15$	7.5
$d \leqslant 10$	5
$d \leqslant 5$	2.5
$d \leqslant 2$	1
注:取样金矿石粒度 $d \leqslant 20$ mm, $d > 20$ mm 破碎后取样。	

5.4　取样方法

5.4.1　系统取样

5.4.1.1　金矿石在装卸、加工或称量的移动过程中,按一定的质量或时间间隔采取份样。

5.4.1.2　按式(1)计算取样间隔:

$$T = \frac{Q}{n} \text{ 或 } T' = \frac{60Q}{nG} \quad \cdots\cdots\cdots\cdots (1)$$

式中:

T ——取样质量间隔,单位为吨(t);

Q ——批量,单位为吨(t);

n ——表1中规定的最小份样数,单位为个;

T' ——取样时间间隔,单位为分(min);

G ——矿石流量,单位为吨每小时(t/h)。

5.4.1.3　在第一个取样间隔内任意取第一个份样。应取份样数完成,而金矿石装卸、加工或称量的过程尚在进行,应继续取份样,直至移动结束。

5.4.1.4　皮带运输机取样应按计算间隔选取同一地点停机取样;在皮带运输机上或皮带落口处采取份样,截取矿石全截面;矿样截取器(或挡板)应与皮带紧密接触,取样器中样品应清扫干净。

5.4.1.5　在抓斗、铲车及其他装卸工具中取样,应均匀分布取样点,取样时应至上而下,不能只取表层,取样点的直径至少应为矿石最大粒度的3倍。

5.4.2　料场取样

5.4.2.1　单层取样

5.4.2.1.1　将一交货批矿样卸载于平坦、清洁、无污染料场。金矿石摊成平锥状,料堆高度不大于1 m。

5.4.2.1.2　按表1中规定的最小份样数在矿堆上均匀布设取样点位置或双方协商。

5.4.2.1.3　取样点的直径应不小于矿石最大粒度的3倍。

5.4.2.2　分层取样

5.4.2.2.1　堆于料场中的金矿石,在装卸、加工或称量过程中,可分几层取样。层数不大于3层,每层高度不大于1 m。

5.4.2.2.2　按式(2)计算每层份样数:

$$n_1 = \frac{n \times Q_L}{Q} \qquad \cdots\cdots\cdots\cdots\cdots\cdots\cdots\cdots (2)$$

式中：

n_1 —— 每层应取份样数，单位为个；

n —— 表1中规定的份样数，单位为个；

Q_L —— 每层矿样量，单位为吨（t）；

Q —— 批量，单位为吨（t）。

5.4.2.2.3 根据矿石粒度、料层厚度选择内螺旋取样钻机，内螺旋取样钻机钻孔内径至少应为矿石最大粒度的3倍。取样时，取样钻机应保持垂直，直至矿堆底部，钻取的矿样应倾倒干净。

5.4.3 货车取样

5.4.3.1 在装载金矿石的货车装卸过程中露出的新鲜面上随机取份样。

5.4.3.2 组成一批矿石的货车数少于规定的份样数时，每车最少取样份数 n_2 按式（3）计算：

$$n_2 = \frac{n}{M} \qquad \cdots\cdots\cdots\cdots\cdots\cdots\cdots\cdots (3)$$

式中：

n_2 —— 每车最少取样份数（有小数进为整数），单位为个；

n —— 表1中规定的份样数，单位为个；

M —— 交货批货车数，单位为个。

5.4.3.3 当规定的份样数少于货车数时，每个货车至少取一个份样，货车装载量不同时，份样数的分配应与装载量成正比。

6 制样

6.1 制样设备及工具

制样设备及工具包括：

a) 颚式破碎机；

b) 对辊破碎机；

c) 筛分机；

d) 圆盘粉碎机；

e) 振动研磨机；

f) 恒温干燥箱；

g) 二分器；

h) 平头钢锹、矿样截取器（或挡板）、取样铲、毛刷；

i) 十字分样板；

j) 带盖盛样桶（箱）或内衬塑料膜的试样袋、普通试样袋。

6.2 制样要求

6.2.1 制样前应认真检查样品是否有外来夹杂物。

6.2.2 制样设备及工器具应保持清洁、干净，制样过程中应防止样品污染。

6.2.3 样品潮湿无法加工制样时，应对样品进行自然干燥后再进行加工制样。

6.2.4 每个操作过程，样品均应混合均匀。

6.3 制样程序

将矿样按图1制样工艺流程进行加工制作。

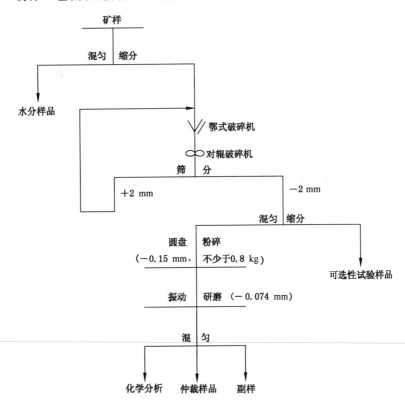

图 1 制样工艺流程

6.4 水分样品制备

6.4.1 采用移锥法将矿样混匀,用四分法或二分器法缩分,制取水分测定样品,按GB/T 2007.6要求进行。

6.4.2 制备水分样品时,应尽快进行,确保数据准确。

6.4.3 按式(4)计算水分样品最小取样量:

$$q = kd^2 \qquad\qquad\qquad\qquad (4)$$

式中:

q ——样品最小取样量,单位为千克(kg);

d ——样品中矿石最大粒度,单位为毫米(mm);

k ——经验系数,为 0.2。

6.4.4 水分样品如不能立即测量时,应称量原始重量,记录后盛装在密闭容器中封存。

6.5 化学分析样品制备

6.5.1 用颚式破碎机、对辊破碎机与筛分机闭路破碎筛分后,获得−2 mm 矿样。

6.5.2 对−2 mm 矿样采用移锥法进行混匀,用四分法、二分器法或网格法缩分,样品质量不少于0.8 kg。

6.5.3 将样品置于 105 ℃±5 ℃的恒温干燥箱内,并保持这一温度不少于 3 h。

6.5.4 利用圆盘粉碎机将干燥后的−2 mm 样品粉碎至−0.15 mm,再利用振动研磨机研磨试样至—0.074 mm。

6.5.5 采用掀角法混匀后，分成3份，一份作为化学分析样品；一份作为仲裁样品；一份为副样。

6.5.6 制备样品的化学分析方法按GB/T 20899的要求进行。

6.6 可选性试验样品制备

6.6.1 对—2 mm矿样(6.5.1)采用移锥法混匀，用四分法或二分器法缩分至需要的样品量。

6.6.2 采用割环法按每份干试样1 kg装袋。

6.6.3 样品混匀、缩分方法参见附录C。

7 样品保存与标识

7.1 化学成分分析样品、可选性试验样品保存期3个月。

7.2 样品标签上应标明：

  a) 产地；

  b) 品名；

  c) 编号；

  d) 分析项目；

  e) 取样和制样人姓名；

  f) 取样和制样日期。

附　录　A
（规范性附录）
金矿石　评定品质波动试验方法

A.1　范围

本附录规定了金矿石评定品质波动的试验方法、评定方法及结果计算。
本附录适用于金矿石品质波动的评定。

A.2　一般规定

A.2.1　金矿石品质波动即不均匀程度用交货批内份样间金质量分数的标准偏差确定,用($\hat{\sigma}_w$)表示。

A.2.2　选用同一类型、同一品级的金矿石,至少要进行 5 次独立试验。

A.2.3　试验所需的份样数应为本文件表 1 中规定的最少取样份数的 2 倍。如取的份样不能组成足够的成对副样时,应相应地增加份样数。利用例行取样工作进行校核试验时,A 样与 B 样由 $n/2$ 个份样组成。

A.2.4　份样量应符合标准的规定。

A.2.5　取样方法应从 5.4 中任意选择一种进行试验。

A.2.6　测定分析样品中金的质量分数。

A.3　试验方法

A.3.1　由一个大交货批矿石求份样间的标准偏差时,可将该批金矿石分成数量相等的至少十个部分（如图 A.1 所示）,将每部分所取的份样按顺序编号,然后每部分的奇数号份样合并为 A 样,偶数号份样合并为 B 样,组成一对分析样品,分别进行测定。

○○	○○	○○	○○	○○	○○	○○	○○	○○	○○
A_1B_1	A_2B_2	A_3B_3	A_4B_4	A_5B_5	A_6B_6	A_7B_7	A_8B_8	A_9B_9	$A_{10}B_{10}$

图 A.1　交货批量大的试验方法

A.3.2　由几个小批量交货批求份样间标准偏差时,可将品质基本相同、数量大致相等的几批,共分成数量大致相等的至少十个部分,从每个部分取的份样合成一对副样。

A.3.3　当取样方法取出的份样不能满足试验要求时,应增加份样数,满足每个样品由数量相等的份样组成。

A.3.3　试验时份样数可按本标准规定的最小取样份数取,如取的份样不能组成足够的成对副样时,应相应的增加份样数。

A.4　份样间标准偏差 $\hat{\sigma}_w$ 的计算

试验得到每部分成对的数据的极差 R 按式（A.1）计算:

$$R = |A - B| \quad\quad\quad\quad\quad\quad\quad\quad\quad（A.1）$$

式中：

A ——由 A 样制备的成分试样所得的测定值；

B ——由 B 样制备的成分试样所得的测定值。

所有极差的平均值 $\overline{R}$ 按式(A.2)计算：

$$\overline{R} = \frac{1}{K}\sum R \quad\text{……………………………(A.2)}$$

式中：

K ——R 值的个数。

份样间的标准偏差估计值 $\hat{\sigma}_w$ 按式(A.3)计算：

$$\hat{\sigma}_w = \sqrt{n_s}\,(\overline{R}/d_2) \quad\text{……………………………(A.3)}$$

式中：

n_s ——组成副样 A 或 B 的份样数；

d_2 ——由极差估计标准偏差的计算系数，成对数据时 $\frac{1}{d_2}$ 为 0.886 5。

A.5 结果计算

试验所得总份样间标准偏差估计值的平均值(σ_w)按式(A.4)计算：

$$\sigma_w = \sqrt{\frac{1}{n}\sum \hat{\sigma}_w^2} \quad\text{……………………………(A.4)}$$

式中：

n ——$\hat{\sigma}_w$ 的个数，即试验次数。

A.6 试验结论

根据试验所得的标准偏差估计值判定金矿石的品质波动类型。

A.7 试验报告

试验报告应包括以下内容：

a) 金矿石产地；

b) 试验批数及批量；

c) 试验方法；

d) 试验数据；

e) 试验结果；

f) 试验结论；

g) 试验者和试验日期。

附 录 B
（规范性附录）
金矿石 校核取样精密度试验方法

B.1 范围

本附录规定了金矿石校核取样精密度的试验方法。
本附录适用于金矿石取样制样精密度的校核。

B.2 一般规定

B.2.1 选用同一类型、不同品位的金矿石进行试验，试验不少于10批。
B.2.2 试验所需的份样数应为本文件表1中规定的最少取样份数的2倍。利用例行取样工作进行校核试验时，A样与B样由$n/2$个份样组成。
B.2.3 份样量应符合标准的规定。
B.2.4 取样方法应从5.4中任意选择一种进行试验。
B.2.5 测定分析样品中金的质量分数。

B.3 试验方法

B.3.1 将从一交货批矿石中采取的所有份样按顺序编号，将全部奇数号份样合并为A样，将全部偶数号份样合并为B样。
B.3.2 按图B.1缩分方式进行试验。混匀、缩分A和B大样，获得A_1、B_1、A_2、B_2四个试样，每个试样进行双样测定。

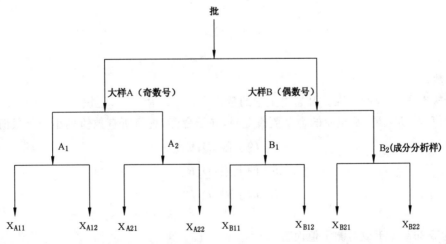

图 B.1 缩分方式

B.4 试验数据计算

B.4.1.1 将一批试验所得的4个分析样品的8个测定结果用下列符号表示。

X_{A11}、X_{A12}——代表由大样 A 制备出的成分分析样品 A_1 的一对测定结果;

X_{A21}、X_{A22}——代表由大样 A 制备出的成分分析样品 A_2 的一对测定结果;

X_{B11}、X_{B12}——代表由大样 B 制备出的成分分析样品 B_1 的一对测定结果;

X_{B21}、X_{B22}——代表由大样 B 制备出的成分分析样品 B_2 的一对测定结果。

B.4.1.2 计算出每个成分分析样品双试验测定结果的平均值($\overline{X}_{ij}$)和极差(R_1)。见式(B.1)和式(B.2)。

$$\overline{X}_{ij} = \frac{1}{2}(X_{ij1} + X_{ij2}) \quad \cdots\cdots\cdots\cdots\cdots\cdots\cdots (\text{B.1})$$

$$R_1 = |X_{ij1} - X_{ij2}| \quad \cdots\cdots\cdots\cdots\cdots\cdots\cdots (\text{B.2})$$

式中:

i ——由批样制备的 A 样和 B 样;

j ——由 A 样和 B 样制备的成对分析样品;

1、2——分析样品的测定结果。

B.4.1.3 计算出成对成分试样 A_1、A_2 和 B_1、B_2 的平均值($\overline{\overline{x}}_i$)和极差($R_2$)。见式(B.3)和式(B.4)。

$$\overline{\overline{x}}_i = \frac{1}{2}(\overline{X}_{i1} + \overline{X}_{i2}) \quad \cdots\cdots\cdots\cdots\cdots\cdots\cdots (\text{B.3})$$

$$R_2 = |\overline{X}_{i1} - \overline{X}_{i2}| \quad \cdots\cdots\cdots\cdots\cdots\cdots\cdots (\text{B.4})$$

B.4.1.4 计算出大样 A 和 B 的平均值($\overline{\overline{\overline{x}}}$)和极差($R_3$)。见式(B.5)和式(B.6)。

$$\overline{\overline{\overline{X}}} = \frac{1}{2}(X_A + X_B) \quad \cdots\cdots\cdots\cdots\cdots\cdots\cdots (\text{B.5})$$

$$R_3 = |\overline{\overline{X}}_A - \overline{\overline{X}}_B| \quad \cdots\cdots\cdots\cdots\cdots\cdots\cdots (\text{B.6})$$

B.4.1.5 算出极差的平均值($\overline{R}_1$、$\overline{R}_2$、$\overline{R}_3$)。见式(B.7)~式(B.9)。

$$\overline{R}_1 = \frac{1}{4K}\sum R_1 \quad \cdots\cdots\cdots\cdots\cdots\cdots\cdots (\text{B.7})$$

$$\overline{R}_2 = \frac{1}{2K}\sum R_2 \quad \cdots\cdots\cdots\cdots\cdots\cdots\cdots (\text{B.8})$$

$$\overline{R}_3 = \frac{1}{K}\sum R_3 \quad \cdots\cdots\cdots\cdots\cdots\cdots\cdots (\text{B.9})$$

式中:

K——批数。

B.4.1.6 计算极差 R 的控制上限。凡超出上限的数值应舍去。舍去后,应按式(B.7)~式(B.9)重新计算极差的平均值 $\overline{R}_1$、$\overline{R}_2$、$\overline{R}_3$ 及相应的舍弃数值上限,并予舍弃,直至所有数值均小于上限值为止。

$$R_1 \text{ 的上限}: D_4\overline{R}_1$$

$$R_2 \text{ 的上限}: D_4\overline{R}_2$$

$$R_3 \text{ 的上限}: D_4\overline{R}_3$$

式中:

D_4——为 3.267(对于成对测定值而言)。

B.4.1.7 计算出按极差推算的测定标准偏差($\hat{\sigma}_M$)、制样标准偏差($\hat{\sigma}_P$)和取样标准偏差($\hat{\sigma}_S$)的估计值。

$$\hat{\sigma}_M = \frac{\overline{R}_1}{d_2} \quad \cdots\cdots\cdots\cdots\cdots\cdots\cdots (\text{B.10})$$

$$\hat{\sigma}_P = \sqrt{\left(\frac{\overline{R}_2}{d_2}\right)^2 - \frac{1}{2}\left(\frac{\overline{R}_1}{d_2}\right)^2} \quad \cdots\cdots\cdots\cdots\cdots\cdots\cdots (\text{B.11})$$

$$\hat{\sigma}_S = \sqrt{\left(\frac{\overline{R_3}}{d_2}\right)^2 - \frac{1}{2}\left(\frac{\overline{R_2}}{d_2}\right)^2} \quad \cdots\cdots\cdots\cdots\cdots\cdots\cdots\cdots (\text{B.12})$$

式中：

$\frac{1}{d_2}$——成对试验时由极差估算标准偏差的系数，数值为 0.886 5。

注：如大样由 $n/2$ 个份样组成，式(B.12)中的 $\hat{\sigma}_S$ 的值应除以 $\sqrt{2}$。

B.4.1.8 按式(B.13)~式(B.15)计算出测定精密度(β_M)、制样精密度(β_P)和取样精密度(β_S)：

$$\beta_M = 2\hat{\sigma}_M \quad \cdots\cdots\cdots\cdots\cdots\cdots\cdots\cdots (\text{B.13})$$

$$\beta_P = 2\hat{\sigma}_P \quad \cdots\cdots\cdots\cdots\cdots\cdots\cdots\cdots (\text{B.14})$$

$$\beta_S = 2\hat{\sigma}_S \quad \cdots\cdots\cdots\cdots\cdots\cdots\cdots\cdots (\text{B.15})$$

B.4.1.9 按式(B.16)~式(B.18)计算出取样、制样和测定的总标准偏差(σ_{SPM})和总精密度(β_{SPM})：

$$\sigma_{SPM}^2 = \hat{\sigma}_S^2 + \hat{\sigma}_P^2 + \hat{\sigma}_M^2 \quad \cdots\cdots\cdots\cdots\cdots\cdots\cdots\cdots (\text{B.16})$$

$$\sigma_{SPM} = \sqrt{\hat{\sigma}_S^2 + \hat{\sigma}_P^2 + \hat{\sigma}_M^2} \quad \cdots\cdots\cdots\cdots\cdots\cdots\cdots\cdots (\text{B.17})$$

$$\beta_{SPM} = 2\sigma_{SPM} \quad \cdots\cdots\cdots\cdots\cdots\cdots\cdots\cdots (\text{B.18})$$

B.5 试验结果分析和异常情况处理

B.5.1 试验的 β 值小于标准中的规定值，表明金矿石取样、制样和测定的过程符合标准要求。

B.5.2 试验的 β 值大于标准中的规定值，应查找影响因素。并按附录A重新评价金矿石的品质波动，在不能重新进行品质波动试验时，应增加份样数。

B.5.3 增加份样数，按式(B.19)计算应取的份样数。

$$\frac{\beta_S}{\beta_{S1}} = \sqrt{\frac{n}{n'}} \quad \cdots\cdots\cdots\cdots\cdots\cdots\cdots\cdots (\text{B.19})$$

式中：

β_{S1}——试验所得取样精密度；

β_S——应达到的取样精密度；

n——标准中规定的份样数；

n'——达到 β_S 时应取的份样数。

B.6 试验报告

试验报告应包括以下内容：

a) 金矿石产地；

b) 试验批数及批量；

c) 试验方法；

d) 试验数据；

e) 试验结果；

f) 试验结论；

g) 试验者和试验日期。

附 录 C

（资料性附录）

样品混匀、缩分方法

C.1 样品混匀方法

C.1.1 移锥法

即利用平头钢锹将矿样反复堆锥，堆锥时，矿样应从锥顶中心给下，使矿样沿锥顶中心均匀四下散落，铲取矿样时，应沿锥底周边逐渐转移铲样的位置，以同样的方式堆锥，直至混匀。

C.1.2 掀角法

将样品置于洁净的正方形混样胶皮上，轮流提起胶皮两对对角上下运动，每次滚动时使样品滚过胶皮对角线，反复滚动直至混匀。

C.2 样品缩分方法

C.2.1 四分法

将采用移锥法混匀的矿样圆锥体，从圆锥顶点垂直向下将矿堆压平成圆饼状，然后用十字分样板将其分割为4等份，取其中互为对角的两份合并为一份，将矿样一分为二。取其中一份继续采用移锥法混匀，重复以上操作直至取样量达到要求。

C.2.2 二分器法

二分器主体部分是由多个正向、反向倾斜的料槽交叉排列组成，料槽数应为偶数，料槽宽度应为矿石最大粒度的2～3倍，不同粒度的矿石配用不同规格的二分器。二分器内表面应光滑且无锈。使用时，样品受料器应与二分器开口精密配合，以免矿粉洒出。

将混匀后的矿样全部通过二分器，将矿样一分为二，随机选取其中一份再全部通过二分器，直至缩分量达到要求。

表 C.1 不同样品粒度对应二分器料槽宽度

样品最大粒度/mm	二分器料槽宽度/mm	二分器料槽个数/个
20	50	12
15	38	14
10	25	16
5	13	18
2	6	20

C.2.3 网格法

将样品置于干净平整处，铺成厚度均匀的方形平堆，然后将平堆划成等分的网格，缩分样品不得少于 20 格,用挡板及取样铲插至底部,每格取等量的一铲合并为缩分样品。当大样量多时,可将大样分成几个等分,分次按上述方法操作进行缩分。

C.2.4 割环法

将采用移锥法混匀的矿样圆锥体从圆锥顶点垂直向下压平成圆饼状,从圆饼中心点沿半径方向向外均匀将矿样耙成圆环,圆环不应太宽、太厚,然后沿环周依次连续割取小份试样。割取时应注意以下两点:一是每一个单份试样均应取自环周上相对(即 180°)的两处,两处取样量应大致相等;二是每次铲取样品时,取样铲均应从圆环上到下、从外到内铲到底,铲取一定宽度的完整的圆环横断面,不应只铲顶层而不铲底层,或只铲外沿而不铲内沿。

ICS 77.150.01
D 46

中华人民共和国国家标准

GB/T 32992—2016

活性炭吸附金容量及速率的测定

Determination of gold adsorption capacity and rate of activated carbon

2016-10-13 发布

2017-09-01 实施

中华人民共和国国家质量监督检验检疫总局
中国国家标准化管理委员会 发布

前　言

本标准按照 GB/T 1.1—2009 给出的规则起草。

本标准由全国黄金标准化技术委员会(SAC/TC 379)提出并归口。

本标准负责起草单位:紫金矿业集团股份有限公司。

本标准参加起草单位:长春黄金研究院、厦门紫金矿冶技术有限公司、北京矿冶研究总院、山东国大黄金股份有限公司、灵宝黄金股份有限公司黄金冶炼分公司、河南中原黄金冶炼厂有限责任公司。

本标准主要起草人:夏珍珠、陈祝海、林常兰、龙秀甲、俞金生、陈永红、洪博、高振广、刘海波、刘永玉、张琳、王辉、孔令强、杜翔、宋耀远、胡站锋、刘成祥。

活性炭吸附金容量及速率的测定

警告：本标准使用氰化钠，属剧毒化学品，提醒使用者注意安全操作，废液应做妥善安全处理。

1 范围

本标准规定了湿法提金工艺中所用椰壳活性炭吸附金容量及速率的测定方法。

本标准适用于湿法提金工艺中所用椰壳活性炭吸附金容量及速率的测定，适用于活性炭吸附金性能的评价。

2 术语和定义

下列术语和定义适用于本文件。

2.1

Freundlich 吸附等温线　Freundlich adsorption isotherm

在恒定温度下，单位质量吸附剂所吸附组分的量与该组分的平衡浓度的关系曲线，符合 Freundlich 吸附方程，见式(1)。

$$Q = kc^{\frac{1}{n}} \text{ 或 } \lg Q = \frac{1}{n}\lg c + \lg k \qquad\qquad\cdots\cdots\cdots\cdots\cdots\cdots\cdots\cdots\cdots(1)$$

式中：

Q　——吸附平衡时单位质量吸附剂所吸附组分的量；

c　——吸附平衡时被吸附组分的浓度；

k, n——常数。

2.2

吸附容量　adsorption capacity

在一定温度、浓度或压力下，单位质量吸附剂对某一流体或流体混合物中给定组分的吸附量。本标准中，活性炭吸附金容量指在吸附平衡时金浓度为 1.0 μg/mL 单位质量活性炭所吸附金的量。

2.3

吸附速率　adsorption rate

在一定温度、浓度或压力下，单位质量吸附剂在单位时间内所吸附给定组分的量。本标准中，活性炭吸附金速率指在金浓度为 10.0 μg/mL 的溶液中单位质量活性炭吸附 60 min 所吸附金的量。

3 吸附金容量的测定

3.1 方法提要

在恒温条件下，试料在一定浓度的含金溶液中达到吸附平衡后，用原子吸收光谱仪测定吸附余液中金浓度，绘制 Freundlich 吸附等温线，计算得到活性炭吸附金容量。

3.2 试剂

除非另有说明，在分析中均使用分析纯的试剂和去离子水或相当纯度的水。

3.2.1　海绵金：质量分数≥99.99%。

3.2.2 氰化钠:化学纯。

3.2.3 氢氧化钠。

3.2.4 盐酸:$\rho = 1.19$ g/mL。

3.2.5 硝酸:$\rho = 1.42$ g/mL。

3.2.6 盐酸(1+1)。

3.2.7 混合酸(硝酸+盐酸+水=1+3+4)。

3.2.8 过氧化氢:30%。

3.2.9 氢氧化钠溶液(pH≈11.5):称取 0.15 g 氢氧化钠(3.2.3)置于 2 000 mL 烧杯中,加入 1 000 mL 水,使溶解完全,调节溶液使 pH 在 11.5 左右。

3.2.10 氰化钠溶液(110 g/L):称取 5.5 g 氰化钠(3.2.2),加入 50 mL 氢氧化钠溶液(3.2.9),搅拌溶解。

3.2.11 氰化钠溶液(0.55 g/L):称取 0.55 g 氰化钠(3.2.2),加入 1 000 mL 氢氧化钠溶液(3.2.9),搅拌溶解。

3.2.12 金标准溶液 A(100.0 μg/mL):称取 0.100 0 g 纯金(3.2.1)于 50 mL 烧杯中,加入 2 mL 氰化钠溶液(3.2.10),加入 5 mL~10 mL 氢氧化钠溶液(3.2.9),置于磁力搅拌器上,在搅拌及低温加热(溶液温度不得高于 50 ℃)条件下缓慢地间隔时间逐滴加入过氧化氢(3.2.8)约 0.5 mL,使金完全溶解。移入 1 000 mL 容量瓶中,用氢氧化钠溶液(3.2.9)稀释至刻度,混匀。此溶液 1 mL 含 100 μg 金。

3.3 仪器和设备

3.3.1 电热恒温鼓风干燥箱。

3.3.2 分析天平:感量 0.000 1 g。

3.3.3 恒温振荡器:温度 4 ℃~60 ℃、转速 30 r/min~250 r/min。

3.3.4 一次性注射器。

3.3.5 针头式过滤器:孔径 0.45 μm,水系膜。

3.3.6 原子吸收光谱仪,附金空心阴极灯。

在仪器最佳工作条件下,凡能达到下列指标者均可使用:

——特征浓度:在与测量溶液的基体相一致的溶液中,金的特征浓度应不大于 0.078 μg/mL;

——精密度:用最高浓度的标准溶液测量 10 次吸光度,其标准偏差应不超过平均吸光度的 1.0%;用最低浓度的标准溶液(不是"零"浓度标准溶液)测量 10 次吸光度,其标准偏差应不超过最高浓度标准溶液平均吸光度的 0.5%;

——工作曲线线性:将工作曲线按浓度等分成五段,最高段的吸光度差值与最低段的吸光度差值之比应不小于 0.8。

3.4 试样

3.4.1 样品粒度应不大于 0.074 mm。

3.4.2 将样品置于称量瓶中,在 100 ℃~105 ℃烘干 1 h 后,置于干燥器中冷却至室温,立即进行称量步骤(3.5.2)。

3.5 测定步骤

3.5.1 分别移取 150.00 mL 金标准溶液 A(3.2.12)于一组 250 mL 锥形瓶中,作为吸附溶液。

3.5.2 快速称取试样 0.10 g、0.20 g、0.50 g、0.75 g、1.00 g(精确至 0.000 1 g),分别于锥形瓶(3.5.1)中,摇动使试样完全浸泡于吸附溶液中,密封瓶口。置于恒温振荡器上(3.3.3),调节振荡器转速至 200 r/min,控制温度为 30 ℃±1 ℃,持续振荡 16 h。

3.5.3 逐一取出锥形瓶,立即用针头式过滤器(3.3.5)过滤吸附后溶液,移取 5.00 mL 滤液于 50 mL 烧杯。

3.5.4 加入 5 mL 混合酸(3.2.7),置于电热板上,加热蒸发至近干。取下稍冷,加入 10 mL 盐酸(3.2.6),加热使盐类溶解。冷却后将溶液移入 100 mL 容量瓶,用水稀释至刻度,混匀。

警告:此步骤操作应在通风橱内进行,穿戴好安全防护用品。

3.5.5 于原子吸收光谱仪在波长 242.8 nm 处,使用空气-乙炔火焰,以"零"浓度溶液调零,测量试液(3.5.4)的吸光度,从工作曲线上查出试液中相应金的浓度。

3.5.6 工作曲线绘制

分别移取 0.00 mL、0.50 mL、1.00 mL、2.00 mL、3.00 mL、4.00 mL 金标准溶液 A(3.2.12)于一组 50 mL 烧杯,加入 1 mL 氰化钠溶液(3.2.11),用少量水冲洗烧杯内壁。以下按 3.5.4 步骤操作。在与试液相同测定条件下,以"零"浓度溶液调零,测量系列标准溶液的吸光度。以金的浓度为横坐标,吸光度为纵坐标绘制工作曲线。

3.6 结果计算

3.6.1 吸附溶液中金的浓度

吸附平衡后溶液中金的浓度(c_e)按式(2)计算:

$$c_e = \frac{\rho \cdot V_1}{V_0} \quad\quad\quad\quad\quad\quad (2)$$

式中:

c_e ——吸附平衡后溶液中金的浓度,单位为微克每毫升($\mu g/mL$);

ρ ——自工作曲线上查得试液中金的浓度,单位为微克每毫升($\mu g/mL$);

V_1 ——试液(3.5.4)的体积,单位为毫升(mL);

V_0 ——移取滤液(3.5.3)的体积,单位为毫升(mL)。

3.6.2 吸附金量

试样吸附金量按式(3)计算:

$$Q_e = \frac{(100.0 - c_e)V}{m} \times 10^{-3} \quad\quad\quad\quad (3)$$

式中:

Q_e ——试样吸附金量,单位为克每千克(g/kg);

c_e ——吸附平衡后溶液中金的浓度,单位为微克每毫升($\mu g/mL$);

V ——吸附溶液(3.5.1)的体积,单位为毫升(mL);

m ——试样质量,单位为克(g)。

3.6.3 吸附金容量

分别对 Q_e 和 c_e 取对数,以 $\lg c_e$ 为横坐标,$\lg Q_e$ 为纵坐标,绘制 Freundlich 吸附等温线,拟合 Freundlich 吸附等温方程,见式(4):

$$\lg Q_e = \frac{1}{n}\lg c_e + \lg k \quad\quad\quad\quad (4)$$

根据式(4),当吸附液平衡浓度 c_e 为 1.0 $\mu g/mL$ 时所对应的 Q_e 值,此 Q_e 值即为试样吸附金容量,单位为克每千克(g/kg)。

所得结果表示至两位小数。拟合方程的相关系数应不小于 0.99,试验结果有效。

3.7 精密度

同实验室内两个平行测定结果的相对标准偏差应不大于11.6%。

两个实验室间测定结果的相对标准偏差应不大于13.6%。

3.8 试验报告

试验报告至少应给出以下几个方面的内容：

——试样；

——使用的标准（GB/T 32992—2016）；

——试验项目；

——分析结果及其表示；

——与基本分析步骤的差异；

——试验中观察到的异常现象；

——试验日期。

4 吸附金速率的测定

4.1 方法提要

在恒温条件下，试料在一定浓度的含金溶液中吸附60 min后，用原子吸收光谱仪测定吸附余液中金浓度，计算得到活性炭吸附金速率。

4.2 试剂

4.2.1 除以下试剂，其余所用试剂见3.2。

4.2.2 金标准溶液B（10.0 μg/mL）：移取100 mL金标准溶液A（3.2.12）至1 000 mL容量瓶中，加入1.5 mL氰化钠溶液（3.2.10），用氢氧化钠溶液（3.2.9）稀释至刻度，混匀。此溶液1 mL含10 μg金。

4.3 仪器和设备

所用仪器和设备见3.3。

4.4 试样

4.4.1 样品粒度应不大于0.074 mm。

4.4.2 将样品置于称量瓶中，在100 ℃～105 ℃烘干1 h后，置于干燥器中冷却至室温，立即进行称量步骤（4.5.2）。

4.5 测定步骤

4.5.1 移取250.00 mL金标准溶液B（4.2.2）于500 mL锥形瓶中，作为吸附溶液，密封瓶口。将锥形瓶置于恒温振荡器（3.3.3）上，调节转速至200 r/min，控制温度为30 ℃±1 ℃，恒温30 min。

4.5.2 准确称取0.400 0 g±0.001 0 g试样，迅速加入锥形瓶中，摇动使试样完全浸泡于吸附溶液中，密封瓶口。立即置于恒温振荡器（3.3.3）上，调节转速至200 r/min，控制温度为30 ℃±1 ℃，振荡60 min。

4.5.3 用针头式过滤器（3.3.5）过滤吸附后溶液，移取10.00 mL滤液于50 mL烧杯。

4.5.4 加入5 mL混合酸（3.2.7），置于电热板上，加热蒸发至近干。取下稍冷，加入5 mL盐酸（3.2.6），加热使盐类溶解。冷却后将溶液移入50 mL容量瓶中，用水稀释至刻度，混匀。

4.5.5 于原子吸收光谱仪在波长242.8 nm处，使用空气-乙炔火焰，以"零"浓度溶液调零，测量试液（4.5.4）的吸光度,从工作曲线上查出试液中相应金的浓度。

4.5.6 工作曲线绘制

分别移取 0.00 mL、0.50 mL、1.00 mL、2.00 mL、3.00 mL、4.00 mL 金标准溶液 A(3.2.12)于一组 50 mL 烧杯,加入 1 mL 氰化钠溶液(3.2.11),用少量水冲洗烧杯内壁。加入 5 mL 混合酸(3.2.7),置于电热板上,加热蒸发至干。取下稍冷,加入 10 mL 盐酸(3.2.6),加热使盐类溶解。冷却后将溶液移入 100 mL 容量瓶中,用水稀释至刻度,混匀。在与试液相同测定条件下,以"零"浓度溶液调零,测量系列标准溶液的吸光度。以金的浓度为横坐标,吸光度为纵坐标绘制工作曲线。

4.6 结果计算

4.6.1 吸附后溶液中金的浓度

吸附后溶液中金的浓度(c_t)按式(5)计算:

$$c_t = \frac{\rho \cdot V_1}{V_0} \quad\quad\quad\quad\quad\quad\quad\quad\quad (5)$$

式中:

c_t ——吸附后溶液中金的浓度,单位为微克每毫升($\mu g/mL$);

ρ ——自工作曲线上查得试液中金的浓度,单位为微克每毫升($\mu g/mL$);

V_1 ——测定溶液(4.5.4)的体积,单位为毫升(mL);

V_0 ——移取滤液(4.5.3)的体积,单位为毫升(mL)。

4.6.2 吸附金速率

试样吸附金速率按式(6)计算:

$$Q_t = \frac{(10.0 - c_t)V}{m} \times 10^{-3} \quad\quad\quad\quad\quad\quad (6)$$

式中:

Q_t ——试样吸附金速率,单位为克每千克(g/kg);

c_t ——吸附后溶液中金的浓度,单位为微克每毫升($\mu g/mL$);

V ——吸附溶液(4.5.1)体积,单位为毫升(mL);

m ——试样质量,单位为克(g)。

所得结果表示至两位小数。

4.7 精密度

同实验室内两个平行测定结果的相对标准偏差应不大于 3.5%。

两个实验室间测定结果的相对标准偏差应不大于 6.8%。

4.8 试验报告

试验报告至少应给出以下几个方面的内容:

——试样;

——使用的标准(GB/T 32992—2016);

——试验项目;

——分析结果及其表示;

——与基本分析步骤的差异；

——试验中观察到的异常现象；

——试验日期。

ICS 73.060.99
H 60

中华人民共和国黄金行业标准

YS/T 3005—2011

浮选金精矿取样、制样方法

Methods for sampling and sample preparation of
flotation gold concentrates

2011-12-20 发布

2012-07-01 实施

中华人民共和国工业和信息化部　　发 布

前　言

YS/T 3005—2011《浮选金精矿取样、制样方法》按照 GB/T 1.1—2009 给出的规则起草。

本标准的附录 A、附录 B 和附录 C 为规范性附录。

本标准由中国黄金协会提出。

本标准由全国黄金标准化技术委员会(SAC/TC 379)归口。

本标准由长春黄金研究院负责起草,河南中原黄金冶炼厂有限责任公司、紫金矿业集团股份有限公司、灵宝黄金股份有限公司、辽宁天利金业有限责任公司、招金矿业股份有限公司金翅岭金矿、山东恒邦冶炼股份有限公司、山东黄金集团有限公司参加起草。

本标准起草人:黄蕊、薛丽贤、任文生、邹来昌、具滋范、廖占丕、刘鹏飞、彭国敏、李学强、韩晓光、朱延胜、潘玉喜、蓝美秀、董尔贤、刘文波、廖忠义、徐忠敏、毕洪涛。

浮选金精矿取样、制样方法

1 范围

本标准规定了浮选金精矿取样、制样方法、水分测定方法、金精矿评定品质波动试验方法及校核取样精密度试验方法。

本标准适用于散装、袋装浮选金精矿化学成分和水分样品的采取、制备及水分的测定。

2 规范性引用文件

下列文件对于本文件的应用是必不可少的。凡是注日期的引用文件,仅注日期的版本适用于本文件。凡是不注日期的引用文件,其最新版本(包括所有的修改单)适用于本文件。

GB/T 7739 金精矿化学分析方法

YS/T 3004 金精矿

3 术语和定义

下列术语和定义适用于本文件。

3.1

检验批 lot

为检验品质特性要对其进行取样的一批金精矿。构成一检验批金精矿的质量为检验批量。

3.2

副批 sub-lot

将检验批划分成若干个部分,每一部分为一个副批。构成一副批金精矿的质量为副批量。

3.3

份样 increment

用取样装置一次从检验批或副批中取得的样品。每个份样的质量为份样量。

3.4

检验批样品 lot sample

由检验批采取的份样混合组成,代表检验批的样品。

3.5

副批样品 subsample

由副批采取的份样混合组成,代表副批的样品。

3.6

精密度(β) precision

测得值互相一致的程度。概率为95%时,精密度用二倍的标准偏差表示($\beta=2\sigma$)。总精密度(β_{SPM})包括取样精密度(β_S)、制样精密度(β_P)和测定精密度(β_M)

$$\beta_{SPM} = 2\sqrt{\sigma_S^2 + \sigma_P^2 + \sigma_M^2}$$

式中:

σ_S ——取样标准偏差;

σ_P ——制样标准偏差;

σ_M——测定标准偏差。

4 基本规定

4.1 检验批内份样间质量分数的标准偏差(σ_w)表示该批金精矿的品质波动。金精矿的品质波动分为大、中、小三类(见表1)。

4.2 根据金精矿检验批量和品质波动类型,采取份样的数量应不少于表1的规定。当金精矿品质类型不明时按品质波动类型大的采取份样数。并应按附录B进行评定品质波动试验。

表 1 品质波动类型和检验批量与金精矿份样数关系

检验批量 M/t	品质波动类型		
	大($\sigma_w \geqslant 2.5$)	中($1.0 \leqslant \sigma_w < 2.5$)	小($\sigma_w < 1.0$)
	最少份样数(N_{min})		
$M \leqslant 60$	40	3	15
$60 < M < 120$	60	45	25
$120 \leqslant M < 240$	80	60	40

4.3 检验批金精矿品质波动 $\sigma_w \geqslant 5.0$ 或混入外来夹杂物,由供需双方协商或不予取样。

4.4 检验批金精矿取样总精密度为金质量分数的2%。

4.5 首次取样的金精矿和变更取制样方法时,应按附录C进行校核取样精密度试验。

4.6 金精矿取制样方案应得到相关方的确认。

4.7 对不符合YS/T 3004规定的金精矿不应取样或由供需双方协商。

4.8 取制样设施、工具及盛样容器应清洁、干燥。

4.9 制取化学成分试样的数量和保存期应按YS/T 3004执行。

4.10 本标准规定的取样方法不适合冻结的金精矿。

4.11 制取水分试样的质量及数量应符合附录A的要求并储存在密封容器中,尽早进行检测。

4.12 取制样操作应遵守有关的安全规程。

5 取样

5.1 取样工具

5.1.1 取样钎(见图1),规格尺寸应满足采取份样量的要求。

5.1.2 取样铲(见图2)规格尺寸(见表2)。

5.1.3 钢锹。

5.1.4 带盖的容器或塑料样袋。

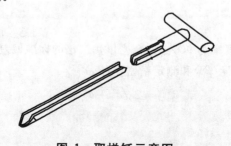

图 1 取样钎示意图

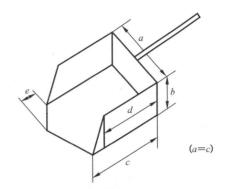

(a=c)

图 2 取样铲示意图

表 2 取样铲规格及尺寸

编号	料层高度/mm	取样铲尺寸/mm					最小容量/mL
		a	b	c	d	e	
20	23	80	45	80	70	35	270
15	16	70	40	70	60	30	180
10	11	60	35	60	50	25	120

5.2 取样程序

5.2.1 称量交货金精矿的质量。金精矿混入雨雪水或见明水,应放水后计重。

5.2.2 制定取样方案,应包括以下内容:

a) 确定检验批量和副批量;

b) 根据金精矿检验批量、品质波动类型,确定应采取的份样数;

c) 确定取样方法、选择取样工具;

d) 确定份样量和组合方式;

e) 取样时间、地点。

5.2.3 检查取样设施设备和用具。

5.2.4 按取样方案取样并记录。将采取的份样置于带盖的容器或塑料样袋中。

5.3 份样量

采取份样的质量应不少于 300 g,质量变异系数(CV)应不大于 20%。

5.4 份样的组合

5.4.1 取自一检验批的所有份样组成检验批样品,分别制取化学成分和水分试样。

5.4.2 将检验批划分成两个或两个以上的副批,将取自每一副批的份样组成各副批样品,每一批副样制备一个水分试样。再将所有副批样品按副批质量比组成一个检验批样品,用以制备化学成分试样。

5.5 取样方法

5.5.1 系统取样

5.5.1.1 散装金精矿在装卸或称量的移动过程中,按一定的质量间隔或时间间隔采取份样。

5.5.1.2 按公式(1)计算取样的质量间隔。

$$\Delta m = \frac{m}{N_{min}} \quad \cdots\cdots\cdots\cdots\cdots\cdots\cdots\cdots\cdots\cdots\cdots (1)$$

式中：

Δm ——两个份样间的定量取样间隔数值,单位为吨(t),保留整数;

m ——检验批的质量,单位为吨(t);

N_{min}——表1规定的最小份样数。

5.5.1.3 按公式(2)计算取样的时间间隔。

$$\Delta T = \frac{60m}{G_{max}N_{min}} \quad \cdots\cdots\cdots\cdots\cdots\cdots\cdots\cdots\cdots\cdots (2)$$

式中：

ΔT ——取样时间间隔,单位为分(min),保留整数;

m ——检验批量,单位为吨(t);

N_{min}——标准中规定的份样数;

G_{max} ——精矿最大流速,单位为吨/小时(t/h)。

5.5.1.4 在第一个取样间隔内任意点采取第一个份样,其后的份样应按固定的间隔采取,直至整批金精矿的移动过程。

5.5.1.5 应选取适合尺寸的取样装置接取全宽、全厚的精矿流。

5.5.2 货车取样

5.5.2.1 从装载金精矿的汽车、火车和料箱上采取份样。

5.5.2.2 金精矿料面应平整,按表1规定的份样数计算均匀布点。

5.5.2.3 取样钎在取样点的料面上垂直插入底部,旋转后抽出取样钎,将钎内的精矿全部倾尽。

5.5.2.4 通常每车厢为一检验批,当检验批由多辆货车交货时,每辆货车作为一个检验副批,应取的最少份样数按公式(3)计算,如遇小数则进为整数。

$$n_b \geq \frac{N_{min}}{N} \quad \cdots\cdots\cdots\cdots\cdots\cdots\cdots\cdots\cdots\cdots (3)$$

式中：

n_b ——每辆货车应取的最少份样数;

N_{min}——表1中规定的份样数;

N ——检验批的总车数。

5.5.2.5 长途运输散装金精矿,混入水分和杂物增大取样的偏差时,应用5.5.3方法采取份样。

5.5.3 料场取样

5.5.3.1 将一检验批的金精矿卸载在宽敞、洁净、平整、不会带来外部污染的料场。

5.5.3.2 用机械或人工搅拌均匀后,扒平矿堆使其高度小于1 m。

5.5.3.3 在精矿料面上按表1规定的份样数均匀布点。

5.5.3.4 取样钎在取样点的料面上垂直插入底部,旋转后抽出取样钎,将钎内的精矿全部倾尽。

5.5.4 袋装取样

5.5.4.1 在装卸袋装金精矿时采取份样,用取样钎垂直穿透包装袋。

5.5.4.2 在不明确品质波动类型时,每袋至少采取一个份样。

5.5.4.3 检验批金精矿的袋数多于表1规定的份样数量,在装卸过程中,按一定袋数的间隔采取份样。取样间隔按公式(4)计算。从选取的包装袋上采取份样。

$$\Delta N \leqslant \frac{N_1}{N_{\min}} \quad \cdots\cdots\cdots\cdots\cdots\cdots\cdots\cdots\cdots\cdots (4)$$

式中：

ΔN ——取样袋间隔；袋，取整数；

N_1 ——检测批内包装袋数；

$N_{\min}$ ——表 1 规定的份样数。

5.5.4.4 检验批金精矿的袋数少于表 1 规定的份样数量，在每个包装袋上用取样钎采取份样，应取的最少份样数按公式(5)计算。

$$n_b \leqslant \frac{N_{\min}}{N_1} \quad \cdots\cdots\cdots\cdots\cdots\cdots\cdots\cdots\cdots\cdots (5)$$

式中：

n_b ——每袋应取的最少份样数、小数进位取整数；

$N_{\min}$ ——表 1 规定的份样数；

N_1 ——检测批内包装袋数。

5.5.4.5 袋装金精矿也可应用 5.5.3 方法采取份样。

6 制样

6.1 制样设备及工具

6.1.1 研磨机或棒磨机。

6.1.2 恒温干燥箱。

6.1.3 不吸水的缩分板、不锈钢十字分样板、挡板和胶皮。

6.1.4 份样铲、样刀。

6.1.5 毛刷。

6.1.6 样盘、搪瓷或不锈钢干燥盘。

6.1.7 标准筛。

6.1.8 盛样容器及成分试样袋。

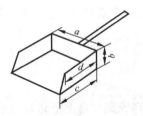

图 3 份样铲示意图

表 3 份样铲规格和尺寸

编号	份样铲尺寸/mm				料层厚度/mm	容量/mL
	a	b	c	d		
5	50	30	50	40	20～30	约 70
3	40	25	40	30	15～25	约 35
1	30	15	30	25	10～20	约 16

6.2 制样要求

6.2.1 制样包括混合、干燥、研磨、缩分一系列操作,应防止样品的污染和化学成分的变化。

6.2.2 水分样品应在密封容器和塑料袋中混合。

6.2.3 用测定水分后的试样继续制备成分样品时,应保证样品的代表性。

6.2.4 制样设备和工具应保持清净,设备中不应残留样品。

6.2.5 制备的化学成分试样应满足 GB/T 7739 对试样的要求。

6.3 制样程序

6.3.1 称量检验批样品和副批样品的质量。

6.3.2 制定制样方案,应包括以下内容:

    a) 明确试样用途;

    b) 选择样品的混合方法、缩分方法;

    c) 制样设备和工具;

    d) 是否留存副样;

    e) 完成日期。

6.3.3 检查清扫设施设备及用具。

6.3.4 按方案制样并记录。

6.3.5 制备水分试样

在密封容器和塑料袋中混合样品,用份样缩分法制备水分试样。检验批样品制备两个水分平行样品,每个副批样品制备一个水分样品。水分试样量不少于 1 000 g,装入密封容器或塑料袋中。应尽早按附录 A 进行水分测定。

6.3.6 制备化学成分试样

选择混合方法混匀检验批样品或由副批样品组成的检验批样品,选择缩分方法将样品缩分至不少于 1 000 g,置于干燥盘中放入 105 ℃±5 ℃的恒温干燥箱内,并保持这一温度不小于 3 h。将干燥晾凉后的样品或测定水分后的试样放在混样胶皮上用缩分板将粘结的精矿碾开,混匀后取出不少于 500 g 的样品用研磨设备磨至粒度全部通过 74 μm 标准筛,再次混匀后分为 3 份样品,每份样品量不少于 150 g,分别装入试样袋中。即为化学成分的验收样、供方样和仲裁样。

6.4 混合方法

6.4.1 滚动法

将样品置于洁净的混样胶皮上,提起胶皮对角上下运动,应使样品滚过胶皮中心线,以同样的方式换另一对角进行至少 5 次,使样品混匀。

6.4.2 堆锥法

样品置于平整、洁净的缩分板上,堆成圆锥形。用取样铲转堆,铲样时应沿着前一锥堆的四周铲样,将第一铲放在样锥旁为新圆锥的中心,每铲沿圆锥顶尖均匀散落,不应使圆锥中心错位。以同样的方式至少转堆 3 次,使样品混匀。

6.5 缩分方法

6.5.1 四分法

将锥顶压平,用十字分样板自上而下将样品分成四等份,将对角线的一半样品弃去,保留另外一半样品。用堆锥法将保留的样品混匀,重复上述操作,缩分至所需用量。

6.5.2 份样缩分法

将混匀的检验批样品置于平整、洁净的缩分板上,铺成厚度均匀的长方形平堆,将平堆划分等分的网格。缩分检验批样品不少于 20 格,缩分副批样品不少于 12 格。根据平堆的厚度选择合适的份样铲和挡板,从每一网格的任意部分垂直插入样品的底部,取一满铲的份样,集合为缩分样。

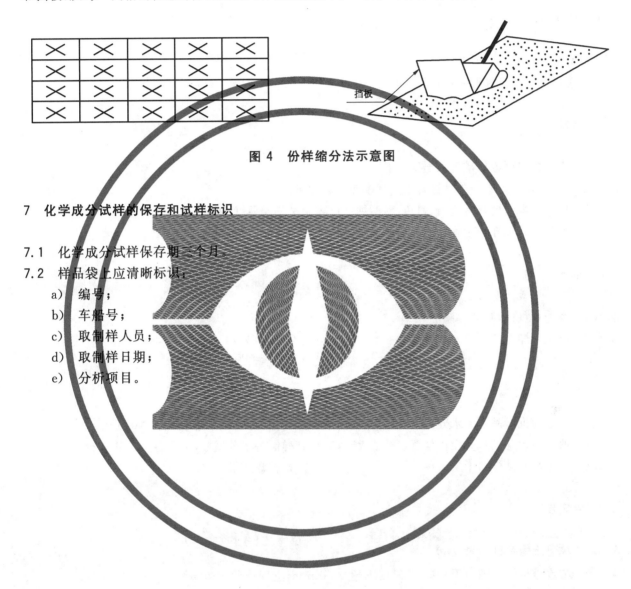

挡板

图 4   份样缩分法示意图

7   化学成分试样的保存和试样标识

7.1   化学成分试样保存期二个月。

7.2   样品袋上应清晰标识:

    a)   编号;

    b)   车船号;

    c)   取制样人员;

    d)   取制样日期;

    e)   分析项目。

附 录 A
（规范性附录）
金精矿水分测定方法

A.1 范围

本附录规定了金精矿水分测定方法。
本附录适用于金精矿水分测定。

A.2 要求

A.2.1 应严格控制金精矿干燥温度。

A.2.2 试样烘干后，不应将试样置于空气中冷却后称量。

A.2.3 搪瓷干燥盘要表面光洁、耐热、耐腐蚀并可容纳试样层厚度 30 mm。

A.2.4 盛有水分试样的干燥盘不可摞放，盘上的标识清晰。

A.3 设备

A.3.1 天平，精度为 0.01 g。

A.3.2 恒温干燥箱。

A.4 试样

A.4.1 用检验批样品制备水分试样时，应制备两个水分样品，每个样品量不少于 1 000 g。

A.4.2 遇降雨检验批水分变化显著或批量大时，应从副样制备水分试样，记录各副批的质量。

A.4.3 盛有水分试样的干燥盘在烘箱内上下分层放置时，样盘底部应洁净。

A.5 测定步骤

A.5.1 称量干燥盘的质量（m_1）。

A.5.2 将水分试样平铺于干燥盘内，厚度不超过 30 mm，立即称量试样（m_2）。

A.5.3 将盛有水分试样的干燥盘放入 105 ℃±5 ℃的恒温干燥箱内、并保持这一温度不小于 3 h。

A.5.4 从干燥箱内取出干燥盘趁热立即称量或在干燥器中冷却至室温后称量。

A.5.5 再将干燥盘放入干燥箱内，继续烘干 1 h。重复 A.5.4 操作，直至最后两次称量之差不大于试样初始质量的 0.05%。记录最后一次质量（m_3）。

> 注：热称量时，应用隔热材料隔离称量盘。

A.6 结果的计算与表示

A.6.1 按公式（A.1）计算每个试样的水分含量 w_i（%）。

$$w_i(\%) = \frac{m_2 - m_3}{m_2 - m_1} \times 100 \qquad \cdots\cdots\cdots\cdots\cdots\cdots\cdots\cdots \text{(A.1)}$$

式中：

w_i ——试样的水分含量，(％)；

m_1 ——干燥盘的质量，单位为克(g)；

m_2 ——盘加湿样的质量，单位为克(g)；

m_3 ——盘加干样的质量，单位为克(g)。

A.6.2 按公式(A.2)计算检验批的水分含量 $w(\%)$。

$$w(\%) = \frac{w_1 + w_2}{2} \times 100 \qquad \cdots\cdots\cdots\cdots\cdots\cdots\cdots\cdots \text{(A.2)}$$

注：w_1、w_2 的允许差应不大于 0.2％。

A.6.3 测定副批水分试样时，检验批的水分含量 $w(\%)$ 按公式(A.3)计算。

$$w(\%) = \frac{\sum\limits_{i=1}^{k} m_i w_i}{\sum\limits_{i=1}^{k} m_i} \times 100 \qquad \cdots\cdots\cdots\cdots\cdots\cdots\cdots\cdots \text{(A.3)}$$

式中：

w ——检验批水分含量，(％)；

w_i ——第 i 个副样的水分含量，(％)；

m_i ——第 i 个副批的质量，单位为吨(t)。

注：以上计算数值修约到小数点后第二位。

附 录 B

（规范性附录）

金精矿 评定品质波动试验方法

B.1 范围

本附录规定了金精矿评定品质波动的试验方法、评定方法及结果计算。

本附录适用于金精矿品质波动的评定。

B.2 一般规定

B.2.1 金精矿品质波动即不均匀程度用检验批内份样间金质量分数的标准偏差确定,用(σ_w)表示。

B.2.2 金精矿的品质波动受生产、贮存、运输等条件的影响,应定期进行品质波动试验。

B.2.3 检验批量大的试验使用同一类型的精矿应不少于 10 批;检验批量小的试验应不少于 5 批。

B.2.4 按本标准规定的取制样要求进行样品的制备。

B.3 试验方法

B.3.1 检验批量大的试验,应将该批金精矿分成数量大致相等的至少 10 个部分(如图 B.1 所示)。将每部分所取的份样按顺序编号,然后每部分的奇数号份样合并为 A 样,偶数号份样合并为 B 样,组成一对分析样品,分别进行测定。

$A_1 B_1$	$A_2 B_2$	$A_3 B_3$	$A_4 B_4$	$A_5 B_5$	$A_6 B_6$	$A_7 B_7$	$A_8 B_8$	$A_9 B_9$	$A_{10} B_{10}$

图 B.1 检验批量大的试验方法

B.3.2 检验批量小的试验,应将每一批的所有份样按顺序编号,将相邻的两个份样或两份以上的相邻份样合并组成 10 个样品,分别进行测定。

B.3.3 当日常取样方法取出的份样数不能满足试验要求时,应增加份样数,满足每个样品由相等数量的份样组成。

B.4 评定方法

B.4.1 极差法

B.4.1.1 极差法用于检验批量大的试验。由 B.3.1 试验得到每部分成对数据的极差 R 按公式(B.1)计算。

$$R = |A - B| \quad \cdots\cdots\cdots\cdots\cdots\cdots\cdots\cdots (B.1)$$

式中：

A——由 A 样制备的成分试样所得的测定值;

B——由 B 样制备的成分试样所得的测定值。

B.4.1.2 所有极差的平均值 $\bar{R}$ 按公式(B.2)计算：

$$\bar{R} = \frac{1}{K}\sum R \quad \cdots\cdots\cdots\cdots\cdots\cdots\cdots\cdots (B.2)$$

式中：

K——R 值的个数。

B.4.1.3 份样间标准偏差 $\hat{\sigma}_w$ 估计值按公式(B.3)计算：

$$\hat{\sigma}_w = \sqrt{n_s}(\overline{R}/d_2) \quad \cdots\cdots\cdots\cdots\cdots\cdots\cdots(B.3)$$

式中：

$\hat{\sigma}_w$——取样、制样、测定的标准偏差；

n_s——组成样 A(或 B)的份样数；

d_2——由极差估计标准偏差的计算系数,成对数据时 $\dfrac{1}{d_2}$ 为 0.886 5。

B.4.2 标准差法

B.4.2.1 标准差法用于检验批量小的试验。

B.4.2.2 由 B.3.2 试验得到的每批样品的数据,按公式(B.4)计算份样间的标准偏差。

$$\hat{\sigma}_w = \sqrt{H \cdot \frac{m\sum X_i^2 - (\sum X_i)^2}{m(m-1)}} \quad \cdots\cdots\cdots\cdots\cdots(B.4)$$

式中：

H——组成一个样品的份样数；

X_i——每个样品的测定值；

m——样品的个数。

B.5   结果的计算

试验所得总份样间标准偏差估计值的平均值按公式(B.5)计算：

$$\bar{\sigma}_w = \sqrt{\frac{1}{n}\sum \hat{\sigma}_w^2} \quad \cdots\cdots\cdots\cdots\cdots(B.5)$$

式中：

n——$\hat{\sigma}_w$ 的个数。

B.6   试验结论

根据试验所得的标准偏差估计值判定金精矿品质波动类型。

B.7   试验报告

试验报告应包括以下内容：

a)   金精矿产地；

b)   试验批数及批量；

c)   试验方法；

d)   试验数据；

e)   试验结果；

f)   试验结论；

g)   试验者及试验日期。

附　录　C

（规范性附录）

金精矿　校核取样精密度试验方法

C.1　范围

本附录规定了金精矿校核取样精密度的试验方法。

本附录适用于金精矿取制样精密度的校核。

C.2　一般规定

C.2.1　选用 20 批以上同一类型不同品位的金精矿进行试验。试验金精矿小于 20 批不少于 10 批时，应将大批划分为几个小批，对每个小批进行试验。

C.2.2　试验所需的份样数应为本标准表 1 中规定的最少取样份数的 2 倍。利用例行取样工作进行校核试验时，A 样与 B 样由 $n/2$ 个份样组成。

C.2.3　份样量应符合标准的规定。

C.2.4　取样方法应从 5.6 中任意选择一种进行试验。

C.2.5　测定分析样品中金的质量分数。

C.3　试验方法

C.3.1　将从一检验批中采取的所有份样按顺序编号，将全部奇数号份样合并为 A 样，全部偶数号份样合并为 B 样。

C.3.2　从下列两种缩分方式中任意选择一种进行试验。

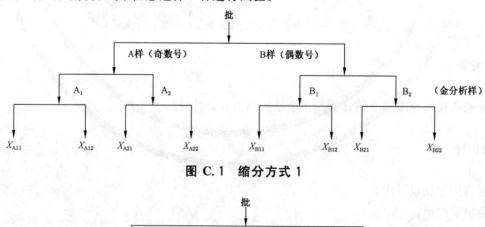

图 C.1　缩分方式 1

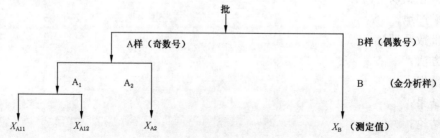

图 C.2　缩分方式 2

C.4 试验数据计算（采用95%概率）

C.4.1 用缩分方式1进行试验所得试验数据的计算

C.4.1.1 将一批试验所得的四个分析样品的八个测定结果用下列符号表示。

X_{A11}、X_{A12}——代表由 A 样制备出的分析样品 A_1 的一对测定结果；

X_{A21}、X_{A22}——代表由 A 样制备出的分析样品 A_2 的一对测定结果；

X_{B11}、X_{B12}——代表由 B 样制备出的分析样品 B_1 的一对测定结果；

X_{B21}、X_{B22}——代表由 B 样制备出的分析样品 B_2 的一对测定结果。

C.4.1.2 计算出每个分析样品双试验测定结果的平均值（$\overline{X}_{ij}$）和极差（R_1）。

$$\overline{X}_{ij} = \frac{1}{2}(X_{ij1} + X_{ij2}) \qquad \cdots\cdots\cdots\cdots\cdots\cdots\cdots（\text{C.1}）$$

$$R_1 = |X_{ij1} - X_{ij2}| \qquad \cdots\cdots\cdots\cdots\cdots\cdots\cdots（\text{C.2}）$$

式中：

i ——由批样制备的 A 样和 B 样；

j ——由 A 样和 B 样制备的成对分析样品；

1、2—— 分析样品的测定结果。

C.4.1.3 计算出成对样品 A_1、A_2 和 B_1、B_2 的平均值（$\overline{\overline{X}}_i$）和极差（$R_2$）。

$$\overline{\overline{X}}_i = \frac{1}{2}(\overline{X}_n + \overline{X}_c) \qquad \cdots\cdots\cdots\cdots\cdots\cdots\cdots（\text{C.3}）$$

$$R_2 = |\overline{X}_{i1} - \overline{X}_{i2}| \qquad \cdots\cdots\cdots\cdots\cdots\cdots\cdots（\text{C.4}）$$

C.4.1.4 计算出 A 样和 B 样的平均值（$\overline{\overline{\overline{X}}}$）和极差（$R_3$）。

$$\overline{\overline{\overline{X}}} = \frac{1}{2}(X_A + X_B) \qquad \cdots\cdots\cdots\cdots\cdots\cdots\cdots（\text{C.5}）$$

$$R_3 = |\overline{X}_A - \overline{X}_B| \qquad \cdots\cdots\cdots\cdots\cdots\cdots\cdots（\text{C.6}）$$

C.4.1.5 计算出极差的平均值（$\overline{R}_1$、$\overline{R}_2$、$\overline{R}_3$）。

$$\overline{R}_1 = \frac{1}{4K}\sum R_1 \qquad \cdots\cdots\cdots\cdots\cdots\cdots\cdots（\text{C.7}）$$

$$\overline{R}_2 = \frac{1}{2K}\sum R_2 \qquad \cdots\cdots\cdots\cdots\cdots\cdots\cdots（\text{C.8}）$$

$$\overline{R}_3 = \frac{1}{K}\sum R_3 \qquad \cdots\cdots\cdots\cdots\cdots\cdots\cdots（\text{C.9}）$$

式中：

K——试验批数。

C.4.1.6 计算极差 R 的控制上限。R_1 的上限为 $D_4\overline{R}_1$，R_2 的上限为 $D_4\overline{R}_2$，R_3 的上限为 $D_4\overline{R}_3$。

注：D_4 数值为 3.267（对于成对测定值而言）。

C.4.1.7 舍去超出上限的数值后，再按 C.4.1.5 和 C.4.1.6 重新计算，再取舍，直至所有数值均小于上限值为止。

C.4.1.8 计算出按极差推算的测定标准偏差（$\hat{\sigma}_M$）、制样标准偏差（$\hat{\sigma}_P$）和取样标准偏差（$\hat{\sigma}_S$）的估计值。

$$\hat{\sigma}_M = \frac{\overline{R}_1}{d_2} \qquad \cdots\cdots\cdots\cdots\cdots\cdots\cdots（\text{C.10}）$$

$$\hat{\sigma}_P = \sqrt{\left(\frac{\overline{R}_2}{d_2}\right)^2 - \frac{1}{2}\left(\frac{\overline{R}_1}{d_2}\right)^2} \qquad \cdots\cdots\cdots\cdots\cdots\cdots\cdots（\text{C.11}）$$

$$\hat{\sigma}_S = \sqrt{\left(\frac{\overline{R}_3}{d_2}\right)^2 - \frac{1}{2}\left(\frac{\overline{R}_2}{d_2}\right)^2} \qquad \cdots\cdots\cdots\cdots\cdots\cdots (\text{C.12})$$

式中：

$\dfrac{1}{d_2}$——成对试验时由极差估算标准偏差的系数，数值为 0.886 5。

注：A 样和 B 样由 $n/2$ 个份样组成时，公式（C.12）中的 $\hat{\sigma}_S$ 的值应除以 $\sqrt{2}$。

C.4.1.9 计算出测定精密度（β_M）、制样精密度（β_P）和取样精密度（β_S）：

$$\beta_M = 2\hat{\sigma}_M \qquad \cdots\cdots\cdots\cdots\cdots\cdots\cdots\cdots\cdots\cdots (\text{C.13})$$

$$\beta_P = 2\hat{\sigma}_P \qquad \cdots\cdots\cdots\cdots\cdots\cdots\cdots\cdots\cdots\cdots (\text{C.14})$$

$$\beta_S = 2\hat{\sigma}_S \qquad \cdots\cdots\cdots\cdots\cdots\cdots\cdots\cdots\cdots\cdots (\text{C.15})$$

C.4.1.10 按式（C.16）～式（C.18）计算出取样、制样和测定的总标准偏差（σ_{SPM}）和总精密度（β_{SPM}）：

$$\sigma_{SPM}^2 = \hat{\sigma}_S{}^2 + \hat{\sigma}_P{}^2 + \hat{\sigma}_M{}^2 \qquad \cdots\cdots\cdots\cdots\cdots\cdots (\text{C.16})$$

$$\sigma_{SPM} = \sqrt{\hat{\sigma}_S{}^2 + \hat{\sigma}_P{}^2 + \hat{\sigma}_M{}^2} \qquad \cdots\cdots\cdots\cdots\cdots\cdots (\text{C.17})$$

$$\beta_{SPM} = 2\sigma_{SPM} \qquad \cdots\cdots\cdots\cdots\cdots\cdots\cdots\cdots (\text{C.18})$$

C.4.1.11 将 β_{SPM} 与有关标准规定的精密度进行比较。

C.4.2 用缩分方式 2 进行试验所得试验数据的计算

C.4.2.1 将一批金精矿的三个制备样品，四个测定结果用下列符号表示：

X_{A11}、X_{A12} 代表由 A 样制备出的成分分析样品 A_1 的一对测定结果；

X_{A2} 代表 A 样制备样品 A_2 的单试验测定结果；

X_B 代表 B 样制备样品 B 的单试验测定结果。

C.4.2.2 计算出制备样品 A_1 双试验测定结果的极差（R_1）、成对制备样品 A_1 和 A_2 的极差（R_2）、A 样和 B 样的极差（R_3）。计算方法用 C.4.1。计算可任取 X_{A11} 和 X_{A12}，但须前后一致。

C.4.2.3 计算出极差的平均值 $\overline{R}_1$、$\overline{R}_2$、$\overline{R}_3$。

$$\overline{R}_1 = \frac{1}{K}\sum R_1 \qquad \cdots\cdots\cdots\cdots\cdots\cdots\cdots\cdots (\text{C.19})$$

$$\overline{R}_2 = \frac{1}{K}\sum R_2 \qquad \cdots\cdots\cdots\cdots\cdots\cdots\cdots\cdots (\text{C.20})$$

$$\overline{R}_3 = \frac{1}{K}\sum R_3 \qquad \cdots\cdots\cdots\cdots\cdots\cdots\cdots\cdots (\text{C.21})$$

式中：

K——试验批数。

C.4.2.4 计算出舍弃数值上限，并舍弃超过上限值数据；再重新计算极差平均值和舍弃上限，直至所有极差值都小于舍弃上限为止。计算方法同 C.4.1。

C.4.2.5 计算出按极差推算的测定标准偏差 $\hat{\sigma}_M$、制样标准偏差 $\hat{\sigma}_P$ 和取样标准偏差 $\hat{\sigma}_S$ 的估计值。

$$\hat{\sigma}_M = \sqrt{\left(\frac{\overline{R}_1}{d_2}\right)^2} \qquad \cdots\cdots\cdots\cdots\cdots\cdots\cdots\cdots (\text{C.22})$$

$$\hat{\sigma}_P = \sqrt{\left(\frac{\overline{R}_2}{d_2}\right)^2 - \left(\frac{\overline{R}_1}{d_2}\right)^2} \qquad \cdots\cdots\cdots\cdots\cdots\cdots (\text{C.23})$$

$$\hat{\sigma}_S = \sqrt{\left(\frac{\overline{R}_3}{d_2}\right)^2 - \left(\frac{\overline{R}_2}{d_2}\right)^2} \qquad \cdots\cdots\cdots\cdots\cdots\cdots (\text{C.24})$$

C.4.2.6 计算出测定、制样、取样精密度（β_M、β_P、β_S）及总精密度（β_{SPM}）。计算方法同 C.4.1。

C.4.2.7 将 β 值与本标准中规定的精密度进行比较。

C.5 试验结果分析和异常情况的处理

C.5.1 试验的 β 值小于标准中的规定值,表明金精矿取样、制样和测定过程符合标准要求。

C.5.2 试验的 β 值大于规定值时,应查找影响因素。并按附录 B 重新评价金精矿的品质波动。在不能重新进行品质波动试验时,应增加份样数。

C.5.3 增加份样数,按公式(C.25)计算应取的份样数。

$$\frac{\beta_S}{\beta_{sl}} = \sqrt{n/n'} \qquad\qquad\cdots\cdots\cdots\cdots\cdots\cdots\cdots\cdots\cdots\cdots\cdots（\text{C.25}）$$

式中:

β_{sl}——试验所得取样精密度;

β_S—— 应达到的取样精密度;

n ——标准中规定的份样数;

n'——达到 β_S 时应取的份样数。

C.6 试验报告

试验报告应包括以下内容:

a) 金精矿产地;

b) 试验批数及批量;

c) 试验方法;

d) 试验数据;

e) 试验结果;

f) 试验结论;

g) 试验者及试验日期。

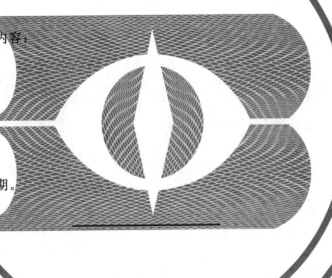

ICS 77.120.01
D 46

中华人民共和国黄金行业标准

YS/T 3015.1—2013

载金炭化学分析方法
第1部分：水分含量的测定
干燥重量法

Methods for chemical analysis of gold-loaded carbon—
Part 1：Determination of moisture content—
Desiccation gravimetric method

2013-04-25 发布
2013-09-01 实施

中华人民共和国工业和信息化部　　发 布

前　言

YS/T 3015《载金炭化学分析方法》分为 4 个部分:

——第 1 部分:水分含量的测定　干燥重量法;

——第 2 部分:铜和铁量的测定　火焰原子吸收光谱法;

——第 3 部分:钙和镁量的测定　火焰原子吸收光谱法;

——第 4 部分:铜、铁、钙和镁量的测定　电感耦合等离子体发射光谱法。

本部分为 YS/T 3015 的第 1 部分。

本部分按照 GB/T 1.1—2009 给出的规则起草。

本部分由中国黄金协会提出。

本部分由全国黄金标准化技术委员会(SAC/TC 379)归口。

本部分起草单位:紫金矿业集团股份有限公司、长春黄金研究院、河南中原黄金冶炼厂有限责任公司、灵宝黄金股份有限公司、山东国大黄金股份有限公司、潼关中金冶炼有限责任公司。

本部分主要起草人:夏珍珠、林常兰、熊敏英、刘丽华、蓝美秀、刘本发、俞金生、钟跃汉、陈菲菲、陈永红、刘成祥、刘鹏飞、孔令强、李铁栓、朱延胜。

载金炭化学分析方法
第 1 部分:水分含量的测定
干燥重量法

1 范围

YS/T 3015 的本部分规定了载金炭中水分含量的测定方法。

本部分适用于载金炭中水分含量的测定。测定范围:10.00%～40.00%。

2 方法提要

一定质量的试样,经烘干,以失去质量所占百分数作为水分含量。

3 仪器和设备

3.1 电热恒温鼓风干燥箱:具有可调控温装置,温度误差小于±5 ℃。

3.2 天平:最大称样量不小于 1 000 g,感量 0.01 g。

3.3 干燥皿:搪瓷或耐腐蚀材料制作的容器,规格应使试样平铺后厚度在 2 cm 以下。

3.4 干燥器:内置有效干燥剂。

4 分析步骤

4.1 试料

称取 100 g～500 g 试样(m_0),精确至 0.01 g。

4.2 测定次数

独立地进行两次测定,取其平均值。

4.3 测定

将试料(4.1)置于已知质量(m_1)的干燥皿(3.3)内铺平,使其厚度在 2 cm 以下。放入已升温至 100 ℃～105 ℃的电热恒温鼓风干燥箱(3.1)内,干燥后置于干燥器(3.4)中放冷至室温,称量。重复干燥直至恒重(m_2),最后两次称量之差小于试样量的 0.05%。

5 分析结果的计算

按式(1)计算水分的质量分数 $w(\mathrm{H_2O})$,数值以 % 表示:

$$w(\mathrm{H_2O}) = \frac{m_0 + m_1 - m_2}{m_0} \times 100 \qquad\cdots\cdots\cdots\cdots\cdots\cdots\cdots\cdots (1)$$

式中:

m_0——试样的质量,单位为克(g);

m_1——干燥皿的质量,单位为克(g);

m_2——干燥后试料和干燥皿的质量,单位为克(g)。

计算结果表示至小数点后第二位。

6 精密度

两个平行试样测定结果的绝对差值不得超过算术平均值的 1.2%。

两个实验室间测定结果的绝对差值不得超过算术平均值的 1.5%。

ICS 77.120.01
D 46

YS/T 3015.2—2013

中华人民共和国黄金行业标准

载金炭化学分析方法
第2部分：铜和铁量的测定
火焰原子吸收光谱法

Methods for chemical analysis of gold-loaded carbon—
Part 2：Determination of copper and iron contents—
Flame atomic absorption spectrometry

2013-04-25 发布　　　　　　　　　　　　2013-09-01 实施

中华人民共和国工业和信息化部　　发 布

前　言

YS/T 3015《载金炭化学分析方法》分为 4 个部分：
——第 1 部分：水分含量的测定 干燥重量法；
——第 2 部分：铜和铁量的测定 火焰原子吸收光谱法；
——第 3 部分：钙和镁量的测定 火焰原子吸收光谱法；
——第 4 部分：铜、铁、钙和镁量的测定 电感耦合等离子体发射光谱法。

本部分为 YS/T 3015 的第 2 部分。

本部分按照 GB/T 1.1—2009 给出的规则起草。

本部分由中国黄金协会提出。

本部分由全国黄金标准化技术委员会(SAC/TC 379)归口。

本部分起草单位：紫金矿业集团股份有限公司、灵宝黄金股份有限公司、长春黄金研究院、河南中原黄金冶炼厂有限责任公司、山东国大黄金股份有限公司、潼关中金冶炼有限责任公司。

本部分主要起草人：夏珍珠、俞金生、刘本发、罗文、刘鹏飞、胡赞峰 、朱延胜、王菊、刘成祥、孔令强、李铁栓。

载金炭化学分析方法
第 2 部分：铜和铁量的测定
火焰原子吸收光谱法

1 范围

YS/T 3015 的本部分规定了载金炭中铜和铁含量的测定方法。

本部分适用于载金炭中铜和铁含量的测定。测定范围：铜 0.010％～2.00％；铁 0.010％～1.00％。

2 方法提要

试样经灼烧灰化后，用盐酸、硝酸溶解残渣。在稀盐酸介质中，于火焰原子吸收光谱仪波长 324.8 nm 和 248.3 nm 处，使用空气乙炔火焰，分别测定铜和铁的吸光度，按标准曲线法计算铜和铁量。

3 试剂

除非另有说明，在分析中仅使用确认为分析纯的试剂和蒸馏水或去离子水或相当纯度的水。

3.1 盐酸($\rho=1.19$ g/mL)。

3.2 盐酸(1+1)。

3.3 盐酸(1+4)。

3.4 硝酸($\rho=1.42$ g/mL)。

3.5 铜标准贮存溶液：称取 1.000 0 g 金属铜(质量分数≥99.99％)于 250 mL 烧杯中，加入 10 mL 水，沿杯壁加入 10 mL 硝酸(3.4)，盖上表面皿，低温加热至完全溶解，煮沸驱赶氮氧化物，取下冷却至室温。移入 1000 mL 容量瓶中，用水稀释至刻度，混匀。此溶液 1 mL 含 1 mg 铜。

3.6 铜标准溶液：移取 25.00 mL 铜标准贮存溶液(3.5)于 250 mL 容量瓶中，加入 25 mL 盐酸(3.3)，用水稀释至刻度，混匀。此溶液 1 mL 含 100 μg 铜。

3.7 铁标准贮存溶液：称取 1.4297 g 三氧化二铁(优级纯)于 250 mL 烧杯中，加入 50 mL 盐酸(3.2)，盖上表面皿，低温加热至完全溶解，取下冷却至室温。移入 1000 mL 容量瓶中，用水稀释至刻度，混匀。此溶液 1 mL 含 1 mg 铁。

3.8 铁标准溶液：移取 25.00 mL 铁标准贮存溶液(3.7)于 250 mL 容量瓶中，加入 25 mL 盐酸(3.3)，用水稀释至刻度，混匀。此溶液 1 mL 含 100 μg 铁。

4 仪器

原子吸收光谱仪，附铜空心阴极灯和铁空心阴极灯。

在仪器最佳工作条件下，凡能达到下列指标者均可使用：

——特征浓度：在与测量溶液的基体相一致的溶液中，铜的特征浓度应不大于 0.037 μg/mL，铁

的特征浓度应不大于 0.097 μg/mL;

——精密度:用最高浓度的标准溶液测量 10 次吸光度,其标准偏差应不超过平均吸光度的 1.0%;用最低浓度的标准溶液(不是"零"浓度标准溶液)测量 10 次吸光度,其标准偏差应不超过最高浓度标准溶液平均吸光度的 0.5%;

——工作曲线线性:将工作曲线按浓度等分成 5 段,最高段的吸光度差值与最低段的吸光度差值之比应不小于 0.8。

5 试样

5.1 样品粒度应不大于 0.074 mm。

5.2 样品应在 100 ℃～105 ℃烘干 1 h 后,置于干燥器中冷却至室温。

6 分析步骤

6.1 试料

按表 1 称取试样(第 5 章),精确至 0.000 1 g。

表 1 试料量及分取体积

铜或铁的质量分数/%	试料量/g	试液分取体积/mL	稀释体积/mL	补加盐酸(3.3)体积/mL
0.01～0.05	1.0	—	—	—
>0.05～0.2	1.0	25.00	100	7.5
>0.2～1.0	0.5	10.00	100	9.0
>1.0～2.0	0.2	10.00	100	9.0

6.2 测定次数

独立地进行两次测定,取其平均值。

6.3 空白试验

随同试料做空白试验。

6.4 测定

6.4.1 将试料(6.1)置于干燥的 30 mL 石英坩埚中,移入马弗炉中。低温缓慢升温至 550 ℃,稍开炉门,在有氧条件下于 550 ℃灼烧 1 h～2 h,直至试料(6.1)灰化完全,取出坩埚冷却至室温。

6.4.2 用少量水润湿坩埚中残渣,加入 10 mL 盐酸(3.2),于水浴中加热 5 min,取下稍冷。加入 5 mL 硝酸(3.4),继续蒸至近干,取下稍冷。加入 10 mL 盐酸(3.3),加热使盐类溶解,取下冷却至室温。将溶液移入 100 mL 容量瓶中,用水稀释至刻度,混匀。

6.4.3 按表 1 分取试液于相应的容量瓶中,补加相应体积的盐酸(3.3),用水稀释至刻度,混匀。

6.4.4 分别于原子吸收光谱仪波长 324.8 nm 和 248.3 nm 处,使用空气-乙炔火焰,以"零"浓度溶液调零,测量试液及随同试料空白的吸光度,从工作曲线上查出相应的铜或铁的浓度。

6.5 工作曲线绘制

分别移取 0.00 mL、1.00 mL、2.00 mL、3.00 mL、4.00 mL、5.00 mL 铜标准溶液(3.6)和铁标准

溶液(3.8)于一组 100 mL 容量瓶中,加入 10 mL 盐酸(3.3),用水稀释至刻度,混匀。在与试料溶液相同测定条件下,以"零"浓度溶液调零,测量系列标准溶液的吸光度。以铜或铁的浓度为横坐标,吸光度为纵坐标绘制工作曲线。

7 分析结果的计算

按式(1)计算铜或铁的质量分数 $w(\mathrm{Cu/Fe})$,数值以 ％ 表示:

$$w(\mathrm{Cu/Fe}) = \frac{(\rho_1 - \rho_0) \cdot V_0 \cdot V_2 \times 10^{-6}}{m \cdot V_1} \times 100 \quad\cdots\cdots\cdots\cdots\cdots\cdots（1）$$

式中:

ρ_1 —— 自工作曲线上查得试液中铜或铁的浓度,单位为微克每毫升(μg/mL);

ρ_0 —— 自工作曲线上查得空白试液中铜或铁的浓度,单位为微克每毫升(μg/mL);

V_0 —— 试液的体积,单位为毫升(mL);

V_1 —— 分取试液的体积,单位为毫升(mL);

V_2 —— 分取试液稀释后的体积,单位为毫升(mL);

m —— 试料的质量,单位为克(g)。

计算结果表示至小数点后第二位。铜或铁的质量分数小于 0.10％时,表示至小数点后第三位。

8 精密度

8.1 重复性

在重复性条件下获得的两次独立测试结果的测定值,在以下给出的平均值范围内,这两个测试结果的绝对差值不超过重复性限(r),超过重复性限(r)的情况不超过 5％,重复性限(r)按表 2 数据采用线性内插法求得。

表 2 重复性限

%

铜	质量分数	0.079	0.15	0.51	1.07
	重复性限(r)	0.010	0.02	0.03	0.05
铁	质量分数	0.086	0.16	0.53	1.28
	重复性限(r)	0.010	0.02	0.03	0.06

8.2 再现性

在再现性条件下获得的两次独立测试结果的测定值,在以下给出的平均值范围内,这两个测试结果的绝对差值不超过再现性限(R),超过再现性(R)的情况不超过 5％,再现性(R)按表 3 数据采用线性内插法求得。

表 3 再现性限

%

铜	质量分数	0.079	0.15	0.51	1.07
	再现性限(R)	0.015	0.04	0.06	0.10
铁	质量分数	0.086	0.16	0.53	1.28
	再现性限(R)	0.015	0.04	0.06	0.12

9 质量控制和保证

应用国家级或行业级标准样品(当两者没有时,也可用自制的控制样品代替),每周或两周验证一次本标准的有效性。当过程失控时,应找出原因,纠正错误后,重新进行校核,并采取相应的预防措施。

ICS 77.120.01
D 46

中华人民共和国黄金行业标准

YS/T 3015.3—2013

载金炭化学分析方法
第3部分：钙和镁量的测定
火焰原子吸收光谱法

Methods for chemical analysis of gold-loaded carbon—
Part 3:Determination of calcium and magnesium contents—
Flame atomic absorption spectrometry

2013-04-25 发布

2013-09-01 实施

中华人民共和国工业和信息化部   发布

前　言

YS/T 3015《载金炭化学分析方法》分为 4 个部分：
——第 1 部分：水分含量的测定　干燥重量法；
——第 2 部分：铜和铁量的测定　火焰原子吸收光谱法；
——第 3 部分：钙和镁量的测定　火焰原子吸收光谱法；
——第 4 部分：铜、铁、钙和镁量的测定　电感耦合等离子体发射光谱法。

本部分为 YS/T 3015 的第 3 部分。

本部分按照 GB/T 1.1—2009 给出的规则起草。

本部分由中国黄金协会提出。

本部分由全国黄金标准化技术委员会(SAC/TC 379)归口。

本部分起草单位：紫金矿业集团股份有限公司、灵宝黄金股份有限公司、长春黄金研究院、河南中原黄金冶炼厂有限责任公司、山东国大黄金股份有限公司。

本部分主要起草人：夏珍珠、吴银来、蓝美秀、嵇河龙、刘鹏飞、胡赟峰、朱延胜、王菊、刘成祥、孔令强。

载金炭化学分析方法
第3部分:钙和镁量的测定
火焰原子吸收光谱法

1 范围

YS/T 3015 的本部分规定了载金炭中钙和镁含量的测定方法。

本部分适用于载金炭中钙和镁含量的测定。测定范围:钙 0.050%～2.0%;镁 0.010%～0.50%。

2 方法提要

试样经灼烧灰化后,用盐酸、硝酸溶解残渣。在稀盐酸介质中,于火焰原子吸收光谱仪波长 422.7 nm 和 285.2 nm 处,使用空气-乙炔火焰,分别测定钙和镁的吸光度,按标准曲线法计算钙和镁量。

3 试剂

除非另有说明,在分析中仅使用确认为分析纯的试剂和蒸馏水或去离子水或相当纯度的水。

3.1 盐酸($\rho=1.19$ g/mL)。

3.2 盐酸(1+1)。

3.3 盐酸(1+4)。

3.4 硝酸($\rho=1.42$ g/mL)。

3.5 氯化锶溶液:称取 25 g 氯化锶($SrCl_2 \cdot 6H_2O$)于 400 mL 烧杯中,加入 200 mL 水,搅拌溶解,移入 500 mL 容量瓶中,用水稀释至刻度,混匀。

3.6 氯化镧溶液:称取 50 g 氯化镧($LaCl_3 \cdot 7H_2O$)于 400 mL 烧杯中,加入 200 mL 水,搅拌溶解,移入 500 mL 容量瓶中,用水稀释至刻度,混匀。

3.7 钙标准贮存溶液:称取 2.497 3 g 经 105 ℃～110 ℃烘干的碳酸钙(基准试剂)于 250 mL 烧杯中,加入 50 mL 盐酸(3.2),盖上表面皿,低温加热至完全溶解,加热煮沸 1 min～2 min,取下冷却至室温。移入 1 000 mL 容量瓶中,用水稀释至刻度,混匀,贮存于塑料瓶中。此溶液 1 mL 含 1 mg 钙。

3.8 镁标准贮存溶液:称取 1.658 3 g 经 800 ℃灼烧至恒重的氧化镁(基准试剂)于 250 mL 烧杯中,加入 50 mL 盐酸(3.2),盖上表面皿,低温加热至完全溶解,取下冷却至室温。移入 1 000 mL 容量瓶中,用水稀释至刻度,混匀,贮存于塑料瓶中。此溶液 1 mL 含 1 mg 镁。

3.9 钙、镁混合标准溶液:移取 25.00 mL 钙标准贮存溶液(3.7)和 25.00 mL 镁标准贮存溶液(3.8)于 250 mL 容量瓶中,加入 20 mL 盐酸(3.3),用水稀释至刻度,混匀,贮存于塑料瓶中。此溶液 1 mL 含 100 μg 钙和镁。

4 仪器

原子吸收光谱仪,附钙空心阴极灯和镁空心阴极灯。

在仪器最佳工作条件下,凡能达到下列指标者均可使用:

——特征浓度:在与测量溶液的基体相一致的溶液中,钙的特征浓度应不大于 0.085 μg/mL;镁的特征浓度应不大于 0.010 μg/mL;

——精密度:用最高浓度的标准溶液测量 10 次吸光度,其标准偏差应不超过平均吸光度的 1.0%;用最低浓度的标准溶液(不是"零"浓度标准溶液)测量 10 次吸光度,其标准偏差应不超过最高浓度标准溶液平均吸光度的 0.5%;

——工作曲线线性:将工作曲线按浓度等分成 5 段,最高段的吸光度差值与最低段的吸光度差值之比应不小于 0.8。

5 试样

5.1 样品粒度不大于 0.074 mm。

5.2 样品应在 100 ℃~105 ℃烘干 1 h 后,置于干燥器中冷却至室温。

6 分析步骤

6.1 试料

按表 1 称取试样(第 5 章),精确至 0.000 1 g。

表 1 试料量及分取体积

钙或镁的质量分数/%	试料量/g	试液分取体积/mL	稀释体积 mL	氯化锶(3.5)加入量/mL	氯化镧(3.6)加入量/mL	盐酸(3.3)补加量/mL
0.01~0.05	1.0	25.00	50	1.0	2.0	2.5
>0.05~0.2	1.0	25.00	100	2.0	4.0	7.5
>0.2~1.0	0.5	10.00	100	2.0	4.0	9.0
>1.0~2.0	0.2	10.00	100	2.0	4.0	9.0

6.2 测定次数

独立地进行两次测定,取其平均值。

6.3 空白试验

随同试料做空白试验。

6.4 测定

6.4.1 将试料(6.1)置于干燥的 30 mL 石英坩埚中,移入马弗炉中。低温缓慢升温至 550 ℃,稍开炉门,在有氧条件下于 550 ℃灼烧 1 h~2 h,直至试料(6.1)灰化完全,取出坩埚冷却至室温。

6.4.2 用少量水润湿坩埚中残渣,加入 10 mL 盐酸(3.2),于水浴中加热 5 min,取下稍冷。加入 5 mL硝酸(3.4),继续蒸至近干,取下稍冷。加入 10 mL 盐酸(3.3),加热使盐类溶解,取下冷却至室温。将溶液移入 100 mL 容量瓶中,用水稀释至刻度,混匀。

6.4.3 按表 1 分取试液于相应的容量瓶中,加入氯化锶溶液(3.5)、氯化镧溶液(3.6)和盐酸(3.3),用水稀释至刻度,混匀。

6.4.4 分别于原子吸收光谱仪波长 422.7 nm 和 285.2 nm 处,使用空气-乙炔火焰,以"零"浓度溶液调零,测量试液及随同试料空白的吸光度,从工作曲线上查出相应的钙或镁的浓度。

6.5 工作曲线绘制

分别移取 0.00 mL、1.00 mL、2.00 mL、3.00 mL、4.00 mL、5.00 mL 钙、镁混合标准溶液(3.9)于一组 100 mL 容量瓶中,加入 2.0 mL 氯化锶溶液(3.5)、4.0 mL 氯化镧溶液(3.6)和 10.0 mL 盐酸(3.3),用水稀释至刻度,混匀,贮存于塑料瓶中。在与试料溶液相同测定条件下,以"零"浓度溶液调零,测量系列标准溶液的吸光度。以钙或镁的浓度为横坐标,吸光度为纵坐标绘制工作曲线。

7 结果计算

按式(1)计算钙或镁的质量分数 $w(\text{Ca/Mg})$,数值以%表示:

$$w(\text{Ca/Mg}) = \frac{(\rho_1 - \rho_0) \cdot V_0 \cdot V_2 \times 10^{-6}}{m \cdot V_1} \times 100 \quad \cdots\cdots\cdots\cdots\cdots(1)$$

式中:

ρ_1 —— 自工作曲线上查得试液中钙或镁的浓度,单位为微克每毫升($\mu g/mL$);

ρ_0 —— 自工作曲线上查得空白试液中钙或镁的浓度,单位为微克每毫升($\mu g/mL$);

V_0 —— 试液的体积,单位为毫升(mL);

V_1 —— 分取试液的体积,单位为毫升(mL);

V_2 —— 分取试液稀释后的体积,单位为毫升(mL);

m —— 试料的质量,单位为克(g)。

计算结果表示至小数点后第二位,钙或镁的质量分数小于 0.10%时,表示至小数点后第三位。

8 精密度

8.1 重复性

在重复性条件下获得的两次独立测试结果的测定值,在以下给出的平均值范围内,这两个测试结果的绝对差值不超过重复性限(r),超过重复性限(r)的情况不超过 5%,重复性限(r)按表 2 数据采用线性内插法求得。

表 2　重复性限

%

钙	质量分数	0.056	0.18	0.53	1.05
	重复性限(r)	0.010	0.02	0.03	0.05
镁	质量分数	0.054	0.20	0.58	
	重复性限(r)	0.010	0.02	0.03	

8.2 再现性

在再现性条件下获得的两次独立测试结果的测定值,在以下给出的平均值范围内,这两个测试结果的绝对差值不超过再现性限(R),超过再现性(R)的情况不超过 5%,再现性(R)按表 3 数据采用线性内插法求得。

表 3　再现性限　　　　　　　　　　　　　　　　　　　%

钙	质量分数	0.056	0.18	0.53	1.05
	再现性限(R)	0.015	0.04	0.06	0.10
镁	质量分数	0.054	0.20	0.58	
	再现性限(R)	0.015	0.04	0.06	

9　质量控制和保证

应用国家级或行业级标准样品(当两者没有时,也可用自制的控制样品代替),每周或两周验证一次本标准的有效性。当过程失控时,应找出原因,纠正错误后,重新进行校核,并采取相应的预防措施。

ICS 77.120.01
D 46

中华人民共和国黄金行业标准

YS/T 3015.4—2013

载金炭化学分析方法
第 4 部分：铜、铁、钙和镁量的测定
电感耦合等离子体发射光谱法

Methods for chemical analysis of gold-loaded carbon—
Part 4：Determination of copper、iron、calcium and magnesium contents—
Inductively coupled plasma-atomic emission spectrometry

2013-04-25 发布

2013-09-01 实施

中华人民共和国工业和信息化部   发 布

前　言

YS/T 3015《载金炭化学分析方法》分为 4 个部分：
——第 1 部分：水分含量的测定　干燥重量法；
——第 2 部分：铜和铁量的测定　火焰原子吸收光谱法；
——第 3 部分：钙和镁量的测定　火焰原子吸收光谱法；
——第 4 部分：铜、铁、钙和镁量的测定　电感耦合等离子体发射光谱法。

本部分为 YS/T 3015 的第 4 部分。

本部分按照 GB/T 1.1—2009 给出的规则起草。

本部分由中国黄金协会提出。

本部分由全国黄金标准化技术委员会（SAC/TC 379）归口。

本部分起草单位：紫金矿业集团股份有限公司、长春黄金研究院、国家金银及制品质量监督检验中心（长春）、河南中原黄金冶炼厂有限责任公司。

本部分主要起草人：夏珍珠、林翠芳、钟跃汉、刘春华、陈菲菲、陈永红、王菊、孟宪伟、刘成祥。

载金炭化学分析方法
第 4 部分:铜、铁、钙和镁量的测定
电感耦合等离子体发射光谱法

1 范围

YS/T 3015 的本部分规定了载金炭中铜、铁、钙和镁含量的测定方法。

本部分适用于载金炭中铜、铁、钙和镁含量的测定。测定范围:铜 0.010%~2.00%;铁 0.010%~1.00%;钙 0.050%~2.00%;镁 0.010%~0.50%。

2 方法提要

试样经灼烧灰化后,用盐酸、硝酸溶解残渣。在稀盐酸介质中,于电感耦合等离子体发射光谱仪选定的条件下,测定试液中各元素的质量浓度,按标准曲线法计算铜、铁、钙和镁量。

3 试剂

除非另有说明,在分析中仅使用确认为分析纯的试剂和蒸馏水或去离子水或相当纯度的水。

3.1 盐酸($\rho=1.19$ g/mL)。

3.2 盐酸(1+1)。

3.3 盐酸(1+4)。

3.4 盐酸(2+98)。

3.5 硝酸($\rho=1.42$ g/mL)。

3.6 铜标准贮存溶液:称取 1.000 0 g 金属铜(质量分数≥99.99%)于 250 mL 烧杯中,加入 10 mL 水,沿杯壁加入 10 mL 硝酸(3.5),盖上表面皿,低温加热至完全溶解,煮沸驱赶氮氧化物,取下冷却至室温。移入 1 000 mL 容量瓶中,用水稀释至刻度,混匀。此溶液 1 mL 含 1 mg 铜。

3.7 铁标准贮存溶液:称取 1.429 7 g 三氧化二铁(优级纯)于 250 mL 烧杯中,加入 50 mL 盐酸(3.2),盖上表面皿,低温加热至完全溶解,取下冷却至室温。移入 1 000 mL 容量瓶中,用水稀释至刻度,混匀。此溶液 1 mL 含 1 mg 铁。

3.8 钙标准贮存溶液:称取 2.497 3 g 经 105 ℃~110 ℃烘干的碳酸钙(基准试剂)于 250 mL 烧杯中,加入 50 mL 盐酸(3.2),盖上表面皿,低温加热至完全溶解,加热煮沸 1 min~2 min,取下冷却至室温。移入 1 000 mL 容量瓶中,用水稀释至刻度,混匀,贮存于塑料瓶中。此溶液 1 mL 含 1 mg 钙。

3.9 镁标准贮存溶液:称取 1.658 3 g 经 800 ℃灼烧至恒重的氧化镁(基准试剂)于 250 mL 烧杯中,加入 50 mL 盐酸(3.2),盖上表面皿,低温加热至完全溶解,取下冷却至室温。移入 1 000 mL 容量瓶中,用水稀释至刻度,混匀,贮存于塑料瓶中。此溶液 1 mL 含 1 mg 镁。

3.10 铜、铁、钙和镁混合标准溶液:分别移取 25.00 mL 铜标准贮存溶液(3.6)、铁标准贮存溶液(3.7)、钙标准贮存溶液(3.8)和镁标准贮存溶液(3.9)于 250 mL 容量瓶中,用盐酸(3.4)稀释至刻度,混匀,贮存于塑料瓶中。此溶液 1 mL 含 100 μg 铜、铁、钙和镁。

3.11 氩气(体积分数≥99.99%)。

4 仪器

电感耦合等离子体发射光谱仪。仪器工作条件参见附录A。

5 试样

5.1 样品粒度应不大于0.074 mm。

5.2 样品应在100 ℃~105 ℃烘干1 h后,置于干燥器中冷却至室温。

6 分析步骤

6.1 试料

按表1称取试样(第5章),精确至0.000 1 g。

表 1 试料量

铜、铁、钙、镁的质量分数/%	试料量/g
0.01~0.1	1.0
>0.1~0.5	0.5
>0.5~2.0	0.2

6.2 测定次数

独立地进行两次测定,取其平均值。

6.3 空白试验

随同试料做空白试验。

6.4 测定

6.4.1 将试料(6.1)置于干燥的30 mL石英坩埚中,移入马弗炉中。低温缓慢升温至550 ℃,稍开炉门,在有氧条件下于550 ℃灼烧1 h~2 h,直至试料(6.1)灰化完全,取出坩埚冷却至室温。

6.4.2 用少量水润湿坩埚中残渣,加入10 mL盐酸(3.2),于水浴中加热5 min,取下稍冷。加入5 mL硝酸(3.5),继续蒸至近干,取下稍冷。加入10 mL盐酸(3.3),低温加热使盐类溶解,取下冷却至室温。将溶液移入100 mL容量瓶中,用水稀释至刻度,混匀。

6.4.3 于电感耦合等离子体发射光谱仪上,在选定的仪器工作条件下,当工作曲线线性相关系数r≥0.999 8,测量试液及随同试料空白中被测元素的谱线强度,扣除空白值,从工作曲线上确定被测元素的质量浓度。

6.5 工作曲线的绘制

6.5.1 工作曲线Ⅰ:

分别移取0.00 mL、1.00 mL、3.00 mL、5.00 mL、7.00 mL、10.00 mL铜、铁、钙和镁混合标准溶液(3.10)于一组100 mL容量瓶中,用盐酸(3.4)稀释至刻度,混匀,贮存于塑料瓶中。

6.5.2 工作曲线Ⅱ：

分别移取 0.00 mL、10.00 mL、20.00 mL、30.00 mL、50.00 mL 铜、铁、钙和镁混合标准溶液(3.10)于一组 100 mL 容量瓶中，用盐酸(3.4)稀释至刻度，混匀，贮存于塑料瓶中。

6.5.3 在与试料溶液相同测定条件下，以"零"浓度溶液调零，测量标准溶液中各元素的强度，以被测元素的浓度为横坐标，谱线强度为纵坐标由仪器自动绘制工作曲线。

7 分析结果的计算

按式(1)计算铜、铁、钙或镁的质量分数，$w(\mathrm{Cu/Fe/Ca/Mg})$，数值以 % 表示：

$$w(\mathrm{Cu/Fe/Ca/Mg}) = \frac{(\rho_1 - \rho_0) \cdot V \times 10^{-6}}{m} \times 100 \quad\cdots\cdots\cdots\cdots\cdots\cdots\cdots(1)$$

式中：

ρ_1 ——自工作曲线上查得试液中铜、铁、钙或镁的浓度，单位为微克每毫升(μg/mL)；

ρ_0 ——自工作曲线上查得空白试液中铜、铁、钙或镁的浓度，单位为微克每毫升(μg/mL)；

V ——试液的体积，单位为毫升(mL)；

m ——试料的质量，单位为克(g)。

计算结果表示至小数点后第二位；铜、铁、钙或镁的质量分数小于 0.10% 时，表示至小数点后第三位。

8 精密度

8.1 重复性

在重复性条件下获得的两次独立测试结果的测定值，在以下给出的平均值范围内，这两个测试结果的绝对差值不超过重复性限(r)，超过重复性限(r)的情况不超过 5%，重复性限(r)按表 2 数据采用线性内插法求得。

表 2　重复性限　　　　　　　　　　　　　　　　　　　　%

铜	质量分数	0.084	0.15	0.51	1.11
	重复性限(r)	0.010	0.02	0.03	0.05
铁	质量分数	0.089	0.15	0.51	1.25
	重复性限(r)	0.010	0.02	0.03	0.06
钙	质量分数	0.060	0.19	0.54	1.09
	重复性限(r)	0.010	0.02	0.03	0.05
镁	质量分数	0.053	0.21	0.60	
	重复性限(r)	0.010	0.02	0.03	

8.2 再现性

在再现性条件下获得的两次独立测试结果的测定值，在以下给出的平均值范围内，这两个测试结果的绝对差值不超过再现性限(R)，超过再现性(R)的情况不超过 5%，再现性(R)按表 3 数据采用线性内插法求得。

表 3　再现性限   %

铜	质量分数	0.084	0.15	0.51	1.11
	再现性限(R)	0.015	0.04	0.06	0.10
铁	质量分数	0.089	0.15	0.51	1.25
	再现性限(R)	0.015	0.04	0.06	0.12
钙	质量分数	0.060	0.19	0.54	1.09
	再现性限(R)	0.015	0.04	0.06	0.10
镁	质量分数	0.053	0.21	0.60	
	再现性限(R)	0.015	0.04	0.06	

9　质量控制和保证

应用国家级或行业级标准样品(当两者没有时,也可用自制的控制样品代替),每周或两周验证一次本标准的有效性。当过程失控时,应找出原因,纠正错误后,重新进行校核,并采取相应的预防措施。

附　录　A
（资料性附录）
仪器工作条件

电感耦合等离子体发射光谱仪（PerkinElemer Opitima5 300 DV）[1]测定载金炭中铜、铁、钙和镁含量参照表 A.1 和表 A.2 的仪器工作条件。

表 A.1　仪器工作参数

功率 W	雾化室气流量 L/min	观测高度 mm	泵流量 L/min	等离子体流量 L/min	辅助气体流量 L/min	积分时间 s	观测方式
1 300	0.80	15	0.80	15	0.2	5	轴向

表 A.2　元素谱线

元素	Ca	Mg	Cu	Fe
波长/nm	317.933	285.213	327.393	238.204

---

1)　给出这一信息是为了方便本标准的使用者,并不表示对该产品的认可。如果其他等效产品具有相同的效果,则可使用这些等效产品。

ICS 77.150.01
D 46

中华人民共和国黄金行业标准

YS/T 3015.5—2017

载金炭化学分析方法
第 5 部分：铅、锌、铋、镉和铬量的测定
电感耦合等离子体原子发射光谱法

Methods for chemical analysis of gold-loaded carbon—
Part 5：Determination of lead，zinc，bismuth，cadmium and chromium
contents—Inductively coupled plasma atomic emission spectrometry

2017-07-07 发布

2018-01-01 实施

中华人民共和国工业和信息化部　　发 布

前　言

YS/T 3015《载金炭化学分析方法》分为 7 个部分：

——第 1 部分:水分含量的测定　干燥重量法；

——第 2 部分:铜和铁量的测定　火焰原子吸收光谱法；

——第 3 部分:钙和镁量的测定　火焰原子吸收光谱法；

——第 4 部分:铜、铁、钙和镁量的测定　电感耦合等离子体原子发射光谱法；

——第 5 部分:铅、锌、铋、镉和铬量的测定　电感耦合等离子体原子发射光谱法；

——第 6 部分:汞量的测定　原子荧光光谱法和电感耦合等离子体原子发射光谱法；

——第 7 部分:砷量的测定　原子荧光光谱法和电感耦合等离子体原子发射光谱法。

本部分为 YS/T 3015 的第 5 部分。

本部分按照 GB/T 1.1—2009 给出的规则起草。

本部分由中国黄金协会提出。

本部分由全国黄金标准化技术委员会(SAC/TC 379)归口。

本部分起草单位:紫金矿业集团股份有限公司、江西金源有色地质测试有限公司、长春黄金研究院、中条山有色金属集团有限公司、闽西职业技术学院环境中心实验室、山东国大黄金股份有限公司、山东恒邦冶炼股份有限公司、灵宝金源矿业股份有限公司、云南黄金矿业集团贵金属检测有限公司。

本部分主要起草人:夏珍珠、李华荣、邱清良、罗荣根、陈祝海、戴绪丁、胡亮、王菊、冯黎、李敏、白建林、王荔娟、王晓明、孔令强、张俊峰、隋俊勇、王青丽、杨庆玉、吕文先、陈晓科。

载金炭化学分析方法
第5部分：铅、锌、铋、镉和铬量的测定
电感耦合等离子体原子发射光谱法

1 范围

本部分规定了载金炭中铅、锌、铋、镉、铬量的测定方法。

本部分适用于载金炭中铅、锌、铋、镉、铬量的测定。测定范围：0.001 0%～2.00%。

2 方法提要

试料经硝酸、硫酸分解(铅、镉的测定)或高温灼烧后用硝酸溶解(锌、铋、铬的测定)，在稀硝酸介质中，于电感耦合等离子体发射光谱仪选定的条件下，测定试液中各元素的光谱强度，按标准曲线法计算铅、锌、铋、镉和铬量。

3 试剂

除非另有说明，在分析中仅使用确认为分析纯的试剂和去离子水或蒸馏水或相当纯度的水。

3.1 盐酸($\rho=1.19$ g/mL)。

3.2 硝酸($\rho=1.42$ g/mL)。

3.3 硫酸($\rho=1.84$ g/mL)。

3.4 硝酸(1+1)：1体积硝酸(3.2)与1体积水混匀。

3.5 硝酸(5+95)：5体积硝酸(3.2)与95体积水混匀。

3.6 混酸(1+1)：3体积盐酸(3.1)、1体积硝酸(3.2)和4体积水混匀，现用现配。

3.7 铅标准贮存溶液：称取 1.000 0 g 金属铅($w_{Pb}\geqslant99.99\%$)于 200 mL 烧杯中，加入 20 mL 硝酸(3.4)，加热使其溶解，煮沸除去氮的氧化物，冷却。移入 1 000 mL 容量瓶中，加入 40 mL 硝酸(3.4)，用水稀释至刻度，混匀，此溶液 1 mL 含 1 mg 铅。

3.8 锌标准贮存溶液：称取 1.000 0 g 金属锌($w_{Zn}\geqslant99.99\%$)于 200 mL 烧杯中，加入 15 mL 硝酸(3.4)，加热使其溶解，煮沸除去氮的氧化物，冷却。移入 1 000 mL 容量瓶中，加入 40 mL 硝酸(3.4)，用水稀释至刻度，混匀，此溶液 1 mL 含 1 mg 锌。

3.9 铋标准贮存溶液：称取 1.000 0 g 金属铋($w_{Bi}\geqslant99.99\%$)于 200 mL 烧杯中，加入 15 mL 硝酸(3.4)，加热使其溶解，煮沸除去氮的氧化物，冷却。移入 1 000 mL 容量瓶中，加入 40 mL 硝酸(3.4)，用水稀释至刻度，混匀，此溶液 1 mL 含 1 mg 铋。

3.10 镉标准贮存溶液：称取 1.000 0 g 金属镉($w_{Cd}\geqslant99.99\%$)于 200 mL 烧杯中，加入 10 mL 硝酸(3.4)，加热使其溶解，煮沸除去氮的氧化物，冷却。移入 1 000 mL 容量瓶中，加入 40 mL 硝酸(3.4)，用水稀释至刻度，混匀，此溶液 1 mL 含 1 mg 镉。

3.11 铬标准贮存溶液：称取 2.829 0 g 重铬酸钾(基准试剂)，溶于水中，移入 1 000 mL 容量瓶中，用水稀释至刻度，混匀，此溶液 1 mL 含 1 mg 铬。

3.12 铅、锌、铋、镉、铬混合标准溶液 A(100.0 μg/mL)：分别移取 50.00 mL 铅标准贮存溶液(3.7)、

标准贮存溶液(3.8)、铋标准贮存溶液(3.9)、镉标准贮存溶液(3.10)、铬标准贮存溶液(3.11)于 500 mL 容量瓶中,加入 50 mL 硝酸(3.4),用水稀释至刻度,混匀。此溶液 1 mL 分别含 100 μg 铅、100 μg 锌、100 μg 铋、100 μg 镉、100 μg 铬。

3.13 铅、锌、铋、镉、铬混合标准溶液 B(10.00 μg/mL):移取 50.00 mL 铅、锌、铋、镉、铬混合标准溶液 A(3.12)于 500 mL 容量瓶中,加入 50 mL(3.4)硝酸,用水稀释至刻度,混匀。此溶液 1 mL 分别含 10 μg 铅、10 μg 锌、10 μg 铋、10 μg 镉、10 μg 铬。

3.14 氩气(体积分数≥99.99%)。

4 仪器

电感耦合等离子体原子发射光谱仪。在仪器最佳工作条件下,凡能达到下列指标者均可使用:

——分辨率:200 nm 时光学分辨率不大于 0.008 nm,400 nm 时光学分辨率不大于 0.020 nm;

——仪器稳定性:用 1.0 μg/mL 的铅、锌、铋、镉、铬标准溶液测量 11 次,其发射强度的相对标准偏差均不超过 2.0%。

各元素推荐的波长见表 1。仪器推荐工作条件参数参见附录表 A.1。

表 1 各元素推荐波长

元素	Pb	Zn	Bi	Cd	Cr
波长/nm	405.781	206.200	190.171	214.440	283.563

5 试样

5.1 样品粒度应不大于 0.074 mm。

5.2 样品应在 100 ℃~105 ℃烘干 1 h 后,置于干燥器中冷却至室温。

6 分析步骤

6.1 试料

称取 0.20 g 试样,精确至 0.000 1 g。

6.2 测定次数

独立地进行两次测定,取其平均值。

6.3 空白试验

随同试料做空白试验。

6.4 试料分解

6.4.1 测定铅、镉的试料分解

将试料(6.1)置于 250 mL 烧杯中,用少量水润湿,加入 5 mL 硝酸(3.2),盖上表面皿,置于电热板低温加热 5 min。取下稍冷,加入 3 mL 硫酸(3.3)。加热至冒三氧化硫白烟,保持 10 min,取下稍冷。从烧杯嘴处小心缓慢滴加 2~3 mL 硝酸(3.2),边摇边加,于电热板上加热至冒白烟,保持 10 min。按

以上操作反复滴加硝酸数次至炭被完全除尽,溶液变清亮。继续加热至冒浓白烟后半开表面皿,加热约5 min,取下冷却。

用水冲洗表面皿和杯壁,按表 2 加入硝酸(3.4)和少量水,低温加热至微沸使可溶性盐类溶解,取下冷却至室温,按表 2 移入相应容量瓶中,用水稀释至刻度,混匀,静置澄清。

6.4.2 测定锌、铋、铬的试料分解

将试料(6.1)置于干燥的 30 mL 瓷坩埚中,移入马弗炉。稍开炉门,低温缓慢升温至 500 ℃,灼烧2 h,至试样灰化完全,取出坩埚冷却至室温。

用少量水润湿坩埚中残渣,加入 10 mL 王水(3.6),于水浴中加热,蒸至近干,取下稍冷。按表 2 加入硝酸(3.4)及少量水,低温加热至微沸使可溶性盐类溶解,取下冷却至室温,按表 2 将溶液移入相应的容量瓶中,用水稀释至刻度,混匀,静置澄清。

6.4.3 按表 2 稀释倍数分取相应体积,用硝酸(3.5)定容后,于电感耦合等离子体原子发射光谱仪上,在选定的仪器工作条件下,当工作曲线相关系数 $r \geqslant 0.999$,测量试液及随同试料空白中被测元素的谱线强度,从工作曲线上查出被测元素相应的浓度。

表 2 定容及稀释表

待测元素质量分数/%	硝酸(3.4)加入量/mL	定容体积/mL	稀释倍数
>0.001~0.05	2.5	25	—
>0.05~0.1	5	50	—
>0.1~0.5	10	100	5
>0.5~2.0	10	100	10

6.5 工作曲线的绘制

6.5.1 系列标准工作溶液配制

分别移取 0.00 mL、1.00 mL、5.00 mL 铅、锌、铋、镉、铬混合标准溶液 B(3.13)、1.00 mL、2.00 mL、5.00 mL 铅、锌、铋、镉、铬混合标准溶液 A(3.12)于一系列 100 mL 容量瓶中,加入 5 mL 硝酸(3.2),用水稀释至刻度,混匀。配制成铅、锌、铋、镉、铬浓度为 0.00 μg/mL、0.10 μg/mL、0.50 μg/mL、1.00 μg/mL、2.00 μg/mL、5.00 μg/mL 的系列标准工作溶液。

6.5.2 工作曲线绘制

在与试料溶液测定相同条件下,以"零"标准溶液调零,测量系列标准工作溶液中各元素的谱线强度,以被测元素的浓度为横坐标,谱线强度为纵坐标,由仪器自动绘制工作曲线。

7 分析结果的计算

按式(1)计算铅、锌、铋、镉和铬的质量分数 $w(X)$,数值以%表示:

$$w(X) = \frac{(\rho - \rho_0) \cdot V}{m} \times \frac{V_2}{V_1} \times 10^{-6} \times 100 \quad\cdots\cdots\cdots\cdots\cdots\cdots\cdots(1)$$

式中:

ρ ——自工作曲线上查得试液中铅、锌、铋、镉和铬的浓度,单位为微克每毫升(μg/mL);

ρ_0 ——自工作曲线上查得空白试液中铅、锌、铋、镉和铬的浓度,单位为微克每毫升(μg/mL);

V ——试液的体积,单位为毫升(mL);

V_2——定容体积，单位为毫升(mL)；

V_1——分取体积，单位为毫升(mL)；

m ——试料的质量，单位为克(g)。

计算结果表示至小数点后两位；当 $0.010\% \leqslant w(X) < 0.10\%$ 时，表示至小数点后三位；当 $w(X) < 0.010\%$ 时，表示至小数点后四位。

8 精密度

8.1 重复性

在重复性条件下获得的两次独立测试结果的测定值，在以下给出的平均值范围内，这两个测试结果的绝对差值不超过重复性限(r)，超过重复性限(r)的情况不超过5%，重复性限(r)按表3数据采用线性内插法求得。

表 3 重复性限

$w_{Pb}/\%$	0.002 5	0.012	0.095	0.49	1.98
$r/\%$	0.000 6	0.002	0.010	0.03	0.10
$w_{Zn}/\%$	0.003 3	0.013	0.10	0.50	1.99
$r/\%$	0.000 6	0.002	0.02	0.03	0.10
$w_{Bi}/\%$	0.002 4	0.012	0.095	0.49	1.98
$r/\%$	0.000 6	0.002	0.010	0.03	0.10
$w_{Cd}/\%$	0.002 2	0.012	0.095	0.49	1.98
$r/\%$	0.000 5	0.002	0.010	0.03	0.10
$w_{Cr}/\%$	0.002 8	0.013	0.10	0.50	1.99
$r/\%$	0.000 5	0.002	0.01	0.03	0.10

8.2 再现性

在再现性条件下获得的两次独立测试结果的测定值，在以下给出的平均值范围内，这两个测试结果的绝对差值不超过再现性限(R)，超过再现性限(R)的情况不超过5%，再现性限(R)按表4数据采用线性内插法求得。

表 4 再现性限

$w_{Pb}/\%$	0.002 5	0.012	0.095	0.49	1.98
$R/\%$	0.000 8	0.003	0.012	0.05	0.12
$w_{Zn}/\%$	0.003 3	0.013	0.10	0.50	1.99
$R/\%$	0.000 9	0.003	0.03	0.05	0.12
$w_{Bi}/\%$	0.002 4	0.012	0.095	0.49	1.98
$R/\%$	0.000 8	0.003	0.023	0.05	0.12
$w_{Cd}/\%$	0.002 2	0.012	0.095	0.49	1.98
$R/\%$	0.000 8	0.003	0.012	0.05	0.12
$w_{Cr}/\%$	0.002 8	0.013	0.10	0.50	1.99
$R/\%$	0.000 8	0.003	0.02	0.05	0.12

9 质量控制和保证

应用国家级或行业级标准样品（当两者没有时，也可以用自制的控制样品代替）定期或有必要时核查在实验室内部的适用性（有效性）。当过程失控时，应找出原因，纠正错误后，重新进行校核，并采取相应的预防措施。

附　录　A

（资料性附录）

仪器工作条件

采用电感耦合等离子体原子发射光谱仪测定铅、锌、铋、镉和铬的仪器工作条件参数参见表 A.1。

表 A.1　仪器工作参数

功率 W	雾化室气流量 L·min^{-1}	观测高度 mm	泵流量 L·min^{-1}	等离子体流量 L·min^{-1}	辅助气体流量 L·min^{-1}	时间 s	观测方式
1 300	0.80	15	1.50	15	0.2	30	轴向

ICS 77.150.01
D 46

中华人民共和国黄金行业标准

YS/T 3015.6—2017

载金炭化学分析方法
第 6 部分：汞量的测定
原子荧光光谱法和电感耦合
等离子体原子发射光谱法

Methods for chemical analysis of gold-loaded carbon—
Part 6：Determination of mercury content—
Atomic fluorescence spectrometry and inductively coupled
plasma atomic emission spectrometry

2017-07-07 发布

2018-01-01 实施

中华人民共和国工业和信息化部　　发 布

前　言

YS/T 3015《载金炭化学分析方法》分为 7 个部分：
——第 1 部分：水分含量的测定　干燥重量法；
——第 2 部分：铜和铁量的测定　火焰原子吸收光谱法；
——第 3 部分：钙和镁量的测定　火焰原子吸收光谱法；
——第 4 部分：铜、铁、钙和镁量的测定　电感耦合等离子体原子发射光谱法；
——第 5 部分：铅、锌、铋、镉和铬量的测定　电感耦合等离子体原子发射光谱法；
——第 6 部分：汞量的测定　原子荧光光谱法和电感耦合等离子体原子发射光谱法；
——第 7 部分：砷量的测定　原子荧光光谱法和电感耦合等离子体原子发射光谱法。

本部分为 YS/T 3015 的第 6 部分。

本部分按照 GB/T 1.1—2009 给出的规则起草。

本部分由中国黄金协会提出。

本部分由全国黄金标准化技术委员会(SAC/TC 379)归口。

本部分方法 1 起草单位：紫金矿业集团股份有限公司、中国有色桂林矿产地质研究院有限公司、长春黄金研究院、闽西职业技术学院环境中心实验室、云南黄金矿业集团贵金属检测有限公司、紫金铜业有限公司、厦门紫金矿冶技术有限公司。

本部分方法 1 主要起草人：陈祝海、夏珍珠、刘春华、游佛水、俞金生、陈祝柄、王辉、苏广东、钟彬扬、刘立峰、吕文先、耿云虎、赖秋祥、彭琪玉、廖祥辉、谢燕红。

本部分方法 2 起草单位：紫金矿业集团股份有限公司、中国有色桂林矿产地质研究院有限公司、长春黄金研究院、大冶有色设计研究院有限公司、闽西职业技术学院环境中心实验室、云南黄金矿业集团贵金属检测有限公司、紫金铜业有限公司、厦门紫金矿冶技术有限公司。

本部分方法 2 主要起草人：游佛水、陈祝海、夏珍珠、罗秀芬、吴银来、唐碧玉、阳兆鸿、苏广东、刘艳、魏文、吕文先、陈晓科、钟彬扬、刘立峰、赖秋祥、彭琪玉、廖祥辉、周华玉。

载金炭化学分析方法
第6部分:汞量的测定
原子荧光光谱法和电感耦合
等离子体原子发射光谱法

1 范围

本部分规定了载金炭中汞量的测定方法。

本部分适用于载金炭中汞量的测定。测定范围:方法1:0.000 5%~0.010%;方法2:0.005 0%~1.00%。

2 方法1 原子荧光光谱法

2.1 方法提要

试料经灼烧分解,通过稀硝酸溶液吸收后,以稀硝酸为载流,硼氢化钾为还原剂,用氩气导入石英炉原子化器中,于原子荧光光谱仪上测定其荧光强度,按标准曲线法计算汞量。

2.2 试剂与材料

除非另有说明,在分析中仅使用确认为分析纯的试剂和去离子水或蒸馏水或相当纯度的水。

2.2.1 硝酸($\rho=1.42$ g/mL),优级纯。

2.2.2 盐酸($\rho=1.19$ g/mL),优级纯。

2.2.3 硝酸(1+1):1体积硝酸(2.2.1)与1体积水混匀。

2.2.4 硝酸(15+85):15体积硝酸(2.2.1)与85体积水混匀。

2.2.5 硝酸(5+95):5体积硝酸(2.2.1)与95体积水混匀。

2.2.6 混酸(1+1):1体积硝酸(2.2.1)、3体积盐酸(2.2.2)和4体积水混匀,现用现配。

2.2.7 硫脲溶液(50 g/L)。

2.2.8 重铬酸钾溶液(50 g/L)。

2.2.9 氢氧化钾溶液(2 g/L)。

2.2.10 硼氢化钾溶液(0.5 g/L):称取0.5 g硼氢化钾溶于1 000 mL氢氧化钾溶液(2.2.9),现用现配。

2.2.11 汞标准贮存液:称取0.135 4 g经干燥处理的二氯化汞(优级纯)于100 mL烧杯中,加入20 mL硝酸(2.2.3),使其溶解。移入1 000 mL容量瓶中,加入40 mL硝酸(2.2.1)和20 mL重铬酸钾溶液(2.2.8),用水稀释至刻度,混匀。此溶液1 mL含100 μg汞。

2.2.12 汞标准溶液A(10.00 μg/mL):移取10.00 mL汞标准贮存液(2.2.11)于100 mL容量瓶中,加入1 mL重铬酸钾溶液(2.2.8)和5 mL硝酸(2.2.1),用水稀释至刻度,混匀。此溶液1 mL含10 μg汞。

2.2.13 汞标准溶液B(1.00 μg/mL):移取10.00 mL汞标准溶液A(2.2.12)于100 mL容量瓶中,加入1 mL重铬酸钾溶液(2.2.8)和5 mL硝酸(2.2.1),用水稀释至刻度,混匀。此溶液1 mL含1 μg汞。

2.2.14 空白活性炭($w_{Hg}<0.000$ 1%),样品粒度应不大于0.074 mm,置于干燥器中备用。

2.2.15 氩气(体积分数≥99.99%)。

2.3 仪器与装置

2.3.1 原子荧光光谱仪,附汞空心阴极灯。在仪器最佳工作条件下,凡能达到下列指标者均可使用:

——检出限:不大于 0.5×10^{-10} g/mL;

——仪器稳定性:用 5.0 μg/L 的汞标准溶液测定荧光强度 11 次,其荧光强度的相对标准偏差不超过 3.0% 。

原子荧光光谱仪推荐工作条件参数参见附录表 A.1。

2.3.2 试样灼烧装置如图 1 所示,由进气口通入氧气,吸收瓶为砂芯多孔玻板吸收瓶。

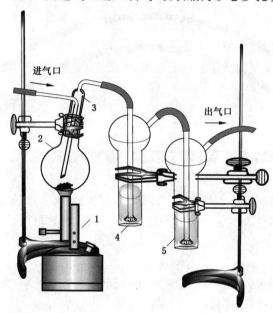

说明:

1——酒精喷灯;

2——石英烧瓶;

3——玻璃接头;

4——一级吸收瓶;

5——二级吸收瓶。

图 1 前处理装置示意图

2.4 试样

2.4.1 样品粒度应不大于 0.074 mm。

2.4.2 样品应在室温下自然风干。

2.5 分析步骤

2.5.1 试料

快速称取试样(2.4)0.20 g,精确至 0.000 1 g。

2.5.2 测定次数

独立地进行两次测定,取其平均值。

2.5.3　空白试验

随同试样做空白试验。

2.5.4　测定

2.5.4.1　将试料(2.5.1)置于 100 mL 石英烧瓶中,在一级吸收瓶加入 20 mL 硝酸(2.2.4),二级吸收瓶加入 10 mL 硝酸(2.2.4),按图 1 连接好装置,通入氧气,并控制氧气流量为 0.2 L/min。用酒精喷灯灼烧至试料完全燃尽,适当加热玻璃接头防止冷凝。冷却后,往石英烧瓶中加入 4 mL 混酸(2.2.6),灼烧至约 2 mL,冷却至室温,将吸收液和烧瓶中溶液移入 200 mL 容量瓶中,用水冲洗 3～5 次,稀释至刻度,混匀。

2.5.4.2　按表 1 分取试液于 100 mL 容量瓶中,加入 50 mL 硝酸(2.2.5),加入 2 mL 硫脲溶液(2.2.7),用硝酸(2.2.5)稀释至刻度,混匀。

表 1　分取试液体积

汞的质量分数/%	分取试液体积/mL
0.000 5～0.002 5	20.00
＞0.002 5～0.005 0	10.00
＞0.005 0～0.010	5.00

2.5.4.3　于原子荧光光谱仪上,在最佳仪器条件下,以硝酸(2.2.5)为载流,硼氢化钾溶液(2.2.10)为还原剂,测量试液及随同试料空白的荧光强度,从工作曲线上查出相应的汞浓度。

2.5.5　工作曲线的绘制

2.5.5.1　标准工作溶液配制

移取 2.00 mL 汞标准溶液 B(2.2.13),并加入 0.200 g 活性炭(2.2.14),于 100 mL 石英烧瓶中,按 2.5.4.1 步骤操作,定容至 100 mL。将上述溶液分别移取 0.00 mL、5.00 mL、10.00 mL、15.00 mL、20.00 mL、25.00 mL 于 100 mL 容量瓶中,加入 50 mL 硝酸(2.2.5),加入 2 mL 硫脲溶液(2.2.7),用硝酸(2.2.5)稀释至刻度,混匀。此时汞标准工作溶液浓度分别计为 0.00 μg/L、1.00 μg/L、2.00 μg/L、3.00 μg/L、4.00 μg/L、5.00 μg/L。

2.5.5.2　工作曲线绘制

在与试料溶液相同测定条件下,以"零"标准溶液调零,测量系列标准工作溶液的强度,以汞的浓度为横坐标,荧光强度为纵坐标,由仪器自动绘制工作曲线。

2.6　分析结果计算

按式(1)计算汞的质量分数 $w(\mathrm{Hg})$,以%表示:

$$w(\mathrm{Hg}) = \frac{(\rho - \rho_0) \cdot V}{m} \times \frac{V_2}{V_1} \times 10^{-9} \times 100 \quad\cdots\cdots\cdots\cdots\cdots（1）$$

式中:

ρ ——自工作曲线上查得试液中汞的浓度,单位为微克每升(μg/L);

ρ_0 ——自工作曲线上查得空白试液中汞的浓度,单位为微克每升(μg/L);

V ——试液的体积,单位为毫升(mL);

V_2——试液分取后定容体积,单位为毫升(mL);

V_1——试液的分取体积,单位为毫升(mL);

m ——试料的质量,单位为克(g)。

计算结果表示至小数点后四位。

2.7 精密度

2.7.1 重复性

在重复性条件下获得的两次独立测试结果的测定值,在以下给出的平均值范围内,这两个测试结果的绝对差值不超过重复性限(r),超过重复性限(r)的情况不超过5%,重复性限(r)按表2数据采用线性内插法求得:

表 2　重复性限

汞的质量分数/%	0.000 5	0.002 0	0.005 0	0.009 9
重复性限(r)/%	0.000 1	0.000 2	0.000 4	0.000 8

2.7.2 再现性

在再现性条件下获得的两次独立测试结果的测定值,在以下给出的平均值范围内,这两个测试结果的绝对差值不超过再现性限(R),超过再现性限(R)的情况不超过5%,再现性限(R)按表3数据采用线性内插法求得。

表 3　再现性限

汞的质量分数/%	0.000 5	0.002 0	0.005 0	0.009 9
再现性限(R)/%	0.000 2	0.000 3	0.000 5	0.000 9

3　方法2　电感耦合等离子体原子发射光谱法

3.1　方法提要

试料经灼烧分解,通过稀硝酸溶液吸收后,在稀酸介质中,于电感耦合等离子体原子发射光谱仪选定的条件下,测定试液中汞的光谱强度,按标准曲线法计算汞量。

3.2　试剂与材料

除非另有说明,在分析中仅使用确认为分析纯的试剂和去离子水或蒸馏水或相当纯度的水。

3.2.1　盐酸($\rho=1.19$ g/mL)。

3.2.2　硝酸($\rho=1.42$ g/mL)。

3.2.3　硝酸(15+85):15 体积硝酸(3.2.2)与 85 体积水混匀。

3.2.4　混酸(硝酸+盐酸+水=1+3+4):1 体积硝酸(3.2.2)、3 体积盐酸(3.2.1)和 4 体积水混匀,现用现配。

3.2.5　重铬酸钾溶液(50 g/L)。

3.2.6　汞标准贮存液:称取 1.354 0 g 经干燥处理的二氯化汞(优级纯)于 100 mL 烧杯中,加入 10 mL

硝酸(3.2.2),使其溶解。移入 1 000 mL 容量瓶中,加入 40 mL 硝酸(3.2.2)和 20 mL 重铬酸钾溶液(3.2.5),用水稀释至刻度,混匀。此溶液 1 mL 含 1 mg 汞。

3.2.7 汞标准溶液(100.0 μg/mL):移取 10.00 mL 汞标准贮存液(3.2.6)于 100 mL 容量瓶中,加入 5 mL 硝酸(3.2.2)和 1 mL 重铬酸钾溶液(3.2.5),用水稀释至刻度,混匀。此溶液 1 mL 含 100 μg 汞。

3.2.8 空白活性炭(w_{Hg}<0.000 1%),样品粒度应不大于 0.074 mm,置于干燥器中备用。

3.2.9 氩气(体积分数≥99.99%)。

3.3 仪器和装置

3.3.1 电感耦合等离子体原子发射光谱仪。在仪器最佳工作条件下,凡能达到下列指标者均可使用:
—— 分辨率:200 nm 时光学分辨率不大于 0.008 nm;
—— 仪器稳定性:用 1.0 μg/mL 的汞标准溶液测量 11 次,其发射强度的相对标准偏差均不超过 2.0%。
电感耦合等离子体原子发射光谱仪推荐工作条件参数参见附录表 A.2。

3.3.2 试样灼烧装置见图 1 所示,由进气口通入氧气,吸收瓶为砂芯多孔玻板吸收瓶。

3.4 试样

3.4.1 样品粒度应不大于 0.074 mm。

3.4.2 样品应在室温下自然风干。

3.5 分析步骤

3.5.1 试料

快速称取试样(3.4)0.20 g,精确至 0.000 1 g。

3.5.2 测定次数

独立进行两次测定,取其平均值。

3.5.3 空白试验

随同试料做空白试验。

3.5.4 测定

3.5.4.1 将试料(3.5.1)置于 100 mL 石英烧瓶中,在一级吸收瓶加入 20 mL 硝酸(3.2.3),二级吸收瓶加入 10 mL 硝酸(3.2.3),按图 1 连接好装置,通入氧气,并控制氧气流量为 0.2 L/min。用酒精喷灯灼烧至试料完全燃尽,适当加热玻璃接头防止冷凝。冷却后,往石英烧瓶中加入 4 mL 混酸(3.2.4),灼烧至约 2 mL,冷却至室温,将吸收液和烧瓶中溶液移入 100 mL 容量瓶中,用水冲洗 3~5 次,稀释至刻度,混匀。

3.5.4.2 按表 4 分取试液于 100 mL 容量瓶中,加入 5 mL 硝酸溶液(3.2.2),用水稀释至刻度,混匀。

表 4 分取试液体积

汞的质量分数/%	分取试液体积/mL
0.005 0~0.25	—
>0.25~1.00	20.00

3.5.4.3 于电感耦合等离子体原子发射光谱仪上,选择波长 194.168 nm,在选定的仪器工作条件下,当工作曲线线性相关系数 $r \geqslant 0.999$,测量试液及随同空白中汞的谱线强度,从工作曲线上确定汞量。

3.5.5 工作曲线的绘制

3.5.5.1 标准工作溶液配制

分别移取 0.00 mL、0.10 mL、0.50 mL 汞标准溶液(3.2.7),0.10 mL、0.30 mL、0.50 mL 汞标准贮存液(3.2.6)于 100 mL 石英烧瓶中,并加入 0.200 g 活性炭(3.2.8),按 3.5.4.1 步骤操作,移入 100 mL 容量瓶中,加入 0.5 mL 重铬酸钾溶液(3.2.5),用水稀释至刻度,混匀。此时汞标准工作溶液浓度分别计为:0.00 $\mu g/mL$、0.10 $\mu g/mL$、0.50 $\mu g/mL$、1.00 $\mu g/mL$、3.00 $\mu g/mL$、5.00 $\mu g/mL$。

3.5.5.2 工作曲线绘制

在与试料溶液相同测定条件下,以"零"标准溶液调零,测量系列标准工作溶液的强度,以汞的浓度为横坐标,谱线强度为纵坐标,由仪器自动绘制工作曲线。

3.6 分析结果的计算

按式(2)计算汞的质量分数 $w(\mathrm{Hg})$,数值以%表示:

$$w(\mathrm{Hg}) = \frac{(\rho - \rho_0) \cdot V}{m} \times \frac{V_4}{V_3} \times 10^{-6} \times 100 \quad\cdots\cdots\cdots\cdots\cdots\cdots(2)$$

式中:

ρ ——自工作曲线上查得试液中汞的浓度,单位为微克每毫升($\mu g/mL$);

ρ_0 ——自工作曲线上查得空白试液中汞的浓度,单位为微克每毫升($\mu g/mL$);

V ——试液的体积,单位为毫升(mL);

V_4 ——试液分取后定容体积,单位为毫升(mL);

V_3 ——试液的分取体积,单位为毫升(mL);

m ——试料的质量,单位为克(g)。

计算结果表示至小数点后两位;当 $0.010\% \leqslant w(\mathrm{Hg}) < 0.10\%$ 时,表示至小数点后三位;当 $w(\mathrm{Hg}) < 0.010\%$ 时,表示至小数点后四位。

3.7 精密度

3.7.1 重复性

在重复性条件下获得的两次独立测试结果的测定值,在以下给出的平均值范围内,这两个测试结果的绝对差值不超过重复性限(r),超过重复性限(r)的情况不超过 5%,重复性限(r)按表 5 数据采用线性内插法求得。

表 5　重复性限

汞的质量分数/%	0.004 9	0.020	0.10	0.50	1.00
重复性限(r)/%	0.000 6	0.002	0.01	0.03	0.07

3.7.2 再现性

在再现性条件下获得的两次独立测试结果的测定值,在以下给出的平均值范围内,这两个测试结果的绝对差值不超过再现性限(R),超过再现性限(R)的情况不超过 5%,再现性限(R)按表 6 数据采用线性内插法求得。

表 6 再现性限

汞的质量分数/%	0.004 9	0.020	0.10	0.50	1.00
再现性限(R)/%	0.001 0	0.003	0.02	0.04	0.08

4 质量控制和保证

应用国家级或行业级标准样品(当两者没有时,也可以用自制的控制样品代替)每周或两周验证一次本标准的有效性。当过程失控时,应找出原因,纠正错误后,重新进行校核,并采取相应的预防措施。

附　录　A

（资料性附录）

A.1 采用原子荧光光谱仪测定汞的仪器工作条件参数参见表 A.1。

表 A.1　原子荧光光谱仪工作参数

参数	Hg
负高压(V)	240
原子化器温度/℃	室温
原子化器高度/mm	8.0
载气流量/(mL·min⁻¹)	300
屏蔽气流量/(mL·min⁻¹)	800
灯电流/mA	30
读数时间/s	18
延迟时间/s	1
原子化方式	冷原子化
测量方式	标准曲线法
读取方式	峰面积

A.2 采用电感耦合等离子体原子发射光谱仪测定汞的仪器工作条件参数参见表 A.2。

表 A.2　电感耦合等离子体原子发射光谱仪工作参数

RF 功率 W	雾化气流量 L·min⁻¹	辅助气流量 L·min⁻¹	等离子气流量 L·min⁻¹	进液泵速 r·min⁻¹	观测高度 mm	一次读数时间 s	稳定时间 s	进样时间 s
1 300	0.60	1.50	15.0	15	15	5	5	30

ICS 77.150.01
D 46

中华人民共和国黄金行业标准

YS/T 3015.7—2017

载金炭化学分析方法
第 7 部分：砷量的测定
原子荧光光谱法和电感耦合
等离子体原子发射光谱法

Methods for chemical analysis of gold-loaded carbon—
Part 7：Determination of arsenic content—
Atomic fluorescence spectrometry and inductively coupled
plasma atomic emission spectrometry

2017-07-07 发布
2018-01-01 实施

中华人民共和国工业和信息化部   发布

前　言

YS/T 3015《载金炭化学分析方法》分为 7 个部分：
——第 1 部分：水分含量的测定　干燥重量法；
——第 2 部分：铜和铁量的测定　火焰原子吸收光谱法；
——第 3 部分：钙和镁量的测定　火焰原子吸收光谱法；
——第 4 部分：铜、铁、钙和镁量的测定　电感耦合等离子体原子发射光谱法；
——第 5 部分：铅、锌、铋、镉和铬量的测定　电感耦合等离子体原子发射光谱法；
——第 6 部分：汞量的测定　原子荧光光谱法和电感耦合等离子体原子发射光谱法；
——第 7 部分：砷量的测定　原子荧光光谱法和电感耦合等离子体原子发射光谱法。

本部分为 YS/T 3015 的第 7 部分。

本部分按照 GB/T 1.1—2009 给出的规则起草。

本部分由中国黄金协会提出。

本部分由全国黄金标准化技术委员会(SAC/TC 379)归口。

本部分方法 1 起草单位：紫金矿业集团股份有限公司、北京矿冶研究总院、长春黄金研究院、中国有色桂林矿产地质研究院有限公司、河南中原黄金冶炼厂有限责任公司、闽西职业技术学院环境中心实验室、云南黄金矿业集团贵金属检测有限公司、山东国大黄金股份有限公司。

本部分方法 1 主要起草人：夏珍珠、李华荣、罗荣根、陈祝海、罗秀芬、陈殿耿、刘秋波、王菊、黄智、古行乾、姜艳水、钟彬扬、李秀青、吕文先、耿云虎、孔令强、邵国强。

本部分方法 2 起草单位：紫金矿业集团股份有限公司、北京矿冶研究总院、长春黄金研究院、中国有色桂林矿产地质研究院有限公司、河南中原黄金冶炼厂有限责任公司、闽西职业技术学院环境中心实验室、山东国大黄金股份有限公司、山东恒邦冶炼股份有限公司、灵宝金源矿业股份有限公司。

本部分方法 2 主要起草人：夏秀娟、林常兰、俞金生、龙秀甲、包卫东、蒯丽君、刘春峰、穆岩、古行乾、王辉、王猛、钟彬扬、李秀青、孔令强、邵国强、曲胜利、栾海光、王青丽、刘晓纪。

载金炭化学分析方法
第7部分：砷量的测定
原子荧光光谱法和电感耦合
等离子体原子发射光谱法

1 范围

本部分规定了载金炭中砷量的测定方法。

本部分适用于载金炭中砷量的测定。测定范围：方法1:0.000 5%～0.025%；方法2:0.005 0%～1.00%。

2 方法1 原子荧光光谱法

2.1 方法提要

试料经硝酸、硫酸分解，用硫脲-抗坏血酸进行预还原，在氢化物发生器中，砷被硼氢化钾还原为氢化物，用氩气导入石英炉原子化器中，于原子荧光光谱仪上测定其荧光强度，按标准曲线法计算砷量。

2.2 试剂

除非另有说明，在分析中仅使用确认为分析纯的试剂和去离子水或蒸馏水或相当纯度的水。

2.2.1 盐酸($\rho=1.19$ g/mL)，优级纯。

2.2.2 硝酸($\rho=1.42$ g/mL)，优级纯。

2.2.3 硫酸($\rho=1.84$ g/mL)，优级纯。

2.2.4 盐酸(1+9):1体积盐酸(2.2.1)与9体积水混匀。

2.2.5 硼氢化钾溶液(15 g/L)：称取15 g硼氢化钾溶于1 000 mL氢氧化钾(5 g/L)溶液中，现用现配。

2.2.6 硫脲-抗坏血酸混合溶液：分别称取5 g硫脲和抗坏血酸，用水溶解，稀释至100 mL，混匀。

2.2.7 砷标准贮存溶液：称取0.132 0 g三氧化二砷(基准试剂，预先在100 ℃～105 ℃烘1 h，置于干燥器中冷却至室温)于100 mL烧杯中，加入5 mL氢氧化钠溶液(200 g/L)，低温加热使其溶解，加入50 mL水、2滴酚酞乙醇溶液(1 g/L)，用硫酸(1+1)中和至红色刚消失，再过量2 mL，移入1 000 mL容量瓶中，用水稀释至刻度，混匀。此溶液1 mL含100 μg砷。

2.2.8 砷标准溶液A(10.00 μg/mL)：移取10.00 mL砷标准贮存溶液(2.2.7)于100 mL容量瓶中，加入5 mL盐酸(2.2.1)，用水稀释至刻度，混匀。此溶液1 mL含10 μg砷。

2.2.9 砷标准溶液B(1.00 μg/mL)：移取10.00 mL砷标准溶液A(2.2.8)于100 mL容量瓶中，加入5 mL盐酸(2.2.1)，用水稀释至刻度，混匀。此溶液1 mL含1 μg砷。

2.2.10 氩气(体积分数≥99.99%)。

2.3 仪器

原子荧光光谱仪，附砷空心阴极灯。在仪器最佳工作条件下，凡能达到下列指标者均可使用：

——检出限：不大于1×10^{-10} g/mL；

——仪器稳定性:用 0.10 μg/mL 的砷标准溶液测量荧光强度 11 次,其荧光强度的相对标准偏差不超过 3.0%。

原子荧光光谱仪推荐工作条件参数参见附录表 A.1。

2.4 试样

2.4.1 样品粒度应不大于 0.074 mm。

2.4.2 样品应在 100 ℃~105 ℃烘 1 h 后,置于干燥器中冷却至室温。

2.5 分析步骤

2.5.1 试料

按表 1 快速称取试样(2.4),精确至 0.000 1 g。

表 1 试料量及分取试液体积

砷的质量分数/%	试料量/g	分取试液体积/mL
0.000 5~0.002	0.20	20.00
>0.002~0.005	0.20	10.00
>0.005~0.01	0.10	10.00
>0.01~0.025	0.10	5.00

2.5.2 测定次数

独立地进行两次测定,取其平均值。

2.5.3 空白试验

随同试样做空白试验。

2.5.4 测定

2.5.4.1 将试料(2.5.1)置于 250 mL 烧杯中,用少量水润湿,加入 5 mL 硝酸(2.2.2),盖上表面皿,置于电热板上低温加热 5 min,取下稍冷,加入 3 mL 硫酸(2.2.3),加热至冒三氧化硫白烟,保持 10 min,取下稍冷。从烧杯嘴处小心缓慢滴加 2 mL~3 mL 硝酸(2.2.2),边摇边加,于电热板上加热至冒白烟,保持 10 min。按以上操作反复滴加硝酸数次至炭被完全除尽,溶液变清亮。继续加热至冒浓白烟后半开表面皿,加热约 5 min,取下冷却。

2.5.4.2 用水冲洗表面皿和杯壁,加入 5 mL 盐酸(2.2.1)和少量水,低温加热至微沸使可溶性盐类溶解,取下冷却至室温,移入 50 mL 容量瓶中,用水稀释至刻度,混匀,静置澄清。

2.5.4.3 按表 1 分取上清液于 25 mL 比色管中,加入 2.5 mL 硫脲-抗坏血酸混合溶液(2.2.6),用盐酸(2.2.4)稀释至刻度,混匀,室温下放置 30 min。

2.5.4.4 于原子荧光光谱仪上,在最佳仪器条件下,以盐酸(2.2.4)为载流,硼氢化钾溶液(2.2.5)为还原剂,测量试液及随同试料空白的荧光强度,从工作曲线上查出相应砷的浓度。

2.5.5 工作曲线的绘制

2.5.5.1 标准工作溶液配制

分别移取 0.00 mL、1.00 mL、3.00 mL、5.00 mL、8.00 mL、10.00 mL 砷标准溶液 B(2.2.9)于 100 mL

容量瓶中,加入 10 mL 盐酸(2.2.1)、10 mL 硫脲-抗坏血酸混合溶液(2.2.6),用水稀释至刻度,混匀,室温下放置 30 min。此时砷的标准工作曲线浓度分别为:0.00 μg/L、10.00 μg/L、30.00 μg/L、50.00 μg/L、80.00 μg/L、100.00 μg/L。

2.5.5.2 工作曲线绘制

在与试料溶液相同测定条件下,以"零"标准溶液调零,测量系列标准溶液的强度,以砷的浓度为横坐标,荧光强度为纵坐标,由仪器自动绘制工作曲线。

2.6 分析结果计算

按式(1)计算砷的质量分数 $w(As)$,以%表示:

$$w(As) = \frac{(\rho - \rho_0) \cdot V}{m} \times \frac{V_2}{V_1} \times 10^{-9} \times 100 \quad\cdots\cdots\cdots\cdots\cdots\cdots\cdots\cdots(1)$$

式中:

ρ ——自工作曲线上查得试液中砷的浓度,单位为微克每升(μg/L);

ρ_0 ——自工作曲线上查得空白试液中砷的浓度,单位为微克每升(μg/L);

V ——试液的体积,单位为毫升(mL);

V_2 ——试液分取后定容体积,单位为毫升(mL);

V_1 ——试液的分取体积,单位为毫升(mL);

m ——试料的质量,单位为克(g)。

计算结果表示至小数点后三位;当 $w(As) < 0.01\%$ 时,表示至小数点后四位。

2.7 精密度

2.7.1 重复性

在重复性条件下获得的两次独立测试结果的测定值,在以下给出的平均值范围内,这两个测试结果的绝对差值不超过重复性限(r),超过重复性限(r)的情况不超过 5%,重复性限(r)按表 2 数据采用线性内插法求得:

表 2 重复性限

砷的质量分数/%	0.000 5	0.001 1	0.005 2	0.010	0.024
重复性限(r)/%	0.000 1	0.000 2	0.000 7	0.001	0.002

2.7.2 再现性

在再现性条件下获得的两次独立测试结果的测定值,在以下给出的平均值范围内,这两个测试结果的绝对差值不超过再现性限(R),超过再现性限(R)的情况不超过 5%,再现性限(R)按表 3 数据采用线性内插法求得。

表 3 再现性限

砷的质量分数/%	0.000 5	0.001 1	0.005 2	0.010	0.024
再现性限(R)/%	0.000 2	0.000 3	0.000 8	0.002	0.003

3 方法2 电感耦合等离子体原子发射光谱法

3.1 方法提要

试料经硝酸、硫酸分解,在稀硝酸介质中,于电感耦合等离子体原子发射光谱仪选定的条件下,测定试液中砷的光谱强度,按标准曲线法计算砷量。

3.2 试剂

除非另有说明,在分析中仅使用确认为分析纯的试剂和去离子水或蒸馏水或相当纯度的水。

3.2.1 硝酸($\rho=1.42$ g/mL)。

3.2.2 硫酸($\rho=1.84$ g/mL)。

3.2.3 硝酸(1+1):1体积硝酸(3.2.1)与1体积水混匀。

3.2.4 砷标准溶液A(100.0 μg/mL):称取0.132 0 g 三氧化二砷(预先在105 ℃烘1 h,置于干燥器中冷却至室温)于100 mL 烧杯中,加5 mL 氢氧化钠溶液(200 g/L),低温加热使其溶解,加水50 mL,2滴酚酞乙醇溶液(1 g/L),用硫酸(1+1)中和至红色刚消失,再过量2 mL,移入1 000 mL容量瓶中,用水稀释至刻度,混匀。此溶液1 mL含100 μg砷。

3.2.5 砷标准溶液B(10.00 μg/mL):移取10.00 mL砷标准溶液A(3.2.4)于100 mL 容量瓶中,加入5 mL硝酸(3.2.1),用水稀释至刻度,混匀。此溶液1 mL含10 μg砷。

3.2.6 氩气(体积分数≥99.99%)。

3.3 仪器

电感耦合等离子体发射光谱仪。在仪器最佳工作条件下,凡能达到下列指标者均可使用:

——分辨率:200 nm时光学分辨率不大于0.008 nm;

——仪器稳定性:用1.0 μg/mL的砷标准溶液测量11次,其发射强度的相对标准偏差均不超过2.0%。

电感耦合等离子体发射光谱仪推荐工作条件参数参见附录表A.2。

3.4 试料

3.4.1 样品粒度应不大于0.074 mm。

3.4.2 样品应在100 ℃~105 ℃烘干1 h后,置于干燥器中冷却至室温。

3.5 分析步骤

3.5.1 试料

按表4快速称取0.20 g试样(3.4),精确至0.000 1 g。

表4 试料量及体积

砷的质量分数/%	试料量/g	硝酸(3.2.3)加入量/mL	定容体积/mL
>0.005 0~0.020	0.20	5	50
>0.020~0.10	0.20	5	50
>0.10~0.50	0.20	5	50
>0.50~1.00	0.20	10	100

3.5.2 测定次数

独立进行两次测定,取其平均值。

3.5.3 空白试验

随同试料做空白试验。

3.5.4 测定

3.5.4.1 将试料(3.5.1)置于 250 mL 烧杯中,用少量水润湿,加入 5 mL 硝酸(3.2.1),盖上表面皿,置于电热板上低温加热 5 min,取下稍冷,加入 3 mL 硫酸(3.2.2),高温加热至冒三氧化硫白烟,保持 10 min,取下稍冷。从烧杯嘴处小心缓慢滴加 2 mL~3 mL 硝酸(3.2.1),边摇边加,于电热板上加热至冒白烟,保持 10 min。按以上操作反复滴加硝酸数次至炭被完全除尽,溶液变清亮。继续加热至冒浓白烟后半开表面皿,加热约 5 min,取下冷却。

3.5.4.2 用水冲洗表面皿和杯壁,按表 4 加入硝酸(3.2.3),加热使可溶性盐类溶解,取下冷却至室温。移入相应的容量瓶中,用水稀释至刻度,混匀,静置澄清。

3.5.4.3 于电感耦合等离子体原子发射光谱仪上,选择波长 188.979 nm,在选定的仪器工作条件下,当工作曲线线性相关系数 $r \geqslant 0.999$,测量试液及随同空白中砷的谱线强度,从工作曲线上查出相应砷的浓度。

3.5.5 工作曲线的绘制

3.5.5.1 标准工作溶液配制

分别移取 0.00 mL、2.00 mL、5.00 mL 砷标准溶液 B(3.2.5),1.00 mL、5.00 mL、10.00 mL、20.00 mL 砷标准溶液 A(3.2.4)于 100 mL 容量瓶中,加入 5 mL 硝酸(3.2.1),用水稀释至刻度,混匀。此时砷的标准工作曲线浓度分别为:0.00 μg/mL、0.20 μg/mL、0.50 μg/mL、1.00 μg/mL、5.00 μg/mL、10.00 μg/mL、20.00 μg/mL。

3.5.5.2 工作曲线绘制

在与试料溶液相同测定条件下,以"零"标准溶液调零,测量系列标准溶液的强度,以砷的浓度为横坐标,谱线强度为纵坐标,由仪器自动绘制工作曲线。

3.6 分析结果的计算

按式(2)计算砷的质量分数 $w(\mathrm{As})$,数值以%表示:

$$w(\mathrm{As}) = \frac{(\rho - \rho_0) \cdot V}{m} \times 10^{-6} \times 100 \qquad\qquad (2)$$

式中:

ρ ——自工作曲线上查得试液中砷的浓度,单位为微克每毫升(μg/mL);

ρ_0 ——自工作曲线上查得空白试液中砷的浓度,单位为微克每毫升(μg/mL);

V ——试液的体积,单位为毫升(mL);

m ——试料的质量,单位为克(g)。

计算结果表示至小数点后两位;当 $0.01\% \leqslant w(\mathrm{As}) < 0.10\%$ 时,表示至小数点后三位;当 $w(\mathrm{As}) < 0.01\%$ 时,表示至小数点后四位。

3.7 精密度

3.7.1 重复性

在重复性条件下获得的两次独立测试结果的测定值,在以下给出的平均值范围内,这两个测试结果的绝对差值不超过重复性限(r),超过重复性限(r)的情况不超过 5%,重复性限(r)按表 5 数据采用线性内插法求得。

表 5 重复性限

砷的质量分数/%	0.005 0	0.020	0.099	0.49	0.99
重复性限(r)/%	0.000 5	0.002	0.004	0.02	0.03

3.7.2 再现性

在再现性条件下获得的两次独立测试结果的测定值,在以下给出的平均值范围内,这两个测试结果的绝对差值不超过再现性限(R),超过再现性限(R)的情况不超过 5%,再现性限(R)按表 6 数据采用线性内插法求得。

表 6 再现性限

砷的质量分数/%	0.005 0	0.020	0.099	0.49	0.99
再现性限(R)/%	0.000 9	0.003	0.005	0.03	0.05

4 质量控制和保证

应用国家级或行业级标准样品(当两者没有时,也可以用自制的控制样品代替)定期或有必要时核查在实验室内部的适用性(有效性)。当过程失控时,应找出原因,纠正错误后,重新进行校核,并采取相应的预防措施。

附 录 A
（资料性附录）

A.1 采用原子荧光光谱仪测定砷的仪器工作条件参数参见表 A.1。

表 A.1 原子荧光光谱仪工作参数

参数	As
负高压/V	260
原子化器温度/℃	200
原子化器高度/mm	8.0
载气流量/(mL·min^{-1})	300
屏蔽气流量/(mL·min^{-1})	800
灯电流/mA	45
读数时间/s	12
延迟时间/s	1
原子化方式	火焰法
测量方式	标准曲线法
读取方式	峰面积

A.2 采用电感耦合等离子体原子发射光谱测定砷的仪器工作条件参数参见表 A.2。

表 A.2 电感耦合等离子体原子发射光谱仪工作参数

RF功率 W	雾化气流量 L·min^{-1}	辅助气流量 L·min^{-1}	等离子气流量 L·min^{-1}	进液泵速 r·min	观测高度 mm	一次读数时间 s	稳定时间 s	进样时间 s
1 300	0.60	1.50	15.0	15	15	5	5	30

ICS 77.150.01
D 46

中华人民共和国黄金行业标准

YS/T 3027.1—2017

粗金化学分析方法
第1部分：金量的测定

Methods for chemical analysis of crude gold—
Part 1：Determination of gold content

2017-07-07 发布

2018-01-01 实施

中华人民共和国工业和信息化部　　发　布

前　言

YS/T 3027《粗金化学分析方法》分为 2 个部分：
——第 1 部分：金量的测定；
——第 2 部分：银量的测定。

本部分为 YS/T 3027 的第 1 部分。

本部分按照 GB/T 1.1—2009 给出的规则起草。

本部分由中国黄金协会提出。

本部分由全国黄金标准化技术委员会(SAC/TC 379)归口。

本部分起草单位：长春黄金研究院、紫金矿业集团股份有限公司、山东恒邦冶炼股份有限公司、云南黄金矿业集团贵金属检测有限公司、山东国大黄金股份有限公司、灵宝金源矿业股份有限公司、灵宝黄金股份有限公司、北京矿冶研究总院、大冶有色设计研究院有限公司、沈阳造币有限公司、中钞长城贵金属有限责任公司、陕西潼关中金冶炼厂。

本部分主要起草人：陈永红、马丽军、苏本臣、芦新根、孟宪伟、李正旭、夏珍珠、夏秀娟、俞金生、罗荣根、陈祝海、栾海光、吕文先、孔令强、王青丽、刘晓纪、朱延胜、王皓莹、余学兵、胡军凯、龙淑杰、何清平、雷晓亮。

粗金化学分析方法
第1部分：金量的测定

1 范围

本部分规定了粗金中金量的火试金重量分析方法。

本部分适用于粗金中金量的测定。测定范围：20.00%～99.95%。

当试样中含有影响火试金重量法测量准确性的干扰元素（见附录A），本部分将不适用。

2 方法提要（火试金法）

称取一定量的粗金试料并定量加入适量的银，包于铅箔中在高温熔融状态下进行灰吹，铅及贱金属被氧化与金银分离，由金银合金颗粒制成的合金卷经硝酸分金后称重，用随同测定的纯金标样校正后计算试料中金的质量分数。

3 试剂、材料与器具

除非另有说明，在分析中仅使用确认为分析纯的试剂和蒸馏水或去离子水或相当纯度的水。

3.1 铅箔：纯铅（质量分数≥99.99%），厚度约0.1 mm的薄片。

3.2 镁砂灰皿：将煅烧镁砂磨细，取磨细的镁砂和500号的水泥按质量比(85∶15)混匀，加8%～12%水压制成皿，阴干三个月后使用。

3.3 分金篮。

3.4 纯银：质量分数≥99.99%。

3.5 纯金：质量分数≥99.990%。

3.6 硝酸($\rho=1.42$ g/mL)，优级纯。

3.7 硝酸：1+1。

3.8 硝酸：2+1。

4 仪器设备

4.1 高温箱式电阻炉。

4.2 天平：感量不高于0.001 mg。

4.3 碾片机。

4.4 X射线荧光光谱仪。

5 试样

试样经机械加工后，用丙酮或乙醇清洗表面。

6 分析步骤

6.1 金、银含量的预测定

6.1.1 灰吹预分析法

6.1.1.1 称取 100 mg 试样两份,精确到 0.001 mg,其中一份包 6 g 铅箔(3.1),另一份根据估计的含金量加 2～2.5 倍的纯银(3.4),然后包 6 g 铅箔(3.1)。将两份样品放入 950 ℃预热 30 min 的灰皿中,于 960 ℃±10 ℃镁砂灰皿(3.2)在高温箱式电阻炉(4.1)内同时灰吹。

6.1.1.2 由未加纯银的样品灰吹后的金银合粒质量计算出试料的金银合量预测值。

6.1.1.3 将加纯银的样品灰吹后的金银合粒用手锤轻敲两侧,使合粒呈扁圆形,刷去底部附着物,在高温箱式电阻炉(4.1)内于 750 ℃退火 5 min。取出冷却后在碾片机(4.3)上碾成厚度为 0.15 mm±0.02 mm 的薄片,在高温箱式电阻炉(4.1)内于 700 ℃退火 3 min,取出冷却后卷成空心卷。

6.1.1.4 将合金卷放入已加入适量预热至 60 ℃～70 ℃的硝酸(3.7)的器皿中分金 30 min,将硝酸溶液倾泻,再加入经预热至 110 ℃的硝酸(3.8),继续加热分金 30 min。

6.1.1.5 倒去硝酸溶液,用热水洗 5 次,将卷金(或已成碎金)移入瓷坩埚中,烘干后在高温箱式电阻炉(4.1)内于 800 ℃灼烧 3 min,取出冷却后称量,计算试样的金含量预测值。

6.1.1.6 根据试样的金银合量(6.1.1.2)和金含量预测值(6.1.1.5)计算样品的银含量预测值。

6.1.2 X 射线荧光光谱仪预分析法

用 X 射线荧光光谱仪测定样品中的金、银含量。以测定结果作为预测值,当预测值与实测值之差大于1%时,应根据实测值重新取样分析。

6.2 试料

6.2.1 待测试料

6.2.1.1 根据金、银含量预测值,按表 1 称取试样(5)两份,分别放入铅箔(3.1)中,精确到 0.001 mg。

表 1 试料量

金的质量分数/%	试料含金量/g
20.00～60.00	0.30
≥60.00～90.00	0.40～0.50
≥90.00～99.95	0.50

6.2.1.2 每份试料均准确配入纯银(3.4),使其金银比例为 1∶2.5,按铅箔量 12 g～15 g 配入铅箔包成球形或立方体。

6.2.2 标准试料

称取与试料含金量相对应纯金(3.5)4 份,精确到 0.001 mg,以下操作同 6.2.1.2 条款。

6.3 灰吹

6.3.1 将灰皿放入高温箱式电阻炉(4.1)内升温至 950 ℃预热 30 min,然后将待测试料(6.2.1)与标准试料(6.2.2)按顺序交叉放入灰皿中,使每个待测试料都能靠近标准试料,关闭炉门。

6.3.2 待试料全部熔化后,稍开炉门通风,在 960 ℃±10 ℃镁砂灰皿(3.2)进行灰吹。当熔珠表面出现彩色薄膜时,关闭炉门。保持温度 2 min 后关闭电源,当炉温降至低于 750 ℃ 取出灰皿冷却。

6.4 退火与碾片

6.4.1 用镊子将金银合粒从灰皿中取出,用手锤轻敲合粒两侧,刷去底部附着物,用手锤砸合粒表面至厚度约为 2 mm,放入瓷舟中,在高温箱式电阻炉(4.1)内于 750 ℃ 退火 5 min,将瓷舟取出冷却。

6.4.2 将金银合粒碾成厚度为 0.15 mm±0.02 mm 的薄片,在高温箱式电阻炉(4.1)内于 700 ℃ 退火 3 min。

6.4.3 将退火后的金银合金薄片取出冷却后卷成空心卷,依次放入分金篮(3.3)中。

6.5 分金

6.5.1 第一次分金:将装入合金卷的分金篮放入已加入适量预热至 60 ℃~70 ℃ 的硝酸(3.7)中反应,缓慢升温至 95 ℃ 分金 30 min。取出分金篮,用热水洗涤 3 次。

6.5.2 第二次分金:将水洗后的分金篮放入预热至 110 ℃ 的硝酸(3.8)中分金 40 min。取出分金篮,用 70 ℃~90 ℃ 热水洗涤 5~7 次。

6.6 退火与称重

将金卷从分金篮中取出,依次放入瓷坩埚中在电热板上烘干,然后在高温箱式电阻炉(4.1)内于 800 ℃ 退火 3 min,取出冷却后在天平(4.2)上依次称量金卷的质量。

7 分析结果的计算

试料金量以金的质量分数 w_{Au} 计,数值以％表示,按下列步骤计算:

7.1 计算纯金金卷分金后增量:

$$\Delta m = m_2 - m_1 D \qquad\qquad\qquad\text{……………………(1)}$$

式中:

Δm ——纯金金卷分金后增量,单位为毫克(mg);

m_1 ——称取纯金质量,单位为毫克(mg);

m_2 ——测得纯金金卷质量,单位为毫克(mg);

D ——纯金的质量分数。

7.2 若纯金金卷分金后增量极差值不大于 0.100 mg 时,计算四份标样金卷分金后增量平均值 $\overline{\Delta m}$;否则应重新进行测定。

7.3 计算试料金量:

$$w_{Au} = \frac{m_4 - \overline{\Delta m}}{m_3} \times 100 \qquad\qquad\text{……………………(2)}$$

式中:

$\overline{\Delta m}$ ——纯金金卷分金后增量平均值,单位为毫克(mg);

m_3 ——称取试料质量,单位为毫克(mg);

m_4 ——测得试料金卷质量,单位为毫克(mg)。

计算结果表示到小数点后三位。

8 精密度

8.1 重复性

在重复性条件下获得的两次独立测试结果的测定值,在以下给出的平均值范围内,这两个测试结果

的绝对差值不超过重复性限(r),超过重复性限(r)的情况不超过5%,重复性限(r)按表2数据采用线性内插法求得。

表 2 重复性限

$w_{Au}/\%$	35.109	65.185	84.961	98.910
$r/\%$	0.030	0.024	0.020	0.018

8.2 再现性

在再现性条件下获得的两次独立测试结果的测定值,在以下给出的平均值范围内,这两个测试结果的绝对差值不超过再现性限(R),超过再现性限(R)的情况不超过5%,再现性限(R)按表3数据采用线性内插法求得。

表 3 再现性限

$w_{Au}/\%$	35.109	65.185	84.961	98.910
$R/\%$	0.038	0.030	0.025	0.020

9 质量保证和控制

应用国家级标准样品或行业标准样品(当前两者没有时,也可用控制标样替代),定期或有必要时核查本标准在实验室内部的适用性。当过程失控时,应找出原因,纠正错误后,重新进行核查。

附　录　A

（规范性附录）

本标准规定的杂质元素及允许限量

如果试料中下列元素的质量超过允许上限,其正确度和精密度将无法达到实验要求。

表 A.1　试料中杂质元素允许限量

杂质元素	允许限量/mg
铱 、钌、铑 、锇	0.05
铂	1.0
钯	5.0
铜	212.0
锌	27.0
镍	56.0
铁	27.0
锑	11.0
硒	27.0
碲	27.0
钛	27.0
钨	11.0
铋	27.0

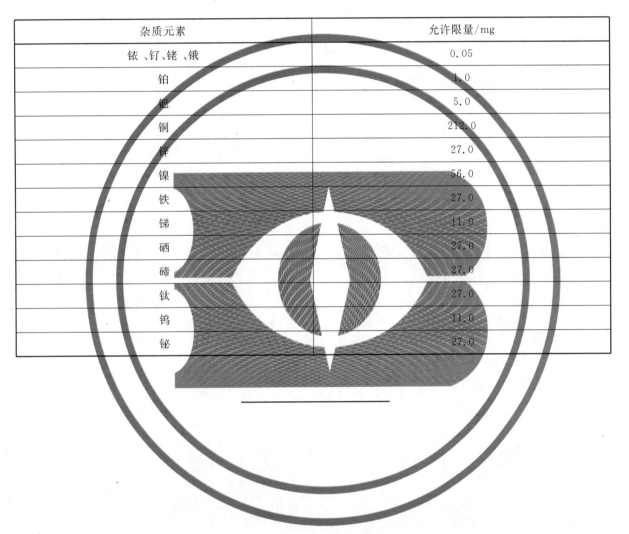

ICS 77.150.01
D 46

中华人民共和国黄金行业标准

YS/T 3027.2—2017

粗金化学分析方法
第 2 部分：银量的测定

Methods for chemical analysis of crude gold—
Part 2：Determination of silver content

2017-07-07 发布

2018-01-01 实施

中华人民共和国工业和信息化部   发 布

前　言

YS/T 3027《粗金化学分析方法》分为 2 个部分：
——第 1 部分：金量的测定；
——第 2 部分：银量的测定。

本部分为 YS/T 3027 的第 2 部分。

本部分按照 GB/T 1.1—2009 给出的规则起草。

本部分由中国黄金协会提出。

本部分由全国黄金标准化技术委员会(SAC/TC 379)归口。

本部分起草单位：长春黄金研究院、北京矿冶研究总院、山东恒邦冶炼股份有限公司、云南黄金矿业集团贵金属检测有限公司、山东国大黄金股份有限公司、灵宝金源矿业股份有限公司、灵宝黄金股份有限公司、紫金矿业集团股份有限公司、大冶有色设计研究院有限公司、沈阳造币有限公司、中钞长城贵金属有限责任公司、陕西潼关中金冶炼厂。

本部分主要起草人：陈永红、马丽军、苏本臣、芦新根、孟宪伟、钟英楠、王皓莹、刘秋波、史博洋、陈殿耿、夏珍珠、夏秀娟、罗荣根、张艳峰、吕文先、孔令强、王青丽、徐展、胡站锋、余学兵、胡军凯、郭玉柱、郑鑫、雷晓亮。

粗金化学分析方法
第2部分:银量的测定

1 范围

本部分规定了粗金中银量的火试金重量分析方法。

本部分适用于粗金中银量的测定。测定范围:0.50%~50.00%。

试样中含有影响火试金重量法测量准确性的干扰元素(见附录A),本部分将不适用。

2 方法提要(火试金法)

称取一定质量的粗金试料,包于铅箔中在高温熔融状态下进行灰吹,铅及贱金属被氧化与金银分离,称得金银合粒质量与火试金法测得试料的金量进行差减计算,并用随同测定的合成金银标样校正后计算银的质量分数。

3 试剂、材料与器具

除非另有说明,在分析中仅使用确认为分析纯的试剂和蒸馏水或去离子水或相当纯度的水。

3.1 铅箔:纯铅(质量分数≥99.99%),厚度约0.1 mm薄片。

3.2 镁砂灰皿:将煅烧镁砂磨细,取磨细的镁砂和500号的水泥按质量比(85:15)混匀,加8%~12%水压制成皿,阴干三个月后使用。

3.3 分金篮。

3.4 纯银:质量分数≥99.99%。

3.5 纯金:质量分数≥99.90%。

3.6 硝酸:($\rho=1.42$ g/mL)优级纯。

3.7 硝酸:1+1。

3.8 硝酸:2+1。

3.9 醋酸。

3.10 醋酸:1+3。

4 仪器设备

4.1 高温箱式电阻炉。

4.2 天平:感量不高于0.001 mg。

4.3 碾片机。

4.4 X射线荧光光谱仪。

5 试样

试样经机械加工后,用丙酮或乙醇清洗表面。

6 分析步骤

6.1 金、银含量的预测定

6.1.1 灰吹预分析法

6.1.1.1 称取 100 mg 试样两份,精确到 0.001 mg,其中一份包 6 g 铅箔(3.1),另一份根据估计的含金量加 2~2.5 倍的纯银(3.4),然后包 6 g 铅箔(3.1)。将两份样品放入 950 ℃预热 30 min 的灰皿中,于 960 ℃±10 ℃镁砂灰皿(3.2)在高温箱式电阻炉(4.1)内同时灰吹。

6.1.1.2 由未加纯银的样品灰吹后的金银合粒质量计算出试料的金银合量预测值。

6.1.1.3 将加纯银的样品灰吹后的金银合粒用手锤轻敲两侧,使合粒呈扁圆形,刷去底部附着物,在高温箱式电阻炉(4.1)内于 750 ℃退火 5 min。取出冷却后在碾片机(4.3)上碾成厚度为 0.15 mm±0.02 mm 的薄片,在高温箱式电阻炉(4.1)内于 700 ℃退火 3 min,取出冷却后卷成空心卷。

6.1.1.4 将合金卷放入已加入适量预热至 60 ℃~70 ℃的硝酸(3.7)的器皿中分金 30 min,将硝酸溶液倾泻,再加入经预热至 110 ℃的硝酸(3.8),继续加热分金 30 min。

6.1.1.5 倒去硝酸溶液,用热水洗 5 次,将卷金(或已成碎金)移入瓷坩埚中,烘干后在高温箱式电阻炉(4.1)内于 800 ℃灼烧 3 min,取出冷却后称量,计算试样的金含量预测值。

6.1.1.6 根据试样的金银合量(6.1.1.2)和金含量预测值(6.1.1.5)计算样品的银含量预测值。

6.1.2 X 射线荧光光谱仪预分析法

用 X 射线荧光光谱仪测定样品中的金、银含量。以测定结果作为预测值,当预测值与实测值之差大于 1‰时,应根据实测值重新取样分析。

6.2 试料

6.2.1 待测试料

称取试料 500 mg 三份,精确到 0.001 mg,分别放入铅箔(3.1)中,按杂质含量(根据试料中金银含量预测值计算)包 8 g~12 g 铅箔(3.1),加工成球形或者立方体。

6.2.2 标准试料

按试料中金含量和银含量预测值使用纯金(3.5)、纯银(3.4)配制含量相近的合成金银标样 4 份,精确到 0.001 mg,以下操作同 6.2.1 条款。

6.3 灰吹

6.3.1 将灰皿放入高温箱式电阻炉(4.1)内升温至 1 000 ℃预热 30 min,将待测试料(6.2.1)与标准试料(6.2.2)按顺序交叉放入灰皿中,使每个待测试料都能靠近标准试料,关闭炉门。

6.3.2 待试料全部熔化后,稍开炉门通风,在 1 000 ℃±10 ℃镁砂灰皿(3.2)进行灰吹。当熔珠表面出现彩色薄膜时,关闭炉门。保持温度 2 min 后关闭电源,当炉温降至 750 ℃取出灰皿冷却。

6.4 合粒处理与称量

6.4.1 用镊子将金银合粒取出放入 30 mL 瓷坩埚中,加入醋酸(3.10)溶液 20 mL,于电热板上煮沸,直至除尽合粒底部的灰渣。

6.4.2 合粒用蒸馏水清洗三次,放入瓷坩埚内于电热板上烘干,取出冷却后称量(精确至 0.001 mg)。

7 分析结果的计算

试料银含量以银的质量分数 w_{Ag} 计,数值以%表示,按下列步骤计算:

7.1 按式(1)计算合成金银标样灰吹损失量:

$$\Delta m = m_1 - m_2 \quad \cdots\cdots\cdots\cdots\cdots\cdots (1)$$

式中:

Δm —— 合成金银标样灰吹损失量,单位为毫克(mg);

m_1 —— 合成金银标样称取量,单位为毫克(mg);

m_2 —— 合成金银标样灰吹后金银合粒质量,单位为毫克(mg)。

7.2 若合成金银标样灰吹损失量极差值不大于 0.300 mg 时,计算 4 份合成金银标样灰吹损失量平均值 $\overline{\Delta m}$;否则应重新进行测定。

7.3 按式(2)计算试料银含量:

$$w_{Ag} = \frac{m_4 + \overline{\Delta m} - m_3}{m} \times 100 \quad \cdots\cdots\cdots\cdots\cdots\cdots (2)$$

式中:

$\overline{\Delta m}$ —— 合成金银标样灰吹损失量平均值,单位为毫克(mg);

m_3 —— 火试金重量法测定的试料中金的质量,单位为毫克(mg);

m_4 —— 测得试料灰吹后金银合粒质量,单位为毫克(mg);

m —— 称取试料质量,单位为毫克(mg)。

计算结果表示到小数点后两位。

8 精密度

8.1 重复性

在重复性条件下获得的两次独立测试结果的测定值,在以下给出的平均值范围内,这两个测试结果的绝对差值不超过重复性限(r),超过重复性限(r)的情况不超过 5%,重复性限(r)按表 1 数据采用线性内插法求得。不在表 1 范围内的质量分数,其重复性限(r)则采用线性外推法求得。

表 1 重复性限

w_{Ag}/%	1.04	10.09	24.89	40.04
r/%	0.04	0.08	0.09	0.12

8.2 再现性

在再现性条件下获得的两次独立测试结果的测定值,在以下给出的平均值范围内,这两个测试结果的绝对差值不超过再现性限(R),超过再现性限(R)的情况不超过 5%,再现性限(R)按表 2 数据采用线性内插法求得。不在表 2 范围内的质量分数,其再现性限(R)则采用线性外推法求得。

表 2 再现性限

w_{Ag}/%	1.04	10.09	24.89	40.04
R/%	0.07	0.10	0.13	0.16

9　质量保证和控制

应用国家级标准样品或行业标准样品(当前两者没有时,也可用控制标样替代),定期或有必要时核查本标准在实验室内部的适用性。当过程失控时,应找出原因,纠正错误后,重新进行核查。

附　录　A

（规范性附录）

本标准规定的杂质元素及允许限量

如果试料中下列元素的质量超过允许上限,其正确度和精密度将无法达到实验要求。

表 A.1　试料中杂质元素允许限量

杂质元素	允许限量/mg
铱 、钌、铑 、锇、铂、钯	0.1
铜	212.0
锌	27.0
镍	56.0
铁	27.0
锑	11.0
硒	27.0
碲	27.0
钛	27.0
钨	11.0
铋	27.0

ICS 73.060.99
CCS D 46

中华人民共和国黄金行业标准

YS/T 3041.1—2021

火试金法测定金属矿石、
精矿及相应物料中银量的校正方法
第 1 部分：全流程回收率法

A correction method of determining the silver content in metal ores,
concentrates and related materials by fire assay—
Part 1: Whole process recovery method

2021-12-02 发布

2022-04-01 实施

中华人民共和国工业和信息化部   发 布

前　言

本文件按照 GB/T 1.1—2020《标准化工作导则　第 1 部分:标准化文件的结构和起草规则》的规定起草。

本文件为 YS/T 3041《火试金法测定金属矿石、精矿及相应物料中银量的校正方法》的第 1 部分。YS/T 3041 包括以下三个部分:

——第 1 部分:全流程回收率法;

——第 2 部分:熔渣和灰皿回收法;

——第 3 部分:熔渣回收和灰吹校准法。

本文件由中国黄金协会提出。

本文件由全国黄金标准化技术委员会(SAC/TC 379)归口。

本文件起草单位:长春黄金研究院有限公司、河南中原黄金冶炼厂有限责任公司、深圳市金质金银珠宝检验研究中心有限公司、北矿检测技术有限公司、紫金矿业集团股份有限公司、河南豫光金铅股份有限公司、灵宝黄金集团股份有限公司黄金冶炼分公司、山东恒邦冶炼股份有限公司、山东黄金冶炼有限公司、国投金城冶金有限责任公司。

本文件主要起草人:陈永红、赵可迪、芦新根、孟宪伟、赵凯、田静、姜艳水、相继恩、丁海军、杜媛媛、史博洋、黄富英、俞金生、孔令政、朱延胜、张俊峰、周发军、强盖昆。

引　言

火试金法是银富集及分析的重要手段,在国内外的地质、矿山、金银冶炼厂等有着广泛地应用。YS/T 3041《火试金法测定金属矿石、精矿及相应物料中银量的校正方法》旨在解决火试金分析过程中银的损失问题,方法适用范围广、可操作性强,为火试金方法银补正提供了科学合理的解决方案。YS/T 3041 由三个部分构成。

——第 1 部分:全流程回收率法。目的在于规定金属矿石、精矿及相应物料的银修正比率的测定方法。

——第 2 部分:熔渣和灰皿回收法。目的在于规定金属矿石、精矿及相应物料的银修正值的测定方法。

——第 3 部分:熔渣回收和灰吹校准法。目的在于规定金属矿石、精矿及相应物料的银修正比率的测定方法。

YS/T 3041《火试金法测定金属矿石、精矿及相应物料中银量的校正方法》采用不同方法来修正火试金分析方法测定金属矿石、精矿及相应物料中银的含量,为银的准确测定及修正提供科学依据。

火试金法测定金属矿石、
精矿及相应物料中银量的校正方法
第1部分:全流程回收率法

警示——使用本文件的人员应有正规实验室工作的实践经验。本文件并未指出所有的安全问题,使用者有责任采取适当的安全和健康措施,并保证符合国家有关法规规定的条件。

1 范围

本文件规定了火试金法测定金属矿石、精矿及相应物料的银修正比率的测定方法。

本文件适用于火试金法测定金属矿石、精矿及相应物料的银修正比率的测定(含铂族元素及铋的样品除外)。

2 规范性引用文件

本文件没有规范性引用文件。

3 术语和定义

本文件没有需要界定的术语和定义。

4 原理

通过纯银在熔融和灰吹过程中的损失值,来确定火试金法中银量的修正比率。

5 试剂或材料

除非另有说明,在分析中仅使用确认为分析纯的试剂和蒸馏水或相当纯度的水。

5.1 碳酸钠:工业纯,粉状。

5.2 硼砂:工业纯,粉状。

5.3 玻璃粉:粒度≤0.18 mm。

5.4 二氧化硅:工业纯,粉状。

5.5 氧化铅:工业纯,粉状。金量<0.02 g/t,银量<0.5 g/t。

5.6 面粉或淀粉。

5.7 覆盖剂(2+1):两份碳酸钠(5.1)与一份硼砂(5.2)混匀。

5.8 冰乙酸($\rho = 1.05$ g/mL)。

5.9 乙酸溶液(1+3)。

6 仪器设备

6.1 坩埚:材质为耐火黏土,容积约为300 mL或保证放置试料深度不超过坩埚深度的3/4。

6.2 灰皿:镁砂或骨灰。

6.3 铸铁模。

6.4 熔融电炉:最高加热温度不低于 1 200 ℃。

6.5 灰吹电炉:最高加热温度不低于 1 000 ℃。

6.6 电热板。

6.7 天平:感量不大于 0.01 g。

6.8 天平:感量不大于 0.001 mg。

7 试样

纯银($\omega_{Ag} \geqslant 99.99\%$)。

8 试验步骤

8.1 称量

称量两份试样,精确至 0.001 mg,其质量与被测物料中银的预期质量接近。若被测物料中银的质量未知,可采用火试金法对其中银的含量进行预测定。根据预测值称量相近质量的两份试样,或称量 10 mg~40 mg 以及 90 mg~120 mg 的试样各两份。试样与被测物料间隔称量。

8.2 配料

在坩埚(6.1)中分别加入碳酸钠(5.1)、硼砂(5.2)、氧化铅(5.5),加入量与被测物料中加入的试剂质量相同。玻璃粉(5.3)或二氧化硅(5.4)的加入量应使熔渣硅酸度保持在 0.5~1.0。面粉或淀粉(5.6)的加入量应使所得铅扣质量与被测物料所得铅扣质量相近。将加入的试剂搅拌均匀,8.1 中称量后的纯银放入混匀的试剂中,盖上厚度约为 10 mm 的覆盖剂(5.7)。

8.3 空白试验

随同试料做空白试验,平行测定两份,结果取其平均值。

8.4 熔融

将 8.2 中配料后的坩埚置于炉温为 800 ℃的熔融电炉(6.4)内,关闭炉门,升温至 930 ℃,保温 15 min,再升温至 1 100 ℃~1 200 ℃,保温 10 min 后出炉。将熔融物缓慢倒入预热的铸铁模(6.3)中。冷却后,把铅扣与熔渣分离,将铅扣锤成立方体。

8.5 灰吹

将铅扣放入已在 950 ℃灰吹电炉(6.5)中预热 20 min 的灰皿(6.2)中,控制灰吹电炉(6.5)温度在 880 ℃,在稳定的气流下进行灰吹。

8.6 测定

灰吹结束后用镊子将合粒从灰皿中取出,刷去粘附杂质,置于 30 mL 瓷坩埚中,加入 10 mL 乙酸溶液(5.9),置于低温电热板(6.6)上加热,保持近沸,并蒸至溶液体积约 5 mL,取下冷却,倾出溶液,用热水洗涤合粒三次,将瓷坩埚放在电热板(6.6)上烘干,取下冷却,称重合粒,精确至 0.001 mg。测得的结果取其平均值。

9 试验数据处理

9.1 按公式(1)计算银修正比率 ρ：

$$\rho = \frac{m_1 - m_2}{m} \quad\quad\quad\quad\quad\quad\quad\quad\quad (1)$$

式中：

ρ ——银修正比率；

m_1——灰吹后纯银质量，单位为毫克(mg)；

m_2——空白试验中银的质量，单位为毫克(mg)；

m ——初始纯银质量，单位为毫克(mg)。

计算结果保留至小数点后四位。

平行两次的纯银修正比率差值不得超过 0.008 0。

9.2 按照以下原则进行修正：

    a) 优先选用质量与被测物料中银质量相近的纯银修正比率进行修正；

    b) 若被测物料中银质量未知，选取质量与试料中银质量最为接近的纯银修正比率进行修正；

    c) 若被测物料中银金含量比例不足 3∶1,用相同比例及质量的银金代替纯银进行试验并修正。

测得被测物料中的银质量除以两次银修正比率平均值即得到校正后的银质量。

ICS 73.060.99
CCS D 46

中华人民共和国黄金行业标准

YS/T 3041.2—2021

火试金法测定金属矿石、
精矿及相应物料中银量的校正方法
第2部分:熔渣和灰皿回收法

A correction method of determining the silver content in metal ores,
concentrates and related materials by fire assay—
Part 2: Slag and cupel recovery method

2021-12-02 发布

2022-04-01 实施

中华人民共和国工业和信息化部　　发布

前　　言

本文件按照 GB/T 1.1—2020《标准化工作导则　第 1 部分:标准化文件的结构和起草规则》的规定起草。

本文件为 YS/T 3041《火试金法测定金属矿石、精矿及相应物料中银量的校正方法》的第 2 部分。YS/T 3041 包括以下三个部分:

——第 1 部分:全流程回收率法;

——第 2 部分:熔渣和灰皿回收法;

——第 3 部分:熔渣回收和灰吹校准法。

本文件由中国黄金协会提出。

本文件由全国黄金标准化技术委员会(SAC/TC 379)归口。

本文件起草单位:长春黄金研究院有限公司、紫金矿业集团股份有限公司、深圳市金质金银珠宝检验研究中心有限公司、河南中原黄金冶炼厂有限责任公司、北矿检测技术有限公司、河南豫光金铅股份有限公司、灵宝黄金集团股份有限公司黄金冶炼分公司、山东恒邦冶炼股份有限公司、国投金城冶金有限责任公司。

本文件主要起草人:陈永红、赵可迪、李正旭、马丽军、苏本臣、黄富英、钟康祥、林英玲、杜媛媛、王德雨、谢飞、刘秋波、孔令政、张雷哉、彭占石、朱延胜、张艳峰、栾海光、崔亚军。

引　言

火试金法是银富集及分析的重要手段,广泛地应用于国内外的地质、矿山、金银冶炼厂等。YS/T 3041《火试金法测定金属矿石、精矿及相应物料中银量的校正方法》旨在解决火试金分析过程中,银的损失问题,方法适用范围广、可操作性强,为火试金方法银补正提供了科学合理的解决方案。YS/T 3041 由三个部分构成。

——第 1 部分:全流程回收率法。目的在于规定金属矿石、精矿及相应物料的银修正比率的测定方法。

——第 2 部分:熔渣和灰皿回收法。目的在于规定金属矿石、精矿及相应物料的银修正值的测定方法。

——第 3 部分:熔渣回收和灰吹校准法。目的在于规定金属矿石、精矿及相应物料的银修正比率的测定方法。

YS/T 3041《火试金法测定金属矿石、精矿及相应物料中银量的校正方法》采用不同方法来修正火试金分析方法测定金属矿石、精矿及相应物料中银的含量,为银的准确测定及修正提供科学依据。

火试金法测定金属矿石、
精矿及相应物料中银量的校正方法
第 2 部分:熔渣和灰皿回收法

警示——使用本文件的人员应有正规实验室工作的实践经验。本文件并未指出所有的安全问题,使用者有责任采取适当的安全和健康措施,并保证符合国家有关法规规定的条件。

1 范围

本文件规定了火试金法测定金属矿石、精矿及相应物料的银修正值的测定方法。
本文件适用于火试金法测定金属矿石、精矿及相应物料的银修正值的测定。

2 规范性引用文件

下列文件中的内容通过文中的规范性引用而构成本文件必不可少的条款。其中,注日期的引用文件,仅该日期对应的版本适用于本文件;不注日期的引用文件,其最新版本(包括所有的修改单)适用于本文件。

GB/T 17433　冶金产品化学分析基础术语

3 术语和定义

GB/T 17433 界定的术语和定义适用于本文件。

3.1

试样　test sample

由实验室样品进一步制得的,可进行称量的样品。

[来源:GB/T 17433—2014,2.3.2.2]

3.2

试料　test portion

用以进行检验或观测所称取的一定量的试样。

[来源:GB/T 17433—2014,2.3.2.3]

4 原理

收集熔融后的试料熔渣以及灰吹后的灰皿,研磨处理成二次试样。二次试样经火试金富集、重量法测定其中的银量或经酸溶、原子吸收光谱法测定其中的银量,进而对试样中的银量进行补正。

5 试剂或材料

除非另有说明,在分析中仅使用确认为分析纯的试剂和蒸馏水或去离子水或相当纯度的水。

5.1　碳酸钠:工业纯,粉状。

5.2　硼砂:工业纯,粉状。

5.3　面粉或淀粉。

5.4　氧化铅:工业纯,粉状。金量<0.02 g/t,银量<0.5 g/t。

5.5　二氧化硅:工业纯,粉状。

5.6　纯银($\omega_{Ag} \geqslant 99.99\%$)。

5.7　覆盖剂(2+1):两份碳酸钠(5.1)与一份硼砂(5.2)混匀。

5.8　盐酸($\rho = 1.19$ g/mL)。

5.9　硝酸($\rho = 1.42$ g/mL)。

5.10　高氯酸($\rho = 1.67$ g/mL)。

5.11　氢氟酸($\rho = 1.13$ g/mL)。

5.12　冰乙酸($\rho = 1.05$ g/mL)。

5.13　乙酸溶液(1+3)。

5.14　盐酸溶液(3+17)。

5.15　银标准贮存溶液:称取 0.500 0 g 纯银(5.6),置于 100 mL 烧杯中,加入 20 mL 硝酸(5.9),加热至完全溶解,煮沸驱除氮的氧化物,取下冷却,用不含氯离子的水移入 1 000 mL 棕色容量瓶中,加入 30 mL 硝酸(5.9),用不含氯离子的水稀释至刻度,混匀。

　　注:此溶液 1 mL 含 0.500 mg 银。

5.16　银标准溶液:移取 10.00 mL 银标准贮存溶液(5.15),于 500 mL 棕色容量瓶中,加入 10 mL 硝酸(5.9),用不含氯离子的水稀释至刻度,混匀。

　　注:此溶液 1 mL 含 10 μg 银。

6　仪器设备

6.1　坩埚:材质为耐火黏土,容积约为 300 mL 或保证放置试料深度不超过坩埚深度的 3/4。

6.2　灰皿:镁砂。

6.3　铸铁模。

6.4　粉碎机。

6.5　熔融电炉:最高加热温度不低于 1 200 ℃。

6.6　灰吹电炉:最高加热温度不低于 1 000 ℃。

6.7　电热板。

6.8　天平:感量不大于 0.01 g。

6.9　天平:感量不大于 0.001 mg。

6.10　容量玻璃器皿:A 级。

6.11　火焰原子吸收光谱仪:附银空心阴极灯。

　　在火焰原子吸收光谱仪最佳条件下,凡能满足下列指标者均可使用。

　　——灵敏度:在与测量溶液的基体相一致的溶液中,银的特性浓度应不大于 0.034 μg/mL。

　　——精密度:用最高浓度的标准溶液测量 11 次吸光度,其标准偏差应不超过平均吸光度的 1.0%;
　　　　　　　用最低浓度的标准溶液(不是"零"标准溶液)测量 11 次吸光度,其标准偏差应不超过标准溶液平均吸光度的 0.5%。

　　——标准曲线特性:将标准曲线按浓度等分成五段,最高段的吸光度差值与最低段的吸光度差值之比应不小于 0.8。

7 试样

7.1 收集熔融后的熔渣及灰吹后的灰皿,称量精确至 0.01 g。

7.2 将熔渣和灰皿放入粉碎机(6.4)中粉碎至粒度不大于 150 μm,充分混匀。

7.3 试样应在 100 ℃～105 ℃烘干 1 h 后,置于干燥器中冷却至室温。

8 重量法测定银的修正值

8.1 试验步骤

8.1.1 试料

初次灰吹若采用镁砂灰皿,则称样量 70 g,精确至 0.01 g,平行测定两份,结果取其平均值。初次灰吹若采用骨灰灰皿,则称样量全量,精确至 0.01 g。

8.1.2 配料

在坩埚中称入 40 g 氧化铅(5.4)、30 g 碳酸钠(5.1)、25 g～28 g 二氧化硅(5.5)、25 g～28 g 硼砂(5.2)、4.0 g 面粉(5.3)和试料(8.1.1),混匀并盖上厚度约为 10 mm 的覆盖剂(5.7)。

8.1.3 空白实验

随同试料做空白实验,平行测定两份,结果取其平均值。

8.1.4 熔融

将按 8.1.2 配料后的坩埚置于炉温为 800 ℃的熔融电炉(6.5)内,关闭炉门,升温至 930 ℃,保温 15 min,再升温至 1 100 ℃～1 200 ℃,保温 10 min 后出炉。将熔融物缓慢倒入预热的铸铁模(6.3)中。冷却后,把铅扣与熔渣分离,将铅扣锤成立方体。

8.1.5 灰吹

将铅扣放入已在 950 ℃灰吹电炉(6.6)中预热 20 min 的灰皿(6.2)中,控制灰吹电炉(6.6)温度在 880 ℃,在稳定的气流下进行灰吹。

8.1.6 测定

灰吹结束后用镊子将合粒从灰皿中取出,刷去粘附杂质,置于 30 mL 瓷坩埚中,加入 10 mL 乙酸溶液(5.13),置于低温电热板(6.7)上加热,保持近沸,并蒸至溶液体积约 5 mL,取下冷却,倾出溶液,用热水洗涤合粒三次,将瓷坩埚放在电热板(6.7)上烘干,取下冷却,称重合粒,精确至 0.001 mg。测得的结果取其平均值。

8.2 试验数据处理

8.2.1 按式(1)计算银修正值:

$$m_1 = \frac{m(m_3 - m_4)}{m_2} \quad \cdots\cdots\cdots\cdots\cdots\cdots\cdots\cdots\cdots (1)$$

式中：

m_1——修正值，单位为毫克(mg)；

m——全部熔渣和灰皿的质量，单位为克(g)；

m_3——所得合粒的质量，单位为毫克(mg)；

m_4——空白试验中银的质量，单位为毫克(mg)；

m_2——试料质量，单位为克(g)。

计算结果保留至小数点后三位。

8.2.2 将修正值与未经修正的金银合粒质量加和,修正后的值用于样品结果的最终计算。

9 火焰原子吸收光谱法测定银的修正值

9.1 试验步骤

9.1.1 试料

称取 1.00 g 试样,精确至 0.000 1 g。平行测定两份,结果取其平均值。

9.1.2 空白实验

随同试料做空白实验,平行测定两份,结果取其平均值。

9.1.3 测定

9.1.3.1 将 9.1.1 中所得的试料置于 250 mL 烧杯中,加少量水润湿,加入 15 mL 盐酸(5.8),加热 3 min ~5 min,取下加入 10 mL 硝酸(5.9)、5 mL 高氯酸(5.10)及 3 mL 氢氟酸(5.11),继续加热至高氯酸冒浓白烟,蒸至湿盐状,取下冷却。加入少量盐酸(5.8)和水,加热使盐类溶解。

9.1.3.2 将 9.1.3.1 中所得的试液移入到容量瓶中,用盐酸溶液(5.14)稀释至刻度,混匀。静置澄清。溶液浑浊时,应进行离心或过滤,澄清后测定。

9.1.3.3 于火焰原子吸收光谱仪波长 328.1 nm 处,分别测量 9.1.3.2 中所得的试液及随同空白溶液的吸光度,在 9.1.3.4 所得的标准曲线上查出相应银的质量浓度。

9.1.3.4 移取 0 mL、1.00 mL、2.00 mL、3.00 mL、4.00 mL、5.00 mL 银标准溶液(5.16),分别置于一组 100 mL 容量瓶中,用盐酸溶液(5.14)稀释至刻度,混匀。与试液相同条件下测量标准溶液的吸光度,减去"零"浓度溶液的吸光度,以银浓度为横坐标、吸光度为纵坐标,绘制标准曲线。

9.2 试验数据处理

9.2.1 按式(2)计算试样银含量：

$$w = \frac{(\rho_1 - \rho_0) \times V}{m_2} \qquad\qquad\cdots\cdots\cdots\cdots\cdots\cdots(2)$$

式中：

w——试料中银的含量,单位为微克每克(μg/g)；

ρ_1——试样溶液中银的浓度,单位为微克每毫升(μg/mL)；

ρ_0——空白溶液中银的浓度,单位为微克每毫升(μg/mL)；

V——定容体积,单位为毫升(mL)；

m_2——试料质量,单位为克(g)。

计算结果保留至小数点后一位。

9.2.2 按式(3)计算银修正质量：

$$m_1 = \frac{mw}{1\ 000} \qquad\qquad\cdots\cdots\cdots\cdots\cdots\cdots\cdots\cdots\cdots (3)$$

式中：

m_1——修正值，单位为毫克(mg)；

m ——熔渣和灰皿的总质量，单位为克(g)；

w ——试样中银的含量，单位为微克每克(μg/g)。

计算结果保留至小数点后三位。

9.2.3 将修正值的平均值与未经修正的金银合粒质量加和，修正后的值用于样品结果的最终计算。

ICS 73.060.99
CCS D 46

中华人民共和国黄金行业标准

YS/T 3041.3—2021

火试金法测定金属矿石、
精矿及相应物料中银量的校正方法
第 3 部分：熔渣回收和灰吹校准法

A correction method of determining the silver content in metal ores,
concentrates and related materials by fire assay—
Part 3：Slag recovery and cupellation calibration method

2021-12-02 发布

2020-04-01 实施

中华人民共和国工业和信息化部　　发布

前　　言

本文件按照 GB/T 1.1—2020《标准化工作导则　第 1 部分:标准化文件的结构和起草规则》的规定起草。

本文件为 YS/T 3041《火试金法测定金属矿石、精矿及相应物料中银量的校正方法》的第 3 部分。YS/T 3041 包括以下三个部分:

——第 1 部分:全流程回收率法;

——第 2 部分:熔渣和灰皿回收法;

——第 3 部分:熔渣回收和灰吹校准法。

本文件由中国黄金协会提出。

本文件由全国黄金标准化技术委员会(SAC/TC 379)归口。

本文件起草单位:长春黄金研究院有限公司、深圳市金质金银珠宝检验研究中心有限公司、北矿检测技术有限公司、紫金矿业集团股份有限公司、河南中原黄金冶炼厂有限责任公司、济源市万洋冶炼(集团)有限公司、山东国大黄金股份有限公司、云南黄金矿业集团贵金属检测有限公司、招金矿业股份有限公司金翅岭金矿。

本文件主要起草人:陈永红、赵可迪、芦新根、孟宪伟、王立臣、杜媛媛、方迪、吴银来、林翠芳、张文轩、卢布、杜翔、吕文先、徐忠敏。

引　言

　　火试金法是银富集及分析的重要手段,广泛地应用于国内外的地质、矿山、金银冶炼厂等。YS/T 3041《火试金法测定金属矿石、精矿及相应物料中银量的校正方法》旨在解决火试金分析过程中,银的损失问题,方法适用范围广、可操作性强,为火试金方法银补正提供了科学合理的解决方案。YS/T 3041 由三个部分构成。

　　——第 1 部分:全流程回收率法。目的在于规定金属矿石、精矿及相应物料的银修正比率的测定
　　　　方法。

　　——第 2 部分:熔渣和灰皿回收法。目的在于规定金属矿石、精矿及相应物料的银修正值的测定
　　　　方法。

　　——第 3 部分:熔渣回收和灰吹校准法。目的在于规定金属矿石、精矿及相应物料的银修正比率的
　　　　测定方法。

　　YS/T 3041《火试金法测定金属矿石、精矿及相应物料中银量的校正方法》采用不同方法来修正火试金分析方法测定金属矿石、精矿及相应物料中银的含量,为银的准确测定及修正提供科学依据。

火试金法测定金属矿石、
精矿及相应物料中银量的校正方法
第3部分:熔渣回收和灰吹校准法

警示——使用本文件的人员应有正规实验室工作的实践经验。本文件并未指出所有的安全问题,使用者有责任采取适当的安全和健康措施,并保证符合国家有关法规规定的条件。

1 范围

本文件规定了火试金法测定金属矿石、精矿及相应物料的银修正比率的测定方法。

本文件适用于火试金法测定金属矿石、精矿及相应物料的银修正比率的测定(含铂族元素及铋的样品除外)。

2 规范性引用文件

本文件没有规范性引用文件。

3 术语和定义

本文件没有需要界定的术语和定义。

4 原理

分别收集初次熔融和熔渣回收获得的铅扣,置于同一灰皿中灰吹。用纯银在与试样相同条件下进行灰吹,以纯银在灰吹过程中的损失值计算被测物料灰吹过程中银的修正比率,进而对试样中银量进行修正。

5 试剂或材料

除非另有说明,在分析中仅使用确认为分析纯的试剂和蒸馏水或相当纯度的水。

5.1 碳酸钠:工业纯,粉状。

5.2 硼砂:工业纯,粉状。

5.3 玻璃粉:粒度≤0.18 mm。

5.4 面粉或淀粉。

5.5 氧化铅:工业纯,粉状。金量<0.02 g/t,银量<0.5 g/t。

5.6 覆盖剂(2+1):两份碳酸钠(5.1)与一份硼砂(5.2)混匀。

5.7 铅箔($\omega_{Pb} \geq 99.99\%$):厚度约0.1 mm,金量<0.02 g/t,银量<0.5 g/t。

5.8 冰乙酸($\rho = 1.05$ g/mL)。

5.9 乙酸溶液(1+3)。

6 仪器设备

6.1 坩埚:材质为耐火黏土,容积约为 300 mL 或保证放置试料深度不超过坩埚深度的 3/4。

6.2 灰皿:镁砂或骨灰。

6.3 铸铁模。

6.4 粉碎机。

6.5 熔融电炉:最高加热温度不低于 1 200 ℃。

6.6 灰吹电炉:最高加热温度不低于 1 000 ℃。

6.7 电热板。

6.8 天平:感量不大于 0.01 g。

6.9 天平:感量不大于 0.001 mg。

7 试样

纯银($\omega_{Ag} \geq 99.99\%$)。

8 试验步骤

8.1 熔渣回收

8.1.1 将已破碎的全量初次熔渣放回到原试金坩埚中,分别称入 30 g 碳酸钠(5.1)、40 g 氧化铅(5.5)、10 g 硼砂(5.2)、10 g 玻璃粉(5.3)和 2.0 g 面粉(5.4),搅拌均匀,覆盖约 10 mm 厚的覆盖剂(5.6)。

8.1.2 将按 8.1.1 配料后的坩埚置于炉温为 800 ℃的熔融电炉(6.5)内,关闭炉门,升温至 930 ℃,保温 15 min,再升温至 1 100 ℃~1 200 ℃,保温 10 min 后出炉。将熔融物缓慢倒入已预热的铸铁模(6.3)中。冷却后,把铅扣与熔渣分离,将铅扣锤成立方体。

8.2 纯银准备

8.2.1 称取两份试样,精确至 0.001 mg,其质量与被测物料中银的预期质量接近。若被测物料中银的质量未知,可采用火试金法对其中银的含量进行预测定。根据预测值称量相近质量的两份试样,或称量 10 mg~40 mg 以及 90 mg~120 mg 的试样各两份。

8.2.2 将 8.2.1 中所得的纯银用铅箔(5.7)包裹,锤成立方体。所用铅箔(5.7)的质量应近似于被测物料初次熔融铅扣和 8.1.2 中所得的熔渣回收铅扣的质量之和。

8.3 空白试验

随同纯银做铅箔(5.7)空白试验,空白铅箔质量与试样所用的铅箔质量相近。与 8.2.2 中所得的含纯银的立方体铅扣同时进行灰吹,收集银粒并称量。平行测定两份,结果取其平均值。

8.4 灰吹

灰皿(6.2)置于灰吹电炉(6.6)中于 950 ℃预热,将 8.1.2 中所得的被测物料的熔渣回收铅扣与初次熔融铅扣放入同一个灰皿(6.2)中。将 8.2.2 中所得的含纯银的立方体铅扣放置于被测物料灰皿两侧的灰皿(6.2)中。控制灰吹电炉(6.6)温度在 880 ℃,在稳定的气流下进行灰吹。

8.5 测定

灰吹结束后用镊子将合粒从灰皿中取出,刷去粘附杂质,置于 30 mL 瓷坩埚中,加入 10 mL 乙酸溶液(5.9),置于低温电热板(6.7)上加热,保持近沸,并蒸至溶液体积约 5 mL,取下冷却,倾出溶液,用热水洗涤合粒三次,将瓷坩埚放在电热板(6.7)上烘干,取下冷却,称量合粒,精确至 0.001 mg。测得的结果取其平均值。

9 试验数据处理

9.1 按式(1)计算银修正比率 ρ:

$$\rho = \frac{m_1 - m_2}{m} \qquad\qquad\qquad\qquad\cdots\cdots\cdots\cdots\cdots\cdots\cdots\cdots\cdots(1)$$

式中:

ρ ——银修正比率;

m_1——灰吹后银粒质量,单位为毫克(mg);

m_2——空白试验中银的质量,单位为毫克(mg);

m ——初始纯银质量,单位为毫克(mg)。

计算结果保留至小数点后四位。

平行两次的纯银修正比率差值不得超过 0.0080。

9.2 按照以下原则进行修正:

a) 优先选用质量与被测物料中银质量相近的纯银修正比率进行修正;

b) 若被测物料中银质量未知,选取质量与试料中银质量最为接近的纯银修正比率进行修正;

c) 若被测物料中的银金含量不足 3:1,用相同比例及质量的银金代替纯银进行修正。

测得被测物料中的银质量除以两次银修正比率平均值即得到校正后的银质量。

ICS 77.120.99
CCS D 46

中华人民共和国黄金行业标准

YS/T 3042—2021

氰化液化学分析方法
金量的测定

Methods for chemical analysis of cyanide liquid—
Determination of gold content

2021-12-02 发布

2022-04-01 实施

中华人民共和国工业和信息化部　　发　布

前　言

　　本文件按照 GB/T 1.1—2020《标准化工作导则　第1部分:标准化文件的结构和起草规则》的规定起草。

　　本文件由中国黄金协会提出。

　　本文件由全国黄金标准化技术委员会(SAC/TC 379)归口。

　　本文件起草单位:长春黄金研究院有限公司、紫金矿业集团股份有限公司、深圳市金质金银珠宝检验研究中心有限公司、灵宝黄金集团股份有限公司黄金冶炼分公司、山东黄金冶炼有限公司、辽宁天利金业有限责任公司、云南黄金矿业集团贵金属检测有限公司、山东国大黄金股份有限公司。

　　本文件主要起草人:陈永红、王菊、葛仲义、芦新根、孟宪伟、张灵芝、游佛水、邱清良、龙秀甲、杜媛媛、王德雨、陈晓科、吕文先、单召勇、封玉新、孔令强、王建政、朱延胜、胡站锋。

氰化液化学分析方法
金量的测定

警示——氰化物为剧毒物质,操作时应按规定要求佩带防护器具,避免接触皮肤和衣服,操作应在通风橱中完成。若取样后不能立即测定,应对样品进行碱化处理后放置,检测后的残渣和废液应做妥善的安全处理。本文件未指出所有可能的安全问题,使用者有责任采取适当的安全和健康措施,并保证符合国家有关法规规定的条件。

1 范围

本文件规定了氰化液中金量的测定方法。

本文件适用于氰化液中金量的测定。方法 1 测定范围:0.050 mg/L~300 mg/L;方法 2 测定范围:0.001 0 mg/L~0.100 mg/L。

2 规范性引用文件

本文件没有规范性引用文件。

3 术语和定义

下列术语和定义适用于本文件。

3.1

氰化液 cyanide liquid

采用氰化工艺的黄金冶金生产过程产生的含氰溶液。

4 方法 1 火焰原子吸收光谱法

4.1 原理

试液经王水溶解,金以氯金酸形式被活性炭富集并与干扰元素分离,活性炭经灰化后用王水溶解,在酸性介质中,用火焰原子吸收光谱仪在波长 242.8 nm 处测定金量。

4.2 试剂或材料

除非另有说明,在分析中仅使用确认为分析纯的试剂和蒸馏水或去离子水或相当纯度的水。

4.2.1 氢氧化钠。

4.2.2 盐酸($\rho=1.19$ g/mL)。

4.2.3 硝酸($\rho=1.42$ g/mL)。

4.2.4 王水:3 体积盐酸(4.2.2)与 1 体积硝酸(4.2.3)混合,现用现配。

4.2.5 盐酸(5+95)。

4.2.6 氟化氢铵溶液(20 g/L)。

4.2.7 氯化钠溶液(200 g/L)。

4.2.8 活性炭:分析纯,粒度不大于 0.074 mm,放入氟化氢铵溶液(4.2.6)中浸泡 3 天后抽滤,以盐酸(4.2.5)及水各洗涤 3 次,晾干。

4.2.9 定性滤纸。

4.2.10 活性炭-纸浆混合物:称取 40 g 活性炭(4.2.8)与 80 g 定性滤纸(4.2.9)放入 2 L 塑料烧杯中,加入 1 L 水,搅碎混匀,备用。

4.2.11 金标准贮存溶液(1.00 mg/mL):称取 0.500 0 g 金($\omega_{Au}\geqslant99.99\%$),置于 100 mL 烧杯中,加入 20 mL 王水(4.2.4),低温加热至完全溶解,取下冷却至室温,移入 500 mL 容量瓶中,用水稀释至刻度,混匀。

注:此溶液 1 mL 含 1.00 mg 金。

4.2.12 金标准溶液(100 μg/mL):移取 50.00 mL 金标准贮存溶液(4.2.11)于 500 mL 容量瓶中,加入 10 mL 王水(4.2.4),用水稀释至刻度,混匀。

注:此溶液 1 mL 含 100 μg 金。

4.3 仪器设备

4.3.1 活性炭吸附抽滤装置:将玻璃吸附柱插入抽滤筒孔中,柱内放一片多孔塑料板,并放入一片与多孔塑料板直径相当的滤纸片。倾入纸浆抽滤,抽干后纸浆层厚约 3 mm~4 mm,再分次加入活性炭-纸浆混合物(4.2.10),抽干后厚度为 5 mm~10 mm,以水吹洗柱壁,加入一层薄纸浆。装上布氏漏斗,在漏斗内垫两张定性滤纸并加入纸浆,抽干后厚度为 5 mm~8 mm,滤纸边缘与布氏漏斗壁应没有缝隙。抽滤装置的结构见图 1。

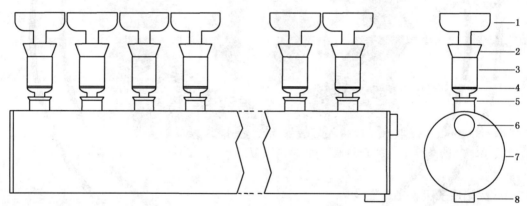

标引序号说明:

1 ——布氏漏斗;

2,5——胶塞;

3 ——玻璃吸附柱;

4 ——多孔塑料板;

6 ——抽气孔;

7 ——抽滤筒;

8 ——排废液口。

图 1 抽滤装置示意图

4.3.2 火焰原子吸收光谱仪:附金空心阴极灯。

在火焰原子吸收光谱仪最佳工作条件下,凡能满足下列指标均可使用。

灵敏度:在与测量试液的基体一致的溶液中,金的特征浓度应不大于 0.23 μg/mL。

精密度:用最高浓度的标准溶液测量 11 次,其标准偏差应不超过平均吸光度的 1.5%;用最低浓度的标准溶液(不是"零"标准溶液)测量 11 次,其标准偏差应不超过标准溶液的平均吸光度的 0.5%。

标准曲线的线性:将标准曲线按浓度等分成五段,最高段的吸光度差值与最低段的吸光度差值之比,应不小于 0.8。

4.4 样品

4.4.1 样品的保存

取样后若不能立即测定,应加入少量氢氧化钠(4.2.1),搅拌,使样品的 pH 值大于 11。

4.4.2 试液

根据试液中金的含量按表 1 分取试液体积。

表 1 定容及分取体积

金质量浓度 mg/L	试液体积 mL	容量瓶体积 mL	分取体积 mL	稀释体积 mL
0.050～0.300	200	10	—	—
≥0.300～1.00	50.0	10	—	—
≥1.00～5.00	100	100	—	—
≥5.00～10.0	50.0	100	—	—
≥10.0～50.0	10.0	100	—	—
≥50.0～300	10.00	100	10.00	50

4.5 试验步骤

4.5.1 空白试验

随同试液做空白试验,平行测定两份,结果取其平均值。

4.5.2 测定

4.5.2.1 将 4.4.2 所得试液置于 400 mL 烧杯中,样品体积小于 200 mL 时加水补充至 200 mL,于通风橱中滴加王水(4.2.4),边滴加边搅拌至溶液呈酸性,再过量 50 mL,盖上表面皿,置于电热板上微沸 30 min,取下,用热水冲洗表面皿和杯壁,冷却至 40 ℃～60 ℃。

4.5.2.2 将试液倾入抽滤装置的布氏漏斗中进行抽滤,漏斗内溶液全部抽干后,用 40 ℃～60 ℃盐酸(4.2.5)洗涤烧杯 2 次～3 次,洗涤残渣和漏斗 4 次～5 次,取下布氏漏斗,用 40 ℃～60 ℃氟化氢铵溶液(4.2.6)洗涤玻璃吸附柱 4 次～5 次,用 40 ℃～60 ℃盐酸(4.2.5)洗涤 4 次～5 次,用 40 ℃～60 ℃水洗涤 4 次～5 次,抽干后停止抽气。

若 4.4.2 所得试液经过 4.5.2.1 消解后无沉淀生成,无须加布氏漏斗过滤。

4.5.2.3 取出玻璃吸附柱内的活性炭纸浆块,放入 50 mL 瓷坩埚中,在电炉上炭化,放入马弗炉中由低温升至 700 ℃,灰化完全后取出冷却。加入 2 滴～3 滴氯化钠溶液(4.2.7),1 mL～2 mL 王水(4.2.4),置于水浴上溶解,蒸至近干,取下冷却,用盐酸(4.2.5)浸出,按表 1 移入相应体积的容量瓶中,用盐酸(4.2.5)稀释至刻度,混匀。

4.5.2.4 于火焰原子吸收光谱仪波长 242.8 nm 处,分别测量 4.5.2.3 所得试液及随同空白溶液的吸光度,在 4.5.3 所得标准曲线上查出相应金的质量浓度。

4.5.3 标准曲线的绘制

移取 0 mL、0.50 mL、1.00 mL、2.00 mL、3.00 mL、4.00 mL、5.00 mL、6.00 mL 金标准溶液(4.2.12),分别置于一组 100 mL 容量瓶中,加入 5 mL 盐酸(4.2.2),以水稀释至刻度,混匀。与试液相同条件下测量标准溶液的吸光度,减去"零"浓度溶液的吸光度,以金浓度为横坐标、吸光度为纵坐标,绘制标准曲线。

4.6 试验数据处理

按式(1)计算金的质量浓度 ρ_{Au}:

$$\rho_{Au} = \frac{(c_1 - c_0)V}{V_0} \quad \cdots\cdots\cdots\cdots\cdots\cdots\cdots(1)$$

式中:

ρ_{Au} ——金的质量浓度,单位为毫克每升(mg/L);

c_1 ——自标准曲线上查得试液中金的浓度,单位为微克每毫升(μg/mL);

c_0 ——自标准曲线上查得空白试液中金的浓度,单位为微克每毫升(μg/mL);

V ——试液的体积,单位为毫升(mL);

V_0 ——试液的取样体积,单位为毫升(mL)。

测定结果大于等于 1 mg/L 时,保留三位有效数字;小于 1 mg/L 时,保留至小数点后三位。

4.7 精密度

4.7.1 重复性

在重复性条件下获得的两次独立测试结果的测定值,在以下给出的平均值范围内,这两个测试结果的绝对差值不超过重复性限(r),超过重复性限(r)的情况不超过 5%,重复性限(r)按表 2 数据采用线性内插法求得。

表 2 重复性限

ρ_{Au}/(mg/L)	0.050	0.098	0.498	4.98	49.7	296
r/(mg/L)	0.005	0.007	0.013	0.18	2.1	11

4.7.2 再现性

在再现性条件下获得的两次独立测试结果的测定值,在以下给出的平均值范围内,这两个测试结果的绝对差值不超过再现性限(R),超过再现性限(R)的情况不超过 5%,再现性限(R)按表 3 数据采用线性内插法求得。

表 3 再现性限

ρ_{Au}/(mg/L)	0.050	0.098	0.498	4.98	49.7	296
R/(mg/L)	0.007	0.010	0.016	0.19	2.2	14

4.8 试验报告

试验报告至少应给出以下几个方面的内容:

——试验对象；

——使用的标准 YS/T 3042—2021；

——使用的方法；

——测定结果及其表示；

——与基本试验步骤的差异；

——测定中观察到的异常现象；

——试验日期。

5 方法 2 电感耦合等离子体质谱法

5.1 原理

试液经王水溶解，金以氯金酸形式被活性炭富集并与干扰元素分离。吸附了金的活性炭经灰化后用王水溶解，在酸性介质中，用内标元素校正法于电感耦合等离子体质谱仪上测定金的含量。

5.2 试剂或材料

除非另有说明，在分析中仅使用确认为分析纯的试剂和蒸馏水或去离子水或相当纯度的水。

5.2.1 氢氧化钠。

5.2.2 盐酸($\rho=1.19$ g/mL)，优级纯。

5.2.3 硝酸($\rho=1.42$ g/mL)，优级纯。

5.2.4 王水：3 份体积盐酸与 1 份体积硝酸混合，现用现配。

5.2.5 王水(5+95)。

5.2.6 盐酸(5+95)。

5.2.7 硝酸(2+98)。

5.2.8 氟化氢铵溶液(20 g/L)。

5.2.9 氯化钠溶液(200 g/L)。

5.2.10 活性炭：分析纯，粒度不大于 0.074 mm，放入氟化氢铵溶液(5.2.8)中浸泡 3 天后抽滤，以盐酸(5.2.6)及水各洗涤 3 次，晾干。

5.2.11 定性滤纸。

5.2.12 活性炭-纸浆混合物：称取 40 g 活性炭(5.2.10)与 80 g 定性滤纸(5.2.11)放入 2 L 塑料烧杯中，加入 1 L 水，搅碎混匀，备用。

5.2.13 金标准贮存溶液(1.00 mg/mL)：称取 0.500 0 g 金($\omega_{Au}\geqslant99.99\%$)，置于 100 mL 烧杯中，加入 20 mL 王水(5.2.4)，低温加热至完全溶解，取下冷却至室温，移入 500 mL 容量瓶中，用水稀释至刻度，混匀。

注：此溶液 1 mL 含 1.00 mg 金。

5.2.14 金标准贮存溶液 I(100 mg/mL)：移取 50.00 mL 金标准贮存溶液(5.2.13)于 500 mL 容量瓶中，加入 10 mL 王水(5.2.4)，用水稀释至刻度，混匀。

注：此溶液 1 mL 含 100 μg 金。

5.2.15 金标准贮存溶液 II(10 μg/mL)：移取 10.00 mL 金标准贮存溶液 I(5.2.14)于 100 mL 容量瓶中，加入 2 mL 硝酸(5.2.3)，用水稀释至刻度，混匀。

注：此溶液 1 mL 含 10 μg 金。

5.2.16 金标准溶液(1 μg/mL)：移取 10.00 mL 金标准贮存溶液 II(5.2.15)于 100 mL 容量瓶中，加入 2 mL 硝酸(5.2.3)，用水稀释至刻度，混匀。

注：此溶液 1 mL 含 1 μg 金。

5.2.17 内标元素(10 μg/L~20 μg/L):推荐使用铑、铯、铼作为内标元素。

5.3 仪器设备

5.3.1 活性炭吸附抽滤装置:将玻璃吸附柱插入抽滤筒孔中,柱内放一片多孔塑料板,并放入一片与多孔塑料板直径相当的滤纸片。倾入纸浆抽滤,抽干后纸浆层厚约 3 mm~4 mm,再分次加入活性炭-纸浆混合物(5.2.12),抽干后厚度为 5 mm~10 mm,以水吹洗柱壁,加入一层薄纸浆。装上布氏漏斗,在漏斗内垫两张定性滤纸并加入纸浆,抽干后厚度为 5 mm~8 mm,滤纸边缘与布氏漏斗壁应没有缝隙。抽滤装置的结构见图1。

5.3.2 电感耦合等离子体质谱仪。

5.3.3 容量瓶、移液管、比色管、坩埚、玻璃吸附柱、布氏漏斗和多孔塑料板等器具应在王水(5.2.5)中浸泡 12 h,清洗干净后使用。

5.4 样品

5.4.1 样品的保存

取样后若不能立即测定,应加入少量氢氧化钠(5.2.1),搅拌,使样品的 pH>11。

5.4.2 试液

根据试液中金的含量按表4分取试液体积。

表 4 定容体积

金质量浓度 mg/L	试液体积 mL	容量瓶体积 mL
0.001 0~0.005 0	200	10
≥0.005 0~0.010	100	10
≥0.010~0.100	100	100

5.5 试验步骤

5.5.1 空白试验

随同试液做空白试验,平行测定两份,结果取其平均值。

5.5.2 测定

5.5.2.1 将5.4.2所得试液置于 400 mL 烧杯中,样品体积小于 200 mL 时加水补充至 200 mL,于通风橱中滴加王水(5.2.4),边滴加边搅拌至溶液呈酸性,再过量 50 mL,盖上表面皿,置于电热板上微沸 30 min,取下,用热水冲洗表面皿和杯壁,冷却至 40 ℃~60 ℃。

5.5.2.2 将试液倾入抽滤装置的布氏漏斗中进行抽滤,漏斗内溶液全部抽干后,用 40 ℃~60 ℃盐酸(5.2.6)洗涤烧杯 2 次~3 次,洗涤残渣和漏斗 4 次~5 次,取下布氏漏斗,用 40 ℃~60 ℃氟化氢铵溶液(5.2.8)洗涤玻璃吸附柱 4 次~5 次,用 40 ℃~60 ℃盐酸(5.2.6)洗涤 4 次~5 次,用 40 ℃~60 ℃水洗涤 4 次~5 次,抽干后停止抽气。

若5.4.2所得试液经过5.5.2.1消解后无沉淀生成,无须加布氏漏斗过滤。

5.5.2.3 取出玻璃吸附柱内的活性炭纸浆块,放入 50 mL 瓷坩埚中,在电炉上炭化,放入马弗炉中由低温升至 700 ℃,灰化完全后取出冷却。加入 2 滴～3 滴氯化钠溶液(5.2.9),1 mL～2 mL 王水(5.2.4),置于水浴上溶解,蒸至近干,取下冷却,用硝酸(5.2.7)浸出,按表 4 移入相应体积的容量瓶中,用硝酸(5.2.7)稀释至刻度,混匀。

5.5.2.4 将 5.5.2.3 所得试液通过内标元素校正法,于电感耦合等离子体质谱仪上测定金的含量。

5.5.3 标准曲线的绘制

移取 0 mL、0.50 mL、1.00 mL、2.00 mL、4.00 mL、6.00 mL、8.00 mL、10.0 mL 金标准溶液(5.2.16),分别置于一组 100 mL 容量瓶中,加入 2 mL 硝酸(5.2.3),以水稀释至刻度,混匀。与试液在相同条件下测定,以"零"浓度溶液调零,将测得的金元素与内标元素的强度比值作为纵坐标、金浓度为横坐标,绘制标准曲线。

5.6 试验数据处理

按式(2)计算金的质量浓度 ρ_{Au}:

$$\rho_{Au} = \frac{(c_1 - c_0)V}{V_0 \times 1\,000} \quad\quad\quad\quad\quad\quad\quad\quad (2)$$

式中:

ρ_{Au} ——金的质量浓度,单位为毫克每升(mg/L);

c_1 ——自标准曲线上查得试液中金的浓度,单位为微克每升(μg/L);

c_0 ——自标准曲线上查得空白试液中金的浓度,单位为微克每升(μg/L);

V ——试液的体积,单位为毫升(mL);

V_0 ——试液的取样体积,单位为毫升(mL)。

测定结果大于等于 0.010 mg/L 时,保留至小数点后三位;小于 0.010 mg/L 时,保留两位有效数字。

5.7 精密度

5.7.1 重复性

在重复性条件下获得的两次独立测试结果的测定值,在以下给出的平均值范围内,这两个测试结果的绝对差值不超过重复性限(r),超过重复性限(r)的情况不超过 5%,重复性限(r)按表 5 数据采用线性内插法求得。

表 5 重复性限

ρ_{Au}/(mg/L)	0.001 0	0.005 0	0.010	0.049	0.098
r/(mg/L)	0.000 3	0.000 8	0.002	0.006	0.010

5.7.2 再现性

在再现性条件下获得的两次独立测试结果的测定值,在以下给出的平均值范围内,这两个测试结果的绝对差值不超过再现性限(R),超过再现性限(R)的情况不超过 5%,再现性限(R)按表 6 数据采用线性内插法求得。

表 6　再现性限

ρ_{Au}/(mg/L)	0.001 0	0.005 0	0.010	0.049	0.098
R/(mg/L)	0.000 4	0.000 9	0.003	0.007	0.011

5.8　试验报告

试验报告至少应给出以下几个方面的内容：

——试验对象；

——使用的文件，YS/T 3042—2021；

——使用的方法；

——测试结果及其表示；

——与基本试验步骤的差异；

——测定中观察到的异常现象；

——试验日期。

四、采矿标准

ICS 73.020
D 15

中华人民共和国国家标准

GB/T 39489—2020

全尾砂膏体充填技术规范

Technical specification for the total tailings paste backfill

2020-11-19 发布

2021-10-01 实施

国家市场监督管理总局
国家标准化管理委员会 发 布

前　言

本标准按照 GB/T 1.1—2009 给出的规则起草。

本标准由全国黄金标准化技术委员会(SAC/TC 379)提出并归口。

本标准起草单位：北京科技大学、中国恩菲工程技术有限公司、中南大学、飞翼股份有限公司、北京金诚信矿山技术研究院有限公司、长春黄金研究院有限公司、山东黄金矿业科技有限公司、伽师县铜辉矿业有限责任公司、贵州川恒化工股份有限公司、中国有色矿业集团有限公司、金川集团股份有限公司。

本标准主要起草人：吴爱祥、王勇、王洪江、王贻明、尹升华、王少勇、周勃、李翠平、朱瑞军、陈秋松、张泽武、王先成、严鹏、齐兆军、杨锡祥、李子军、胡国斌、王玉山、黄士兵、王国立、寇云鹏、周发陆、王佳才、李剑秋。

全尾砂膏体充填技术规范

1 范围

本标准规定了全尾砂膏体材料构成与储存要求、全尾砂膏体充填工艺要求、全尾砂膏体充填技术要求及其检测方法。

本标准适用于金属、非金属矿山的全尾砂膏体充填。

2 规范性引用文件

下列文件对于本文件的应用是必不可少的。凡是注日期的引用文件,仅注日期的版本适用于本文件。凡是不注日期的引用文件,其最新版本(包括所有的修改单)适用于本文件。

GB 8978 污水综合排放标准

GB 18599 一般工业固体废物贮存、处置场污染控制标准

GB/T 50080 普通混凝土拌合物性能试验方法标准

GB/T 50123 土工试验方法标准

HJ 943 黄金行业氰渣污染控制技术规范

JGJ/T 70 建筑砂浆基本性能试验方法标准

3 术语和定义

下列术语和定义适用于本文件。

3.1

全尾砂 **total tailings**

金属、非金属矿山进行矿石选别后排出的未经分选的全粒级尾砂。

3.2

胶凝材料 **cementitious materials**

在物理、化学作用下,能从浆体变成坚固的石状体,并能胶结其他物料,制成有一定机械强度的复合固体的物质。

3.3

质量浓度 **mass concentration**

固体质量占固体与液体质量之和的百分比,表示成式(1):

$$C_m = \frac{m_s}{m_s + m_w} \times 100\% \qquad\qquad \cdots\cdots\cdots\cdots\cdots\cdots\cdots\cdots (1)$$

式中:

C_m —— 质量浓度;

m_s —— 固体质量,单位为千克(kg);

m_w —— 液体质量,单位为千克(kg)。

3.4

塌落度　slump

自重状态下,膏体自然塌落的最终高度与塌落度筒高度的差值。

3.5

屈服应力　yield stress

膏体从静止状态变化到流动状态需克服的临界剪切应力。

3.6

泌水率　bleeding rate

析出水量与料浆用水的质量百分比。

3.7

絮凝剂　flocculant

带有正(负)电性的基团和水中带有负(正)电性的难于分离的一些粒子或者颗粒相互靠近,降低其电势,使其处于不稳定状态,并利用其聚合性质使得这些颗粒集中,并通过物理或者化学方法分离出来的药剂。

3.8

充填倍线　stowing gradient

充填管路总长度与充填管路起止口的垂直高差之比,表示成式(2):

$$N = \frac{L}{H} \qquad\qquad\qquad\qquad\qquad (2)$$

式中:

N ——充填倍线;

L ——充填管路的总长度,单位为米(m);

H ——充填管路起止口的垂直高差,单位为米(m)。

3.9

充填挡墙　filling-retaining wall

使膏体料浆密闭在指定充填区域内所构筑的墙体或密封体。

3.10

引流水　lubricating water

采场充填前后用于清洗管道、起到牵引膏体和降低输送阻力的生产用水。

3.11

洗管水　flushing water

采场充填完毕用于清理管道遗留充填料浆和杂物的生产用水。

3.12

全尾砂膏体　total tailings paste

以全尾砂为主要材料,配以其他骨料、胶凝材料,并与水混合而成的膏状的不分层、不沉淀、略泌水的非牛顿结构流体。

3.13

膏体充填　cemented paste backfill

在外力或自重作用下,将膏体充填料浆输送到井下进行采空区充填的过程。

3.14

膏体凝结时间　paste setting time

充填物料加水拌和起,至膏体完全失去塑性并开始产生强度所需的时间。

3.15

单轴抗压强度 uniaxial compressive strength

充填体在单向受压至破坏时,单位面积上所能承受的荷载。

3.16

线缩率 linear shrinkage ratio

养护时间为 0 天时充填体高度减去养护时间 28 天时高度后,再除以养护时间为 0 天时充填体高度所得的值,表示成式(3):

$$\gamma = \frac{h_0 - h_{28}}{h_0} \qquad\qquad\qquad\cdots\cdots\cdots\cdots\cdots\cdots\cdots\cdots\cdots(3)$$

式中:

γ ——线缩率;

h_0 ——养护时间为 0 天时充填体高度,单位为毫米(mm);

h_{28} ——养护时间为 28 天时充填体高度,单位为毫米(mm)。

4 全尾砂膏体材料构成与储存要求

4.1 全尾砂膏体材料构成

4.1.1 膏体材料通常由全尾砂、骨料、胶凝材料、外加剂和水构成。

4.1.2 全尾砂粒径组成中小于 20 μm 的尾砂含量应大于 15%。

4.1.3 胶凝材料应采用水泥、其他部分或全部替代水泥的具有胶凝作用的材料。

4.1.4 骨料分为粗骨料和细骨料,粗骨料粒径范围应在 4.75 mm～20 mm;细骨料粒径范围应在 0.075 mm～<4.75 mm。

4.1.5 外加剂一般包括絮凝剂、泵送剂、减水剂和早强剂等。

4.2 全尾砂膏体原材料储存

4.2.1 储存设施

全尾砂膏体原材料储存设施应满足下列要求:

a) 全尾砂宜采用浓密机或砂仓短期存储;

b) 胶凝材料应采用仓式存储;

c) 粗骨料应采用仓式存储或者地面堆存;

d) 粉状外加剂应采用仓式存储,液体外加剂应采用罐装储存。

4.2.2 储存条件

膏体原材料储存条件应满足下列要求:

a) 全尾砂储存设施环境温度应大于 0 ℃,否则应采取保温措施;

b) 水泥和粉状外加剂应密封存储,防止受潮;

c) 骨料储存应进行顶部遮挡,防止雨雪天气造成骨料含水量变化。

5 全尾砂膏体充填工艺要求

5.1 全尾砂膏体充填工艺流程

5.1.1 全尾砂膏体充填按照图 1 所示的典型工艺流程实施。

5.1.2 全尾砂膏体充填典型工艺流程包括必选项和可选项,在必选项的基础上,应结合矿山实际情况按需选择其他工艺流程及其仪器设备等。

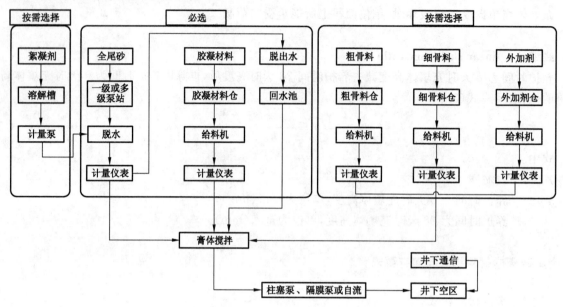

图 1　全尾砂膏体充填典型工艺流程图

5.2 全尾砂脱水

5.2.1 全尾砂脱水应采用重力浓密和机械压滤两种方式。

5.2.2 重力浓密设备应采用立式砂仓、普通耙式浓密机、高效浓密机或深锥浓密机,底流浓度范围应满足膏体制备要求。

5.2.3 浓密机内应添加絮凝剂,添加前 4 h～12 h 开始配置絮凝剂溶液,质量浓度应控制在 0.1%～1%,宜经二次稀释至 0.01%～0.1%。

5.2.4 全尾砂料浆入料稀释浓度、絮凝剂溶液浓度、底流浓度、处理能力、设备选型等应通过静态及动态沉降实验确定。

5.3 全尾砂膏体搅拌制备

5.3.1 将浓密全尾砂、骨料、胶凝材料、水及外加剂按照配比送入搅拌机中均匀混合,不应采用难以打散的物料制备膏体。

5.3.2 输送至搅拌槽的所有物料应严格定量控制,搅拌机料位应高于搅拌叶片的1/2处。

5.3.3 制备好的膏体料浆浓度超出设计最大值的1%或少于设计最小值的2%时,应及时调整至目标浓度范围。

5.3.4 膏体搅拌宜采用两段连续搅拌流程,宜采用卧式-卧式联合搅拌,或卧式-立式联合搅拌。

5.4 全尾砂膏体管道输送

5.4.1 膏体管道输送流速应控制在 1 m/s～2 m/s,输送管道内径应控制在 100 mm～200 mm。

5.4.2 充填料浆管道输送宜采取定浓度、定流量的输送方式。

5.4.3 充填系统减阻应采取增加管道直径、添加外加剂、调整充填配比、降低输送浓度等措施。

5.4.4 根据式(4)计算系统重力势能,当系统重力势能大于系统沿程阻力损失的1.2倍时,宜采用自流输送方式。膏体能否自流输送应严格按照沿程阻力计算来判定,充填倍线可作为参考,但不应作为能否自流的判定依据。

$$P = \rho g h \qquad\qquad \cdots\cdots\cdots\cdots\cdots\cdots\cdots\cdots (4)$$

式中：

P —— 充填位置到采场的系统重力势能，单位为帕（Pa）；

ρ —— 膏体料浆密度，单位为千克每立方米（kg/m³）；

g —— 重力加速度，单位为牛每千克（N/kg）；

h —— 系统垂直高差，单位为米（m）。

5.4.5 宜采用活塞泵进行泵压输送，额定泵压应为系统沿程阻力与系统重力势能之差的1.2倍以上，且能克服充填站至充填钻孔之间所需的管道阻力。

5.4.6 管道铺设前，应分析管道压力分布，为确保膏体在管道出口良好的流动性，充填采场处压力宜设定为0.5 MPa，管道某一位置的承压P_3，由式（5）确定：

$$P_3 = | L \times P_1 + 0.5 - P_2 | \qquad\qquad \cdots\cdots\cdots\cdots\cdots\cdots (5)$$

式中：

P_3 —— 管道某一位置承压，单位为帕（Pa）；

L —— 管道某一位置与采场距离，单位为米（m）；

P_1 —— 管道某一位置至采场摩阻损失，单位为帕每米（Pa/m）；

P_2 —— 管道某一位置至采场的系统重力势能，单位为帕（Pa）。

5.4.7 井下管道敷设在顶板时，应采用锚杆、钢绳悬挂；敷设在巷道底板时，主干管道应有管道支架。

5.4.8 管道实际承压能力应为式（5）计算值的1.5倍以上，管道选型遵循以下原则：

a) 宜采用双金属复合管、双层耐磨锰钢管或贝氏体管道作为充填钻孔中的充填管；

b) 宜采用缓冲壶或双金属复合弯管作为充填钻孔底部的充填管；

c) 宜采用耐磨无缝钢管作为主充填管路中的充填管；

d) 宜采用普通无缝锰钢管、钢编管作为充填道和充填小井至出矿分层道的充填管；

e) 宜采用聚乙烯增强塑料管、钢编管作为一次性使用的充填进路中的充填管。

5.4.9 充填管道连接方式：

a) 充填钻孔套管的连接宜采用管箍接头；

b) 不需经常拆卸且不经常发生堵管的管段的连接宜采用法兰盘接头；

c) 中段间充填钻孔深度不超过100 m套管的连接宜采用焊接接头；

d) 需经常拆卸且易发生堵管的管段的连接宜采用快速接头。

5.5 全尾砂膏体采场充填

5.5.1 应确保充填站水、电、气路通畅，并制定充填计划。

5.5.2 充填作业前应做好地表设备、井下管路及采场的准备工作，准备妥当后再进行充填作业。

5.5.3 充填采场附近应设置沉淀池，用于引流水和洗管水的排放。

5.5.4 矿石清理完毕后，应在采场所有出口架设充填挡墙，宜采用密封性好、可重复利用、制作快捷的不脱水挡墙，周围围岩破碎时，应对破碎严重的岩层进行喷射混凝土处理，防止充填料外泄污染环境。

5.5.5 应在采场附近架设充填管道，连通井下主干管道，通向待充采场。

5.5.6 充填过程中，应保证管路及采场有人员巡视，搅拌站内操作人员应监测管路上的压力表及站内仪表监控运行状况。

5.5.7 充填过程中，应保证地表充填站和井下的通信畅通。

5.5.8 到达采场的膏体料温度宜大于10 ℃，确保良好的水化反应和凝结性。

5.5.9 充填作业完毕以后，应进行设备及管路的清洗工作。

5.5.10 采场充填应注意以下其他事项：

a) 井下管道阀门处于关闭状态,地面输送引流水灌满管道,检查无问题后开始输送膏体。

b) 充填过程遇有故障停止充填时,管道料浆停留时间不应超过 4 h,具体时间应根据膏体料中水泥添加量以及实际凝结时间而定。

c) 流动性较好的膏体料浆,宜单点自然排入充填区;流动性较差的膏体料浆或者尺寸较长的采场,应采用多点充填。

d) 应根据力学计算和经验数据确定合理的一次充填高度,待充填料浆表面超过挡墙 2 m 以上并凝固具有强度后,应根据现场实际情况加大单次充填高度或连续充填。

e) 在采空区即将充满时,应注意充填压力过大造成浆体喷射事故。

f) 充填过程中每班应取样检测充填料浆浓度,浓度检测宜采用烘干法,并取样制作试块检测充填体强度,充填体强度应满足设计或采矿工艺要求。

g) 充填结束时,应采用大流量洗管水冲洗管道,洗管时间应大于 30 min。管道冲洗应使用洁净水,冲洗不锈钢、镍及镍合金管道时,水中氯离子含量不得超过 $25×10^{-6}$,洗管水流速不低于 1.5 m/s,冲洗管道的截面积不小于被冲洗管道截面积的 60%。

5.6 全尾砂膏体充填自动控制

5.6.1 自动控制目标包括下述内容:

a) 应对膏体充填物料供给、流量大小、设备启停等进行自动控制;

b) 应对膏体充填过程中的故障发出报警。

5.6.2 工艺检测与控制内容包括下述内容:

a) 宜对水泥仓、骨料仓、外加剂仓、水仓等的料位进行检测与监控,并实行料位下限报警;

b) 应对尾砂给料浓度、给料流量及浓密机放砂浓度、放砂流量进行检测;

c) 应对尾砂、骨料、水泥、外加剂与水等实现定量控制与配比计算;

d) 宜采用料位传感器和摄像头联合监测搅拌机液位,宜通过增减给料量和充填泵流量控制实现液位动态平衡;

e) 应对输送泵出口处的膏体浓度、流量进行检测和控制。

6 全尾砂膏体充填技术要求及其检测方法

6.1 全尾砂膏体充填技术指标应符合表1的规定。

表 1 全尾砂膏体充填技术指标范围值

名称	泌水率 %	塌落度 mm	屈服应力 Pa	凝结时间 h	单轴抗压强度 MPa	线缩率 %
技术指标	1.5～5	180～260	100～200	>8	0.2～5	<5

6.2 全尾砂膏体检测应采用如下方法:

a) 按照 GB/T 50123 的规定测试全尾砂相对密度;

b) 按照 GB/T 50123 的规定测试全尾砂粒级组成;

c) 按照 JGJ/T 70 的规定测试膏体料浆密度;

d) 按照 GB/T 50123 的规定测试膏体料浆质量浓度;

e) 按照 GB/T 50080 的规定测试膏体料浆泌水率;

f) 按照 GB/T 50080 的规定测试膏体料浆塌落度;

g) 全尾砂膏体料浆的屈服应力测试方法见附录 A;

h) 按照 GB/T 50080 的规定测试膏体凝结时间,贯入阻力达到 0.5 MPa 即为膏体凝结时间,膏体凝结时间不应低于 8 h;

i) 膏体线缩率按照式(3)计算,采用精度不小于 0.1 mm 的长度测量工具对试模内侧高度进行测量,作为试块 0 天高度 h_0;待膏体养护 28 天时,将其取出测量高度 h_{28};

j) 按照 JGJ/T 70 的规定测试固结膏体单轴抗压强度,试块养护龄期为 3 天、7 天和 28 天。

6.3 全尾砂膏体充填原材料、充填体应符合 GB 18599、GB 8978 的规定。黄金氰渣膏体充填料浆同时应符合 HJ 943 的规定。

附 录 A

（规范性附录）

全尾砂膏体料浆的屈服应力测试方法

A.1 仪器及原理

采用 R/S 桨式转子流变仪（软固流变仪）控制剪切速率法测试全尾砂膏体屈服应力，测试原理如图 A.1。桨叶克服浆体的屈服应力转动，使周围一定区域内的浆体发生剪切作用，转子转动时剪切应力与扭矩关系如式（A.1）所示。

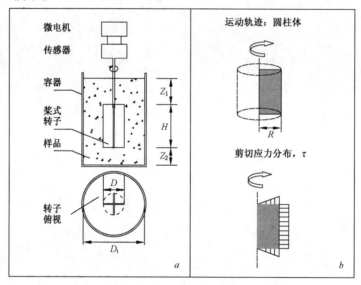

图 A.1 桨式流变仪控制剪切速率法测量原理

$$T = \left(\frac{1}{2}\pi D^2 H + \frac{1}{6}\pi D^3\right) \cdot \tau \qquad\qquad\qquad (A.1)$$

式中：

T ——桨叶所受扭矩，单位为牛米（N·m）；

D ——转子直径，单位为米（m）；

H ——转子高度，单位为米（m）；

τ ——浆体所受的剪切应力，单位为帕（Pa）。

A.2 测试步骤

A.2.1 根据矿山实际膏体流速范围 $v_1 \sim v_2$ 和管道内径 D，按照式（A.2）计算膏体管道输送剪切速率，得到膏体管道输送剪切速率范围 $\gamma_1 - \gamma_2$。

$$\gamma = 8v/D \qquad\qquad\qquad\qquad (A.2)$$

式中：

γ ——膏体在管道内剪切速率，单位为每秒（s⁻¹）；

v ——膏体流速，单位为米每秒（m/s）；

D ——管道内径，单位为米（m）。

A.2.2 根据膏体管道输送剪切速率范围 $\gamma_1 \sim \gamma_2$，设置测试仪器剪切速率由 $0\ \mathrm{s}^{-1} \sim \gamma_3$ 线性增加，剪切时间 $t_3 = \gamma_3/(1\ \mathrm{s}^{-1})$，其中 $\gamma_3 \geqslant \gamma_2$。形成剪切应力-剪切速率曲线，典型剪切应力-剪切速率曲线如图 A.2 所示。

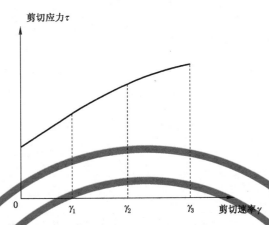

图 A.2　典型剪切应力-剪切速率曲线

A.2.3 在搅拌容器内配置不同配比的测试料浆，并搅拌不少于 5 min。将搅拌好的料浆快速倒入测试容器，启动仪器开始测试。容器的尺寸与转子插入的深度应符合式(A.3)。

$$\left.\begin{array}{l} D_\mathrm{t}/D > 2.0 \\ Z_1/D > 1.0 \\ Z_2/D > 0.5 \end{array}\right\} \qquad \cdots\cdots\cdots\cdots\cdots\cdots\cdots\cdots\cdots\cdots (A.3)$$

式中：

D_t ——容器内径，单位为米(m)；

D ——转子直径，单位为米(m)；

Z_1 ——转子上端距离浆体表面的距离，单位为米(m)；

Z_2 ——转子下端距离浆体底部的距离，单位为米(m)。

A.2.4 选取图 A.2 中剪切速率为 $\gamma_1 \sim \gamma_2$ 时的剪切应力-剪切速率，根据宾汉姆(Bingham)模型，按照式(A.4)回归计算膏体屈服应力。

$$\tau = \tau_0 + \mu_\mathrm{B}\gamma \qquad \cdots\cdots\cdots\cdots\cdots\cdots\cdots\cdots\cdots (A.4)$$

式中：

τ ——剪切应力，单位为帕(Pa)；

τ_0 ——屈服应力，单位为帕(Pa)；

μ_B ——塑性黏度，单位为帕秒(Pa·s)；

γ ——剪切速率，单位为每秒(s^{-1})。

ICS 73.020
D 15

中华人民共和国国家标准

GB/T 39988—2021

全尾砂膏体制备与堆存技术规范

Technical specification for total tailings paste production and disposal

2021-05-21 发布

2022-04-01 实施

国家市场监督管理总局
国家标准化管理委员会 发 布

前　言

本标准按照 GB/T 1.1—2009 给出的规则起草。

本标准由全国黄金标准化技术委员会(SAC/TC 379)提出并归口。

本标准起草单位：北京科技大学、中国恩菲工程技术有限公司、中南大学、北京金诚信矿山技术研究院有限公司、飞翼股份有限公司、长春黄金研究院有限公司、山东黄金矿业科技有限公司、贵州川恒化工股份有限公司、伽师县铜辉矿业有限责任公司、中国有色矿业集团有限公司、长春黄金设计院有限公司、中国黄金集团内蒙古矿业有限公司。

本标准主要起草人：吴爱祥、王勇、王洪江、王贻明、尹升华、王少勇、周勃、李翠平、施士虎、张钦礼、叶平先、张泽武、严鹏、齐兆军、李子军、杨锡祥、沈家华、谭伟、黄士兵、寇云鹏、王佳才、李剑秋、周发陆、邹建伟、赵峰泽。

全尾砂膏体制备与堆存技术规范

1 范围

本标准规定了全尾砂膏体制备、堆存技术要求及其检测方法和排放工艺、堆场技术要求。

本标准适用于金属、非金属矿山全尾砂膏体(以下简称"膏体")的制备与堆存。

2 规范性引用文件

下列文件对于本文件的应用是必不可少的。凡是注日期的引用文件,仅注日期的版本适用于本文件。凡是不注日期的引用文件,其最新版本(包括所有的修改单)适用于本文件。

GB 8978 污水综合排放标准

GB 18599 一般工业固体废物贮存、处置场污染控制标准

GB/T 50080 普通混凝土拌合物性能试验方法标准

GB/T 50123 土工试验方法标准

GB 50863 尾矿设施设计规范

HJ 943 黄金行业氰渣污染控制技术规范

3 术语和定义

下列术语和定义适用于本文件。

3.1

全尾砂 total tailings

金属、非金属矿山进行矿石选别后排出的未经分选的全粒级尾砂。

3.2

全尾砂膏体 total tailings paste

以全尾砂为主要材料,配以其他骨料、胶凝材料,并与水混合而成的膏状的不分层、不沉淀、略泌水的非牛顿结构流体。

3.3

膏体堆存 paste disposal

将全尾砂膏体送至堆场进行堆存的过程。

3.4

塌落度 slump

自重状态下,膏体自然塌落的最终高度与塌落度筒高度的差值。

3.5

屈服应力 yield stress

膏体从静止状态变化到流动状态需克服的临界剪切应力。

3.6

质量浓度 mass concentration

固体质量占固体与液体质量之和的百分比。

3.7

泌水率　bleeding rate

析出水量与料浆用水的质量百分比。

3.8

絮凝剂　flocculant

带有正(负)电性的基团和水中带有负(正)电性的难于分离的一些粒子或者颗粒相互靠近,降低其电势,使其处于不稳定状态,并利用其聚合性质使得这些颗粒集中,并通过物理或者化学方法分离出来的药剂。

3.9

四周式排放　peripheral tailings discharge

多个排放口均匀地散布于四周,形成四周高、中间低的"凹"形体的排放方式。

3.10

中央式排放　central discharge

排放口置于中央,膏体从其顶端排出,并形成一定锥体的排放方式。

3.11

山谷式排放　valley discharge

排放口置于海拔高处,从上至下排放,在下游设置拦截坝的排放方式。

3.12

堆积坡度　deposit slope

任何点的单一的轮廓外切线与水平面的夹角的正切值,或是整个堆场的坡顶与坡底之间的连线与水平面的夹角的正切值。

注:通常用%来表示。

4　膏体制备

4.1　膏体制备按照图1所示的典型工艺流程实施。

4.2　膏体制备典型工艺流程包括必选项和可选项,在必选项的基础上,应结合矿山实际情况按需选择其他工艺流程及其仪器设备等。

4.3　膏体制备应采用重力浓密和机械压滤两种方式。

4.4　全尾砂脱水设施环境温度应大于 0 ℃,否则应采取保温措施。

4.5　重力浓密设备应采用立式砂仓、普通耙式浓密机、高效浓密机或深锥浓密机,底流浓度范围应满足膏体制备要求。综合考虑经济性和制备效率,膏体堆存脱水设备宜采用深锥浓密机。

4.6　浓密机内应添加絮凝剂,添加前 4 h～12 h 开始配置絮凝剂溶液,质量浓度应控制在 0.1%～1%,宜经二次稀释至 0.01%～0.1%。

4.7　应通过静态絮凝沉降实验,确定絮凝剂种类、絮凝剂浓度、絮凝剂单耗、尾矿最佳入料浓度等参数。

4.8　应通过动态沉降实验,确定浓密机单位处理能力、尾矿浆最小脱水时间、极限脱水浓度、扭矩等参数。

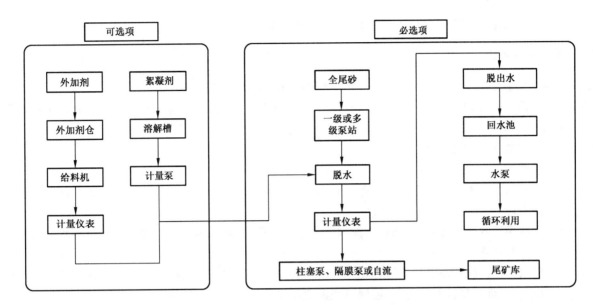

图 1　全尾砂膏体制备典型工艺流程图

5　膏体堆存技术要求及其检测方法

5.1　膏体堆存技术要求应符合表1的规定。

表 1　全尾砂膏体堆存技术要求

项目	泌水率/%	屈服应力/Pa	小于 20 μm 颗粒含量/%
技术要求	5～10	30～100	≥15

5.2　膏体堆存技术要求的测试应采用如下方法：
    a)　按照 GB/T 50123 的规定测试全尾砂密度；
    b)　按照 GB/T 50123 的规定测试全尾砂粒级组成；
    c)　按照 GB/T 50123 的规定测试膏体料浆质量浓度；
    d)　按照 GB/T 50080 的规定测试膏体料浆泌水率；
    e)　按照 GB/T 50080 的规定测试膏体料浆塌落度；
    f)　膏体料浆的屈服应力测试方法见附录 A。

5.3　膏体在堆场单元中从排放开始到结束的循环时间应为 3 d～5 d，每个循环周期排放厚度不宜超过 30 cm。

5.4　在潮湿气候条件下应减小膏体的堆存厚度，提高堆存的稳定性。

5.5　膏体堆存原材料、堆体应符合 GB 18599、GB 8978 的规定。黄金氰渣膏体堆存同时应符合 HJ 943 的规定。

6　膏体排放工艺

6.1　膏体输送

6.1.1　通过水力学计算，对膏体管道输送过程各种管道规格的摩阻损失进行计算。

6.1.2　根据不同压力和流量选用隔膜泵、柱塞泵或离心泵进行泵压输送。

6.1.3 输送管道暴露环境温度低于零下10 ℃时宜采用保温输送。

6.2 膏体排放方式

6.2.1 膏体排放方式应采用中央式排放、四周式排放、山谷式排放三种。

6.2.2 对排放口间距、排放管管径和布料厚度等关键参数应进行设计;布料应均匀,尽量减小布料厚度,加快干燥固结速度。

6.2.3 中央式排放应遵守下列原则:

    a) 平地型、傍山型尾矿堆存宜采用中央式排放方式,如图2所示;

    b) 浓密尾矿宜通过立管排放,当库区面积较大时,立管及管路的布置和架设方式应做稳定性分析;

    c) 应利用边界筑堤坝,堤坝与边界间预留一定安全距离,形成的库容应满足尾矿库回水及防排洪安全的要求;

    d) 当坝体浸润线抬高至危及坝体稳定性时,应考虑更改为四周式排放形式,将汇水区集中到库区中央,从而降低浸润线埋深,浸润线埋深应小于设计值。

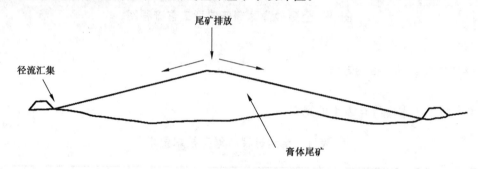

图2 中央式排放示意图

6.2.4 四周式排放应遵守下列原则:

    a) 宜在平地形、盆地形及露天废弃矿坑中使用,排放形式如图3所示;

    b) 在盆地使用,宜在盆地的四周直接安置排放口进行排放;

    c) 在弃用的露天矿坑使用,排矿周期内应定期对矿坑边坡做稳定性分析。

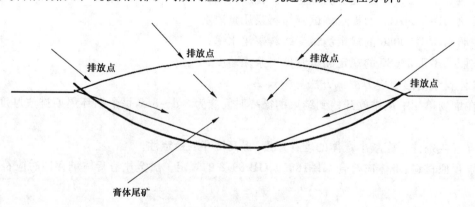

图3 四周式排放示意图

6.2.5 山谷式排放应遵守下列原则:

    a) 宜选择在下游分期筑坝进行一次建坝,如图4所示;

    b) 山谷式排放设施应建设具有排水功能的工程堤;

    c) 排矿初期排放点宜布置于上游。当坝体浸润线抬高至危及坝体稳定性时,应考虑更改为四周式排放形式,将汇水区集中到库区中央,浸润线埋深应小于设计值。

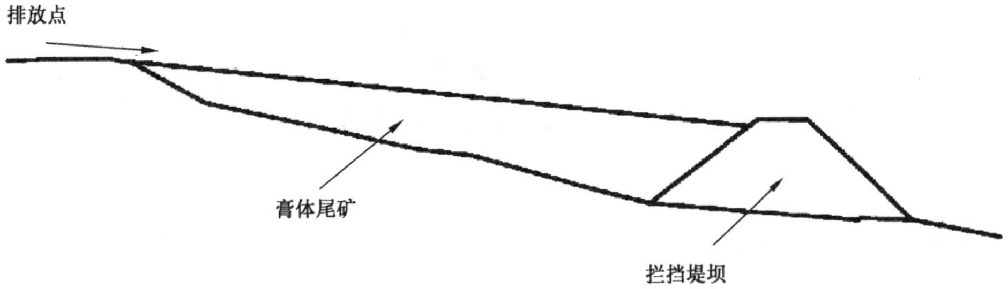

排放点

膏体尾矿

拦挡堤坝

图4 山谷式排放示意图

7 膏体堆场技术要求

7.1 尾矿库的建设和选址、堆场周边要求按照 GB 50863 执行。

7.2 膏体堆场的库容一般应满足设计服务年限内的尾矿储存需求。当一个堆场库容不能满足要求时,应采用多库建设方案,每期堆场服务年限不应少于5年。

7.3 库前式堆存标高在坝高以下的情况,膏体堆场总库容可按公式(1)计算:

$$V = \frac{WN}{\rho \eta} \quad\cdots\cdots\cdots\cdots\cdots\cdots\cdots\cdots\cdots\cdots\cdots\cdots (1)$$

式中:

V——选矿厂在生产服务年限内所需膏体堆场的总容积,单位为立方米(m³);

W——选矿厂每年排入膏体堆场的尾矿量,单位为吨每年(t/a);

N——选矿厂生产服务年限,单位为年(a);

ρ——尾矿膏体的平均堆积密度,单位为吨每立方米(t/m³);

η——堆场的终期库容利用系数。

7.4 在干旱以及热带气候下宜选用可控制的连续薄层小于15 cm 干堆排放系统。

7.5 在季节性蒸发干燥的温带气候下宜选用积累的厚层约 60 cm~100 cm 半连续湿堆排放系统。

7.6 膏体堆场堆积坡度不应超过10%。条件允许时,应尽量增大膏体的堆积坡度,增加膏体堆积层的厚度。宜采用逐层堆积的方式堆存膏体尾矿,膏体固结后逐步堆积至设计厚度。

7.7 膏体堆场的防排洪设施应符合 GB 50863 的规定。除雨水天气外,膏体堆场内不应长时间存水,尾矿浆体带入的水应采取有效措施进行回收利用。

7.8 年降雨量小于蒸发量的地区宜按照可以满足当地最大降雨量的容量设计储水库,库内水位应高于蓄水库水位。

7.9 当细粒级尾矿含量较大,或尾矿库地区终年伴有强季风,膏体堆场应设抑制扬尘措施。抑制扬尘主要措施如下:

    a) 喷洒化学粉尘抑制剂;

    b) 采用薄层卵石覆盖或就地选取其他适宜材料。

7.10 膏体堆场闭库后宜采用直接复垦、薄层砾石覆盖、单层土壤覆盖、不易脱落土壤覆盖、增加隔离层再进行土壤覆盖等措施进行维护。

附　录　A

（规范性附录）

全尾砂膏体料浆的屈服应力测试方法

A.1　仪器及原理

采用 R/S 桨式转子流变仪（软固流变仪）控制剪切速率法测试膏体屈服应力，测试原理如图 A.1。桨叶克服浆体的屈服应力转动，使周围一定区域内的浆体发生剪切作用，转子转动时剪切应力与扭矩关系如公式（A.1）所示。

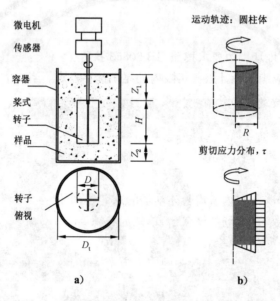

图 A.1　桨式流变仪控制剪切速率法测量原理

$$T = \left(\frac{1}{2}\pi D^2 H + \frac{1}{6}\pi D^3 \right) \cdot \tau \qquad\cdots\cdots\cdots\cdots\cdots\cdots\cdots(A.1)$$

式中：

T ——桨叶所受扭矩，单位为牛米（N·m）；

τ ——浆体所受的剪切应力，单位为帕（Pa）；

D ——转子直径，单位为米（m）；

H ——转子高度，单位为米（m）。

A.2　测试步骤

A.2.1　根据矿山实际膏体流速范围 $v_1 \sim v_2$ 和管道内径 D，按照公式（A.2）计算膏体管道输送剪切速率，得到膏体管道输送剪切速率范围 $\gamma_1 \sim \gamma_2$。

$$\gamma = 8v/D \qquad\cdots\cdots\cdots\cdots\cdots\cdots\cdots(A.2)$$

式中：

γ ——膏体在管道内剪切速率，单位为每秒（s⁻¹）；

v ——膏体流速，单位为米每秒（m/s）；

　　　D——管道内径，单位为米（m）。

A.2.2 根据膏体管道输送剪切速率范围 $\gamma_1 \sim \gamma_2$，设置测试仪器剪切速率由 $0\ \mathrm{s}^{-1} \sim \gamma_3$ 线性增加，剪切时间 $t_3 = \gamma_3/(1\ \mathrm{s}^{-1})$，其中 $\gamma_3 \geqslant \gamma_2$。形成剪切应力-剪切速率曲线，典型剪切应力-剪切速率曲线如图 A.2 所示。

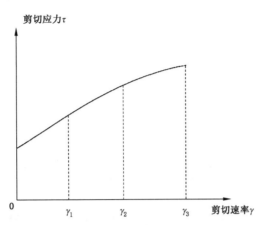

图 A.2　典型剪切应力-剪切速率曲线

A.2.3 在搅拌容器内配置不同配比的测试料浆，并搅拌不少于 5 min。将搅拌好的料浆快速倒入测试容器，启动仪器开始测试。容器的尺寸与转子插入的深度应符合公式（A.3）。

$$\begin{bmatrix} D_t/D > 2.0 \\ Z_1/D > 1.0 \\ Z_2/D > 0.5 \end{bmatrix} \quad\cdots\cdots\cdots\cdots\cdots\cdots\cdots\text{（ A.3 ）}$$

　　式中：

　　D_t——容器内径，单位为米（m）；

　　D　——转子直径，单位为米（m）；

　　Z_1——转子上端距离浆体表面的距离，单位为米（m）；

　　Z_2——转子下端距离浆体底部的距离，单位为米（m）。

A.2.4 选取图 A.2 中剪切速率为 $\gamma_1 \sim \gamma_2$ 时的剪切应力-剪切速率，根据宾汉姆（Bingham）模型，按照公式（A.4）回归计算膏体屈服应力。

$$\tau = \tau_0 + \mu_B \gamma \quad\cdots\cdots\cdots\cdots\cdots\cdots\cdots\text{（ A.4 ）}$$

　　式中：

　　τ　——剪切应力，单位为帕（Pa）；

　　τ_0——屈服应力，单位为帕（Pa）；

　　μ_B——塑性黏度，单位为帕秒（Pa·s）；

　　γ　——剪切速率，单位为每秒（s^{-1}）。

ICS 77.150.01
D 46

中华人民共和国黄金行业标准

YS/T 3035—2018

金矿原始岩温测定技术规范

Technical specification for original rock temperatures
determination of gold mine

2018-04-30 发布

2018-09-01 实施

中华人民共和国工业和信息化部　发 布

前　言

本标准按照 GB/T 1.1—2009 给出的规则起草。

本标准由中国黄金协会提出。

本标准由全国黄金标准化技术委员会(SAC/TC 379)归口。

本标准起草单位:招金矿业股份有限公司、长春黄金研究院。

本标准主要起草人:严鹏、翁占斌、冯福康、李守生、董鑫、唐学义、吴锋、彭剑平、郭树林、王春光、宋士生、唐占信、汪志国、侯俊、王金波、周东良、何少博。

金矿原始岩温测定技术规范

1 范围

本标准规定了金矿原始岩温的测定方法和技术要求。

本标准适用于金矿原始岩温的测定、地温梯度计算和地温计算。

2 规范性引用文件

下列文件对于本文件的应用是必不可少的。凡是注日期的引用文件,仅注日期的版本适用于本文件。凡是不注日期的引用文件,其最新版本(包括所有的修改单)适用于本文件。

GB 16423 金属非金属矿山安全规程

3 术语和定义

下列术语和定义适用于本文件。

3.1

原始岩温 original rock temperature

未受工程扰动岩体的内部温度。

3.2

地面勘探钻孔测温法 temperature determination method with surface exploration hole

利用地面勘探钻孔,将测温探头放入孔中测定原始岩温的一种方法。

3.3

井下中深孔测温法 temperature determination method with medium-length hole underground

在井下钻凿深度 20 m 以上的钻孔,将测温探头放入孔中测定原始岩温的一种方法。

3.4

井下浅孔测温法 temperature determination method with shallow hole underground

在井下连续推进 20 m 以上的巷道掘进掌子面钻凿 2.0 m～2.5 m 深的钻孔,将测温探头放入孔中测定原始岩温的一种方法。

3.5

恒温层 constant zone of subsurface temperature

地表以下温度保持恒定的岩层深度范围。又称常温层。

3.6

地温梯度 geothermal gradient

恒温层以下岩层温度随深度增加的速率,以每百米垂直深度增加的温度表示,单位为℃/100 m,又称地热梯度、地热增温率。

4 原始岩温测定技术要求

4.1 一般要求

4.1.1 原始岩温测点应布置在恒温层以下。

4.1.2 钻孔位置应避开地质构造、水文地质复杂地段。

4.1.3 测温仪器探头的精确度应达到 0.1 ℃ 精度等级。

4.1.4 原始岩温的测定结果精确到 0.1 ℃。

4.1.5 测温钻孔直径不小于 40 mm，钻孔应保持畅通，无堵塞。

4.1.6 钻孔施工及其测定工作应符合 GB 16423 的相关要求。

4.1.7 原始岩温测定相关数据按附录 A 表 A.1 进行记录。

4.2 地面勘探钻孔测温法

4.2.1 将测温探头与大于孔深长度的钢丝绳捆绑牢固，缓慢下放至钻孔预定深度进行测温，待数据稳定后再进行读数。

4.2.2 测温探头应始终处于钻孔位置水位线以上。

4.2.3 同一标高上，至少应测量 3 个测孔的原始岩温数据，取其测量数据的算术平均值作为该标高的原始岩温测定值。

4.2.4 新施工的地面勘探钻孔应在钻孔施工完毕后 24 h～48 h 之间进行温度测量。

4.3 井下中深孔测温法

4.3.1 钻孔深度以 20 m 以上为宜。

4.3.2 将测温探头与大于孔深长度的操作杆捆绑牢固，缓慢送至孔底进行测温，待数据稳定后再进行读数。

4.3.3 同一标高上至少应布置 3 个测孔，取其测量数据的算术平均值作为该标高的原始岩温测定值。

4.3.4 新施工的钻孔应在钻孔施工完毕后 24 h～48 h 之间进行温度测量。

4.3.5 可利用符合条件的坑内探矿钻孔或其他钻孔作为原始岩温的测定钻孔。

4.4 井下浅孔测温法

4.4.1 在连续推进 20 m 以上的巷道掘进掌子面施工浅孔钻孔，钻孔深度以 2.0 m～2.5 m 为宜。

4.4.2 成孔后 10 min～20 min，将测温探头与大于孔深长度的操作杆捆绑牢固，缓慢送至孔底，用保温材料封堵孔口后再进行测温。每 5 min 读取数据一次，取 3 次测量数据的算术平均值作为该次原始岩温测定值。

4.4.3 待原掌子面继续连续推进 20 m 后，再次采用上述方法进行原始岩温测定，如此反复测定 3 次以上，取其测量数据的算术平均值作为该标高的原始岩温测定值。

5 地温梯度计算

测定标高的相对高差按照公式(1)计算，地温梯度按照公式(2)计算。

$$H_i = h_{max} - h_i \qquad \cdots\cdots\cdots\cdots\cdots(1)$$

式中：

H_i ——第 i 测定标高相对最高标高的高差，单位为米(m)；

h_{max} ——所有测定标高的最高标高，单位为米(m)；

h_i ——第 i 测定标高，单位为米(m)。

$$G = \frac{100(n\sum H_i t_i - \sum H_i t_i)}{n\sum H_i^2 - (\sum H_i)^2} \qquad \cdots\cdots\cdots\cdots\cdots(2)$$

式中：

G ——地温梯度,单位为摄氏度每 100 米(℃/100 m);

n ——所有测定标高的个数,$n \geqslant 2$;

H_i——第 i 测定标高相对最高标高的高差,单位为米(m);

t_i ——第 i 测定标高所对应的原始岩温测定值,单位为摄氏度(℃)。

6 地温计算公式

对于恒温层以下的某一标高,按照公式(3)计算其对应的地温。

$$T = t_0 + G \frac{h_{\max} - H}{100} \quad\quad\quad \cdots\cdots\cdots\cdots\cdots\cdots\cdots\cdots\cdots (3)$$

式中:

T ——地温计算值,单位为摄氏度(℃);

G ——地温梯度,单位为摄氏度每 100 米(℃/100 m);

$h_{\max}$——所有测定标高的最高标高,单位为米(m);

H ——地温计算标高,单位为米(m);

t_0 ——最高标高所对应的原始岩温测定值,单位为摄氏度(℃)。

附　录　A

（规范性附录）

原始岩温测定记录表

表 A.1　原始岩温测定记录表

表单编号：　　　　　　　　　　记录人：　　　　　　　　　　日期：

序号	测点编号	测点位置	测点标高 m	钻孔深度 m	温度测量值 ℃	备注
1						
2						
3						
4						
5						
6						
7						
8						
9						
10						
11						
12						
⋮						

ICS 73.020
D 46

中华人民共和国黄金行业标准

YS/T 3037—2020

金矿围岩松弛范围声波测定技术规范

Technical specification of acoustic wave test for surrounding
rock relaxation range of gold mine

2020-12-25 发布

2021-04-01 实施

中华人民共和国工业和信息化部 发布

前　言

本标准按照 GB/T 1.1—2009 给出的规则起草。

本标准由中国黄金协会提出。

本标准由全国黄金标准化技术委员会(SAC/TC 379)归口。

本标准起草单位：长春黄金研究院有限公司、中国科学院武汉岩土力学研究所、紫金矿业集团股份有限公司、中南大学、长春黄金设计院有限公司。

本标准主要起草人：冯福康、梁春来、江权、杜坤、严鹏、汪志国、廖占丕、李夕兵、郭树林、闵忠鹏、张广篇、蔡创开、郝世波、唐学义、程文文、褚洪涛。

金矿围岩松弛范围声波测定技术规范

1 范围

本标准规定了金矿围岩松弛范围的声波测定方法和技术要求。
本标准适用于金矿井巷、硐室及采场围岩松弛范围的测定。

2 规范性引用文件

下列文件对于本文件的应用是必不可少的。凡是注日期的引用文件,仅注日期的版本适用于本文件。凡是不注日期的引用文件,其最新版本(包括所有的修改单)适用于本文件。
GB 16423 金属非金属矿山安全规程
GB/T 50266 工程岩体试验方法标准

3 术语和定义

下列术语和定义适用于本文件。

3.1

围岩松弛 surrounding rock relaxation
在工程开挖后,岩体内部裂纹发生扩展,产生损伤破裂的现象。

3.2

声波换能器 acoustic wave transducer
声波探头
一种将电脉冲转变为声波能或将声波能转变为电脉冲的仪器。

3.3

橡胶皮套 rubber bush
一种缠绕在声波探头周围,在加压注水膨胀后与钻孔孔壁紧密贴合,从而实现声波能在探头与岩体间耦合传播的辅助装置。

3.4

工程断面等效直径 equivalent diameter of engineering profile
与开挖工程断面面积相等的圆形断面的直径,其计算式如下:

$$D = \sqrt{\frac{4S}{\pi}}$$

3.5

一发双收单孔声波测试法 acoustic testing method of one emission and double reception in single borehole
将一发双收声波换能器置于测试钻孔孔底,待钻孔注满水或通过橡胶皮套局部注水耦合后从孔底向孔口按一定步距逐次移动并进行声波测定的一种围岩松弛测试方法。

3.6

一发一收跨孔声波测试法 acoustic testing method of one emission and one reception in double boreholes

将声波换能器分别置于两个平行的测试钻孔孔底同一深度位置,待钻孔注满水或通过橡胶皮套局部注水耦合后从孔底向孔口按一定步距同步移动并进行声波测定的一种围岩松弛测试方法。

3.7

首波 first wave

发射换能器开始发出声波后,接收换能器收到的第一个波。

4 一般要求

4.1 应优先采用一发一收跨孔测试方法,并采取橡胶皮套局部注水耦合方式。

4.2 采用一发双收单孔测试时应优先采取钻孔满水耦合方式;若钻孔封堵困难、漏水速率较大可采取橡胶皮套局部注水耦合方式。

4.3 测试钻孔施工除应符合 GB 16423 的相关要求外,还应符合以下要求:

    a) 钻孔应布置在围岩应力重新分布并趋于稳定的区域;

    b) 钻孔施工位置的围岩表面应尽可能平整完好;

    c) 钻孔应尽可能垂直于围岩帮壁,否则应进行钻孔测斜;

    d) 钻孔孔壁与声波探头之间的间隙应大于 20 mm;

    e) 钻孔深度应不小于开挖工程断面等效直径的 2 倍;

    f) 钻孔内壁应保持畅通清洁,孔壁无岩屑附着。

4.4 声波检测仪的声时测量精度应达到 1 μs,跨孔测试两钻孔间距的测量精度应达到 1 mm,延伸杆长度的测量精度应达到 1 mm。

4.5 围岩松弛范波测定相关数据应按表 A.1 进行记录,其地质特征描述应符合 GB/T 50266 的相关要求。

4.6 同一钻孔,至少应进行 3 次声波测试工作,取其测量数据的算术平均值作为该钻孔的测定值;若对测定结果有争议,应借助其他围岩松弛范围测定方法进行辅助判定。

5 技术要求

5.1 一发双收单孔声波测试法

5.1.1 测试时应将端部探头作为发射探头,其余探头作为接收探头。

5.1.2 延伸杆之间应可靠连接,总长度应满足可将声波探头移动至测试孔底。

5.1.3 注水软管应与声波探头固定牢靠,探头在延伸杆辅助下应前后移动自由。

5.1.4 采取钻孔满水耦合方式进行测试时,测试过程应符合以下要求:

    a) 测试钻孔向上倾斜时应封堵孔口,测试人员应佩戴矿井淋水防护装备;

    b) 测试前孔内应注满水,待波形信号稳定后再进行读数记录,然后移动延伸杆重复进行下一次测试。

5.1.5 采取橡胶皮套局部注水耦合方式进行测试时,测试过程应符合以下要求:

    a) 测试前应对橡胶皮套进行加压注水试验,以保证皮套内的水压稳定且无气泡;

    b) 测试前应在与钻孔等直径圆管中进行加压注水调试,以保证橡胶皮套膨胀后紧贴孔壁;

    c) 测试时应按调试参数对橡胶皮套进行加压注水,待波形信号稳定后再进行读数记录,然后将皮套注水放出后再移动延伸杆重复进行下一次测试。

5.1.6 测试过程中延伸杆每次移动距离宜为 10 cm 或 20 cm,在出现波速突变的位置,应适当加密。

5.2 一发一收跨孔声波测试法

5.2.1 两测试钻孔应尽量保持平行,钻孔间距宜在 50 cm～150 cm 范围。

5.2.2 延伸杆之间应可靠连接,总长度应满足可将声波探头移动至测试孔底。

5.2.3 注水软管应与声波探头固定牢靠,探头在延伸杆辅助下应前后移动自由。

5.2.4 两个声波探头每次移动距离应保持同步,并使探头始终处于同一深度。

5.2.5 采取钻孔满水耦合方式进行测试时,测试过程还应符合以下要求:

    a) 测试钻孔向上倾斜时应封堵孔口,测试人员应佩戴矿井淋水防护装备;

    b) 测试前孔内应注满水,待波形信号稳定后再进行读数记录,然后移动延伸杆重复进行下一次测试。

5.2.6 采取橡胶皮套局部注水耦合方式进行测试时,测试过程还应符合以下要求:

    a) 测试前应对橡胶皮套进行加压注水试验,以保证皮套内的水压稳定且无气泡;

    b) 测试前应在与钻孔等直径圆管中进行加压注水调试,以保证橡胶皮套膨胀后紧贴孔壁;

    c) 测试时应按调试参数对橡胶皮套进行加压注水,待波形信号稳定后再进行读数记录,然后将皮套注水放出后再移动延伸杆重复进行下一次测试。

5.2.7 测试过程中延伸杆每次移动距离宜为 10 cm 或 20 cm,在出现波速突变的位置,应适当加密。

6 围岩松弛范围计算

6.1 一发双收单孔声波测试法

6.1.1 纵波波速计算

一发双收单孔声波测试法纵波波速计算应采用式(1):

$$V_p = \frac{d}{\Delta t} = \frac{d}{t_1 - t_2} \quad\quad\quad\quad\quad (1)$$

式中:

V_p ——测点处的纵波波速,单位为米每秒(m/s);

d ——仪器默认的两接收探头之间的距离,单位为米(m);

Δt ——尾部接收探头与中央接收探头收到首波信号的时间差,单位为秒(s);

t_1 ——中央接收探头收到首波信号的时间,单位为秒(s);

t_2 ——尾部接收探头收到首波信号的时间,单位为秒(s)。

6.1.2 测点深度计算

测点深度计算应采用式(2):

$$h = l - m + \frac{d}{2} \quad\quad\quad\quad\quad (2)$$

式中:

h ——测点深度,单位为米(m);

l ——测试延伸杆的总长度,单位为米(m);

m ——钻孔外延伸杆的长度,单位为米(m);

d ——仪器默认的两接收探头之间的距离,单位为米(m)。

6.1.3 围岩松弛范围确定

6.1.3.1 根据6.1.1和6.1.2计算获得的纵波波速和测点深度完成绘制V—h关系曲线,并将曲线明显转折点对应的测点深度作为该钻孔位置的围岩松弛分界点。

6.1.3.2 若曲线转折点不明显,则将纵波波速V_i满足式(3)要求的转折点作为该钻孔位置的围岩松弛分界点。

$$V_{i+1} - V_i = \max_{1 \leqslant i \leqslant n}(V_2 - V_1, \cdots, V_{i+1} - V_i, \cdots, V_n - V_{n-1}) \quad \cdots\cdots\cdots\cdots\cdots (3)$$

式中:

V_1 ——距离测试钻孔孔口最近的第1个测点处的纵波波速,单位为米每秒(m/s);

V_2 ——距离测试钻孔孔口最近的第2个测点处的纵波波速,单位为米每秒(m/s);

V_i ——曲线明显转折点测点处的纵波波速,单位为米每秒(m/s);

V_{i+1} ——曲线明显转折点下一测点处的纵波波速,单位为米每秒(m/s);

V_n ——最大深度测点处的纵波波速,单位为米每秒(m/s);

V_{n-1} ——最大深度测点前一测点处的纵波波速,单位为米每秒(m/s)。

6.1.3.3 将小于围岩松弛分界点的测量段作为该钻孔位置的围岩松弛范围。

6.2 一发一收跨孔声波测试法

6.2.1 纵波波速计算

一发一收跨孔声波测试法纵波波速计算应采用式(4):

$$V_p = \frac{D}{T} \quad \cdots\cdots\cdots\cdots\cdots\cdots\cdots\cdots\cdots (4)$$

式中:

V_p ——测点处的纵波波速,单位为米每秒(m/s);

D ——两平行钻孔之间的距离,单位为米(m);

T ——接收探头收到首波信号的时间,单位为秒(s)。

6.2.2 测点深度计算

测点深度计算应采用式(5):

$$h = l - m + n \quad \cdots\cdots\cdots\cdots\cdots\cdots\cdots\cdots (5)$$

式中:

h ——测点深度,单位为米(m);

l ——测试延伸杆的总长度,单位为米(m);

m ——钻孔外延伸杆的长度,单位为米(m);

n ——探头的总长度,单位为米(m)。

6.2.3 围岩松弛范围计算

6.2.3.1 根据6.2.1和6.2.2计算获得的纵波波速和测点深度完成绘制V—h关系曲线,并将曲线明显转折点对应的测点深度作为该钻孔位置的围岩松弛分界点。

6.2.3.2 若曲线转折点不明显,则将纵波波速V_i满足式(3)要求的转折点作为该钻孔位置的围岩松弛分界点。

6.2.3.3 将小于围岩松弛分界点的测量段作为该钻孔位置的围岩松弛范围。

附　录　A

（规范性附录）

围岩松弛声波测定记录表

围岩松弛声波测定记录表，见表 A.1。

表 A.1　围岩松弛声波测定记录表

表单编号：　　　　　　　　　　　　　记录人：　　　　　　　　　　　日期：

工程名称		测试地点		断面编号		钻孔深度/m	
钻孔方位		地质特征描述		测试方法		探头之间的距离/m	
序号	测点深度/m	时差（声时)/s	纵波波速/(m/s)	围岩松弛范围/m		备注	
1							
2							
3							
4							
5							
6							
7							
8							
9							
10							
11							
12							
…							

ICS 73.060.01
CCS D 46

中华人民共和国黄金行业标准

YS/T 3039—2021

金矿充填料力学性能测定方法

Method for mechanical properties determination of the filling
materials in gold mine

2021-05-27 发布

2021-10-01 实施

中华人民共和国工业和信息化部 发布

前　言

本文件按照 GB/T 1.1—2020《标准化工作导则　第 1 部分:标准化文件的结构和起草规则》的规定起草。

请注意本文件的某些内容可能涉及专利。本文件的发布机构不承担识别专利的责任。

本文件由中国黄金协会提出。

本文件由全国黄金标准化技术委员会(SAC/TC 379)归口。

本文件起草单位:山东黄金集团有限公司、中南大学、长春黄金研究院有限公司、山东黄金矿业科技有限公司、南华大学、湖南充填工程技术有限公司、山东工大中能科技有限公司、潍坊市宏鑫机械有限公司。

本文件主要起草人:齐兆军、寇云鹏、马举、刘永、陈秋松、栾松义、严鹏、李广波、吕学清、罗小彦、吴树栋、洪昌寿、曾令义、杨纪光、吴再海、吴攀、盛宇航、宋泽普、王玉亮、桑来发、王鹏。

金矿充填料力学性能测定方法

1 范围

本标准规定了黄金矿山充填料力学性能的测定内容、测定仪器设备、测定步骤、数据处理及管理要求。

本标准适用于黄金矿山充填料力学性能测定。

2 规范性引用文件

下列文件中的内容通过文中的规范性引用而构成本文件必不可少的条款。其中,注日期的引用文件,仅该日期对应的版本适用于本文件;不注日期的引用文件,其最新版本(包括所有的修改单)适用于本文件。

GB/T 1345 水泥细度检验方法 筛析法

GB/T 14684—2011 建设用砂

GB/T 15406 岩土工程仪器基本参数及通用技术条件

GB/T 23561.2 煤和岩石物理力学性质测定方法 第2部分:煤和岩石真密度测定方法

3 术语和定义

下列术语和定义适用于本文件。

3.1

充填料 filling materials

用于采场充填的惰性材料、胶凝材料、改性材料、水及其混合料。

3.2

惰性材料 inert materials

用于采场充填的自身化学性能稳定的原材料,如尾砂、碎石、建筑垃圾等。

3.3

胶凝材料 cementitious materials

在物理、化学作用下,能从浆体变成坚固石状体,并能胶结其他物料,制成有一定机械强度的复合固体的物质。

3.4

改性材料 modified materials

用于改善充填料浆性能、提高充填体质量而添加的外加剂,如絮凝剂、泵送剂、减水剂、早强剂等。

3.5

粒级组成 graded composition

不同粒径的充填料在全部充填料中的质量百分比。

3.6

真密度　true density

试样固相物质的质量与其体积的比值。

3.7

松散堆密度　loose bulk density

自然堆积状态下,试样单位体积(包括开口与闭口孔隙体积及颗粒间空隙体积)的质量。

3.8

空隙率　voidage

试样的空隙体积与其总体积之比。

3.9

含水率　water content

试样烘干至恒量时,失去水分质量与烘干后的干料质量之比。

3.10

泌水率　bleeding rate

充填料浆在静态条件下,析出水量与总用水量的质量之比。

3.11

渗透性　permeability

水从充填料固体颗粒间空隙流过的能力。

3.12

单轴抗压强度　uniaxial compressive strength

充填体试件在单向受压至破坏时,单位面积上所能承受的荷载。

3.13

抗剪强度　shear strength

充填体试件在剪切面上所能承受的最大剪应力。

4　测定内容及要求

4.1　金矿充填料力学性能测定应包括粒级组成测定、密度测定、空隙率测定、含水率测定、泌水率测定、渗透性测定、单轴抗压强度测定、抗剪强度测定。

4.2　粒级组成测定方法按照附录 A 的规定执行。

4.3　密度测定方法按照附录 B 的规定执行。

4.4　空隙率测定方法按照附录 C 的规定执行。

4.5　含水率测定方法按照附录 D 的规定执行。

4.6　泌水率测定方法按照附录 E 的规定执行。

4.7　渗透性测定方法按照附录 F 的规定执行。

4.8　单轴抗压强度测定方法按照附录 G 的规定执行。

4.9　抗剪强度测定方法按照附录 H 的规定执行。

4.10　开展测定前,应编制充填料力学性能测定大纲。大纲宜包括下列内容:

    a)　测定目的;

    b)　仪器设备;

    c)　测定内容;

    d)　测定方法与步骤。

5 管理要求

5.1 技术管理

5.1.1 测定人员应掌握仪器设备的性能、操作方法及技术要求,掌握测定大纲内容和要求,详细了解测定意图和矿山充填料浆的输送特点等,按分工做好测定前的准备工作。

5.1.2 应准确测读、详细记录和描述,发现问题应及时采取措施。

5.1.3 各项测定资料应签名负责,做好资料的保管和归档工作。

5.1.4 仪器设备应定期检修和标定,并有专人管理。

5.2 安全管理

5.2.1 应对测定场地进行合理布置和清扫,清除杂物,合理摆放常用设备和工具。

5.2.2 应对测定场地的用电线路和设备定期进行安全检查和维护。

5.2.3 在测定全过程中,应有专人负责安全管理工作。

附　录　A

（规范性）

粒级组成测定方法

A.1　范围

本附录规定了充填料粒级组成测定方法。

本附录适用于充填料中惰性材料和胶凝材料的粒级组成测定。

A.2　仪器设备

A.2.1　标准筛：规格有 0.250 mm、0.150 mm、0.075 mm、0.045 mm、0.038 mm、0.015 mm 等。

　　注：也可根据试验要求适当增减某一(些)尺寸。

A.2.2　天平：感量 0.01 g，量程大于 1 000 g。

A.2.3　烘箱、干燥器。

A.2.4　激光粒度分析仪。

A.3　试件制备

取代表性试样 1 000 g，将试样放在温度为 105 ℃～110 ℃的烘箱中烘至恒量为止，然后置于干燥器中冷却至室温(20 ℃±2 ℃)备用。

A.4　测定方法与步骤

A.4.1　取试样缩分，称取 200 g，精确至 0.01 g。

A.4.2　对试样粒级进行预判断，粗颗粒占比较多(直径大于 1 mm)时按照 GB/T 1345 规定的筛析法执行。细颗粒占比较多(直径小于 1 mm)时采用激光粒度分析仪进行测定。

A.4.3　采用激光粒度分析仪测定试样时，可根据需要选择干法或者湿法进行测试。

A.4.4　采用手动测试模式，进入测试窗口后，按顺序设置样品信息。

A.4.5　进入测试窗口。确认搅拌转子处于工作状态，调至所需的搅拌速度后，点击开始。仪器会检查样品池注满和脱气情况，然后仪器会先初始化，点击对光。

A.4.6　初始化完成后，点击对光，对光完成后，会进入到背景测试阶段。

A.4.7　背景测试完成后，仪器会提示加入样品，至遮光度范围内，根据设备提示，完成测试。

A.4.8　当测试完成后，页面上显示多次测试的趋势图和数据统计值。测试结果会自动添加到记录列表，选择相应的记录在报告中显示或者打印即可。建议测试完成后按"保存"确认保存一下数据。

A.4.9　测试完成后需及时清洁系统。

A.4.10　全部测定过程结束后，按照换算比例计算样品各粒级产物的含量。

A.5　测定记录

为保证试验结果的准确性，筛分后各粒级产物质量之和与筛分前试样质量的相对差值不应超过

1%,否则该次试验无效。

A.5.1 以筛分后各粒级产物质量之和作为 100%,分别计算各粒级产物的含量(%)。

A.5.2 各粒级产物的含量(%)精确到 0.01%。

A.5.3 将试验结果填入表中,格式参见表 A.1。粒级组成试验记录表应包括送样单位、采样地点、试验日期、样品名称、试验人员、校核人员、试验中观察到的异常情况、仪器设备运行情况等。

表 A.1　粒级组成试验记录表

送样单位:_____　　采样地点:_____　　试验日期:_____

样品名称:_____　　试验人员:_____　　校核人员:_____

筛分方法:_____

粒级 mm	质量 g	含量%	下累计含量%	备注
>0.250				
>0.150~0.250				
>0.075~0.150				
>0.045~0.075				
>0.038~0.045				
≤0.038				

附 录 B

（规范性）

密度测定方法

B.1 范围

本附录规定了充填料真密度和松散堆密度的测定方法。

本附录适用于充填料中惰性材料和胶凝材料的密度测定。

B.2 仪器设备

B.2.1 短颈比重瓶：容积 50 mL 或 100 mL。

B.2.2 天平：感量为 0.01 g。

B.2.3 漏斗、恒温水槽（灵敏度±1 ℃）。

B.2.4 烘箱、干燥器、试样盒。

B.2.5 滴定管：精确度 0.01 mL。

B.2.6 容量筒：容积 1 L。

B.3 试样制备

B.3.1 真密度试样：取适量代表性试样放置于测定瓷皿中，在温度为 105 ℃～110 ℃的烘箱中烘至恒量为止，然后置于干燥器中冷却至室温（20 ℃±2 ℃）备用。烘干时间一般为 6 h～12 h。

B.3.2 松散堆密度试样：取代表性试样 500 g。

B.4 测定方法与步骤

B.4.1 真密度测定按照 GB/T 23561.2 的规定执行。

B.4.2 松散堆密度测定按照 GB/T 14684—2011 中 7.15 的规定执行。

B.4.3 真密度平行测定三次，取算术平均值（平均真密度），计算结果取三位有效数字。若某次测定结果差值超过算术平均值 0.2 g/cm³，则误差大的测定重做。

B.4.4 松散堆密度平行测定三次，取算术平均值（平均松散堆密度），计算结果取三位有效数字。若某次测定结果差值超过算术平均值 0.2 g/cm³，则误差大的测定重做。

B.5 数据处理

B.5.1 真密度计算

按式（B.1）计算测定结果：

$$\rho_t = \frac{M\rho_w}{M+M_1-M_0} \qquad\qquad\cdots\cdots\cdots\cdots\cdots\cdots\cdots（B.1）$$

式中：

ρ_t ——试样真密度,单位为克每立方厘米(g/cm³);

M ——试样质量,单位为克(g);

M_0 ——比重瓶、试样和蒸馏水合重;单位为克(g);

M_1 ——比重瓶和满瓶蒸馏水合重,单位为克(g);

ρ_w ——室温下蒸馏水的密度,单位为克每立方厘米(g/cm³)。

当采用煤油代替蒸馏水进行测定时,则式中的 M_0 改为比重瓶、试样和煤油合重,M_1 改为比重瓶和满瓶煤油合重,蒸馏水的密度 ρ_w 改为煤油的密度 ρ_m(ρ_m 的计算按照 GB/T 23561.2 执行)即可计算测定结果,测定结果记录表见表 B.1 和 B.2。

表 B.1　真密度测定记录表

送样单位:＿＿＿＿＿＿　采样地点:＿＿＿＿＿＿　测定日期:＿＿＿＿＿＿

试样编号:＿＿＿＿＿＿　比重瓶编号:＿＿＿＿＿＿　测定人员:＿＿＿＿＿＿

校核人员:＿＿＿＿＿＿

测定次数	试样质量 M/g	比重瓶及试样和蒸馏水合重 M_1/g	比重瓶和满瓶蒸馏水合重 M_2/g	实验室温度 $t/℃$	室温下蒸馏水密度 $\rho_w/(g/cm^3)$	试样真密度 $\rho_t/(g/cm^3)$	试样平均真密度 $\rho'_t/(g/cm^3)$	备注
1								
2								
3								
……								

采用煤油代替蒸馏水进行测定时,表中蒸馏水改为煤油,蒸馏水密度 ρ_w 改为煤油密度 ρ_m。

表 B.2　松散堆密度测定记录表

送样单位:＿＿＿＿＿＿　采样地点:＿＿＿＿＿＿　测定日期:＿＿＿＿＿＿

试样编号:＿＿＿＿＿＿　容量筒编号:＿＿＿＿＿＿　测定人员:＿＿＿＿＿＿

校核人员:＿＿＿＿＿＿

测定次数	容量筒容积 V/L	容量筒质量 G_1/g	容量筒与试样总质量 G_2/g	实验室温度 $t/℃$	试样松散堆密度 $\rho_b/(g/cm^3)$	试样平均松散堆密度 $\rho'_b/(g/cm^3)$	备注
1							
2							
3							
……							

B.5.2　松散堆密度计算

按式(B.2)计算:

$$\rho_b = \frac{G_2 - G_1}{V} \quad\quad\quad\quad (B.2)$$

式中:

ρ_b ——松散堆密度,单位为克每立方厘米(g/cm³);

G_2 ——容量筒与试样总质量,单位为克(g);

G_1 ——容量筒质量,单位为克(g);

V ——容量筒容积,单位为升(L)。

B.6 测定记录

真密度测定记录应包括送样单位、采样地点、测定日期、试样编号、比重瓶编号、试样质量、比重瓶及试样和蒸馏水合重、比重瓶和满瓶蒸馏水合重、实验室温度、室温下蒸馏水密度、试样真密度、试样平均真密度、测定人员、校核人员等。

松散堆密度测定记录应包括送样单位、采样地点、测定日期、试样编号、容量筒容积、容量筒与试样总质量、容量筒质量、实验室温度、试样松散堆密度、试样平均松散堆密度、测定人员、校核人员等。

附　录　C

（规范性）

空隙率测定方法

C.1　范围

本附录规定了充填料空隙率测定方法。

本附录适用于充填料中惰性材料和胶凝材料空隙率测定。

C.2　测定方法

按照附录 B 测定真密度和松散堆密度。

C.3　数据处理

按式(C.1)空隙率计算方法计算试样的空隙率 ω：

$$\omega = \left(1 - \frac{\rho_b}{\rho_t}\right) \times 100\% \quad\quad\quad\quad\quad\quad\quad\quad\quad\quad\quad\quad (C.1)$$

式中：

ρ_t——试样真密度，单位为克每立方厘米(g/cm^3)，按附录 B 进行测定；

ρ_b——试样松散堆密度，单位为克每立方厘米(g/cm^3)，按附录 B 进行测定。

C.4　测定记录

空隙率测定记录应包括送样单位、采样地点、测定日期、样品名称、测定人员、校核人员、试样编号、试样真密度、试样松散堆密度、试样空隙率等,格式见表 C.1。

表 C.1　空隙率测定记录表

送样单位：_____　　采样地点：_____　　测定日期：_____

样品名称：_____　　测定人员：_____　　校核人员：_____

试样编号	空隙率		
	试样真密度/ $\rho_t/(g/cm^3)$	试样松散堆密度/ $\rho_b/(g/cm^3)$	试样空隙率 $\omega/\%$

附　录　D

（规范性）

含水率测定方法

D.1　范围

本附录规定了充填料含水率测定方法。

本附录适用于充填料中惰性材料和料浆的含水率测定。

D.2　仪器设备

D.2.1　天平：感量 0.01 g。

D.2.2　烘箱，干燥器。

D.2.3　带盖的试样盒。

D.3　测定方法与步骤

D.3.1　先用天平称量试样盒质量（m_3），精确至 0.01 g。

D.3.2　取有代表性试样 100 g，放入已称好质量的试样盒内，立即盖上试样盒盖，称试样和试样盒总质量（m_4），精确至 0.01 g。

D.3.3　打开试样盒盖，将试样和试样盒放入恒温烘箱内，在温度 105 ℃～110 ℃ 的恒温下烘干至恒重。

D.3.4　将烘干后的试样和试样盒取出，放入干燥器内冷却至室温，冷却后盖好试样盒盖，称试样和试样盒的质量（m_5），精确至 0.01 g。

D.3.5　测定时，从每批充填料中取一个试样，平行测定三次，取算术平均值，精确至 0.1%。

D.3.6　若某次测定结果差值超过算术平均值的 15%，则误差大于 15% 的测定重做。

D.4　数据处理

按式（D.1）计算试样含水率 ω_1，数值以% 表示，精确至 0.1%：

$$\omega_1 = \frac{m_4 - m_5}{m_5 - m_3} \times 100\% \qquad\qquad\qquad (D.1)$$

式中：

m_3——试样盒质量，单位为克（g）；

m_4——试样烘干前质量与试样盒质量之和，单位为克（g）；

m_5——试样烘干后质量与试样盒质量之和，单位为克（g）。

D.5　测定记录

含水率测定记录应包括送样单位、采样地点、测定日期、样品名称、测定人员、校核人员、试样编号、试样盒质量、试样烘干前质量与试样盒质量之和、试样烘干后质量与试样盒质量之和、含水率等，格式见表 D.1。

表 D.1 含水率测定记录表

送样单位：_____　　采样地点：_____　　测定日期：_____

样品名称：_____　　测定人员：_____　　校核人员：_____

试样编号	试样盒质量 m_3/g	试样烘干前质量与试样盒质量之和 m_4/g	试样烘干后质量与试样盒质量之和 m_5/g	含水率 ω_1/%	备注

附 录 E
（规范性）
泌水率测定方法

E.1 范围

本附录规定了充填料泌水率测定方法。

本附录适用于充填料料浆泌水率测定。

E.2 仪器设备

E.2.1 天平，感量 0.01 g。

E.2.2 带盖量筒（容积 1 L）。

E.2.3 时钟，刮板。

E.2.4 吸液管、湿布、滤纸等。

E.3 测定方法与步骤

E.3.1 取代表性充填料浆试样 1 L，用湿布湿润带盖量筒后，将充填料浆盛入 1 L 带盖量筒内。

E.3.2 用刮板清理容器，量筒加盖防止水分蒸发。

E.3.3 将盛入试样的量筒置于水平静止的平台上，自盛入料浆开始计时，每隔 8 h 观察量筒，用吸液管吸出上清液一次，直至 48 h，待液体层厚度低于 1 mm 时用滤纸吸水至无泌水为止。

E.3.4 每次吸水时，观察泌水透明度，注意吸水速度，不能将砂粒或混浊水吸入吸液管中。吸水后，将筒轻轻放平盖好，将每次吸出的水注入另一带盖量筒中。称量吸水前后滤纸的质量，计算得到总泌水量，精确至 1 g。

E.3.5 测定时，从每批充填料中取一个试样，平行测定三次，取算术平均值，精确至 0.1%。

E.3.6 若某次测定结果差值超过算术平均值 15%，则误差大于 15% 的测定重做。

E.4 数据处理

按式（E.1）和式（E.2）计算试样泌水率 B，数值以 % 表示，精确至 0.1%：

$$B = \frac{V_w}{(W/G)G_w} \times 100\% \qquad\qquad\qquad\cdots\cdots\cdots\cdots\cdots（E.1）$$

$$G_w = G_m - G_0 \qquad\qquad\qquad\cdots\cdots\cdots\cdots\cdots（E.2）$$

式中：

V_w——充填料浆试样泌水总质量，单位为克（g）；

W——充填料浆总用水量，单位为克（g）；

G——充填料浆总质量，单位为克（g）；

G_w——充填料浆试样质量，单位为克（g）；

G_0——带盖筒的质量，单位为克（g）；

G_m——充填料浆试样和带盖筒质量之和，单位为克（g）。

E.5 测定记录

泌水率测定记录应包括送样单位、采样地点、测定日期、样品名称、测定人员、校核人员、试件编号、充填料浆试样泌水总质量、充填料浆总用水量、充填料浆总质量、带盖量筒质量、充填料浆试样和带盖量筒质量之和、泌水率等,格式见表 E.1。

表 E.1 泌水率测定记录表

送样单位:＿＿＿＿＿＿＿＿＿＿　　采样地点:＿＿＿＿＿＿＿＿＿＿　　测定日期:＿＿＿＿＿＿＿＿＿＿

样品名称:＿＿＿＿＿＿＿＿＿＿　　测定人员:＿＿＿＿＿＿＿＿＿＿　　校核人员:＿＿＿＿＿＿＿＿＿＿

试件编号	充填料浆试样泌水总质量 V_w/g	充填料浆总用水量 W/g	充填料浆总质量 G/g	带盖量筒质量 G_0/g	充填料浆试样和带盖量筒质量之和 G_m/g	泌水率 B/%	备注

附　录　F

（规范性）

渗透性测定方法

F.1　范围

本附录规定了充填料渗透性测定方法。

本附录适用于充填料中惰性材料渗透性测定。

F.2　仪器设备

F.2.1　卡敏斯基管,高约 230 mm～250 mm,直径 30 mm～40 mm 的玻璃管,见图 F.1。自管底向上 200 mm 有刻度(单位为 10 mm),管底蒙有纱布或金属网。

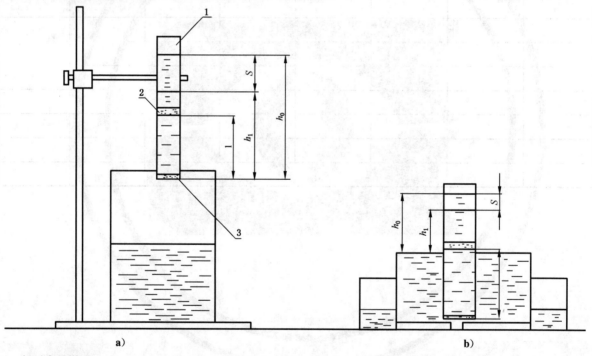

标引序号说明:

1——卡敏斯基管;

2——细砂层;

3——金属网上厚约 10 mm 的粗粒砂层。

图 F.1　卡敏斯基管渗透性测定布置图

F.2.2　玻璃杯,高约 100 mm,直径 80 mm～100 mm。

F.2.3　玻璃水槽,高 150 mm～200 mm,直径 80 mm～100 mm。

F.2.4　水盆,平底直径大于 200 mm。

F.2.5　秒表、支架、温度计及金属栅格等。

F.3 测定方法与步骤

F.3.1 将卡敏斯基管直立于水槽中,在管底金属网上铺一层厚约 10 mm 的粗粒砂层,用锤轻轻捣实。

F.3.2 装填具有代表性的试样,试样分层装填,每层厚 20 mm～30 mm,用锤轻轻捣实后,慢慢地将水注入水槽中,使管内试样吸水饱和(槽内水面不应超过试样表面)。

F.3.3 层层装填并浸湿饱和,直至试样总高度达 100 mm。再在试样上铺一层 10 mm～20 mm 厚的细砂层。

F.3.4 向槽内注水,使水面高出管内试样顶面 10 mm～20 mm。

F.3.5 管内与槽中水面齐平时,将水由上部注入管内并使水面高出"0"点刻度 10 mm～20 mm,此时立即将管由水槽中提出,并固定在支架上[见图 F.1a)]。

F.3.6 测定的试样颗粒较粗,将管自水槽中取出后需迅速放在高约 100 mm 盛满水的玻璃杯中,杯底放一块金属栅格以便管中的水能顺利地排至杯内[(见图 F.1b)]。

F.3.7 计算开始测试的水头应为从刻度"0"到玻璃杯缘溢流水面的高度。

F.3.8 测试时观察管中水面下降到"0"时开动秒表,记录水面下降 S 距离所需时间,同时记录水温(准确至 0.5 ℃)。

F.3.9 重复测定 3 次(注意测定过程中防止试样中有空气进入,管中不能断水)。

F.4 数据处理

按式(F.1)计算水温 T ℃时试样的渗透系数 K_T:

$$K_T = 2.3 \frac{l}{t} \log \frac{h_0}{h_1} \quad\cdots\cdots\cdots\cdots\cdots(F.1)$$

式中:
K_T——渗透系数,单位为毫米/小时(mm/h);
l ——试样高度,单位为毫米(mm);
t ——管内水面由 h_0 降至 h_1 所需时间,单位为小时(h);
h_0 ——测定开始时水面高度,单位为毫米(mm);
h_1 ——测定终了时水面高度,单位为毫米(mm)。

上式可简化为式(F.2):

$$K_T = \frac{l}{t} f\left(\frac{h_0 - h_1}{h_0}\right) = \frac{l}{t} f\left(\frac{S}{h_0}\right) \quad\cdots\cdots\cdots\cdots\cdots(F.2)$$

式中:
S——管中水面在时间 t 小时内下降的距离,单位为毫米(mm)。

$f\left(\frac{S}{h_0}\right)$ 数值可在表 F.1 中查知。

按式(F.3)计算水温为 10 ℃时的渗透系数 K_{10}:

$$K_{10} = \frac{K_T}{0.7 + 0.03T} \quad\cdots\cdots\cdots\cdots\cdots(F.3)$$

式中:
K_T——水温为 t℃时的渗透系数,单位为毫米每小时(cm/h);
T ——水的温度,单位为摄氏度(℃)。

表 F.1 S/h_0 与 $f(S/h_0)$ 关系数值表

S/h_0	$f(S/h_0)$	S/h_0	$f(S/h_0)$	S/h_0	$f(S/h_0)$	S/h_0	$f(S/h_0)$	S/h_0	$f(S/h_0)$
0.01	0.010	0.21	0.236	0.41	0.527	0.61	0.941	0.81	1.661
0.02	0.020	0.22	0.248	0.42	0.545	0.62	0.957	0.82	1.715
0.03	0.030	0.23	0.261	0.43	0.562	0.63	0.994	0.83	1.771
0.04	0.040	0.24	0.274	0.44	0.580	0.64	1.022	0.84	1.838
0.05	0.051	0.25	0.288	0.45	0.598	0.65	1.050	0.85	1.897
0.06	0.062	0.26	0.301	0.46	0.516	0.66	1.079	0.86	1.966
0.07	0.073	0.27	0.315	0.47	0.635	0.67	1.109	0.87	2.040
0.08	0.083	0.28	0.329	0.48	0.654	0.68	1.140	0.88	2.120
0.09	0.094	0.29	0.346	0.49	0.673	0.69	1.172	0.89	2.207
0.10	0.105	0.30	0.357	0.50	0.693	0.70	1.204	0.90	2.303
0.11	0.117	0.31	0.371	0.51	0.713	0.71	1.238	0.91	2.408
0.12	0.128	0.32	0.385	0.52	0.734	0.72	1.273	0.92	2.526
0.13	0.139	0.33	0.400	0.53	0.755	0.73	1.309	0.93	2.659
0.14	0.151	0.34	0.416	0.54	0.777	0.74	1.347	0.94	2.813
0.15	0.163	0.35	0.431	0.55	0.799	0.75	1.386	0.95	2.996
0.16	0.174	0.36	0.446	0.56	0.821	0.76	0.427	0.96	3.219
0.17	0.186	0.37	0.462	0.57	0.844	0.77	1.476	0.97	3.507
0.18	0.196	0.38	0.478	0.58	0.868	0.78	1.514	0.98	3.912
0.19	0.210	0.39	0.494	0.59	0.892	0.79	1.561	0.99	4.605
0.20	0.223	0.40	0.510	0.60	0.916	0.80	1.609	1.00	∞

F.5 测定记录

渗透性测定记录应包括送样单位、采样地点、测定日期、样品名称、测定人员、校核人员、试样高度、管内水面由 h_0 降至 h_1 所需时间、测定开始时水面高度、测定终了时水面高度、渗透系数等,格式见表 F.2。

表 F.2 渗透性测定记录表

送样单位:＿＿＿＿＿＿＿＿＿　　采样地点:＿＿＿＿＿＿＿＿＿　　测定日期:＿＿＿＿＿＿＿＿＿

样品名称:＿＿＿＿＿＿＿＿＿　　测定人员:＿＿＿＿＿＿＿＿＿　　校核人员:＿＿＿＿＿＿＿＿＿

序号	试样高度 l/cm	管内水面由 h_0 降至 h_1 所需时间 t/h	测定开始时水面高度 h_0/cm	测定终了时水面高度 h_1/cm	渗透系数 $K_T/(\mathrm{cm/h})$	备注

附 录 G

（规范性）

单轴抗压强度测定

G.1 范围

本附录规定了充填体试样单轴抗压强度的测定方法。

本附录适用于充填体试样单轴抗压强度的测定。

G.2 仪器设备

G.2.1 小型搅拌机、压力测定机或万能测定机。

G.2.2 天平、试模、烘箱、量杯或量筒。

G.2.3 混凝土养护箱等。

G.2.4 大小量程的电子秤。

G.2.5 游标卡尺：精度值 0.1 mm。

G.3 试件制备

G.3.1 根据配比要求，将所需胶凝材料、尾砂、水准备好，将电子称等各种测定器材调至最佳状态。

G.3.2 试件制作采用立方体形，试模尺寸为 70.7 mm×70.7 mm×70.7 mm，为便于拆模，事先在模具内涂抹一层润滑油或机油。

G.3.3 根据配比要求称量充填料，胶凝材料、添加剂用小量程电子秤称量，尾砂等用大量程电子秤称量，水用量杯或量筒称量。

G.3.4 将称量好的充填料（胶凝材料、尾砂、添加剂等）倒入混合容器，充分搅拌均匀，根据质量浓度要求，将所需水倒入混合均匀的充填料中，强力搅拌形成均匀料浆。

G.3.5 按照测定要求，将搅拌好的料浆注入标准试模，为保证试样浇注过程中料浆不发生沉淀，采用边搅拌边注模的浇注方式。

G.3.6 模具浇注满后，让其自然沉降，待初凝后（一般为 8 h 后），将试件刮平，试件初步自立后（一般为 1 d～2 d 后），进行脱模处理。

G.3.7 将试件编号，整理好模具，以便进行下一组测定。

G.3.8 脱模后试件在养护箱内进行养护，养护箱温度 20 ℃、湿度 90%。如果天气温度较高，实验室内还需配置降温、除湿设备。

G.4 测定方法与步骤

G.4.1 用游标卡尺量取立方体试件顶面和底面边长，以面上相互平行的边长的算术平均值计算其承压面积，精确至 0.1 mm。

G.4.2 按试件强度性质，选定合适的压力机。将试件置于压力机承压板中央，对正上、下承压板，不得偏心。

G.4.3 以力控制的方式（一般加载速率为 2.4 kN/s）或位移控制的方式（一般加载速率为 1 mm/min）

进行加载直至破坏,记录破坏荷载及加载过程中出现的现象。抗压试件测定的最大荷载记录以 N 为单位,精度为 1%。

G.4.4 单轴抗压强度测定结果应同时列出每个试件的测定值及同组 3 个～5 个试件单轴抗压强度的平均值。

G.5 数据处理

按式(G.1)计算试件抗压强度 R:

$$R = \frac{P}{A} \quad\quad\quad\quad\quad\quad\cdots\cdots\cdots\cdots\cdots\cdots\cdots\cdots\cdots\cdots(\text{G.1})$$

式中:

R ——试件抗压强度,单位为兆帕(MPa);

P ——试件破坏时荷载,单位为牛顿(N);

A ——试件截面积,单位为平方毫米(mm^2)。

G.6 测定记录

单轴抗压强度测定记录应包括送样单位、采样地点、测定日期、样品名称、测定人员、校核人员、灰砂比、重量浓度、试件尺寸、试件各龄期强度等,格式见表 G.1。

表 G.1 试件抗压强度测定记录表

送样单位:_____   采样地点:_____   测定日期:_____
样品名称:_____   测定人员:_____   校核人员:_____

序号	灰砂比	重量浓度	试件尺寸	试件各龄期强度		
				3 d	7 d	28 d

附　录　H

（规范性）

抗剪强度测定

H.1　范围

本附录规定了充填体试样抗剪强度的测定方法。

本附录适用于充填体试样抗剪强度的测定。

H.2　仪器设备

H.2.1　应变控制式直剪仪,其技术条件应符合 GB/T 15406 的规定。

H.2.2　游标卡尺:精度为 0.1 mm。

H.2.3　位移传感器或位移计(百分表):量程 5 mm～10 mm,分度值 0.01 mm。

H.2.4　试模、烘箱、量杯或量筒。

H.2.5　混凝土养护箱等。

H.2.6　大小量程的电子秤。

H.3　试件制备

H.3.1　根据配比要求,将所需胶凝材料、尾砂、水准备好,将电子秤等各种测定器材调至最佳状态。

H.3.2　试件制作根据所用试验装置的不同制作与之匹配的尺寸。

H.3.3　根据配比要求称量充填料,胶凝材料、添加剂用小量程电子秤称量,尾砂等用大量程电子秤称量,水用量杯或量筒称量。

H.3.4　将称量好的充填料(胶凝材料、尾砂、添加剂等)倒入混合容器,充分搅拌均匀,根据质量浓度要求,将所需水倒入混合均匀的充填料中,强力搅拌形成均匀充填料浆。

H.3.5　按照测定要求,将搅拌好的料浆注入标准试模,为保证试样浇筑过程中,料浆不发生沉淀,采用边搅拌边注模的浇注方式。

H.3.6　模具浇注满后,让其自然沉降,待初凝后(一般为 8 h 后),将试件刮平,试件初步自立后(一般为 1 d～2 d 后),进行脱模处理。

H.3.7　将试件编号,整理好模具,以便进行下一组测定。

H.3.8　脱模后试件在养护箱内进行养护,养护箱温度 20 ℃、湿度 90%。如果天气温度较高,实验室内还需配置降温、除湿设备。

H.4　测定方法与步骤

H.4.1　用游标卡尺量取方块试件顶面和底面边长或圆柱形试件直径和高度,方块试件以面上相互平行的边长的算术平均值计算其承压面积或圆柱形试件计算圆形底面承压面积,精确至 0.1 mm。

H.4.2　将试件置于直剪仪上,试件的受剪方向应与现场的受力方向大致相同。经论证后,确认剪切参数不受施力方向影响时,可不受此限制。

H.4.3　施加法向荷载测定包括以下内容。

a) 在每个试件上分别施加不同的法向载荷,对应的最大法向应力值不宜小于预定的法向应力。各试件的法向载荷,宜根据最大法向载荷等分确定。

b) 在施加法向载荷前,应测读各法向位移测表的初始值。应每 10 min 测读一次,各个测表三次读数差值不超过 0.02 mm 时,可施加法向载荷。

c) 对于不需要固结的试件,法向载荷可一次施加完毕;法向载荷施加完毕后,应测读法向位移,5 min 后应再测读一次,即可施加剪切载荷。

d) 对于需要固结的试件,在法向载荷施加至预定值后的第 1 h 内,应每隔 15 min 读数一次;然后每 30 min 读数一次。当各个测表每小时法向位移不超过 0.05 mm 时,应视作固结稳定,即可施加剪切载荷。

e) 在剪切过程中,应使法向载荷始终保持恒定。

H.4.4 剪切速率测定应符合以下内容。

a) 待试样固结稳定后进行剪切。剪切速率应小于 0.02 mm/min。

b) 试件破坏后,应继续施加剪切位移,直至测出趋于稳定的剪切载荷值为止。

H.5 数据处理

H.5.1 试样的剪切应力应按式(H.1)计算:

$$\tau = \frac{CR}{A_0} \qquad\qquad\cdots\cdots\cdots\cdots\cdots\cdots\cdots\cdots(\text{H.1})$$

式中:

τ ——剪应力,单位为兆帕(MPa);

C ——测力计率定系数,单位为牛顿每毫米(N/mm);

R ——测力计读数,单位为毫米(mm);

A_0——试样初始面积,单位为平方毫米(mm^2)。

H.5.2 以剪应力为纵坐标,剪切位移为横坐标,绘制剪应力 τ 与剪切位移 ΔL 关系曲线。

H.5.3 选取剪应力 τ 与剪切位移 ΔL 关系曲线上的峰值点或稳定值作为抗剪强度 τ_n。

H.5.4 以抗剪强度 τ_n 为纵坐标,垂直压力 p 为横坐标,绘制抗剪强度 ΔL 与垂直压力 p 的关系曲线。根据图上各点,绘制一视测的直线。直线的倾角为试件的内摩擦角 ϕ,直线在纵坐标轴上的截距为试件的黏聚力 c。

H.6 测定记录

抗剪强度测定记录应包括送样单位、采样地点、测定日期、样品名称、测定人员、校核人员、灰砂比、重量浓度、试件尺寸、试件各龄期强度、试件初始面积、黏聚力及内摩擦角等,格式见表 H.1。

表 H.1 试件抗剪强度测定记录表

送样单位：_____ 采样地点：_____ 测定日期：_____
样品名称：_____ 测定人员：_____ 校核人员：_____

序号	灰砂比	重量浓度	试件尺寸	试件各龄期强度			初始面积	黏聚力	内摩擦角
				3 d	7 d	28 d			

ICS 73.060.01
CCS D 46

中华人民共和国黄金行业标准

YS/T 3040—2021

金矿全尾砂充填环管测定技术规范

Technical specification for loop tube determination of the full tailings

filling in gold mine

2021-05-27 发布
2021-10-01 实施

中华人民共和国工业和信息化部　发布

前　　言

本文件按照 GB/T 1.1—2020《标准化工作导则　第 1 部分:标准化文件的结构和起草规则》的规定起草。

请注意本文件的某些内容可能涉及专利。本文件的发布机构不承担识别专利的责任。

本文件由中国黄金协会提出。

本文件由全国黄金标准化技术委员会(SAC/TC 379)归口。

本文件起草单位:山东黄金集团有限公司、中南大学、长春黄金研究院有限公司、山东黄金矿业科技有限公司、南华大学、湖南充填工程技术有限公司、山东工大中能科技有限公司、潍坊市宏鑫机械有限公司。

本文件主要起草人:齐兆军、寇云鹏、赵国彦、刘永、陈秋松、栾松义、严鹏、李广波、吕学清、洪昌寿、杨秀锟、马贺、曾令义、朱庚杰、荆晓东、李洋、郭加仁、栾黎明、王增加、张军童、王鹏。

引　言

金矿全尾砂充填管道输送时,除了固态充填料和液态水外,还伴随有空气等气体,形成固、液、气三相复合流动体,其运动状态复杂,流态不稳定,难以借助理论方法计算获得充填系统设计建设及充填质量控制所需的质量浓度、流速和压力等参数。金矿全尾砂充填环管测定技术规范,依据矿山取样配制的充填料浆,通过全尾砂充填环管测试系统,测得料浆输送实际流变性能参数。在确保试验系统仪表精度的前提下,通过收集充填管道输送试验真实数据,能够较准确地获得充填料浆三相流浓度、流速与运动阻力值及其规律,对矿山充填系统建设与充填质量控制具有重要工程价值与实际意义。

金矿全尾砂充填环管测定技术规范

1 范围

本标准规定了金矿全尾砂充填环管测试系统构成、仪器设备、管路布置、试验步骤、数据采集与计算。

本标准适用于金矿全尾砂充填环管试验及充填料浆输送质量浓度、流速和压力等参数的环管测定分析。

2 规范性引用文件

下列文件中的内容通过文中的规范性引用而构成本文件必不可少的条款。其中,注日期的引用文件,仅该日期对应的版本适用于本文件;不注日期的引用文件,其最新版本(包括所有的修改单)适用于本文件。

GB/T 9142 混凝土搅拌机

GB/T 13333 混凝土泵

GB/T 32543 建筑施工机械与设备 混凝土输送管 连接型式和安全要求

JB/T 6170 压力传感器

3 术语及定义

下列术语和定义适用于本文件。

3.1

金矿全尾砂 gold mines full tailings

金矿石经细磨选矿排出后未经分选的全粒级尾砂。

3.2

质量浓度 slurry concentration

充填料浆中固体物料的质量占比。

3.3

环管试验系统 looping pipe experiment system

通过在环形管路上布置流量计、压力计、浓度计等,依靠输送泵输送,测定不同浓度、流量时充填料浆管道输送流态参数的试验系统。

3.4

流量计 flow meter

一种测量管路内料浆流量的仪器。

3.5

压力计 pressure meter

一种测量管路内料浆压力的仪器。

3.6

浓度计 concentration meter

一种测量管路内料浆浓度的仪器。

3.7

搅拌机 mixer

一种金矿全尾砂充填料浆搅拌设备。

3.8

输送泵 transport pump

一种为料浆输送提供动力的机械设备。

4 系统构成

环管试验系统由制浆、输送、测量三部分构成。环管试验系统应由搅拌设备、输送设备、输送管路、压力计、流量计及浓度计等组成,安装位置根据试验需要进行布置,其系统构成见图1。

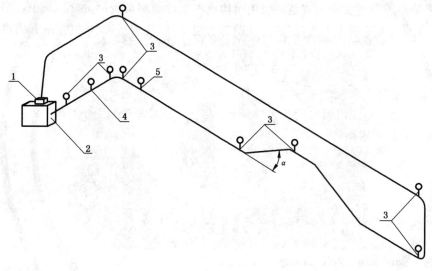

标引序号说明:

1——搅拌设备;

2——输送设备;

3——压力计;

4——浓度计;

5——流量计。

图 1 环管试验系统构成示意图

5 仪器设备及技术要求

5.1 流量计

5.1.1 流量计应安装在通风干燥处,工作环境温度宜在-10 ℃～+60 ℃之间,相对湿度宜小于85%。

5.1.2 当环境温度低于-10 ℃时,应对流量计采取适当保温措施。当环境温度高于+60 ℃时,应采取适当降温措施。

5.1.3 流量计量程应为环管系统设计最大料浆流量的1.5倍,测量精度不应低于1%。

5.2 压力计

5.2.1 压力计应符合 JB/T 6170 的规定。

5.2.2 压力计工作环境温度宜在-10 ℃~+60 ℃之间。

5.2.3 当环境温度低于-10 ℃时,应对压力计采取适当保温措施。当环境温度高于+60 ℃时,应采取适当降温措施。

5.2.4 压力计量程应为环管系统设计最高工作压力的 1.5 倍,测量精度不应低于 1%。

5.3 浓度计

5.3.1 浓度计工作环境温度宜在-10 ℃~+60 ℃之间,相对湿度宜小于 85%。

5.3.2 当环境温度低于-10 ℃时,应对浓度计采取适当保温措施。当环境温度高于+60 ℃时,应采取适当降温措施。

5.3.3 浓度计量程应为环管系统设计最大料浆浓度的 1.5 倍,测量精度不应低于 1%。

5.4 搅拌机

5.4.1 搅拌机应符合 GB/T 9142 的规定。

5.4.2 搅拌机应具有准确计量的供水系统。

5.4.3 搅拌机应接地良好,设置有电源切断和急停开关。

5.4.4 搅拌机应有安全保护装置,防止异常工况造成的设备损伤。

5.5 输送泵

5.5.1 输送泵应符合 GB/T 13333 的规定。

5.5.2 输送泵工作环境温度宜在-10 ℃~+60 ℃之间。

5.5.3 输送泵泵送料浆塌落度不宜小于 180 mm。

5.5.4 输送泵供电电压波动范围不应大于额定电压±10%,频率波动范围不应大于额定频率±2%。

5.5.5 输送泵流量调节能力应满足环管系统设计要求,泵送能力不应低于环管系统设计最大流量的 1.5 倍。

5.5.6 输送泵应接地良好,设置有电源切断和急停开关。

5.5.7 输送泵应有安全保护装置,防止异常工况造成的设备损伤。

6 管路布置及技术要求

6.1 管路工作环境温度宜在-10 ℃~+60 ℃之间。

6.2 当环境温度低于-10 ℃时,应对管路采取适当保温措施。当环境温度高于+60 ℃时,应采取适当降温措施。

6.3 管路工作压力范围应符合 GB/T 32543 的规定。

6.4 管路材质应根据矿山实际需要选择,宜选择无缝钢管、聚乙烯复合管、耐磨陶瓷管和高分子耐磨管。

6.5 管路应根据实际需要布置,包括直管、弯管、变径管的水平、倾斜和垂直布置。

6.6 管路宜采用快速接头和管卡进行联接。

7 试验步骤

7.1 按照充填配比准备足量充填物料。

7.2 对系统设备进行全面检查,确认无故障后,加入润管水,启动系统设备,并检查输送管路中有无杂物。

7.3 检测系统密闭性、仪器可靠性以及输送泵对流量的调节能力。

7.4 将物料加入搅拌设备搅拌均匀,料浆流经整个管路后,返回至搅拌设备,循环时间不应小于10 min。

7.5 待料浆状态稳定后开始各项测定工作。

7.6 发生管路堵塞,应先停止设备并迅速查明堵塞位置,疏通管路后冲洗干净管路。

7.7 试验完成后,应反复清洗设备和管路,直至系统中料浆排净。

8 数据采集与计算

8.1 质量浓度

8.1.1 系统运行稳定后,分别读取测试位置的浓度计读数,等时间隔读取 3 个数值,读数间隔时间不应小于 10 s,计算 3 个数值的算术平均值作为质量浓度大小。

8.1.2 质量浓度数据按照表 1 进行记录。

表 1 质量浓度记录表

序号	测试位置	物料名称及配比	质量浓度 %	浓度计读数 kg/m³	平均值 kg/m³	误差率 %
1						
2						
3						
1						
2						
3						
1						
2						
3						

8.2 流量

8.2.1 系统运行稳定后,分别读取测试位置的流量计读数,等时间隔读取 3 个数值,读数间隔时间不应小于 10 s,计算 3 个数值的算术平均值作为流量大小。

8.2.2 流量数据按照表 2 进行记录,流速按式(1)计算:

$$v = Q/3\ 600S \qquad\qquad\cdots\cdots\cdots\cdots\cdots\cdots\cdots(1)$$

式中:

v ——流速,单位为米每秒(m/s);

Q——流量计读数,单位为立方米每小时(m^3/h);

S——管段截面积,单位为平方米(m^2)。

表 2　流量记录表

序号	测试位置	物料名称 及配比	流量计读数 m^3/h	平均值 m^3/h	流速 m/s	误差率 %
1						
2						
3						
1						
2						
3						
1						
2						
3						

8.3　压力

8.3.1　系统运行稳定后,分别读取测试位置的压力计读数,与流量同时读取,等时间隔读取 3 个数值,读数间隔时间不应小于 10 s,计算 3 个数值的算术平均值作为压力大小。

8.3.2　压力数据按照表 3 进行记录,压差按式(2)计算:

$$\Delta p = p_{\mathrm{I}} - p_{\mathrm{II}} \qquad\qquad\qquad\qquad\qquad (2)$$

式中:

Δp——管段两端压力差值,单位为帕(Pa);

p_{I}——管段高压端压力值,单位为帕(Pa);

p_{II}——管段低压端压力值,单位为帕(Pa)。

表 3　压力记录表

序号	测试位置	物料名称 及配比	压力计读数/Pa		压差/Pa	高低压端 管道长度/m	阻力损失/ (Pa/m)	阻力损失算术 平均值/(Pa/m)	误差率/%
			高压端	低压端					
1									
2									
3									
1									
2									
3									
1									
2									
3									

水平直管阻力损失按式(3)计算：

$$j_m = \Delta p / l \qquad \cdots\cdots\cdots\cdots\cdots\cdots\cdots (3)$$

式中：

j_m ——管段阻力损失，单位为帕每米(Pa/m)；

l ——管段高压端与低压端之间的长度，单位为米(m)。

倾斜管及立管阻力损失按式(4)计算：

$$j_m = \Delta p / l + \rho g \sin\alpha \qquad \cdots\cdots\cdots\cdots\cdots\cdots\cdots (4)$$

式中：

ρ ——料浆密度，单位为千克每立方米(kg/m³)；

g ——重力加速度，单位为米每二次方秒(m/s²)；

α ——管段倾斜角度(管段向上倾斜及垂直上行时 α 为正角，管段向下倾斜及垂直下行时 α 为负角)，单位为度(°)。

弯头阻力损失按式(5)计算：

$$j_m = \Delta p / l_R \qquad \cdots\cdots\cdots\cdots\cdots\cdots\cdots (5)$$

式中：

l_R ——弯头的几何长度，单位为米(m)。

五、选冶标准

ICS 73.060.99
H 60

中华人民共和国黄金行业标准

YS/T 3006—2011

含金物料氰化浸出锌粉置换提金工艺
理论回收率计算方法

Calculation methods of gold recovery rate
of cyanide leaching and zinc dust precipitation

2011-12-20 发布
2012-07-01 实施

中华人民共和国工业和信息化部　　发 布

前　言

YS/T 3006—2011《含金物料氰化浸出锌粉置换提金工艺理论回收率计算方法》按照 GB/T 1.1—2009 给出的规则起草。

本标准由中国黄金协会提出。

本标准由全国黄金标准化技术委员会(SAC/TC 379)归口。

本标准由长春黄金研究院负责起草,紫金矿业集团股份有限公司、辽宁天利金业有限责任公司参加起草。

本标准参加人员:赵明福、郑晔、李四德、廖元杭、具滋范、韩晓光、赵俊蔚、申开榜。

含金物料氰化浸出锌粉置换提金工艺
理论回收率计算方法

1 范围

本标准规定了含金物料氰化浸出锌粉置换提金工艺过程理论回收率计算方法。

本标准适用于金矿石、浮选金精矿，或金矿石、浮选金精矿经焙烧、生物氧化及其他工艺预处理后氰化浸出锌粉置换提金工艺过程。

2 术语和定义

下列术语和定义适用于本标准。

2.1

氰原 gold-bearing material（gold ore or gold concentrates）before cyanide leaching

进入氰化浸出作业前的含金物料，在本标准中指直接氰化的金矿石、浮选金精矿，或金矿石、浮选金精矿经焙烧、生物氧化及其他工艺预处理后得到的含金物料。

2.2

氰化浸出 cyanide leaching

在含氧的氰化物溶液中溶解金的过程。

2.3

锌粉置换 zinc dust precipitation

在含金的贵液中加入锌粉，通过锌与金的置换反应使金沉淀的方法。

2.4

氰化作业理论回收率 theoretical recovery rate

等于浸出率、洗涤率、置换率的乘积。根据氰原及各产物的量和分析品位，按理论公式计算获得的金泥含金量与氰原中的含金量的百分比。

2.5

浸出率 leaching recovery

氰化原矿经过磨矿、浸出、洗涤作业后，固体金总的溶解量与进入氰化作业原矿含金量的百分比。

2.6

洗涤率 washing rate

固体金总溶解量与洗涤作业金损失量的差值与固体金总溶解量的百分比。

2.7

置换率 precipitate rate

经置换后，贵液含金量与排出贫液含金量的差值与贵液含金量的百分比。

3 氰化浸出锌粉置换提金工艺理论回收率计算方法

3.1 氰化浸出锌粉置换提金原则工艺流程及取样点设置

3.1.1 应按图1原则工艺流程及取样点设置确定取样点，采取样品，分析数据。

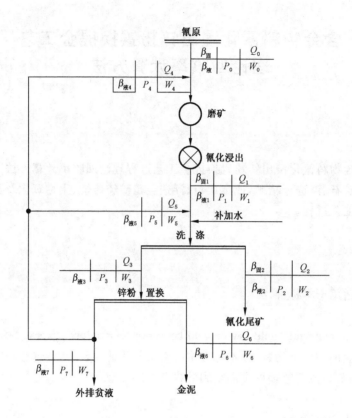

说明：

P_0——氰化原矿中的金量，单位为克每天（g/d）；

P_1——氰化浸渣中的金量，单位为克每天（g/d）；

P_2——排液中的金量，单位为克每天（g/d）；

P_3——贵液中的金量，单位为克每天（g/d）；

P_4——返回磨矿作业贫液中的金量，单位为克每天（g/d）；

P_5——返回洗涤作业贫液中的金量，单位为克每天（g/d）；

P_6——金泥中的金量，单位为克每天（g/d）；

P_7——外排贫液中的金量，单位为克每天（g/d）；

W_0——氰化原矿中液体量，单位为立方米每天（m³/d）；

W_1——浸出结束的矿浆中液体量，单位为立方米每天（m³/d）；

W_2——洗涤作业排矿中液体（排液）量，单位为立方米每天（m³/d）；

W_3——贵液量，单位为立方米每天（m³/d）；

W_4——返回磨矿作业的贫液量，单位为立方米每天（m³/d）；

W_5——返回洗涤作业的贫液量，单位为立方米每天（m³/d）；

W_6——金泥中液体量，单位为立方米每天（m³/d）；

W_7——外排贫液量，单位为立方米每天（m³/d）；

Q_i——各作业点固体矿量，单位为吨每天（t/d）；

$\beta_{固i}$——各作业点固体矿中金品位，单位为克每吨（g/t）；

$\beta_{液i}$——各作业点液体中金品位，单位为克每立方米（g/m³）；

P_i——各作业产物中的含金量，单位为克每天（g/d）。

图 1　氰化浸出锌粉置换原则工艺流程及取样点设置

3.1.2 不同取样点金含量 P_i 按公式(1)计算。

$$P_i = \beta_{\text{固}i} \times Q_i \text{ 或 } P_i = \beta_{\text{液}i} \times W_i \qquad\qquad (1)$$

3.2 回收率的计算

3.2.1 设定下列条件计算回收率

——氰化原矿中液体不含金，$\beta_{\text{液}}$ 为零。

——磨矿、浸出、洗涤作业的给矿量和排矿量相等，$Q_1 = Q_2 = Q_3$。

——贵液、贫液、洗水中固体较少，忽略不计，Q_3、Q_4、Q_5 为零。

——同一溶液分别进入不同作业，含金品位不变，$\beta_{\text{液}4} = \beta_{\text{液}5} = \beta_{\text{液}7}$。

——金泥含水较少，忽略不计，W_6、$\beta_{\text{液}6}$ 为零。

——补加水中不含金。

3.2.2 浸出率的计算

按公式(2)计算浸出率。

$$\varepsilon_{\text{浸}} = \frac{\beta_{\text{固}} - \beta_{\text{固}2}}{\beta_{\text{固}}} \times 100\% \qquad\qquad (2)$$

式中：

$\varepsilon_{\text{浸}}$——浸出率。

3.2.3 洗涤率的计算

按公式(3)计算洗涤率。

$$\varepsilon_{\text{洗}} = \frac{P_3 - P_4 - P_5}{P_3 - P_4 - P_5 + P_2} \times 100\% \qquad\qquad (3)$$

式中：

$\varepsilon_{\text{洗}}$——洗涤率。

3.2.4 置换率计算方法

按公式(4)计算置换率。

$$\varepsilon_{\text{置}} = \frac{P_3 - P_4 - P_5 - P_7}{P_3 - P_4 - P_5} \times 100\% \qquad\qquad (4)$$

式中：

$\varepsilon_{\text{置}}$——置换率。

3.2.5 氰化理论回收率的计算

氰化理论回收率等于浸出率、洗涤率、置换率的乘积，按公式(5)计算：

$$\varepsilon_{\text{氰总}} = \varepsilon_{\text{浸}} \times \varepsilon_{\text{洗}} \times \varepsilon_{\text{置}} = \frac{(\beta_{\text{固}} - \beta_{\text{固}2})}{\beta_{\text{固}}} \times \frac{(P_3 - P_4 - P_5 - P_7)}{(P_3 - P_4 - P_5 + P_2)} \times 100\%$$

$$\qquad\qquad (5)$$

式中：

$\varepsilon_{\text{氰总}}$——氰化理论回收率。

ICS 77.150.01
D 46

中华人民共和国黄金行业标准

YS/T 3020—2013

金矿石磨矿功指数测定方法

Testing procedure of grinding work index of gold-bearing ore

2013-10-17 发布

2014-03-01 实施

中华人民共和国工业和信息化部   发 布

YS/T 3020—2013

前　言

本标准按照 GB/T 1.1—2009 给出的规则起草。

本标准由中国黄金协会提出。

本标准由全国黄金标准化技术委员会(SAC/TC 379)归口。

本标准起草单位：长春黄金研究院、山东黄金集团公司、紫金矿业集团有限公司。

本标准主要起草人：岳辉、孙洪丽、赵俊蔚、邹来昌、寻克刚、鲁军、殷国友、赵国惠、郑晔、赵明福、王夕亭、殷志刚、郝福来、孙忠梅、邢志军、石吉友。

金矿石磨矿功指数测定方法

1 范围

本标准规定了金矿石磨矿功指数的测定方法。

本标准适用于金矿石磨矿功指数的测定试验。

本标准仅适用于球磨磨矿功指数的测定。

2 规范性引用文件

下列文件对于本文件的应用是必不可少的。凡是注日期的引用文件，仅注日期的版本适用于本文件。凡是不注日期的引用文件，其最新版本（包括所有的修改单）适用于本文件。

GB/T 6003.1　试验筛　技术要求和检验　第1部分:金属丝编织网试验筛

DZ/T 0118　实验室用标准筛振荡机技术条件

YS/T 3002　含金矿石试验样品制备技术规范

3 术语和定义

下列术语和定义适用于本文件。

3.1

磨矿功指数　grinding work index（ball）

以功耗评价矿石可磨性难易程度的一种指标。

3.2

循环负荷　circulating load

指磨机的返回量与产品量的质量百分比，即:

$$C_i = \frac{A_i}{Q_i} \times 100$$

式中:

C_i——第 i 个循环的循环负荷，%;

A_i——第 i 个循环返回磨机的物料质量，单位为克（g）;

Q_i——第 i 个循环磨矿产品质量，单位为克（g）。

4 方法原理

通过若干间歇式的闭路磨矿筛分模拟连续闭路磨矿过程，测定在磨至平衡状态时磨机每转新生成的产品量，并以此计算矿石的磨矿功指数。

5 仪器和设备

5.1 功指数球磨机

有效容积 ϕ305 mm×305 mm,转速 70 r/min,钢球为滚珠轴承用球,总质量为 20.125 kg,钢球级配：ϕ36.5 mm 43 个、ϕ30.2 mm 67 个、ϕ25.4 mm 10 个、ϕ19.1 mm 71 个、ϕ16 mm 94 个,总数 285 个。

5.2 标准筛

方孔筛,符合 GB/T 6003.1。

5.3 标准振筛机

符合 DZ/T 0118。

5.4 称量设备

最大秤量 5 000 g;分度值 0.1 g。

5.5 量筒

容量 1 000 mL。

6 试验样品

6.1 按照 YS/T 3002 制备出试验样品不少于 15 kg。

6.2 矿石试验样品粒度要求小于 3.35 mm。

7 试验步骤

7.1 确定 F_{80} 和 R_0

采用附录 A 割环法缩取 1 000 g 试样,用标准套筛对试样进行筛分,求出 80% 通过的粒度值 F_{80}(μm)和已经达到产品粒度要求的物料含量 R_0(%),并将结果填入表 B.1 和表 B.2 中,参见附录 B。

7.2 第一个磨矿循环

7.2.1 确定产品的粒度 P_1。根据生产要求的 80% 通过的产品粒度 P_{80},取相应的最大产品粒度作为产品粒度 P_1,即满足生产粒度要求的矿样经筛分后产品 100% 通过时的产品粒度值。

7.2.2 确定第一个磨矿循环转数。第一个磨矿循环中球磨机运转转数(r_1)取产品粒度 P_1 对应的标准筛目数值。

7.2.3 采用割环法缩取 700 cm³ 试样并称量,记作 M。

7.2.4 计算预期产品量。以循环负荷为 250% 计算预期产品量 $Q_{预}$(g),则:

$$Q_{预} = \frac{M}{2.5 + 1}$$

7.2.5 将 700 cm³ 试样加入球磨机中磨矿。球磨机运转 r_1 转后,将物料全部卸出并用筛孔尺寸为 P_1 的标准筛筛出新生成产品,对筛上物料称量,记作 M'_1。按式(1)计算第一个磨矿循环中每转新生成的产品量 G_{bp1}(g/r)。

$$G_{bp1} = \frac{M - M'_1 - MR_0}{r_1} \qquad \cdots\cdots\cdots\cdots\cdots (1)$$

如果试样中达到产品粒度的物料含量超过了预期产品量,则第一个测定循环的给料要用筛孔尺寸为 P_1 的标准筛先将这部分细粒筛除,再用相同质量的待测试样补足筛除的部分,记作 $M_补$(g),然后进行第一个循环的测定,并按式(2)计算第一个磨矿循环中每转新生成的产品量 G_{bp1}(g/r)。

$$G_{bp1} = \frac{M - M_1' - M_{补} R_0}{r_1} \qquad \cdots\cdots\cdots\cdots\cdots\cdots\cdots\cdots（2）$$

7.3 第 $i(i \geqslant 2)$ 个磨矿循环

7.3.1 第 i 个磨矿循环转数由式(3)计算可得：

$$r_i = \frac{\dfrac{M}{3.5} - (M - M_{i-1}')R_0}{G_{bp(i-1)}} \qquad \cdots\cdots\cdots\cdots\cdots\cdots\cdots\cdots（3）$$

式中：

r_i ——第 i 个磨矿循环的转数，取整数，单位为转(r)；

$\dfrac{M}{3.5}$ ——以循环负荷为 250％计的预期产品量，单位为克(g)；

M_{i-1}' ——第 $i-1$ 个循环磨矿后筛上物料的质量，单位为克(g)；

$G_{bp(i-1)}$ ——第 $i-1$ 个循环磨机每转新生成的产品量，单位为克每转(g/r)。

7.3.2 采用割环法缩取与上一循环筛下物料相同质量的待测试样 $(M - M_{i-1}')$，与上一个循环筛上物料 M_{i-1}' 混合，此时物料质量为 M。将其加入球磨机，运转 r_i 转后将物料卸出，用筛孔尺寸为 P_1 的标准筛筛出新生成产品，对筛上物料称量，记作 M_i'。按式(4)计算第 i 个磨矿循环中每转新生成的产品量 G_{bpi}(g/r)。

$$G_{bpi} = \frac{M - M_i' - (M - M_{i-1}')R_0}{r_i} \qquad \cdots\cdots\cdots\cdots\cdots\cdots\cdots\cdots（4）$$

7.4 磨矿循环平衡

7.4.1 重复 7.3，直到连续 3 个循环达到符合下述条件为止：最后 3 个循环的循环负荷平均值为 250％±5％，且 G_{bp} 最大值与最小值之差不大于平均值 ΔG_{bp} 的 3％。

7.4.2 将达到平衡的最后 3 个循环的磨矿产品混合均匀进行筛分，求出 80％通过的粒度值 $P_{80}(\mu m)$，取达到平衡的最后 3 个循环 G_{bp} 值的平均值 ΔG_{bp} 作为最终的 G_{bp} 值。

8 结果计算

8.1 以粒度(mm)为横坐标，负累计产率(％)为纵坐标，在双对数坐标纸上绘出入磨试样粒度和产品粒度分布曲线，采用插值法分别求出 F_{80} 与 P_{80}。

8.2 按照式(5)计算矿石试样的磨矿功指数，计算结果保留到小数点后第二位并填入表 B.3 中：

$$W_{ib} = \frac{4.906}{P_1^{0.23} \cdot G_{bp}^{0.82} \left(\dfrac{1}{\sqrt{P_{80}}} - \dfrac{1}{\sqrt{F_{80}}} \right)} \qquad \cdots\cdots\cdots\cdots\cdots\cdots\cdots\cdots（5）$$

式中：

W_{ib}——磨矿功指数，单位为千瓦时每吨(kW·h/t)；

P_1 ——磨矿产品粒度，单位为微米(μm)；

G_{bp}——试验磨机每转新生成的产品量，单位为克每转(g/r)；

P_{80}——产品 80％通过的筛孔尺寸，单位为微米(μm)；

F_{80}——入磨试样 80％通过的筛孔尺寸，单位为微米(μm)。

注： 球磨功指数书写时应注明所测产品粒级，如：$W_{ib} = 16.12$ kW·h/t ($P_1 = 100\ \mu m$)。

附　录　A
（规范性附录）
试样缩分方法——割环法

将混匀的试样,耙成圆环,然后沿环周依次连续割取小份试样。割取时应注意以下两点:一是每一个单份试样均应取自环周上相对(即 180°角)的两处;二是铲样时每铲均应从上到下、从外到里铲到底,不应只铲顶层而不铲底层,或只铲外缘而不铲内缘。

附 录 B

（资料性附录）

表 B.1 磨矿功指数测定试验数据记录表

M: _____ (g);预期产品量 $Q_{预}$: _____ (g);F_{80}: _____ (μm);R_0: _____ (%);P_{80}: _____ (μm)

循环序号	转数 r_i/r	给料中____μm 质量 $(M-M'_{i-1})R_0$/g	产品量 $(M-M'_i)$/g	新生成____μm 质量/ g	G_{bp}/ (g/r)
1					
2					
3					
4					
5					
6					
7					
8					
9					
10					
11					
12					
13					
14					
15					
16					
G_{bp}平均值/(g/r)					
W_{ib}/(kW・h/t)					

表 B.2 磨矿功指数入磨原矿(产品)粒度筛分结果表

粒度		产率/%	负累积产率/%
目数	mm		
合计			

表 B.3 磨矿功指数测定结果表

$P_1/(\mu m)$	$G_{bp}/(g/r)$	$F_{80}/(\mu m)$	$P_{80}/(\mu m)$	$W_{ib}/(kW \cdot h/t)$

ICS 77.150.01
D 46

中华人民共和国黄金行业标准

YS/T 3021—2013

炭浆工艺金回收率计算方法

Calculation of gold recovery rate for CIP Process

2013-10-17 发布

2014-03-01 实施

中华人民共和国工业和信息化部　　发 布

前　言

本标准按照 GB/T 1.1—2009 给出的规则起草。

本标准由中国黄金协会提出。

本标准由全国黄金标准化技术委员会(SAC/TC 379)归口。

本标准起草单位:长春黄金研究院、紫金矿业集团有限公司、山东黄金集团公司。

本标准主要起草人:赵国惠、张清波、邹来昌、张金龙、巫銮东、宋广君、王苹、赵俊蔚、岳辉、孙洪丽、郑晔、赵明福、郝福来、孙忠梅、鲁军。

炭浆工艺金回收率计算方法

1 范围

本标准规定了炭浆工艺金回收率的计算方法。

本标准适用于金矿石、浮选金精矿或经焙烧、生物氧化及其他工艺预处理后的含金物料氰化炭浆工艺金理论回收率的计算。

本标准也适用于树脂矿浆工艺金理论回收率的计算。

2 术语和定义

下列术语和定义适用于本文件。

2.1

含金矿石 **gold bearing ore**

从含金矿床采集的矿岩。

2.2

炭浆工艺 **CIP process；The carbon-in-pulp process**

在含金物料氰化浸出过程中，利用活性炭吸附提取氰化溶液中的金的过程。

2.3

氰化原矿 **gold-bearing material before cyanide leaching**

进入氰化浸出作业前的含金物料，简称氰原。

2.4

活性炭 **activated carbon**

可用于吸附溶液中金属离子的颗粒状无定形碳。

2.5

氰化浸吸 **cyanide leaching and carbon adsorption**

含金物料在含氧的氰化物溶液中溶解金并利用活性炭吸附溶液中金的过程。

2.6

载金炭 **gold loaded carbon**

吸附了金的活性炭。

2.7

提炭 **carbon stripping/separating carbon from pulp**

载金炭与矿浆分离的过程。

2.8

浓缩 **concentration**

矿浆体系中，使部分液体与矿浆分离的过程。

2.9

过滤 **filtration**

在动力作用下，依靠介质使溶液与固体颗粒分离的过程。

2.10

氰化尾矿浆　tailings slurry

氰化浸吸完成后经浓缩作业分离得到的固液混合物。

2.11

滤饼　filter cake

在过滤作用下获得的含液体的固体颗粒饼状物。

2.12

排液　discharging liquid

随氰化尾矿浆或滤饼排走的液体,含单独外排的液体。

2.13

氰化炭浆工艺金理论回收率　gold theoretical recovery rate of CIP process

根据氰原及各产物的量和分析品位,按理论公式计算获得的载金炭含金量与氰原中金含量的百分比。

2.14

浸出率　leaching recovery

氰化浸金后金的溶解量与进入氰化前氰原含金量的百分比。

2.15

吸附回收率　recovery rate of adsorption

已溶解金的量和排液中金的量的差值与已溶解金的量的百分比。

3　氰化炭浆工艺金理论回收率计算方法

3.1　炭浆工艺原则流程及取样点设置

炭浆工艺原则流程及取样点设置见图1。

确定取样点,取得必要的原始数据。

设定下列条件:

1)　氰原中液体不含金,$\beta_{液}$为零。

2)　返液中固体较少,忽略不计,Q_3、$\beta_{固3}$为零,所以 $Q = Q_1 = Q_2$。

3.2　回收率计算方法

3.2.1　浸出率计算方法见式(1):

$$\varepsilon_{浸出} = \frac{\beta_{固} - \beta_{固2}}{\beta_{固}} \times 100\% \quad\quad\cdots\cdots\cdots\cdots\cdots\cdots\cdots\cdots\cdots\cdots\cdots\cdots (1)$$

式中:

$\varepsilon_{浸出}$——浸出率。

3.2.2　吸附回收率计算方法见式(2):

$$\varepsilon_{吸附} = \left(1 - \frac{\beta_{液2} \times W_2}{\beta_{固} \times Q - \beta_{固2} \times Q_2}\right) \times 100\% \quad\quad\cdots\cdots\cdots\cdots\cdots\cdots\cdots\cdots (2)$$

式中:

$\varepsilon_{吸附}$——吸附回收率。

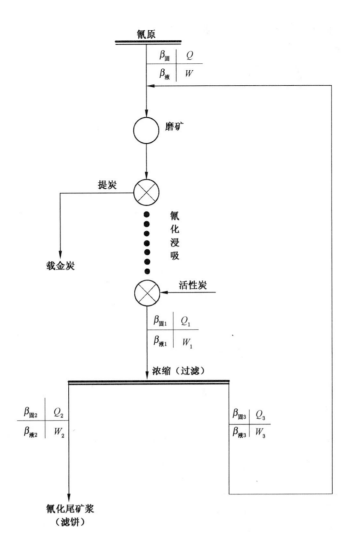

说明：

Q ——氰化原矿量，t/d；

Q_1 ——氰化浸吸作业后矿浆中固体量，t/d；

Q_2 ——氰化浸吸作业后矿浆浓缩或过滤所得氰化尾矿浆或滤饼中固体量，t/d；

Q_3 ——返回磨矿作业贫液中的固体量，t/d；

$\beta_{固}$ ——氰化浸吸原矿金品位，g/t；

$\beta_{固1}$ ——氰化浸吸作业后所得矿浆中固体含金品位，g/t；

$\beta_{固2}$ ——氰化浸吸作业后矿浆浓缩或压滤所得氰化尾矿浆或滤饼中固体含金品位，g/t；

$\beta_{固3}$ ——返回磨矿作业贫液中固体含金品位，g/t；

$\beta_{液}$ ——氰化浸吸原矿中液体含金品位，g/m³；

$\beta_{液1}$ ——氰化浸吸作业后矿浆中液体含金品位，g/m³；

$\beta_{液2}$ ——氰化浸吸作业后矿浆浓缩或压滤所得氰化尾矿浆或滤饼中液体含金品位，g/m³；

$\beta_{液3}$ ——返回磨矿作业贫液中液体含金品位，g/m³；

W ——氰化浸吸原矿中液体量，m³/d；

W_1 ——氰化浸吸作业后矿浆中液体量，m³/d；

W_2 ——氰化浸吸作业后矿浆浓缩或压滤所得氰化尾矿浆或滤饼中液体量，m³/d；

W_3 ——返回磨矿作业贫液量，m³/d。

图 1 炭浆工艺原则流程及取样点设置

3.2.3 氰化炭浆工艺金理论回收率计算方法见式(3)：

$$\varepsilon_{炭浆} = \varepsilon_{浸出} \times \varepsilon_{吸附}$$

$$= \frac{(\beta_{固} - \beta_{固3})}{\beta_{固}} \times \left(1 - \frac{\beta_{液2} \times W_2}{\beta_{固} \times Q - \beta_{固2} \times Q_2}\right) \times 100\% \quad \cdots\cdots\cdots\cdots\cdots (3)$$

式中：

$\varepsilon_{炭浆}$——氰化炭浆工艺金理论回收率。

ICS 77.150.01
D 46

中华人民共和国黄金行业标准

YS/T 3023—2014

金矿石相对可磨度测定方法

Test method of relative grindability of gold ore

2014-10-14 发布

2015-04-01 实施

中华人民共和国工业和信息化部　　发 布

YS/T 3023—2014

前　言

本标准按照 GB/T 1.1—2009 给出的规则起草。

本标准由中国黄金协会提出。

本标准由全国黄金标准化技术委员会(SAC/TC 379)归口。

本标准起草单位：长春黄金研究院、中国黄金集团公司夹皮沟矿业有限公司、紫金矿业集团股份有限公司、长春黄金设计院。

本标准主要起草人：孙洪丽、岳辉、张清波、赵俊蔚、郑晔、柏文善、廖占丕、张河、赵国惠、郑艳平、陈晓飞、王忠敏、鲁军、孙忠梅、廖德华。

金矿石相对可磨度测定方法

1 范围

本标准规定了金矿石相对可磨度的测定方法。

本标准适用于金矿石相对可磨度的测定。

2 规范性引用文件

下列文件对于本文件的应用是必不可少的。凡是注日期的引用文件,仅注日期的版本适用于本文件。凡是不注日期的引用文件,其最新版本(包括所有的修改单)适用于本文件。

GB/T 6003.1　试验筛　技术要求和检验　第 1 部分:金属丝编织网试验筛

DZ/T 0118　实验室用标准筛振荡机技术条件

DZ/T 0193　实验室用 240×90 锥形球磨机技术条件

YS/T 3002　含金矿石试验样品制备技术规范

3 术语和定义

下列术语和定义适用于本文件。

3.1

矿石可磨度　grindability of ore

矿石在指定磨矿条件下被磨碎的难易程度。

3.2

相对可磨度　relative grindability

已知可磨度的某标准矿石与待测矿石在同样测定方法和测定条件下获得的可磨度值的比值,用 K 表示。

3.3

标准矿石　standard ore

为待测矿石选择磨机提供参照的矿石,本文件确定标准矿石为夹皮沟矿石。附录 A 给出了夹皮沟金矿的磨机型号和生产能力。

4 方法原理

通过已知可磨度的某标准矿石与待测矿石在同样测定方法和测定条件下获得的可磨度值的比值来表示该待测矿石被磨碎的难易程度。

5 仪器和设备

5.1 实验室球磨机:符合 DZ/T 0193。

选用 XMQ-Φ240×90 锥形球磨机,有效容积为 6.25 L,工作转速 96 r/min,钢球为滚珠轴承用球,最大装球量 11.15 kg,钢球级配:Φ30 mm 17 个、Φ25 mm 69 个、Φ20 mm 144 个。

5.2 标准筛:符合 GB/T 6003.1。

5.3 标准振筛机:符合 DZ/T 0118。

5.4 称量设备:最大称量 2 000 g,精度 0.1 g。

6 试验样品制备

6.1 按照 YS/T 3002 制备样品,样品粒度为小于 2 mm。

6.2 将样品(6.1)中 0.15 mm 以下的细粒筛除。

6.3 将样品(6.2)制备为每份 500 g 的试验样品。

7 测定方法

7.1 取数份试验样品(6.3),在磨矿浓度为 50% 的条件下,按照表 1 中给出的磨矿时间,使用实验室球磨机(5.1)进行磨矿。

7.2 将各份磨矿产品分别用 0.074 mm 的标准筛筛分,对筛上产品称量。

7.3 计算待测矿石在不同磨矿时间条件下,细度小于 0.074 mm 的产品质量占总质量的质量分数,填写于表 1。

表 1 金矿石可磨度测定-筛分结果表

磨矿时间 min	质量分数[a]/%	
	标准矿石	待测矿石
0	0.00	
3	34.67	
5	52.38	
8	73.83	
10	84.12	
13	93.30	
15	96.46	
18	98.64	
20	99.19	
23	99.76	
[a] 指细度小于 0.074 mm 的产品质量占总质量的质量分数。		

7.4 根据筛分结果绘出磨矿时间与各产品中筛下(或筛上)级别累积产率的关系曲线,标准矿石可磨度曲线参见图 1。

7.5 在可磨度曲线上,找出为将试验样品磨到所要求的细度时的磨矿时间 t 和将标准矿石磨到相同细度时的磨矿时间 t_0。

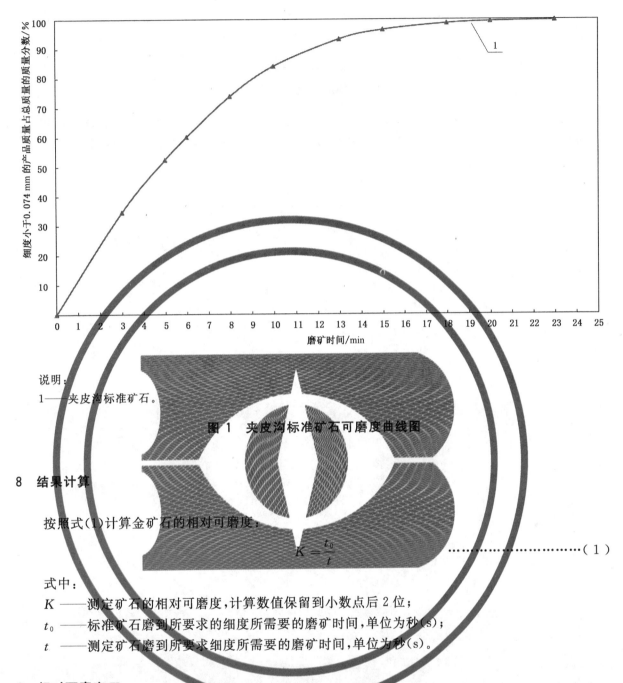

说明：
1——夹皮沟标准矿石。

图1　夹皮沟标准矿石可磨度曲线图

8　结果计算

按照式(1)计算金矿石的相对可磨度：

$$K = \frac{t_0}{t}$$ ·····························(1)

式中：
K ——测定矿石的相对可磨度,计算数值保留到小数点后2位；
t_0 ——标准矿石磨到所要求的细度所需要的磨矿时间,单位为秒(s)；
t ——测定矿石磨到所要求细度所需要的磨矿时间,单位为秒(s)。

9　相对可磨度 K

若 $K<1$,则表示该测定矿石比标准矿石难磨,K 值越小表示该测定矿石比标准矿石越难磨；若 $K>1$,则表示该测定矿石比标准矿石易磨,K 值越大表示该测定矿石比标准矿石越易磨；若 $K=1$,则表示该测定矿石和标准矿石的可磨度一致。

附 录 A

（资料性附录）

夹皮沟金矿的磨机型号和生产能力

夹皮沟金矿的一段球磨机规格为溢流型 Φ3 200 mm×4 500 mm，有效容积 31 m³。球磨机给矿粒度小于 14 mm，给矿量 50 t/（台·h）。按新生成小于 0.074 mm 粒级计算，球磨机的生产能力为 0.887 t/（m³·h）（采样时测定计算的数值）。

ICS 77.150.01
D 46

中华人民共和国黄金行业标准

YS/T 3028—2018

黄金选冶金属平衡技术规范
堆浸工艺

Technical specifications for metal balance of mineral processing and
metallurgy of gold—Heap leaching process

2018-07-04 发布
2019-01-01 实施

中华人民共和国工业和信息化部　发布

前　言

本标准按照 GB/T 1.1—2009 给出的规则起草。

本标准由中国黄金协会提出。

本标准由全国黄金标准化技术委员会(SAC/TC 379)归口。

本标准起草单位:长春黄金研究院、紫金矿业集团股份有限公司、长春黄金设计院、贵州金兴黄金矿业有限责任公司。

本标准主要起草人:岳辉、梁春来、郑晔、郝福来、薛臣、张维滨、刘海波、廖占丕、李永胜、张国刚、纪强、孙洪丽、施杰、陈晓飞、霍明春、程晓霞、张世镖。

黄金选冶金属平衡技术规范
堆浸工艺

1 范围

本标准规定了黄金生产堆浸工艺金属平衡的术语、计量、取样、制样、分析、盘点、金属平衡要求和计算方法。

本标准适用于采用堆浸工艺的黄金生产企业金的金属平衡工作。本标准适用于入堆粒度小于等于50 mm的堆浸工艺。

2 规范性引用文件

下列文件对于本文件的应用是必不可少的。凡是注日期的引用文件,仅注有该日期的版本适用于本文件。凡是不注日期的引用文件,其最新版本(包括所有的修改单)适用于本文件。

GB/T 2007.6 散装矿产品取样制样通则 水分测定方法 热干燥法

GB/T 11066.1 金化学分析方法 金量的测定 火试金法

GB/T 20899.1 金矿石化学分析方法 第1部分:金量的测定

GB/T 29509.1 载金炭化学分析方法 第1部分:金量的测定

GB/T 32841 金矿石取样制样方法

YS/T 3027.1 粗金化学分析方法 第1部分:金量的测定

3 术语和定义

下列术语和定义适用于本文件。

3.1

金属平衡

进入选冶厂工艺流程或工序的原料金属量与产品金属量和排放物金属量之间的平衡关系。

注:金属平衡分实际平衡和理论平衡。实际平衡,产品和原料的重量是实测结果;理论平衡,产品的重量和产率是根据理论公式计算而得。

3.2

成品

在本企业内已完成全部生产过程,经检验符合规定的质量标准并办完入库或转交手续的产品。

3.3

半成品

在本企业内已完成一个或几个生产阶段、符合规定的有关产品质量要求,但尚需在其他生产阶段进一步冶炼或加工的产品。

3.4

在制品

正处于选冶过程中,尚未达到成品或半成品的制品。

3.5

盘点

在一定时间间隔内,对本企业生产过程中所涉及的生产物料,包括原料、成品、在制品等进行实物量与金属量的统计、结算。

3.6

金属回收率

成品的金属量占实际消耗原料中金属量的百分比,又称实际回收率。

4 技术要求

4.1 管理

4.1.1 企业应成立金属平衡管理委员会,统一领导、统筹安排企业金属平衡管理工作。

4.1.2 应明确各职能部门及生产单位的金属平衡管理职责及权限。

4.1.3 金属平衡管理委员会应定期检查并协调、监督各相关部门所承担的金属平衡管理职责和任务执行情况,并对金属平衡管理工作进行考核评价。

4.2 堆浸工艺

4.2.1 物料流程图

堆浸工艺物料流程如图 1 所示。

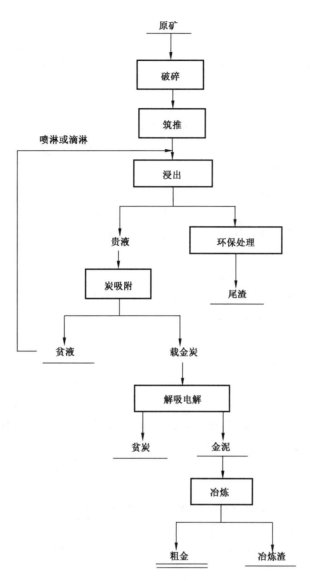

图 1　堆浸工艺物料流程图

4.2.2　计量

4.2.2.1　计量范围和要求

4.2.2.1.1　在金属平衡计算过程中涉及的物料均应进行计量,主要包括原料、在制品、半成品、成品及其他发生交接的含金物料,如原矿、喷淋液、载金活性炭、成品金等。

4.2.2.1.2　入堆的矿石应计量。应逐日统计,逐批测定进入矿堆的矿石湿重和矿石的含水量,扣除水分后,求得每天入堆的矿石量。待整个浸堆筑堆完毕,累计矿石实际重量。

4.2.2.1.3　卸堆底垫保护层留存浸渣矿石量应按原筑堆矿石量和运走的浸渣量精确计算。

4.2.2.1.4　在筑堆过程中,应对入堆矿石样品进行若干次随机抽取,测定矿石的堆密度。每次测定的矿样量应根据矿石粒度大小来确定,准确称量,按筑堆方法所压实的程度,装入事先已标定好体积的容器或地坑中,测出其体积。

4.2.2.1.5　原矿、浸渣水分测定与金品位测定应为同一样品,同期测定。

4.2.2.1.6　粗金锭应以出厂或入库的金属量为准。

4.2.2.1.7　计量工具应有专人维护,应定期校准。

4.2.2.2 计量误差

根据物料的性质和计量误差要求,选择适宜的计量器具,原料的计量误差应≤5‰。

4.2.3 取样和制样

4.2.3.1 取样及制样方法参照 GB/T 32841 的规定执行。

4.2.3.2 原矿样在入堆前取样时,应在运矿车内或运输皮带上定点或定时取样。

4.2.3.3 原矿样在筑堆过程中取样时,宜采用旋转式钻机、反循环钻机等在每个筑堆层设点取样。

4.2.3.4 浸渣样在原筑堆上采取时,宜用钻机在矿堆上按一定的间距钻孔采取。

4.2.3.5 浸渣样在卸堆过程中采取时,应在逐层卸堆中钻取,或在运输车内采取。

4.2.3.6 液体样品应采用瞬时取样的方法,用指定的取样容器,从工艺管路或设备进出口处连续稳定地取出一定体积的溶液。

4.2.3.7 粗金锭的取样应按多点、均匀的原则进行。

4.2.3.8 在制样过程中,应防止样品的污染和化学成分的变化。

4.2.3.9 制样设备和工具应保持清洁,制样设备中不应残留样品。

4.2.3.10 样品应混匀。

4.2.3.11 固体化验样品的细度、质量应满足化验及复验、内检、外检的质量要求,并留副样备查。

4.2.4 分析方法

水分测定按 GB/T 2007.6 规定进行;金的化学分析按 GB/T 11066.1、GB/T 20899.1、GB/T 29509.1 和 YS/T 3027.1 的规定进行。

4.2.5 盘点

4.2.5.1 盘点范围包括期末库存的成品及流程中的在制品。

4.2.5.2 盘点时间在正常情况下应与金属平衡统计期一致,如遇特殊情况可临时安排。

4.2.5.3 盘点方法可采取称量法、容积法、现场测量法或直接计算法,计算取用参数(如堆密度、水分、品位)以实测为准,不得随意更改。

4.2.5.3.1 称量法:对结存量小、金品位高的物料,将其装入容器,在计量器具上直接称量。

4.2.5.3.2 容积法:对存放于储罐、储槽中的液体或粉状物料,根据容器的几何尺寸和盘点时测量的堆积高度计算其结存量。

4.2.5.3.3 现场测量法:对结存量大、堆积形状不规则的固体物料,应首先确定近似的立体几何形状,然后测量计算体积所需的尺寸,依据算出的物料体积和预先测定的堆密度计算结存量。

4.2.5.3.4 直接计算法:对具有固定几何形状或存放在有固定尺寸设备中的物料,应首先测量物料的体积,根据物料体积和预先测定的堆积密度计算结存量。

4.2.6 金属平衡要求和计算方法

4.2.6.1 金属平衡要求

4.2.6.1.1 金属平衡报表格式和内容参见附录 A;金属平衡表填写的项目应齐全,使用计量单位应统一采用国家法定计量单位,并保持一致。

4.2.6.1.2 编制金属平衡表应以原始数据为依据,编制金属平衡表以前应对库存产品及在制品的金属含量进行盘点。

4.2.6.1.3 含金物料的数量和品位应来自计量、化验和盘点结果,应有据可依。

4.2.6.1.4 金属流失应以测定为准,不应预先估计或预先设置实际回收率来推算损失。

4.2.6.1.5 金属平衡表中的"期初结存"数与上一期金属平衡表中的"期末结存"数应一致。

4.2.6.1.6 计量、化验等原始数据不应随意更改,需要调整时,应对计量、取样、加工、化验方法进行校核和复验,按校核和复验数据进行调整,并报请金属平衡委员会批准,调整的依据及原因分析与金属平衡报表同时上报。

4.2.6.1.7 矿石量平衡应准确计算入堆原矿矿石量、浸渣矿石量与卸堆底垫保护层留存浸渣矿石量的平衡关系。

4.2.6.1.8 液量平衡应准确计算筑堆原矿含水量、堆浸周期内总补加入循环喷淋液量、蒸发损失液量、浸渣含水带走液量、预留保护层浸渣含水量的平衡关系。

4.2.6.1.9 金属量平衡涉及入堆原矿金属量、浸渣金属量、产品金属量及在制品金属量(循环喷淋液、浸渣含水液相金属量损失、载金炭金属量、贫炭金属量、冶炼渣金属量)。

4.2.6.2 计算方法

4.2.6.2.1 原矿品位

原矿品位按式(1)计算:

$$\alpha = p_1\alpha_1 + p_2\alpha_2 \cdots\cdots + p_n\alpha_n \quad\quad\quad\quad\quad (1)$$

式中:

α ——原矿加权平均品位,单位为克每吨(g/t);

p_1、p_2,…,p_n ——每批筑堆原矿量所占权重,%;

α_1、α_2,…,α_n ——每批筑堆原矿含金品位,单位为克每吨(g/t)。

4.2.6.2.2 浸渣品位

浸渣品位按式(2)计算:

$$\beta = q_1\beta_1 + q_2\beta_2 \cdots\cdots + q_n\beta_n \quad\quad\quad\quad\quad (2)$$

式中:

β ——浸渣加权平均品位,单位为克每吨(g/t);

q_1、q_2,…,q_n ——每批浸渣量所占权重,%;

β_1、β_2,…,β_n ——每批浸渣含金品位,单位为克每吨(g/t)。

4.2.6.2.3 理论回收率

理论回收率按式(3)计算:

$$\varepsilon_{总} = \varepsilon_{浸} \cdot \varepsilon_{吸} \cdot \varepsilon_{解吸} \cdot \varepsilon_{电解} \cdot \varepsilon_{冶} \times 100\% \quad\quad\quad\quad\quad (3)$$

式中:

$\varepsilon_{总}$ ——理论回收率,%;

$\varepsilon_{浸}$ ——浸出率,%;

$\varepsilon_{吸}$ ——吸附率,%;

$\varepsilon_{解吸}$ ——解吸率,%;

$\varepsilon_{电解}$ ——电解率,%;

$\varepsilon_{冶}$ ——冶炼回收率,%。

$\varepsilon_{浸}$、$\varepsilon_{吸}$、$\varepsilon_{冶}$ 分别按式(4)、式(5)、式(6)计算。

$$\varepsilon_{浸} = \frac{\alpha - \beta}{\alpha} \times 100\% \quad\quad\quad\quad\quad (4)$$

式中:

$\varepsilon_{浸}$——浸出率,%;

α ——原矿品位,单位为克每吨(g/t);

β ——尾渣品位,单位为克每吨(g/t)。

$$\varepsilon_{吸} = \frac{\theta_{贵} W_{贵} - \theta_{贫} W_{贫}}{\theta_{贵} W_{贵}} \times 100\% \quad\cdots\cdots\cdots\cdots\cdots (5)$$

式中:

$\varepsilon_{吸}$——吸附率,%;

$\theta_{贵}$——贵液品位,单位为毫克每升(mg/L);

$\theta_{贫}$——贫液品位,单位为毫克每升(mg/L);

$W_{贵}$——贵液量,单位为立方米(m³);

$W_{贫}$——贫液量,单位为立方米(m³)。

解吸后的活性炭和电解后的贫液在流程中循环使用,可视解吸率和电解率为100%。

$$\varepsilon_{冶} = \frac{Q_{粗金} \times \beta_{粗金}}{Q_{金泥} \times \beta_{金泥}} \times 100\% \quad\cdots\cdots\cdots\cdots\cdots (6)$$

式中:

$\varepsilon_{冶}$ ——冶炼回收率,%;

$Q_{粗金}$——冶炼产品粗金量,单位为克(g);

$Q_{金泥}$——冶炼原料金泥量,单位为克(g);

$\beta_{粗金}$——粗金品位,%;

$\beta_{金泥}$——金泥品位,%。

4.2.6.2.4 实际回收率

实际回收率按式(7)计算:

$$\varepsilon_{实际} = \frac{W_{产} \times \omega}{W_{原} \times \alpha} \times 100\% \quad\cdots\cdots\cdots\cdots\cdots (7)$$

式中:

$\varepsilon_{实际}$——实际回收率,%;

$W_{产}$——最终产品的量,单位为克(g);

$W_{原}$——原矿的量,单位为吨(t);

ω ——最终产品品位,%;

α ——原矿品位,单位为克每吨(g/t)。

4.2.6.3 金属平衡误差

4.2.6.3.1 在计算金属平衡误差时,应将上期、本期在制品统计、计算在误差范围之内。

4.2.6.3.2 金属平衡误差按式(8)计算:

$$金属平衡误差 = \frac{(理论产金量 + 上期在制品金属量) - (实际产金量 + 本期在制品金属量)}{原矿金属量} \times 100\% \cdots\cdots (8)$$

4.2.6.3.3 理论回收率与实际回收率允许误差的绝对值,年误差不应大于3%,季度误差不应大于5%,月误差不应大于8%。

附　录　A

（资料行附录）

金属平衡表

表 A.1　理论与实际回收率报表

名　称　＼　指　标			重量或体积				品　位				金属含量/kg			金属分布率/%		
			单位	本月	季累计	年累计	单位	本月	季累计	年累计	本月	季累计	年累计	本月	季累计	年累计
原　矿																
理论指标	产品	粗金锭														
		合计														
	损失产物	尾渣														
		尾液（浸渣带走）														
		冶炼损失														
		合计														
实际指标	产品	粗金														
		合计														

填表说明：表中数据均应与统计报表相符。

表 A.2　在制品统计表

序号	项目＼取样地点	固体			液体			载金炭			金属量合计/g	金属分布率/%
		重量/t	金品位/(g·t⁻¹)	金属含量/g	体积/m³	金品位/(mg·L⁻¹)	金属含量/g	重量/t	金品位/(g·t⁻¹)	金属含量/g		
1	储炭槽											
2	冶炼渣											
3												
4												
5												
6												
7												
8												

表 A.2 在制品统计表(续)

序号	取样地点 项目	固体			液体			载金炭			金属量合计/g	金属分布率/%
		重量/t	金品位/(g·t⁻¹)	金属含量/g	体积/m³	金品位/(mg·L⁻¹)	金属含量/g	重量/t	金品位/(g·t⁻¹)	金属含量/g		
9												
10												
11												
合　计												

表 A.3 金属平衡综合分析表

名　称 指　标		金属量/kg			金属分布率/%		
		本月	本季	累计	本月	本季	累计
原　矿							
产品与在制品	本月理论产品金						
	上月(季、年)在制品						
	合计						
	本月实际产金						
	本月在制品						
	合计						
	差值(理论—实际)						
分析说明：							

填表说明：

1. 本月在制品中,月、季、累计均为本月在制品数。

2. 上月(季、年)在制品栏中,上季在制品为上季季末在制品,上年在制品为上年年末(12月)在制品。

3. 应进行必要的金属平衡分析说明。

ICS 77.150.01
D 46

中华人民共和国黄金行业标准

YS/T 3029—2018

黄金选冶金属平衡技术规范
浮选工艺

Technical specifications for metal balance of mineral processing and
metallurgy of gold—Floatation process

2018-07-04 发布

2019-01-01 实施

中华人民共和国工业和信息化部 发布

前　言

本标准按照 GB/T 1.1—2009 给出的规则起草。

本标准由中国黄金协会提出。

本标准由全国黄金标准化技术委员会(SAC/TC 379)归口。

本标准起草单位：长春黄金研究院、紫金矿业集团股份有限公司、长春黄金设计院、中国黄金集团科技有限公司。

本标准主要起草人：岳辉、郑晔、梁春来、郝福来、赵明福、张维滨、刘海波、孙发君、廖占丕、张国刚、纪强、赵建伟、张太雄、霍明春、程晓霞。

黄金选冶金属平衡技术规范
浮选工艺

1 范围

本标准规定了黄金生产浮选工艺金属平衡的术语、计量、取样、制样、分析、盘点、金属平衡要求和计算方法。

本标准适用于采用浮选工艺的黄金生产企业金的金属平衡工作。

2 规范性引用文件

下列文件对于本文件的应用是必不可少的。凡是注日期的引用文件,仅注有该日期的版本适用于本文件。凡是不注日期的引用文件,其最新版本(包括所有的修改单)适用于本文件。

GB/T 2007.6 散装矿产品取样制样通则 水分测定方法 热干燥法

GB/T 7739.1 金精矿化学分析方法 第1部分:金量和银量的测定

GB/T 11066.1 金化学分析方法 金量的测定 火试金法

GB/T 20899.1 金矿石化学分析方法 第1部分:金量的测定

GB/T 32841 金矿石取样制样方法

YS/T 3005 浮选金精矿取样、制样方法

YS/T 3027.1 粗金化学分析方法 第1部分:金量的测定

3 术语和定义

下列术语和定义适用于本文件。

3.1

金属平衡

进入选冶厂工艺流程或工序的原料金属量与产品金属量和排放物金属量之间的平衡关系。

注:金属平衡分实际平衡和理论平衡。实际平衡,产品和原料的重量是实测结果;理论平衡,产品的重量和产率是根据理论公式计算而得。

3.2

成品

在本企业内已完成全部生产过程,经检验符合规定的质量标准并办完入库或转交手续的产品。

3.3

盘点

在一定时间间隔内,对本企业生产过程中所涉及的生产物料,包括原料、成品等进行实物量与金属量的统计、结算。

3.4

金属回收率

成品的金属量占实际消耗原料中金属量的百分比,又称实际回收率。

4 技术要求

4.1 管理

4.1.1 企业应成立金属平衡管理委员会,统一领导、统筹安排企业金属平衡管理工作。

4.1.2 应明确各职能部门及生产单位的金属平衡管理职责及权限。

4.1.3 金属平衡管理委员会应定期检查并协调、监督各相关部门所承担的金属平衡管理职责和任务执行情况,并对金属平衡管理工作进行考核评价。

4.2 浮选工艺

4.2.1 物料流程图

常规浮选工艺物料流程图如图1所示,重选-浮选工艺物料流程图如图2所示。

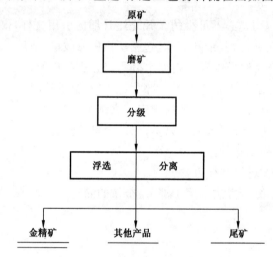

图 1 常规浮选工艺物料流程图

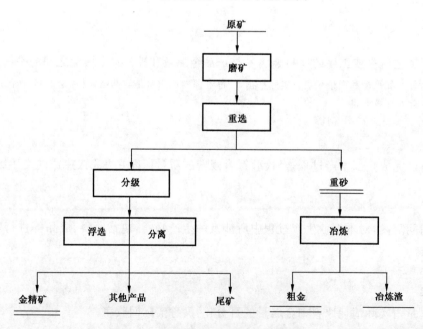

图 2 重选-浮选工艺物料流程图

4.2.2 计量

4.2.2.1 计量范围和要求

4.2.2.1.1 在金属平衡计算过程中涉及的物料均应进行计量,主要包括原料、成品及其他发生交接的含金物料。

4.2.2.1.2 原矿处理量和原矿金属量应以进入磨矿机的干矿量和干矿金属量为准。在磨矿作业前有脱泥工序的,允许按磨矿机给矿和矿泥的干矿量之和及金属量之和计算原矿处理量和原矿金属量。

4.2.2.1.3 原矿、精矿水分应每班取样测定。

4.2.2.1.4 设有重选作业的情况下,宜根据分级溢流的金属量和重选产品的金属量之和进行反算,求出原矿品位。

4.2.2.1.5 在原矿设有洗矿、脱泥作业的情况下,矿泥应单独计量,参与原矿量和金属量的计算。

4.2.2.1.6 精矿量和金属量应以脱水所得的合格精矿干矿量和金属量为准,粗金锭应以出厂或入库的金属量为准。

4.2.2.1.7 对流程中回收的聚集金应参加累计回收率的计算,在编制金属平衡表中应加以说明。

4.2.2.1.8 计量工具应有专人维护,应定期校准。

4.2.2.2 计量误差

根据物料的性质和计量误差要求,选择适宜的计量器具,原料的计量误差应≤5‰。

4.2.3 取样和制样

4.2.3.1 取样及制样方法参照 GB/T 32841 和 YS/T 3005 的规定执行。

4.2.3.2 矿浆的取样应垂直等速截取整个矿浆流,取样应连续均匀。

4.2.3.3 粗金锭的取样应按多点、均匀的原则进行。

4.2.3.4 在制样过程中,应防止样品的污染和化学成分的变化。

4.2.3.5 制样设备和工具应保持清洁,制样设备中不应残留样品。

4.2.3.6 样品应混匀。

4.2.3.7 固体化验样品的细度、质量应满足化验及复验、内检、外检的质量要求,并留副样备查。

4.2.3.8 宜采用自动取样和机械分样,减少人为误差。

4.2.4 分析方法

水分测定按 GB/T 2007.6 规定进行;金的化学分析按 GB/T 11066.1、GB/T 20899.1、GB/T 7739.1 和 YS/T 3027.1 的规定进行。

4.2.5 盘点

4.2.5.1 盘点范围包括期末库存的成品及流程中的在制品。

4.2.5.2 盘点时间在正常情况下应与金属平衡统计期一致,如遇特殊情况可临时安排。

4.2.5.3 盘点方法可采取称量法、容积法、现场测量法或直接计算法,计算取用参数(如堆密度、水分、品位)以实测为准,不得随意更改。

4.2.5.3.1 称量法:对结存量小、金品位高的物料,将其装入容器,在计量器具上直接称量。

4.2.5.3.2 容积法:对存放于储罐、储槽中的液体或粉状物料,根据容器的几何尺寸和盘点时测量的堆积高度计算其结存量。

4.2.5.3.3 现场测量法:对结存量大、堆积形状不规则的固体物料,应首先确定近似的立体几何形状,然后测量计算体积所需的尺寸,依据算出的物料体积和预先测定的堆密度计算结存量。

4.2.5.3.4 直接计算法:对具有固定几何形状或存放在有固定尺寸设备中的物料,应首先测量物料的体积,根据物料体积和预先测定的堆积密度计算结存量。

4.2.5.3.5 浓密机内金属量的统计宜在浓密机的径向和轴向布置若干个取样点,分别采样分析浓度和品位,再计算出金属量。

4.2.6 金属平衡要求和计算方法

4.2.6.1 金属平衡要求

4.2.6.1.1 金属平衡报表格式和内容参见附录 A;金属平衡表填写的项目应齐全,使用计量单位应统一采用国家法定计量单位,并保持一致。

4.2.6.1.2 编制金属平衡表应以原始数据为依据,编制金属平衡表以前应对库存产品及在制品的金属量进行盘点。

4.2.6.1.3 含金物料的数量和品位应来自计量、化验和盘点结果,应有据可依。

4.2.6.1.4 金属流失应以测定为准,不应预先估计或预先设置实际回收率来推算损失。

4.2.6.1.5 磨机衬板、磨矿介质、管道等更换检修时清理回收的流程积存金,其金属量应参加与更换检修周期相对应的金属平衡周期内的回收率计算,在编制金属平衡表中应加以说明。

4.2.6.1.6 金属平衡表中的"期初结存"数与上一期金属平衡表中的"期末结存"数应一致。

4.2.6.1.7 计量、化验等原始数据不应随意更改,需要调整时,应对计量、取样、加工、化验方法进行校核和复验,按校核和复验数据进行调整,并报请金属平衡委员会批准,调整的依据及原因分析与金属平衡报表同时上报。

4.2.6.2 计算方法

4.2.6.2.1 原矿品位

原矿品位应根据取样化验的加权平均数求得,生产累积原矿品位按公式(1)计算:

$$\alpha = \frac{Q_1\alpha_1 + Q_2\alpha_2}{Q_1 + Q_2} \quad\cdots\cdots\cdots\cdots\cdots\cdots (1)$$

式中:

α ——原矿累积平均品位,单位为克每吨(g/t);

Q_1——本期处理的原矿量,单位为吨(t);

Q_2——上期累计处理的原矿量,单位为吨(t);

α_1 ——本期处理的原矿品位,单位为克每吨(g/t);

α_2 ——上期处理的累计原矿品位,单位为克每吨(g/t)。

4.2.6.2.2 精矿品位

精矿品位应根据取样化验的加权平均数求得,精矿量、精矿金属量应与计算回收率的数据一致。生产累积精矿品位按公式(2)计算:

$$\beta = \frac{Q_1\beta_1 + Q_2\beta_2}{Q_1 + Q_2} \quad\cdots\cdots\cdots\cdots\cdots\cdots (2)$$

式中:

β ——精矿累积平均品位,单位为克每吨(g/t);

Q_1——本期生产的精矿量,单位为吨(t);

Q_2——上期累计生产的精矿量,单位为吨(t);

β_1 ——本期生产的精矿品位,单位为克每吨(g/t);

β_2 ——上期生产的累计精矿品位,单位为克每吨(g/t)。

4.2.6.2.3 尾矿品位及尾矿量

尾矿品位应以取样、化验的加权平均数求得,方法同上。尾矿量及尾矿金属量应包括脱泥、预选等尾矿的尾矿量及其金属量。

4.2.6.2.4 理论回收率

4.2.6.2.4.1 常规浮选工艺

按公式(3)计算:

$$\varepsilon = \frac{\beta(\alpha - \theta)}{\alpha(\beta - \theta)} \times 100\% \quad\quad\quad (3)$$

式中:

ε ——浮选回收率,%;

α ——原矿品位,单位为克每吨(g/t);

β ——精矿品位,单位为克每吨(g/t);

θ ——尾矿品位,单位为克每吨(g/t)。

4.2.6.2.4.2 有洗矿作业浮选工艺

原矿入选前设有洗矿作业,矿砂和矿泥单独选别的选矿厂,理论回收率可分别进行计算(图3)。理论总回收率按照金属量的子、母项加权计算。

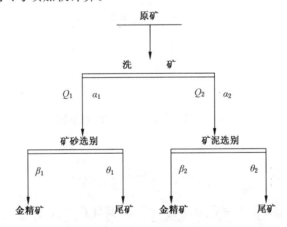

图3 设有洗矿作业的原则流程

按公式(4)~公式(6)计算:

$$\varepsilon_1 = \frac{\beta_1(\alpha_1 - \theta_1)}{\alpha_1(\beta_1 - \theta_1)} \times 100\% \quad\quad\quad (4)$$

$$\varepsilon_2 = \frac{\beta_2(\alpha_2 - \theta_2)}{\alpha_2(\beta_2 - \theta_2)} \times 100\% \quad\quad\quad (5)$$

$$\varepsilon_{总} = \frac{Q_1\alpha_1\varepsilon_1 + Q_2\alpha_2\varepsilon_2}{Q_1\alpha_1 + Q_2\alpha_2} \times 100\% \quad\quad\quad (6)$$

式中:

α_1 ——矿砂原矿品位,单位为克每吨(g/t);

β_1 ——矿砂精矿品位,单位为克每吨(g/t);

θ_1——矿砂尾矿品位,单位为克每吨(g/t);

α_2——矿泥原矿品位,单位为克每吨(g/t);

β_2——矿泥精矿品位,单位为克每吨(g/t);

θ_2——矿泥尾矿品位,单位为克每吨(g/t);

Q_1——矿砂量,单位为吨(t);

Q_2——矿泥量,单位为吨(t)。

4.2.6.2.4.3 重选-浮选工艺

重选-浮选联合流程(图4)理论回收率按式(7)~式(13)计算:

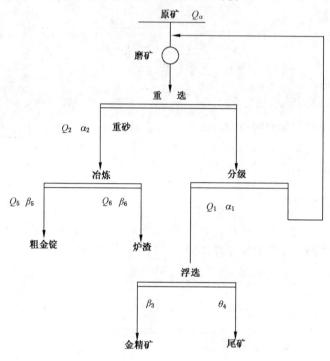

图 4 重选-浮选联合工艺流程

重选回收率:

$$\varepsilon_2 = \frac{\alpha_2(\alpha - \alpha_1)}{\alpha(\alpha_2 - \alpha_1)} \times 100\% \qquad (7)$$

若取样不方便,可以用实际回收率代替理论回收率,其计算方法为:

$$\varepsilon_2 = \frac{Q_2\alpha_2}{Q_1\alpha_1 + Q_2\alpha_2} \times 100\% \qquad (8)$$

因重砂颗粒粗、产率低,重砂品位很难准确,重选回收率也可简化为:

$$\varepsilon_2 = \frac{\alpha - \alpha_1}{\alpha} \times 100\% \qquad (9)$$

原矿品位可以反推计算:

$$\alpha = \frac{\alpha_1 Q_1 + Q_5\beta_5 + Q_6\beta_6}{Q_1 + Q_2} \times 100\% \qquad (10)$$

浮选回收率:

$$\varepsilon_3 = (1 - \varepsilon_2) \times \frac{\beta_3(\alpha_1 - \theta_4)}{\alpha_1(\beta_3 - \theta_4)} \times 100\% \qquad (11)$$

冶炼回收率:

$$\varepsilon_5 = \frac{Q_5\beta_5}{Q_2\alpha_2} \times 100\% = \frac{Q_5\beta_5}{Q_5\beta_5 + Q_6\beta_6} \times 100\% \quad \cdots\cdots\cdots\cdots\cdots\cdots\cdots\cdots\cdots\cdots\cdots (12)$$

选冶总回收率：

$$\varepsilon_总 = \varepsilon_2\varepsilon_5 + \varepsilon_3 \quad \cdots\cdots\cdots\cdots\cdots\cdots\cdots\cdots\cdots\cdots\cdots\cdots\cdots\cdots (13)$$

式中：

α ——原矿品位，单位为克每吨（g/t）；

α_1 ——浮选原矿品位，单位为克每吨（g/t）；

α_2 ——重砂品位，单位为克每吨（g/t）；

β_3 ——浮选精矿品位，单位为克每吨（g/t）；

θ_4 ——浮选尾矿品位，单位为克每吨（g/t）；

β_5 ——粗金品位，单位为克每吨（g/t）；

β_6 ——冶炼渣品位，单位为克每吨（g/t）；

Q ——原矿量，单位为吨（t）；

Q_1 ——浮选原矿矿量，单位为吨（t）；

Q_2 ——重砂重量，单位为吨（t）；

Q_5 ——粗金重量，单位为吨（t）；

Q_6 ——冶炼渣重量，单位为吨（t）。

4.2.6.2.4.4 分离浮选工艺

设有分离浮选作业的选矿厂（图5）理论回收率按式（14）～式（17）计算：

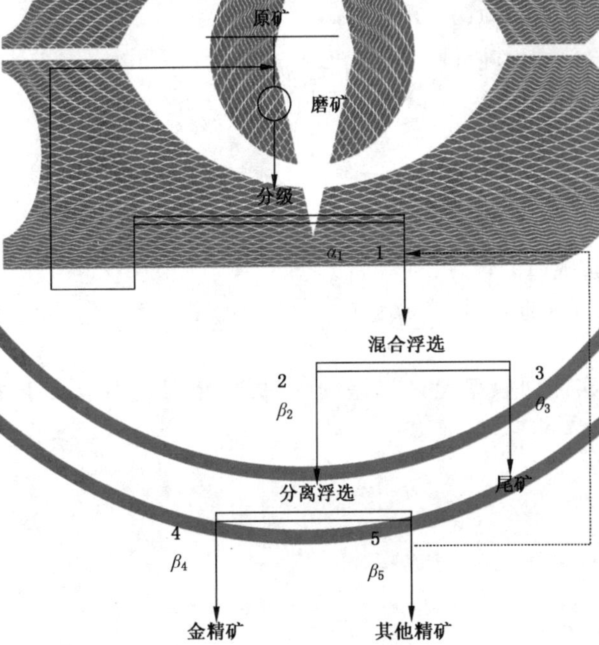

图5 分离浮选流程

混合浮选理论回收率 ε_2 的计算：

$$\varepsilon_2 = \frac{\beta_2(\alpha_1 - \theta_3)}{\alpha_1(\beta_2 - \theta_3)} \times 100\% \quad \cdots\cdots\cdots\cdots\cdots\cdots\cdots\cdots\cdots\cdots (14)$$

分离浮选回收率 ε_4 的计算：

$$\varepsilon_4 = \varepsilon_2 \frac{\beta_4(\beta_2 - \beta_5)}{\beta_2(\beta_4 - \beta_5)} \times 100\% \quad \cdots\cdots\cdots\cdots\cdots\cdots\cdots\cdots\cdots (15)$$

当其他精矿返回时,分离浮选回收率 ε_4 的计算:

$$\varepsilon_4 = \frac{\beta_4(\alpha_1 - \theta_3)}{\alpha_1(\beta_4 - \theta_3)} \times 100\% \qquad \cdots\cdots\cdots\cdots\cdots\cdots\cdots (16)$$

当其他精矿不返回,而其中的金不能回收时:

$$\varepsilon_{总} = \varepsilon_4 = \varepsilon_2 \frac{\beta_4(\beta_2 - \beta_5)}{\beta_2(\beta_4 - \beta_5)} \times 100\% \qquad \cdots\cdots\cdots\cdots\cdots\cdots (17)$$

式中:

α_1——原矿品位,单位为克每吨(g/t);

β_2——混合浮选精矿品位,单位为克每吨(g/t);

θ_3——混合浮选尾矿品位,单位为克每吨(g/t);

β_4——金精矿品位,单位为克每吨(g/t);

β_5——其他精矿金品位,单位为克每吨(g/t)。

4.2.6.2.5 实际回收率

实际回收率按式(18)计算:

$$\varepsilon_{实际} = \frac{Q \times \beta}{Q_0 \times \alpha} \times 100\% \qquad \cdots\cdots\cdots\cdots\cdots\cdots\cdots (18)$$

式中:

$\varepsilon_{实际}$——实际回收率,%;

α　——原矿品位,单位为克每吨(g/t);

β　——精矿品位,单位为克每吨(g/t);

Q_0　——原矿处理数量,单位为吨(t);

Q　——精矿生产数量,单位为吨(t)。

4.2.6.3 金属平衡误差

4.2.6.3.1 在计算金属平衡误差时,应将上期、本期在制品进行统计、计算在误差范围之内。

4.2.6.3.2 金属平衡误差按式(19)计算:

$$金属平衡误差 = \frac{(理论产金量 + 上期在制品金属量) - (实际产金量 + 本期在制品金属量)}{原矿金属量} \times 100\% \cdots\cdots(19)$$

4.2.6.3.3 理论回收率与实际回收率允许误差的绝对值,年误差不应大于 2%,季度误差不应大于 4%,月误差不应大于 6%。

附　录　A

（规范性附录）

金属平衡表

表 A.1　理论与实际回收率报表

指标 名　　称			重量或体积				品　位				金属含量/kg			金属分布率/%		
			单位	本月	季累计	年累计	单位	本月	季累计	年累计	本月	季累计	年累计	本月	季累计	年累计
原　矿																
理论指标	产品	重砂														
		金精矿														
		粗金														
		合计														
	损失产物	其他精矿														
		尾矿														
		冶炼损失														
		合计														
实际指标	产品	重砂														
		金精矿														
		粗金														
		合计														

填表说明:1. 表中数据均应与统计报表相符。

2. 理论指标中各产品的金属分布率之和应等于100%。

3. 含金其他精矿及含金多金属产物中的金,计价出售时应列入产品栏中,不计价出售时则列入损失产物中。

表 A.2　在制品统计表

序号	项目 取样 地点	固体			金属量合计/g	金属分布率/%
		重量/t	金品位/ (g·t^{-1})	金属含量/g		
1	浓密机					
2	沉淀池					
3	冶炼渣					
4						
5						
6						

表 A.2 在制品统计表(续)

序号	取样地点\项目	固体			金属量合计/g	金属分布率/%
		重量/t	金品位/$(g \cdot t^{-1})$	金属含量/g		
7						
8						
9						
10						
11						
合 计						

表 A.3 金属平衡综合分析表

名称\指标		金属量/kg			金属分布率/%		
		本月	本季	累计	本月	本季	累计
原 矿							
产品与在制品	本月理论产品金						
	上月(季、年)在制品						
	合计						
	本月实际产金						
	本月在制品						
	合计						
	差值(理论-实际)						
分析说明:							

填表说明:

1. 本月在制品中,月、季、累计均为本月在制品数。

2. 上月(季、年)在制品栏中,上季在制品为上季季末在制品,上年在制品为上年年末(12月)在制品。

3. 应进行必要的金属平衡分析说明。

表 A.4 产销盘底报表

项目 \ 指标		重 量			品 位			金属含量/kg		说明
		单位	本月	累计	单位	本月	累计	本月	累计	
实际生产	粗金									
	金精矿									
	合计									
销售	粗金									
	金精矿									
	合计									
库存	粗金									
	金精矿									
	合计									
在途	粗金									
	金精矿									
	合计									
途耗	金精矿									

ICS 77.150.01
D 46

中华人民共和国黄金行业标准

YS/T 3030—2018

黄金选冶金属平衡技术规范
氯化焙烧工艺

Technical specifications for metal balance of mineral processing and
metallurgy of gold—Chloridizing roasting

2018-07-04 发布

2019-01-01 实施

中华人民共和国工业和信息化部　　发 布

前　言

本标准按照 GB/T 1.1—2009 给出的规则起草。

本标准由中国黄金协会提出。

本标准由全国黄金标准化技术委员会(SAC/TC 379)归口。

本标准起草单位:招金矿业股份有限公司、长春黄金研究院。

本标准主要起草人:张世镖、李秀臣、秦洪训、王彩霞、岳辉、郑晔、路良山、桑胜华、郝福来、王怀、刘洪晓、杨洪忠、苑宏倩、于鸿宾、马鹏程、徐学佳。

黄金选冶金属平衡技术规范
氯化焙烧工艺

1 范围

本标准规定了黄金生产氯化焙烧工艺金属平衡的术语、计量、取样、制样、分析、盘点、金属平衡要求和计算方法。

本标准适用于采用氯化焙烧工艺的黄金生产企业金的金属平衡工作。

2 规范性引用文件

下列文件对于本文件的应用是必不可少的。凡是注日期的引用文件,仅注有该日期的版本适用于本文件。凡是不注日期的引用文件,其最新版本(包括所有的修改单)适用于本文件。

GB/T 2007.6 散装矿产品取样制样通则 水分测定方法 热干燥法

GB/T 7739 金精矿化学分析方法

GB/T 11066.1 金化学分析方法 金量的测定 火试金法

GB/T 14202 铁矿石(烧结矿、球团矿)容积密度测定方法

GB/T 20899 金矿石化学分析方法

GB/T 32841 金矿石取样制样方法

YB/T 5166 烧结矿和球团矿 转鼓强度的测定

YS/T 3005 浮选金精矿取样、制样方法

YS/T 3031 黄金选冶金属平衡技术规范 氰化炭浆工艺

YS/T 3032 黄金选冶金属平衡技术规范 氰化锌粉置换工艺

3 术语和定义

下列术语和定义适用于本文件。

3.1

金属平衡

进入选冶厂工艺流程或工序的原料金属量与产品金属量和排放物金属量之间的平衡关系。

注:金属平衡分实际平衡和理论平衡。实际平衡,产品和原料的重量是实测结果;理论平衡,产品的重量和产率是根据理论公式计算而得。

3.2

成品

在本企业内已完成全部生产过程,经检验符合规定的质量标准并办完入库或转交手续的产品。

3.3

在制品

正处于选冶过程中,尚未达到成品或半成品的制品。

3.4

盘点

在一定时间间隔内,对本企业生产过程中所涉及的生产物料,包括原料、成品、在制品等进行实物量与金属量的统计、结算。

3.5

金属回收率

成品的金属量占实际消耗原料中金属量的百分比,又称实际回收率。

3.6

金银渣

氯化焙烧烟气经洗涤后获得的含金、银的固体物料。

3.7

置换渣

用铁、锌等金属将洗涤液中的金、银等贵金属置换出来,经过滤获得的含有贵金属的固体物料。

4 技术要求

4.1 管理

4.1.1 企业应成立金属平衡管理委员会,统一领导、统筹安排企业金属平衡管理工作。

4.1.2 应明确各职能部门及生产单位的金属平衡管理职责及权限。

4.1.3 金属平衡管理委员会应定期检查并协调、监督各相关部门所承担的金属平衡管理职责和任务执行情况,并对金属平衡管理工作进行考核评价。

4.2 氯化焙烧工艺

4.2.1 物料流程图

氯化焙烧工艺物料流程图如图 1 所示。

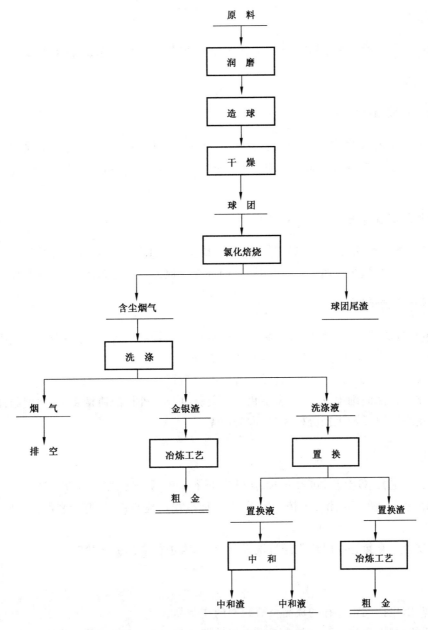

图 1 氯化焙烧工艺物料流程图

4.2.2 计量

4.2.2.1 计量范围和要求

4.2.2.1.1 在金属平衡计算过程中涉及的物料均应进行计量,主要包括原料、成品及其他发生交接的含金物料。

4.2.2.1.2 氯化焙烧工艺过程中原料、产品及中间物料计量的重量为干重。

4.2.2.1.3 原料处理量和原料金属量以进入润磨机的干矿量和干矿金属量为准。

4.2.2.1.4 原料、球团水分应每班取样测定。

4.2.2.1.5 球团量和金属量以干燥所得的合格球团干矿量和金属量为准,金银渣、中和渣、置换渣和球团尾渣以出厂或入库的金属量为准。

4.2.2.1.6 计量工具应有专人维护、定期校准。

4.2.2.2 计量误差

根据物料的性质和计量误差要求,选择适宜的计量器具,原料的计量误差应≤5‰。

4.2.3 取样和制样

4.2.3.1 粉状物料取制样方法

粉状物料包括工艺流程中的原料、金银渣、置换渣、中和渣等,取制样方法按 GB/T 32841 和 YS/T 3005 的规定进行,取样宜在料仓下的皮带上进行,样品应取自沿垂直于皮带运行方向上一定宽度的全部物料。

4.2.3.2 粒状物料取制样方法

粒状物料包括球团和球团尾渣,取制样方法按 GB/T 32841 标准规定进行,球团的取样应在球团干燥设备前后分别取湿球团、干球团样品,球团尾渣的取样应取冷却后的球团尾渣,样品应具有代表性。

4.2.3.3 液体物料取制样方法

液体物料包括洗涤液、中和液等,液体物料取样应在输送管路中进行,样品应具有代表性。

4.2.3.4 在制样过程中,应防止样品的污染和化学成分的变化。

4.2.3.5 制样设备和工具应保持清洁,制样设备中不应残留样品。

4.2.3.6 固体化验样品的细度、质量应满足化验及复验、内检、外检的质量要求,并留副样备查。

4.2.3.7 宜采用自动取样和机械分样,减少人为误差。

4.2.4 分析方法

4.2.4.1 水分测定按 GB/T 2007.6 标准规定进行;金的分析按 GB/T 7739、GB/T 11066.1、GB/T 20899 标准规定进行;球团强度按 YB/T 5166 标准规定检测;球团容积密度按 GB/T 14202 标准规定检测。

4.2.4.2 含金物料中有氯存在时应先经过洗涤预处理,再进行金的分析检测。

4.2.5 盘点

4.2.5.1 盘点范围包括期末库存的成品及流程中的在制品。

4.2.5.2 盘点时间在正常情况下应与金属平衡统计期一致,如遇特殊情况可临时安排。

4.2.5.3 盘点方法可采取称量法、容积法、现场测量法或直接计算法,计算取用参数(如堆密度、水分、品位)以实测为准,不得随意更改。

4.2.5.3.1 称量法:对结存量小、金品位高的物料,将其装入容器,在计量器具上直接称量。

4.2.5.3.2 容积法:对存放于储罐、储槽中的液体或粉状物料,根据容器的几何尺寸和盘点时测量的高度、浓度等参数计算其结存量。

4.2.5.3.3 现场测量法:对结存量大、堆积形状不规则的固体物料,应首先确定近似的立体几何形状,然后测量计算体积所需的尺寸,依据算出的物料体积和预先测定的堆积密度计算结存量。

4.2.5.3.4 直接计算法:对具有固定几何形状或存放在有固定尺寸设备中的物料,应首先测量物料的体积,根据物料体积和预先测定的堆积密度计算结存量。

4.2.5.3.5 洗涤塔中物料盘点应按设备工艺参数计算。

4.2.5.3.6 浓密机内金属量的统计宜按浓密机的径向和轴向布置若干个取样点,分别采样分析浓度和品位,再计算结存量。

4.2.5.3.7 料仓中金属量的计算

料仓有原料矿仓和球团矿仓,金属量按式(1)计算:

$$P = V \times \Delta \times \beta \qquad \cdots\cdots\cdots\cdots\cdots\cdots\cdots\cdots(1)$$

式中:

P ——矿仓中物料的金属量,单位为克(g);

V ——矿仓中物料的体积,单位为立方米(m³);

Δ ——物料的堆积密度,单位为吨每立方米(t/m³);

β ——物料的品位,单位为克每吨(g/t)。

4.2.5.3.8 槽内金属量的计算

氯化焙烧工艺中包括金银渣调浆槽,洗涤液中和槽,槽内金属量按式(2)~式(4)计算:

$$P = P_1 + P_2 \qquad \cdots\cdots\cdots\cdots\cdots\cdots\cdots(2)$$

$$P_1 = VrK\beta \qquad \cdots\cdots\cdots\cdots\cdots\cdots\cdots(3)$$

$$P_2 = Vr(1-K)\beta_{液} \qquad \cdots\cdots\cdots\cdots\cdots(4)$$

式中:

P ——槽内金属量,单位为克(g);

P_1——物料中金属量,单位为克(g);

P_2——液体中金属量,单位为克(g);

V ——槽内矿浆体积,单位为立方米(m³);

r ——矿浆密度,单位为吨每立方米(t/m³);

K ——矿浆浓度,%;

β ——矿石品位,单位为克每吨(g/t);

$\beta_{液}$——液体中金品位,单位为克每立方米(g/m³)。

4.2.6 金属平衡要求和计算方法

4.2.6.1 金属平衡要求

4.2.6.1.1 金属平衡报表格式和内容参见附录A;金属平衡表填写的项目应齐全,使用计量单位应统一采用国家法定计量单位,并保持一致。

4.2.6.1.2 编制金属平衡表应以原始数据为依据,编制金属平衡表以前应对库存产品及在制品的金属量进行盘点。

4.2.6.1.3 含金属物料的数量和品位应来自计量、化验和盘点结果,应有据可依。

4.2.6.1.4 对正常运行主体设备中停留的物料,应按结存常数进入金属平衡,当主体设备发生变化时,应进行盘点或重新计算结存常数。

4.2.6.1.5 金属流失应以测定为准,不应预先估计或预先设置实际回收率来推算损失。

4.2.6.1.6 金属平衡表中的"期初结存"数与上一期金属平衡表中的"期末结存"数应一致。

4.2.6.1.7 计量、化验等原始数据不应随意更改,需要调整时,应对计量、取样、加工、化验方法进行校核和复验,按校核和复验数据进行调整,并报请金属平衡委员会批准,调整的依据及原因分析与金属平衡报表同时上报。

4.2.6.2 后续提金工序

氯化焙烧后续提金工序按 YS/T 3031 中 4 的规定或 YS/T 3032 中 4 的规定执行。

4.2.6.3 计算方法

4.2.6.3.1 原料品位

原料品位应根据取样化验的加权平均数求得,生产累积原料品位按式(5)计算:

$$\alpha_{原料}=\frac{Q_{本原料}\ \alpha_{本原料}+Q_{上原料}\ \alpha_{上原料}}{Q_{本原料}+Q_{上原料}} \quad\cdots\cdots\cdots\cdots\cdots\cdots\cdots(5)$$

式中:

$\alpha_{原料}$ ——原料累积平均金品位,单位为克每吨(g/t);

$Q_{本原料}$ ——本期处理的原料量,单位为吨(t);

$Q_{上原料}$ ——上期累计处理的原料量,单位为吨(t);

$\alpha_{本原料}$ ——本期处理原料的金品位,单位为克每吨(g/t);

$\alpha_{上原料}$ ——上期处理的累计原料的金品位,单位为克每吨(g/t)。

4.2.6.3.2 金银渣品位

金银渣品位应根据取样化验的加权平均数求得,生产累积金银渣品位按式(6)计算:

$$\alpha_{金银}=\frac{Q_{本金银}\ \alpha_{本金银}+Q_{上金银}\ \alpha_{上金银}}{Q_{本金银}+Q_{上金银}} \quad\cdots\cdots\cdots\cdots\cdots\cdots\cdots(6)$$

式中:

$\alpha_{金银}$ ——金银渣累积平均金品位,单位为克每吨(g/t);

$Q_{本金银}$ ——本期生产的金银渣的量,单位为吨(t);

$Q_{上金银}$ ——上期累计生产的金银渣的量,单位为吨(t);

$\alpha_{本金银}$ ——本期生产金银渣的金品位,单位为克每吨(g/t);

$\alpha_{上金银}$ ——上期生产的累计金银渣的金品位,单位为克每吨(g/t)。

4.2.6.3.3 置换渣品位

置换渣品位应根据取样化验的加权平均数求得,生产累积置换渣品位按式(7)计算:

$$\alpha_{置换}=\frac{Q_{本置换}\ \alpha_{本置换}+Q_{上置换}\ \alpha_{上置换}}{Q_{本置换}+Q_{上置换}} \quad\cdots\cdots\cdots\cdots\cdots\cdots\cdots(7)$$

式中:

$\alpha_{置换}$ ——置换渣累积平均金品位,单位为克每吨(g/t);

$Q_{本置换}$ ——本期生产的置换渣的量,单位为吨(t);

$Q_{上置换}$ ——上期累计生产的置换渣的量,单位为吨(t);

$\alpha_{本置换}$ ——本期生产置换渣的金品位,单位为克每吨(g/t);

$\alpha_{上置换}$ ——上期生产的累计置换渣的金品位,单位为克每吨(g/t)。

4.2.6.3.4 球团品位

球团品位应根据取样化验的加权平均数求得,生产累积球团品位按式(8)计算:

$$\alpha_{球团}=\frac{Q_{本球团}\ \alpha_{本球团}+Q_{上球团}\ \alpha_{上球团}}{Q_{本球团}+Q_{上球团}} \quad\cdots\cdots\cdots\cdots\cdots\cdots\cdots(8)$$

式中:

$\alpha_{球团}$ ——球团累积平均金品位,单位为克每吨(g/t);

$Q_{本球团}$ ——本期生产的球团量,单位为吨(t);

$Q_{上球团}$ ——上期累计生产的球团量,单位为吨(t);

$\alpha_{本球团}$ ——本期生产球团的金品位,单位为克每吨(g/t);

$\alpha_{上球团}$ ——上期生产的累计球团金品位,单位为克每吨(g/t)。

球团尾渣品位应根据取样化验的加权平均数求得,生产累积球团尾渣品位计算方法同上。

4.2.6.3.5 中和渣品位

中和渣品位应根据取样化验的加权平均数求得,生产累积中和渣品位按式(9)计算:

$$\alpha_{中和} = \frac{Q_{本中和}\,\alpha_{本中和} + Q_{上中和}\,\alpha_{上中和}}{Q_{本中和} + Q_{上中和}} \quad\cdots\cdots\cdots\cdots\cdots\cdots\cdots(9)$$

式中:

$\alpha_{中和}$ ——中和渣累积平均金品位,单位为克每吨(g/t);

$Q_{本中和}$ ——本期产出中和渣的量,单位为吨(t);

$Q_{上中和}$ ——上期累计产出中和渣的量,单位为吨(t);

$\alpha_{本中和}$ ——本期产出中和渣的金品位,单位为克每吨(g/t);

$\alpha_{上中和}$ ——上期产出的累计中和渣的金品位,单位为克每吨(g/t)。

4.2.6.3.6 固体物料金属量的计算

固体物料中金属量按式(10)计算:

$$P_{固} = Q_{固} \times \beta_{固} \quad\cdots\cdots\cdots\cdots\cdots\cdots\cdots(10)$$

式中:

$P_{固}$ ——固体物料中的金属量,单位为克(g);

$Q_{固}$ ——固体物料的量,单位为吨(t);

$\beta_{固}$ ——固体物料的金品位,单位为克每吨(g/t)。

4.2.6.3.7 液体物料金属量的计算

液体物料中金属量按式(11)计算:

$$P_{液} = Q_{液} \times \beta_{液} \quad\cdots\cdots\cdots\cdots\cdots\cdots\cdots(11)$$

式中:

$P_{液}$ ——液体物料中的金属量,单位为克(g);

$Q_{液}$ ——液体物料的量,单位为立方米(m^3);

$\beta_{液}$ ——液体物料的金品位,单位为毫克每升(mg/L)。

4.2.6.3.8 理论回收率

氯化焙烧工序理论回收率按式(12)计算:

$$\varepsilon_{理} = \frac{P_{原料} - P_{球团尾渣} - P_{中和渣} - P_{中和液}}{P_{原料}} \times 100\% \quad\cdots\cdots\cdots\cdots\cdots(12)$$

式中:

$\varepsilon_{理}$ ——氯化焙烧工序理论回收率,%;

$P_{原料}$ ——投入原料中金的金属量,单位为克(g);

$P_{球团尾渣}$ ——球团尾渣中金的金属量,单位为克(g);

$P_{中和渣}$ ——中和渣中金的金属量,单位为克(g);

$P_{中和液}$ ——中和液中金的金属量,单位为克(g)。

4.2.6.3.9 实际回收率

氯化焙烧工序实际回收率按式(13)计算:

$$\varepsilon_{\text{实}} = \frac{P_{\text{金银渣}} + P_{\text{置换渣}}}{P_{\text{原料}}} \times 100\% \quad \cdots\cdots\cdots\cdots\cdots\cdots\cdots\cdots (13)$$

式中：

$\varepsilon_{\text{实}}$ ——工序实际回收率，%；

$P_{\text{金银渣}}$ ——工序产品金银渣中金的金属量，单位为克(g)；

$P_{\text{置换渣}}$ ——工序产品置换渣中金的金属量，单位为克(g)；

$P_{\text{原料}}$ ——工序原料中金的金属量，单位为克(g)。

4.2.7 金属平衡误差

4.2.7.1 在计算金属平衡误差时，应将上期、本期在制品进行统计并计算在误差范围之内。

4.2.7.2 金属平衡误差按式(14)计算：

$$金属平衡误差 = \frac{(理论产金量 + 上期在制品金属量) - (实际产金量 + 本期在制品金属量)}{原矿金属量} \times 100\% \quad (14)$$

4.2.7.3 理论回收率与实际回收率允许误差的绝对值，年误差不应大于 5%，季度误差不应大于 5%，月误差不应大于 8%。

附　录　A

（资料性附录）

金属平衡表

表 A.1　理论与实际回收率报表

名　　称 / 指　标			重量或体积				品　位				金属含量/g			金属分布率/%		
			单位	本月	季累计	年累计	单位	本月	季累计	年累计	本月	季累计	年累计	本月	季累计	年累计
原料																
理论指标	产品	金银渣														
		置换渣														
		合计														
	损失产物	球团尾渣														
		中和渣														
		中和液														
		合计														
实际指标	产品	金银渣														
		置换渣														
		合计														

填表说明：表中数据均应与统计报表相符。

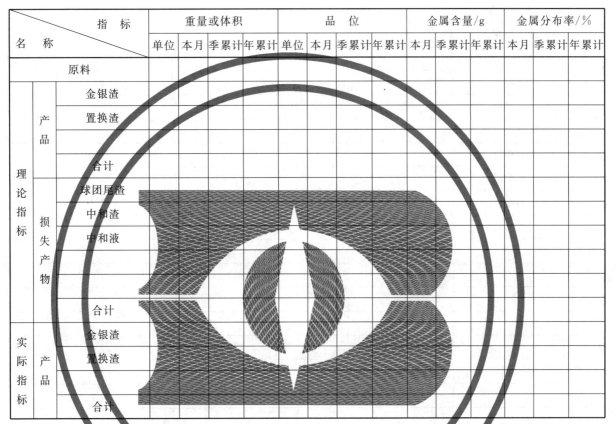

表 A.2 在制品统计表

序号	项目\取样地点	固体			液体			金属量合计/g	金属分布率/%
		重量/t	金品位/(g·t⁻¹)	金属含量/g	体积/m³	金品位/(mg·L⁻¹)	金属含量/g		
1	造球设备								
2	干燥设备								
3	球团缓冲仓								
4	氯化窑炉								
5	洗涤塔								
6	调浆槽								
7	置换反应器								
8	中和槽								
9	电雾器								
10	湍球塔								
11	浓密机								
12									
13									
14									
15									
16									
17									
18									
合计									

表 A.3　金属平衡综合分析表

指 标 名 称		金 属 量/g			金属分布率/%		
		本月	本季	累计	本月	本季	累计
原料							
产品与在制品	本月理论产品金						
	上月(季、年)在制品						
	合计						
	本月实际产金						
	本月在制品						
	合计						
	差值(理论一实际)						
分析说明:							

填表说明:

1、本月在制品中,月、季、累计均为本月在制品数。

2、上月(季、年)在制品栏中,上季在制品为上季季末在制品,上年在制品为上年年末(12月)在制品。

3、应进行必要的金属平衡分析说明。

ICS 77.150.01
D 46

中华人民共和国黄金行业标准

YS/T 3031—2018

黄金选冶金属平衡技术规范
氰化炭浆工艺

Technical specifications for metal balance of mineral processing and
metallurgy of gold—Carbon-in-pulp process

2018-07-04 发布

2019-01-01 实施

中华人民共和国工业和信息化部　　发 布

前　言

本标准按照 GB/T 1.1—2009 给出的规则起草。

本标准由中国黄金协会提出。

本标准由全国黄金标准化技术委员会(SAC/TC 379)归口。

本标准起草单位:长春黄金研究院、紫金矿业集团股份有限公司、辽宁排山楼黄金矿业有限责任公司、辽宁天利金业有限责任公司、长春黄金设计院。

本标准主要起草人:岳辉、梁春来、郑晔、郝福来、王佐满、赵志新、刘海波、廖占丕、张维滨、苑兴伟、梁国海、纪强、秦晓鹏、陈国民、孙洪丽、王艳、王忠敏、孙东阳、陈健龙、宋超、王铜。

黄金选冶金属平衡技术规范
氰化炭浆工艺

1 范围

本标准规定了黄金生产氰化炭浆工艺金属平衡的术语、计量、取样、制样、分析、盘点、金属平衡要求和计算方法。

本标准适用于采用氰化炭浆、氰化树脂提金工艺的黄金生产企业金的金属平衡工作。

2 规范性引用文件

下列文件对于本文件的应用是必不可少的。凡是注日期的引用文件,仅注有该日期的版本适用于本文件。凡是不注日期的引用文件,其最新版本(包括所有的修改单)适用于本文件。

GB/T 2007.6 散装矿产品取样制样通则 水分测定方法 热干燥法

GB/T 7739.1 金精矿化学分析方法 第1部分:金量和银量的测定

GB/T 11066.1 金化学分析方法 金量的测定 火试金法

GB/T 20899.1 金矿石化学分析方法 第1部分:金量的测定

GB/T 29509.1 载金炭化学分析方法 第1部分:金量的测定

GB/T 32841 金矿石取样制样方法

YS/T 3005 浮选金精矿取样、制样方法

YS/T 3021 炭浆工艺金回收率计算方法

YS/T 3027.1 粗金化学分析方法 第1部分:金量的测定

3 术语

下列术语和定义适用于本文件。

3.1

金属平衡

进入选冶厂工艺流程或工序的原料金属量与产品金属量和排放物金属量之间的平衡关系。

注:金属平衡分实际平衡和理论平衡。实际平衡,产品和原料的重量是实测结果;理论平衡,产品的重量和产率是根据理论公式计算而得。

3.2

成品

在本企业内已完成全部生产过程,经检验符合规定的质量标准并办完入库或转交手续的产品。

3.3

半成品

在本企业内已完成一个或几个生产阶段、符合规定的有关产品质量要求,但尚需在其他生产阶段进一步冶炼或加工的产品。

3.4

在制品

正处于选冶过程中,尚未达到成品或半成品的制品。

3.5

盘点

在一定时间间隔内,对本企业生产过程中所涉及的生产物料,包括原料、成品、在制品等进行实物量与金属量的统计、结算。

3.6

金属回收率

成品的金属量占实际消耗原料中金属量的百分比,又称实际回收率。

4 技术要求

4.1 管理

4.1.1 企业应成立金属平衡管理委员会,统一领导、统筹安排企业金属平衡管理工作。

4.1.2 应明确各职能部门及生产单位的金属平衡管理职责及权限。

4.1.3 金属平衡管理委员会应定期检查并协调、监督各相关部门所承担的金属平衡管理职责和任务执行情况,并对金属平衡管理工作进行考核评价。

4.2 氰化炭浆工艺

4.2.1 物料流程图

氢化炭浆工艺物料流程图如图 1 所示。

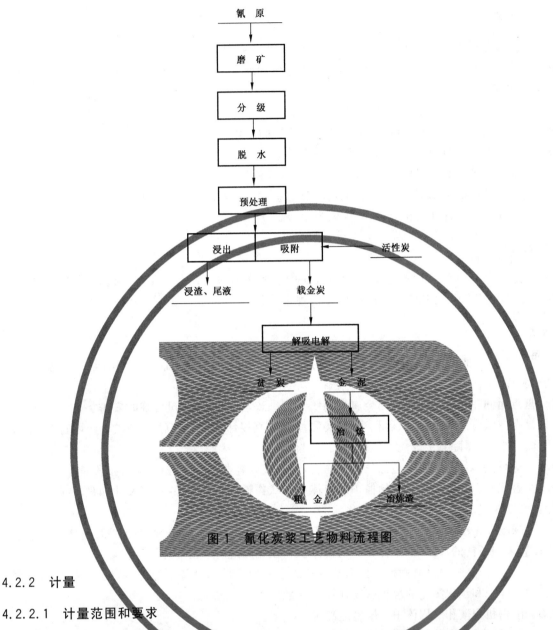

图1 氰化炭浆工艺物料流程图

4.2.2 计量

4.2.2.1 计量范围和要求

4.2.2.1.1 在金属平衡计算过程中涉及的物料均应进行计量,主要包括原料、在制品、半成品、成品及其他发生交接的含金属物料。

4.2.2.1.2 原矿处理量和原矿金属量应以进入磨矿机的干矿量和干矿金属量为准。

4.2.2.1.3 原矿、精矿水分应每班取样测定。

4.2.2.1.4 设有重选作业的情况下,宜根据分级溢流的金属量和重选产品的金属量之和进行反算,求出原矿品位。

4.2.2.1.5 粗金锭应以出厂或入库的金属量为准。

4.2.2.1.6 对流程中回收的聚集金应参加累计回收率的计算,在编制金属平衡表中应加以说明。

4.2.2.1.7 计量工具应有专人维护、定期校验。

4.2.2.2 计量误差

根据物料的性质和计量误差要求,选择适宜的计量器具,原料的计量误差应≤5‰。

4.2.3 取样和制样

4.2.3.1 取样及制样方法参照 GB/T 32841 和 YS/T 3005 的规定执行。

4.2.3.2 矿浆的取样应垂直等速截取整个矿浆流;液体的取样应连续均匀;浸吸槽内的载金炭应在至少三个不同深度取样。

4.2.3.3 粗金锭的取样应按多点、均匀的原则进行。

4.2.3.4 在制样过程中,应防止样品的污染和化学成分的变化。

4.2.3.5 制样设备和工具应保持清洁,制样设备中不应残留样品。

4.2.3.6 样品应混匀。载金炭样品在制样前应先研磨成粉状。

4.2.3.7 固体化验样品的细度、质量应满足化验及复验、内检、外检的质量要求,并留副样备查。

4.2.3.8 宜采用自动取样和机械分样,减少人为误差。

4.2.4 分析方法

水分测定按 GB/T 2007.6 规定进行;金的化学分析按 GB/T 11066.1、GB/T 20899.1、GB/T 7739.1、GB/T 29509.1 和 YS/T 3027.1 的规定进行。

4.2.5 盘点

4.2.5.1 氰原为原矿时盘点范围应包括期末库存的成品及流程中的在制品,氰原为金精矿时盘点范围还应包括原料库存。盘点中金泥不应有生产积存。

4.2.5.2 盘点时间在正常情况下应与金属平衡统计期一致,如遇特殊情况可临时安排。

4.2.5.3 盘点方法可采取称量法、容积法、现场测量法或直接计算法,计算取用参数(如堆密度、水分、品位)以实测为准,不得随意更改。

4.2.5.3.1 称量法:对结存量小、金品位高的物料,将其装入容器,在计量器具上直接称量。

4.2.5.3.2 容积法:对存放于储罐、储槽中的液体或粉状物料,根据容器的几何尺寸和盘点时测量的堆积高度计算其结存量。

4.2.5.3.3 现场测量法:对结存量大、堆积形状不规则的固体物料,应首先确定近似的立体几何形状,然后测量计算体积所需的尺寸,依据算出的物料体积和预先测定的堆密度计算结存量。

4.2.5.3.4 直接计算法:对具有固定几何形状或存放在有固定尺寸设备中的物料,应首先测量物料的体积,根据物料体积和预先测定的堆积密度计算结存量。

4.2.5.3.5 浓密机内液相和固体中金属量应准确。

4.2.5.3.6 浸吸(出)槽内物料金属量按式(1)～式(3)计算:

浸吸槽内金属量＝矿石金属量＋液体金属量＋载金炭金属量

浸出槽内金属量＝矿石金属量＋液体金属量

$$矿石金属量 = VrK\beta \qquad\qquad\cdots\cdots\cdots\cdots\cdots\cdots\cdots\cdots(1)$$

式中:

V ——浸吸(出)槽内矿浆体积,单位为立方米(m^3);

r ——矿浆密度,单位为吨每立方米(t/m^3);

K ——矿浆浓度,%;

β ——矿石品位,单位为克每吨(g/t)。

$$液体金属量 = Vr(1-K)\beta_液 \qquad\qquad\cdots\cdots\cdots\cdots\cdots\cdots(2)$$

式中:

V ——浸吸(出)槽内矿浆体积,单位为立方米(m^3);

r ——矿浆密度,单位为吨每立方米(t/m^3);

K——矿浆浓度，%；

$\beta_{液}$——液体金品位，单位为克每立方米（g/m^3）。

$$载金炭金属量 = Vr0\beta_{炭} \quad \cdots\cdots\cdots\cdots\cdots\cdots\cdots\cdots\cdots\cdots\cdots（3）$$

式中：

V——浸吸（出）槽内矿浆体积，单位为立方米（m^3）；

r_0——底炭密度，单位为吨每立方米（t/m^3）；

$\beta_{炭}$——载金炭金品位，单位为克每吨（g/t）。

4.2.6 金属平衡要求和计算方法

4.2.6.1 金属平衡要求

4.2.6.1.1 金属平衡报表格式和内容参见附录 A；金属平衡表填写的项目应齐全，使用计量单位应统一采用国家法定计量单位，并保持一致。

4.2.6.1.2 编制金属平衡表应以原始数据为依据，编制金属平衡表以前应对库存产品及在制品的金属量进行盘点。

4.2.6.1.3 含金物料的数量和品位应来自计量、化验和盘点结果，应有据可依。

4.2.6.1.4 金属流失应以测定为准，不应预先估计或预先设置实际回收率来推算损失。

4.2.6.1.5 从原矿取样点前清理出的产品，应参加累计回收率的计算，并将其金属含量加入原矿金属含量中，对原矿品位进行调整。

4.2.6.1.6 磨机衬板、磨矿介质、管道等更换检修时清理回收的流程积存金，其金属量应参加与更换检修周期相对应的金属平衡周期内的回收率计算，在编制金属平衡表中应加以说明。

4.2.6.1.7 金属平衡表中的"期初结存"数与上一期金属平衡表中的"期末结存"数应一致。

4.2.6.1.8 计量、化验等原始数据不应随意更改，需要调整时，应对计量、取样、加工、化验方法进行校核和复验，按校核和复验数据进行调整，并报请金属平衡委员会批准，调整的依据及原因分析与金属平衡报表同时上报。

4.2.6.2 计算方法

4.2.6.2.1 原矿品位

原矿品位应根据取样化验的加权平均数求得，生产累积原矿品位按式（4）计算：

$$\alpha = \frac{Q_1\alpha_1 + Q_2\alpha_2}{Q_1 + Q_2} \quad \cdots\cdots\cdots\cdots\cdots\cdots\cdots\cdots\cdots\cdots\cdots（4）$$

式中：

α——原矿累积平均品位，单位为克每吨（g/t）；

Q_1——本期处理的原矿量，单位为吨（t）；

Q_2——上期累计处理的原矿量，单位为吨（t）；

α_1——本期处理的原矿品位，单位为克每吨（g/t）；

α_2——上期处理的累计原矿品位，单位为克每吨（g/t）。

4.2.6.2.2 尾渣品位及尾渣量

尾渣品位应根据取样化验的加权平均数求得，理论上尾渣量与原矿量相等。生产累积尾渣品位按式（5）计算：

$$\beta = \frac{Q_1\beta_1 + Q_2\beta_2}{Q_1 + Q_2} \quad \cdots\cdots\cdots\cdots\cdots\cdots\cdots\cdots\cdots\cdots\cdots（5）$$

式中：

β ——尾渣累积平均品位,单位为克每吨(g/t);

Q_1 ——本期处理的原矿量,单位为吨(t);

Q_2 ——上期累计处理的原矿量,单位为吨(t);

β_1 ——本期生产的尾渣品位,单位为克每吨(g/t);

β_2 ——上期生产的累计尾渣品位,单位为克每吨(g/t)。

4.2.6.2.3 尾液品位

尾液品位应以取样化验的加权平均数求得。生产累积尾液品位按式(6)计算：

$$\theta = \frac{W_1\theta_1 + W_2\theta_2}{W_1 + W_2} \quad\cdots\cdots\cdots\cdots\cdots\cdots (6)$$

式中：

θ ——尾液累积平均品位,单位为克每立方米(g/m³);

W_1 ——本期生产的尾液量,单位为立方米(m³);

W_2 ——上期累计生产的尾液量,单位为立方米(m³);

θ_1 ——本期生产的尾液品位,单位为克每立方米(g/m³);

θ_2 ——上期生产的累计尾液品位,单位为克每立方米(g/m³)。

4.2.6.2.4 理论回收率

氰化炭浆工序理论回收率的计算按 YS/T 3021 的规定执行。

理论回收率按式(7)和式(8)计算：

$$\varepsilon_{总} = \varepsilon_{炭浆}\,\varepsilon_{解吸}\,\varepsilon_{电解}\,\varepsilon_{冶} \times 100\% = \varepsilon_{浸}\,\varepsilon_{吸}\,\varepsilon_{解吸}\,\varepsilon_{电解}\,\varepsilon_{冶} \times 100\% \quad\cdots\cdots\cdots\cdots (7)$$

式中：

$\varepsilon_{总}$ ——理论回收率,%;

$\varepsilon_{炭浆}$ ——炭浆工序理论回收率,%;

$\varepsilon_{冶}$ ——冶炼回收率,%;

$\varepsilon_{浸}$ ——浸出率,%;

$\varepsilon_{吸}$ ——吸附率,%;

$\varepsilon_{解吸}$ ——解吸率,%;

$\varepsilon_{电解}$ ——电解率,%。

解吸后的活性炭和电解后的贫液在流程中循环使用,可视解吸率和电解率为100%。

$$\varepsilon_{冶} = \frac{Q_{粗金} \times \beta_{粗金}}{Q_{金泥} \times \beta_{金泥}} \times 100\% \quad\cdots\cdots\cdots\cdots\cdots\cdots (8)$$

式中：

$\varepsilon_{冶}$ ——冶炼回收率,%;

$Q_{粗金}$ ——冶炼产品粗金重量,单位为克(g);

$Q_{金泥}$ ——冶炼原料金泥重量,单位为克(g);

$\beta_{粗金}$ ——粗金品位,%;

$\beta_{金泥}$ ——金泥品位,%。

4.2.6.2.5 实际回收率

实际回收率按式(9)计算：

$$\varepsilon_{实际} = \frac{W_{产} \times \beta}{W_{原} \times \alpha} \times 100\% \qquad\qquad \cdots\cdots\cdots\cdots\cdots\cdots\cdots（9）$$

式中：

$\varepsilon_{实际}$——实际回收率，%；

$W_{产}$——最终产品重量，单位为克（g）；

$W_{原}$——原矿重量，单位为吨（t）；

β ——最终产品品位，%；

α ——原矿品位，单位为克每吨（g/t）。

4.2.6.3 金属平衡误差

4.2.6.3.1 在计算金属平衡误差时，应将上期、本期在制品进行统计、计算在误差范围之内。

4.2.6.3.2 金属平衡误差按式（10）计算。

$$金属平衡误差 = \frac{(理论产金量 + 上期在制品金属量) - (实际产金量 + 本期在制品金属量)}{原矿金属量} \times 100\% \cdots\cdots（10）$$

4.2.6.3.3 理论回收率与实际回收率允许误差的绝对值，年误差不应大于 3%，季度误差不应大于 5%，月误差不应大于 8%。

4.2.6.4 炭量平衡的计算

4.2.6.4.1 炭量平衡

炭量平衡按式（11）计算：

$$Q_{00} - Q_{01} + Q_1 = Q_2 + Q_3 + Q_4 + Q_5 \qquad\cdots\cdots\cdots\cdots\cdots\cdots（11）$$

式中：

Q_{00}——上期存底炭量，单位为吨（t）；

Q_{01}——本期存底炭量，单位为吨（t）；

Q_1——本期补加新炭量，单位为吨（t）；

Q_2——预处理损失碎炭量，单位为吨（t）；

Q_3——随尾矿流失的粉炭量，单位为吨（t）；

Q_4——流程中回收的碎炭量，单位为吨（t）；

Q_5——安全筛回收的细炭量，单位为吨（t）。

碎炭 4 与细炭 5 金属量计入在制品。

氰化炭浆工艺炭流程如图 2 所示。

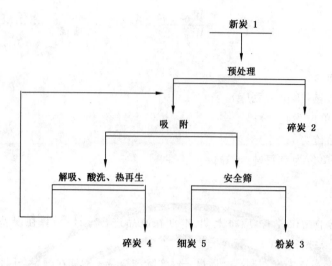

图 2　氰化炭浆工艺炭流程

4.2.6.4.2　炭损失率

a)　炭总损失率按式(12)计算：

$$炭总损失率 = \frac{Q_{00} + Q_1 - Q_{01}}{Q_{00} + Q_1} \times 100\% = \frac{Q_2 + Q_3 + Q_4 + Q_5}{Q_{00} + Q_1} \times 100\% \cdots\cdots\cdots (12)$$

b)　流程中炭损失率按式(13)和式(14)计算：

$$吸附流程中炭损失率 = \frac{Q_3 + Q_5}{Q_{00} + Q_1} \times 100\% \cdots\cdots\cdots (13)$$

$$解吸酸洗热再生损失率 = \frac{Q_4}{Q_{00} + Q_1} \times 100\% \cdots\cdots\cdots (14)$$

c)　碎炭回收率按式(15)计算：

$$碎炭回收率 = \frac{Q_4 + Q_5}{Q_{00} + Q_1} \times 100\% \cdots\cdots\cdots (15)$$

4.2.6.4.3　粉炭金属损失率

粉炭金属损失率按式(16)计算：

$$\varepsilon_3 = \frac{Q_3 \beta_3}{P} \times 100\% \cdots\cdots\cdots (16)$$

式中：

ε_3 ——粉炭金属损失率，%

Q_3 ——随尾矿流失的粉炭量，单位为吨(t)；

β_3 ——吸附末槽炭品位，单位为克每吨(g/t)；

P ——原矿金属量，单位为克(g)。

$Q_3 = Q_{00} - Q_{01} + Q_1 - Q_2 - Q_4 - Q_5$；粉炭随尾矿损失，金属损失率只作金属流失分析用，不参加回收率计算。

附　录　A

（资料性附录）

金属平衡表

表 A.1　理论与实际回收率报表

名　称　　指　标			重量或体积				品位				金属含量/kg			金属分布率/%		
			单位	本月	季累计	年累计	单位	本月	季累计	年累计	本月	季累计	年累计	本月	季累计	年累计
原矿																
理论指标	产品	粗金														
		重砂														
		合计														
	损失产物	尾渣														
		尾液														
		冶炼损失														
		合计														
实际指标	产品	粗金														
		重砂														
		合计														

填表说明:表中数据均应与统计报表相符。

表 A.2 在制品统计表

序号	项目\取样地点	固体 重量/t	固体 金品位/(g·t⁻¹)	固体 金属含量/g	液体 体积/m³	液体 金品位/(mg·L⁻¹)	液体 金属含量/g	载金炭(载金树脂) 重量/t	载金炭(载金树脂) 金品位/(g·t⁻¹)	载金炭(载金树脂) 金属含量/g	金属量合计/g	金属分布率/%
1	浓密机											
2	沉淀池											
3	浸出槽											
4	浸出槽											
5	吸附槽											
6	吸附槽											
7	吸附槽											
8	储炭槽											
9	冶炼渣											
10												
11												
	合　计											

表 A.3 金属平衡综合分析表

名　称\指　标		金　属　量/kg 本月	本季	累计	金属占有率/% 本月	本季	累计
	原矿						
产品与在制品	本月理论产品金						
	上月(季、年)在制品						
	合计						
	本月实际产金						
	本月在制品						
	合计						
	差值(理论－实际)						

分析说明:

填表说明:

　　1、本月在制品中,月、季、累计均为本月在制品数。

　　2、上月(季、年)在制品栏中,上季在制品为上季季末在制品,上年在制品为上年年末(12 月)在制品。

　　3、应进行必要的金属平衡分析说明。

表 A.4 炭平衡表

本月存炭量/t	上月存炭量/t	补加新炭量/t		预处理损失炭量/t		回收碎炭量/t		尾矿中流失粉炭量/t		炭损失率/%				碎炭回收率/%		粉炭金属损失率/%	
										流程中损失		预处理损失					
		本月	累计	本月	累计	本月	累计	本月	累计	本月	累计	本月	累计	本月	累计	本月	累计

炭平衡分析：

ICS 77.150.01
D 46

中华人民共和国黄金行业标准

YS/T 3032—2018

黄金选冶金属平衡技术规范
氰化-锌粉置换工艺

Technical specifications for metal balance of mineral processing and
metallurgy of gold-Zinc cementation process

2018-07-04 发布

2019-01-01 实施

中华人民共和国工业和信息化部　　发　布

前　言

本标准按照 GB/T 1.1—2009 给出的规则起草。

本标准由中国黄金协会提出。

本标准由全国黄金标准化技术委员会(SAC/TC 379)归口。

本标准起草单位:长春黄金研究院、紫金矿业集团股份有限公司、长春黄金设计院、中国黄金集团科技有限公司。

本标准主要起草人:岳辉、郑晔、梁春来、郝福来、张维滨、孙发君、刘海波、纪强、廖占丕、姚永南、郝世波、张磊、康秋玉、张太雄、高歌、张晗、王鹏。

黄金选冶金属平衡技术规范
氰化-锌粉置换工艺

1 范围

本标准规定了黄金生产氰化-锌粉置换工艺金属平衡的术语、计量、取样、制样、分析、盘点、金属平衡要求和计算方法。

本标准适用于采用氰化-锌粉置换工艺的黄金生产企业金的金属平衡工作。

2 规范性引用文件

下列文件对于本文件的应用是必不可少的。凡是注日期的引用文件,仅注有该日期的版本适用于本文件。凡是不注日期的引用文件,其最新版本(包括所有的修改单)适用于本文件。

GB/T 2007.6 散装矿产品取样制样通则 水分测定方法 热干燥法

GB/T 7739.1 金精矿化学分析方法 第1部分:金量和银量的测定

GB/T 11066.1 金化学分析方法 金量的测定 火试金法

GB/T 20899.1 金矿石化学分析方法 第1部分:金量的测定

GB/T 32841 金矿石取样制样方法

YS/T 3005 浮选金精矿取样、制样方法

YS/T 3006 含金物料氰化浸出锌粉置换提金工艺理论回收率计算方法

YS/T 3027.1 粗金化学分析方法 第1部分:金量的测定

3 术语

下列术语和定义适用于本文件。

3.1

金属平衡

进入选冶厂工艺流程或工序的原料金属量与产品金属量和排放物金属量之间的平衡关系。

注:金属平衡分实际平衡和理论平衡。实际平衡,产品和原料的重量是实测结果;理论平衡,产品的重量和产率是根据理论公式计算而得。

3.2

成品

在本企业内已完成全部生产过程,经检验符合规定的质量标准并办完入库或转交手续的产品。

3.3

半成品

在本企业内已完成一个或几个生产阶段、符合规定的有关产品质量要求,但尚需在其他生产阶段进一步冶炼或加工的产品。

3.4

在制品

正处于选冶过程中,尚未达到成品或半成品的制品。

3.5

盘点

在一定时间间隔内,对本企业生产过程中所涉及的生产物料,包括原料、成品、在制品等进行实物量与金属量的统计、结算。

3.6

金属回收率

成品的金属量占实际消耗原料中金属量的百分比,又称实际回收率。

4 技术要求

4.1 管理

4.1.1 企业应成立金属平衡管理委员会,统一领导、统筹安排企业金属平衡管理工作。

4.1.2 应明确各职能部门及生产单位的金属平衡管理职责及权限。

4.1.3 金属平衡管理委员会应定期检查并协调、监督各相关部门所承担的金属平衡管理职责和任务执行情况,并对金属平衡管理工作进行考核评价。

4.2 氰化-锌粉置换工艺

4.2.1 物料流程图

氰化-锌粉置换工艺物料流程图如图 1 所示。

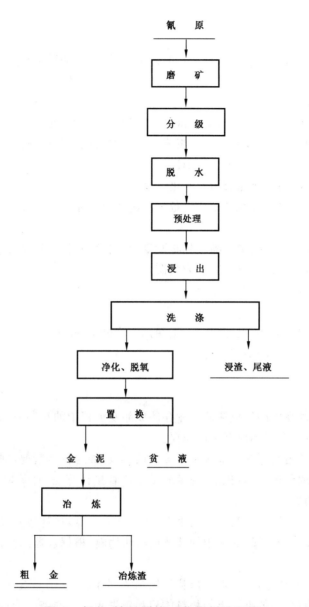

图 1 氰化-锌粉置换工艺物料流程图

4.2.2 计量

4.2.2.1 计量范围和要求

4.2.2.1.1 在金属平衡计算过程中涉及的物料均需进行计量,主要包括原料、在制品、半成品、成品及其他发生交接的含金属物料。

4.2.2.1.2 原矿处理量和原矿金属量应以进入磨矿机的干矿量和干矿金属量为准。

4.2.2.1.3 原矿、精矿水分应每班取样测定。

4.2.2.1.4 设有重选作业的情况下,宜根据分级溢流的金属量和重选产品的金属量之和进行反算,求出原矿品位。

4.2.2.1.5 粗金锭应以出厂或入库的金属量为准。

4.2.2.1.6 对流程中回收的聚集金应参加累计回收率的计算,在编制金属平衡表中应加以说明。

4.2.2.1.7 计量工具应有专人维护、应定期校验。

4.2.2.2 计量误差

根据物料的性质和计量误差要求,选择适宜的计量器具,原料的计量误差应≤5‰。

4.2.3 取样和制样

4.2.3.1 取样及制样方法参照 GB/T 32841 和 YS/T 3005 的规定执行。

4.2.3.2 矿浆的取样应垂直等速截取整个矿浆流,贵液、贫液或其他液体的取样应连续均匀。

4.2.3.3 粗金锭的取样应按多点、均匀的原则进行。

4.2.3.4 在制样过程中,应防止样品的污染和化学成分的变化。

4.2.3.5 制样设备和工具应保持清洁,制样设备中不应残留样品。

4.2.3.6 样品应混匀。

4.2.3.7 固体化验样品的细度、质量应满足化验及复验、内检、外检的质量要求,并留副样备查。

4.2.3.8 宜采用自动取样和机械分样,减少人为误差。

4.2.4 分析方法

水分测定按 GB/T 2007.6 规定进行;金的化学分析按 GB/T 11066.1、GB/T 20899.1、GB/T 7739.1 和 YS/T 3027.1 的规定进行。

4.2.5 盘点

4.2.5.1 氰原为原矿时盘点范围应包括期末库存的成品及流程中的在制品,氰原为金精矿时盘点范围还应包括原料库存。盘点中金泥不应有生产积存。

4.2.5.2 盘点时间在正常情况下应与金属平衡统计期一致,如遇特殊情况可临时安排。

4.2.5.3 盘点方法可采取称量法、容积法、现场测量法或直接计算法,计算取用参数(如堆密度、水分、品位)以实测为准,不得随意更改。

4.2.5.3.1 称量法:对结存量小、金品位高的物料,将其装入容器,在计量器具上直接称量。

4.2.5.3.2 容积法:对存放于储罐、储槽中的液体或粉状物料,根据容器的几何尺寸和盘点时测量的堆积高度计算其结存量。

4.2.5.3.3 现场测量法:对结存量大、堆积形状不规则的固体物料,应首先确定近似的立体几何形状,然后测量计算体积所需的尺寸,依据算出的物料体积和预先测定的堆密度计算结存量。

4.2.5.3.4 直接计算法:对具有固定几何形状或存放在有固定尺寸设备中的物料,应首先测量物料的体积,根据物料体积和预先测定的堆积密度计算结存量。

4.2.5.3.5 浓密机内液相和固体中金属量应准确。

4.2.5.3.6 浸出槽内物料金属量按式(1)和式(2)计算:

$$浸出槽内金属量=矿石金属量+液体金属量$$

$$矿石金属量=VrK\beta \quad\cdots\cdots\cdots\cdots\cdots\cdots(1)$$

式中:

V ——浸出槽内矿浆体积,单位为立方米(m^3);

r ——矿浆密度,单位为吨每立方米(t/m^3);

K ——矿浆浓度,%;

β ——矿石品位,单位为克每吨(g/t)。

$$液体金属量=Vr(1-K)\beta_液 \quad\cdots\cdots\cdots\cdots\cdots\cdots(2)$$

式中:

V ——浸出槽内矿浆体积,单位为立方米(m^3);

r ——矿浆密度，单位为吨每立方米（t/m³）；

K ——矿浆浓度，%；

$\beta_{液}$ ——液体金品位，单位为克每立方米（g/m³）。

4.2.5.3.7 洗涤设备内金属量按式（3）和式（4）计算：

a) 氰化矿浆在过滤机中停留时间较短，可以不作统计。浓密机中的金属量包括溶液中的已溶金和氰渣中的未溶金。

$$P = V\beta_{液} \qquad\qquad\cdots\cdots\cdots\cdots\cdots\cdots\cdots\cdots\cdots\cdots\cdots\cdots\cdots\cdots（3）$$

式中：

P ——浓密机中在制品金属量，单位为克（g）；

V ——溶液体积（可近似地等于浓密机的有效几何体积），单位为立方米（m³）；

$\beta_{液}$ ——溶液品位，单位为克每立方米（g/m³）。

b) 多层浓密机或多台单层浓密机因为液体金品位不同，应分别计算。多层浓密机中下层液体金品位可以从调节水箱采取的样品确定。

$$P = V_1\beta_1 + V_2\beta_2 + V_3\beta_3 \qquad\qquad\cdots\cdots\cdots\cdots\cdots\cdots\cdots\cdots\cdots\cdots（4）$$

式中：

P ——浓密机中在制品金属量，单位为克（g）；

V_1, V_2, V_3 ——分别为 1、2、3 层浓密机的有效容积，单位为立方米（m³）；

$\beta_1, \beta_2, \beta_3$ ——分别为 1、2、3 层浓密机溶液的金品位，单位为克每立方米（g/m³）。

c) 如果是阶段浸洗，且洗涤氰渣品位较高时，固体矿物中的金属量可以参照脱水浓密机的方法计算。

4.2.6 金属平衡要求和计算方法

4.2.6.1 金属平衡要求

4.2.6.1.1 金属平衡报表格式和内容参见附录A；金属平衡表填写的项目应齐全，使用计量单位应统一采用国家法定计量单位，并保持一致。

4.2.6.1.2 编制金属平衡表应以原始数据为依据，编制金属平衡表以前应对库存产品及在制品的金属量进行盘点。

4.2.6.1.3 含金物料的数量和品位应来自计量、化验和盘点结果，应有据可依。

4.2.6.1.4 金属流失应以测定为准，不能预先估计或预先设置实际回收率来推算损失。

4.2.6.1.5 从原矿取样点前清理出的产品，应参加累计回收率的计算，并将其金属含量加入原矿金属含量中，对原矿品位进行调整。

4.2.6.1.6 磨机衬板、磨矿介质、管道等更换检修时清理回收的流程积存金，其金属量应参加与更换检修周期相对应的金属平衡周期内的回收率计算，在编制金属平衡表中应加以说明。

4.2.6.1.7 金属平衡表中的"期初结存"数与上一期金属平衡表中的"期末结存"数应一致。

4.2.6.1.8 计量、化验等原始数据不应随意更改，需要调整时，应对计量、取样、加工、化验方法进行校核和复验，按校核和复验数据进行调整，并报请金属平衡委员会批准，调整的依据及原因分析与金属平衡报表同时上报。

4.2.6.2 计算方法

4.2.6.2.1 原矿品位

原矿品位应根据取样化验的加权平均数求得，生产累积原矿品位按式（5）计算：

$$\alpha = \frac{Q_1\alpha_1 + Q_2\alpha_2}{Q_1 + Q_2} \quad\quad\cdots\cdots\cdots\cdots\cdots\cdots\cdots\cdots\cdots\cdots \text{(5)}$$

式中：

α ——原矿累积平均品位，单位为克每吨(g/t)；

Q_1 ——本期处理的原矿量，单位为吨(t)；

Q_2 ——上期累计处理的原矿量，单位为吨(t)；

α_1 ——本期处理的原矿品位，单位为克每吨(g/t)；

α_2 ——上期处理的累计原矿品位，单位为克每吨(g/t)。

4.2.6.2.2 尾渣品位及尾渣量

尾渣品位应根据取样化验的加权平均数求得，理论上尾渣量与原矿量相等。生产累积尾渣品位按式(6)计算：

$$\beta = \frac{Q_1\beta_1 + Q_2\beta_2}{Q_1 + Q_2} \quad\quad\cdots\cdots\cdots\cdots\cdots\cdots\cdots\cdots\cdots\cdots \text{(6)}$$

式中：

β ——尾渣累积平均品位，单位为克每吨(g/t)；

Q_1 ——本期处理的原矿量，单位为吨(t)；

Q_2 ——上期累计处理的原矿量，单位为吨(t)；

β_1 ——本期生产的尾渣品位，单位为克每吨(g/t)；

β_2 ——上期生产的累计尾渣品位，单位为克每吨(g/t)。

4.2.6.2.3 尾液品位

尾液品位应以取样化验的加权平均数求得。生产累积尾液品位按式(7)计算：

$$\theta = \frac{W_1\theta_1 + W_2\theta_2}{W_1 + W_2} \quad\quad\cdots\cdots\cdots\cdots\cdots\cdots\cdots\cdots\cdots\cdots \text{(7)}$$

式中：

θ ——尾液累积平均品位，单位为克每立方米(g/m³)；

W_1 ——本期生产的尾液量，单位为立方米(m³)；

W_2 ——上期累计生产的尾液量，单位为立方米(m³)；

θ_1 ——本期生产的尾液品位，单位为克每立方米(g/m³)；

θ_2 ——上期生产的累计尾液品位，单位为克每立方米(g/m³)。

4.2.6.2.4 理论回收率

氰化-锌粉置换工序理论回收率计算方法按 YS/T 3006 的规定执行。

理论回收率按式(8)和式(9)计算：

$$\varepsilon_\text{总} = \varepsilon_\text{氰总}\,\varepsilon_\text{冶} \times 100\% = \varepsilon_\text{浸}\,\varepsilon_\text{洗}\,\varepsilon_\text{置}\,\varepsilon_\text{冶} \times 100\% \quad\quad\cdots\cdots\cdots\cdots\cdots\cdots \text{(8)}$$

式中：

$\varepsilon_\text{总}$ ——理论回收率，%；

$\varepsilon_\text{氰总}$ ——氰化-锌粉置换工序总理论回收率，%；

$\varepsilon_\text{冶}$ ——冶炼回收率，%；

$\varepsilon_\text{浸}$ ——浸出率，%；

$\varepsilon_\text{洗}$ ——洗涤率，%；

$\varepsilon_\text{置}$ ——置换率，%。

$$\varepsilon_{冶} = \frac{Q_{粗金} \times \beta_{粗金}}{Q_{金泥} \times \beta_{金泥}} \times 100\%$$ ....（ 9 ）

式中：

$\varepsilon_{冶}$ ——冶炼回收率，%；

$Q_{粗金}$ ——冶炼产品粗金量，单位为克（g）；

$Q_{金泥}$ ——冶炼原料金泥量，单位为克（g）；

$\beta_{粗金}$ ——粗金品位，%；

$\beta_{金泥}$ ——金泥品位，%。

4.2.6.2.5 实际回收率

实际回收率按式（10）计算：

$$\varepsilon_{实际} = \frac{W_{产} \times \beta}{W_{原} \times \alpha} \times 100\%$$ ....（ 10 ）

式中：

$\varepsilon_{实际}$ ——实际回收率，%；

$W_{产}$ ——最终产品量，单位为克（g）；

$W_{原}$ ——原矿量，单位为吨（t）；

β ——最终产品品位，%；

α ——原矿品位，单位为克每吨（g/t）。

4.2.6.3 金属平衡误差

4.2.6.3.1 在计算金属平衡误差时，应将上期、本期在制品进行统计、计算在误差范围之内。

4.2.6.3.2 金属平衡误差按式（11）计算。

$$金属平衡误差 = \frac{（理论产金量＋上期在制品金属量）－（实际产金量＋本期在制品金属量）}{原矿金属量} \times 100\%$$ ......（ 11 ）

4.2.6.3.3 理论回收率与实际回收率允许误差的绝对值，年误差不应大于3%，季度误差不应大于5%，月误差不应大于8%。

附　录　A

（资料性附录）

金属平衡表

表 A.1　理论与实际回收率报表

名　称 指　标			重量或体积				品　位				金属含量/kg			金属分布率/%		
			单位	本月	季累计	年累计	单位	本月	季累计	年累计	本月	季累计	年累计	本月	季累计	年累计
原矿																
理论指标	产品	粗金														
		重砂														
		合计														
	损失产物	尾渣														
		尾液														
		贫液														
		冶炼损失														
		合计														
实际指标	产品	粗金														
		重砂														
		合计														

填表说明：表中数据均应与统计报表相符。

表 A.2　在制品统计表

序号	项目\取样地点	固体			液体			金属量合计/g	金属分布率/%
		重量/t	金品位/g·t⁻¹	金属含量/g	体积/m³	金品位/mg·L⁻¹	金属含量/g		
1	浓密机								
2	洗涤浓密机								
3	浸出槽								
4	浸出槽								
5	浸出槽								
6	浸出槽								
7	浸出槽								
8	贵液池								
9									
10									
11									
合　计									

表 A.3　金属平衡综合分析表

名　称　　　指　标		金　属　量/kg			金属分布率/%		
		本月	本季	累计	本月	本季	累计
原矿							
产品与在制品	本月理论产品金						
	上月(季、年)在制品						
	合计						
	本月实际产金						
	本月在制品						
	合计						
	差值(理论一实际)						
分析说明:							

填表说明:

1、本月在制品中,月、季、累计均为本月在制品数。

2、上月(季、年)在制品栏中,上季在制品为上季季末在制品,上年在制品为上年年末(12月)在制品。

3、应进行必要的金属平衡分析说明。

ICS 77.150.01
D 46

中华人民共和国黄金行业标准

YS/T 3033—2018

黄金选冶金属平衡技术规范
生物氧化工艺

Technical specifications for metal balance of mineral processing and
metallurgy of gold—Bio-oxidation process

2018-07-04 发布

2019-01-01 实施

中华人民共和国工业和信息化部　　发布

前　言

本标准按照 GB/T 1.1—2009 给出的规则起草。

本标准由中国黄金协会提出。

本标准由全国黄金标准化技术委员会(SAC/ TC 379)归口。

本标准起草单位:长春黄金研究院、辽宁天利金业有限责任公司、紫金矿业集团股份有限公司、长春黄金设计院、中国黄金集团科技有限公司。

本标准主要起草人:徐祥彬、郝福来、梁春来、赵志新、秦晓鹏、张维滨、刘海波、孙发君、廖占丕、张国刚、岳辉、陈国民、纪强、陈晓飞、张世镖、赵国惠、李健、王秀美、杨海鸣。

黄金选冶金属平衡技术规范
生物氧化工艺

1 范围

本标准规定了黄金生产生物氧化工艺金属平衡的术语、计量、取样、制样、分析、盘点、金属平衡要求和计算方法。

本标准适用于采用生物氧化工艺的黄金生产企业金的金属平衡工作。

2 规范性引用文件

下列文件对于本文件的应用是必不可少的。凡是注日期的引用文件,仅注有该日期的版本适用于本文件。凡是不注日期的引用文件,其最新版本(包括所有的修改单)适用于本文件。

GB/T 2007.6 散装矿产品取样制样通则 水分测定方法 热干燥法

GB/T 7739.1 金精矿化学分析方法 第1部分:金量和银量的测定

GB/T 11066.1 金化学分析方法 金量的测定 火试金法

GB/T 20899.1 金矿石化学分析方法 第1部分:金量的测定

YS/T 3005 浮选金精矿取样、制样方法

YS/T 3031 黄金选冶金属平衡技术规范 氰化炭浆工艺

YS/T 3032 黄金选冶金属平衡技术规范 氰化锌粉置换工艺

3 术语和定义

下列术语和定义适用于本文件。

3.1

金属平衡

进入选冶厂工艺流程或工序的原料金属量与产品金属量和排放物金属量之间的平衡关系。

注:金属平衡分实际平衡和理论平衡。实际平衡,产品和原料的重量是实测结果;理论平衡,产品的重量和产率是根据理论公式计算而得。

3.2

成品

在本企业内已完成全部生产过程,经检验符合规定的质量标准并办完入库或转交手续的产品。

3.3

半成品

在本企业内已完成一个或几个生产阶段、符合规定的有关产品质量要求,但尚需在其他生产阶段进一步冶炼或加工的产品。

3.4

在制品

正处于选冶过程中,尚未达到成品或半成品的制品。

3.5

盘点

在一定时间间隔内,对本企业生产过程中所涉及的生产物料,包括原料、成品、在制品等进行实物量与金属量的统计、结算。

3.6

金属回收率

成品的金属量占实际消耗原料中金属量的百分比,又称实际回收率。

4 技术要求

4.1 管理

4.1.1 企业应成立金属平衡管理委员会,统一领导、统筹安排企业金属平衡管理工作。

4.1.2 应明确各职能部门及生产单位的金属平衡管理职责及权限。

4.1.3 金属平衡管理委员会应定期检查并协调、监督各相关部门所承担的金属平衡管理职责和任务执行情况,并对金属平衡管理工作进行考核评价。

4.2 生物氧化

4.2.1 物料流程图

生物氧化物料流程图如图1所示。

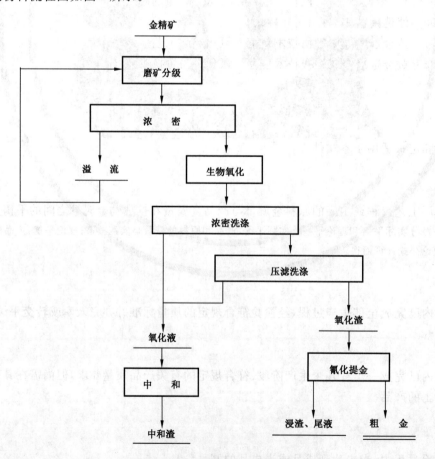

图1 生物氧化物料流程图

4.2.2 计量

4.2.2.1 计量范围和要求浓密

4.2.2.1.1 进入生物氧化作业的精矿及各工序过程中涉及的中间物料、氧化渣、氧化液等均应进行计量。

4.2.2.1.2 精矿处理量和精矿金属含量应以进入磨矿机的干矿量和金属含量为准。

4.2.2.1.3 精矿、氧化渣水分应每班测定。

4.2.2.1.4 流程中聚集金应参加累计回收率的计算,在编制金属平衡表中应加以说明。

4.2.2.1.5 计量工具应有专人维护,定期校准。

4.2.2.2 计量误差

根据物料的性质和计量误差要求,选择适宜的计量器具,原料的计量误差应≤5‰。

4.2.3 取样和制样

4.2.3.1 金精矿、氧化渣的取样及制样方法按 GB/T 2007.6 和 YS/T 3005 标准规定进行。

4.2.3.2 精矿应从浓密机底流取出。有压滤洗涤的氧化渣应从滤饼中分点取出,无压滤洗涤的氧化渣应从氰化碱浸槽给入点截取矿浆样。

4.2.3.3 球磨机中的含金物料在设备大修期间应全量取出。

4.2.3.4 氧化槽内氧化矿浆应自液面下每隔 2 m 取出不同深度的样品。

4.2.3.5 浓密机中的精矿或氧化渣宜按浓密机径向和轴向布置多点取样,矿量积存衡定时可只考虑品位变化,从底流取样。

4.2.3.6 搅拌槽内矿浆样应自液面 1/3 处和 2/3 处两个不同高度取出。

4.2.3.7 氧化液样品应从中和系统的给入点截取。

4.2.4 分析方法

水分测定按 GB/T 2007.6 规定进行;金的化学分析按 GB/T 7739.1、GB/T 11066.1 和 GB/T 20899.1 规定进行。分析氧化液前应将其中固体悬浮物中所含金溶解。

4.2.5 盘点

4.2.5.1 盘点范围包括期末库存的精矿、氧化渣、浓密机结存、所存机械占用及未离开生物氧化厂的精矿、氧化渣。

4.2.5.2 盘点时间在正常情况下应与金属平衡统计期一致,如遇特殊情况可临时安排。

4.2.5.3 盘点方法可采取称量法、容积法、现场测量法或直接计算法,计算取用参数(如堆密度、水分、品位)以实测为准,不得随意更改。

4.2.5.3.1 称量法:对结存量小、金品位高的物料,将其装入容器,在计量器具(天平、落地秤)上直接称量。

4.2.5.3.2 容积法:对存放于储罐、储槽中的液体或粉状物料,根据容器的几何尺寸和盘点时测量的堆积高度计算其结存量。

4.2.5.3.3 现场测量法:对结存量大、堆积形状不规则的固体物料,应首先确定近似的立体几何形状,然后用皮尺测量计算体积所需的尺寸,依据算出的物料体积和预先测定的堆密度计算结存量。

4.2.5.3.4 直接计算法:对具有固定几何形状(或附着其上的)和单重的在中间物料,盘点其结存数量,计算结存量。

4.2.6 金属平衡要求与计算方法

4.2.6.1 金属平衡要求

4.2.6.1.1 金属平衡报表格式和内容参见附录A;金属平衡表填写的项目应齐全,使用计量单位应统一采用国家法定计量单位,并保持一致。

4.2.6.1.2 进入生产的物料应用符合计量等级要求的计量器具进行计量。同时应在此计量点测定水分。

4.2.6.1.3 精矿品位、氧化渣品位、氧化液品位应以取样分析为准。

4.2.6.1.4 金属流失应以测定为准,不应预先估计或预先设置实际回收率来推算损失。

4.2.6.1.5 料场结存应以实际盘点为准,主要设备机械占用宜用常数进行计算。

4.2.6.1.6 金属平衡表中的"期初结存"数与上一期金属平衡表中的"期末结存"数应一致。

4.2.6.2 后续提金工序

生物氧化后续提金工序按 YS/T 3031 中 4 的规定或 YS/T 3032 中 4 的规定执行。

4.2.6.3 计算方法

4.2.6.3.1 精矿品位

精矿品位应根据取样化验的加权平均数求得,生产累积精矿品位按公式(1)计算:

$$\overline{\alpha} = \frac{Q_1\alpha_1 + Q_2\alpha_2}{Q_1 + Q_2} \quad\cdots\cdots\cdots\cdots\cdots\cdots\cdots\cdots(1)$$

式中:

$\overline{\alpha}$ ——精矿累积平均品位,单位为克每吨(g/t);

Q_1 ——本期处理的精矿量,单位为吨(t);

Q_2 ——上期累计处理的精矿量,单位为吨(t);

α_1 ——本期处理的精矿品位,单位为克每吨(g/t);

α_2 ——上期处理的累计精矿品位,单位为克每吨(g/t)。

4.2.6.3.2 氧化渣品位

氧化渣品位应根据取样化验的加权平均数求得,氧化渣量、氧化渣金属量应与计算回收率的数据一致。生产累积氧化渣品位按公式(2)计算:

$$\overline{\beta} = \frac{Q_1\beta_1 + Q_2\beta_2}{Q_1 + Q_2} \quad\cdots\cdots\cdots\cdots\cdots\cdots\cdots\cdots(2)$$

式中:

$\overline{\beta}$ ——氧化渣累积平均品位,单位为克每吨(g/t);

Q_1 ——本期生产的氧化渣量,单位为吨(t);

Q_2 ——上期累计生产的氧化渣量,单位为吨(t);

β_1 ——本期生产的氧化渣品位,单位为克每吨(g/t);

β_2 ——上期生产的累计氧化渣品位,单位为克每吨(g/t)。

4.2.6.3.3 氧化液品位及氧化液量

氧化液品位应以取样化验的加权平均数求得,氧化液量及氧化液金属量不包括返回流程的氧化液量及其金属量。氧化液品位按公式(3)计算:

$$\overline{\theta} = \frac{W_1\theta_1 + W_2\theta_2}{W_1 + W_2} \quad\cdots\cdots\cdots\cdots\cdots\cdots\cdots(3)$$

式中：

$\overline{\theta}$ ——氧化液累积平均品位,单位为克每立方米(g/m³);

W_1 ——本期生产的氧化液量,单位为立方米(m³);

W_2 ——上期累计生产的氧化液量,单位为立方米(m³);

θ_1 ——本期生产的氧化液品位,单位为克每立方米(g/m³);

θ_2 ——上期生产的累计氧化液品位,单位为克每立方米(g/m³)。

在计量设备不完备的情况下,如果补加洗水量较稳定,可以用平衡法计算并校正氧化液量,按公式(4)计算:

$$V_0 = V_1 + V_2 - V_3 \quad\cdots\cdots\cdots\cdots\cdots\cdots\cdots(4)$$

式中：

V_0——氧化液量,单位为立方米(m³);

V_1——氧化矿浆带入水量,单位为立方米(m³);

V_2——补加洗水量,单位为立方米(m³);

V_3——氧化渣带走水量,单位为立方米(m³)。

4.2.6.3.4 理论回收率

生物氧化厂提金的理论回收率按公式(5)计算:

$$\varepsilon_a = \frac{Q_0\alpha - W\theta}{Q_0\alpha} \times \varepsilon_{氰} \times 100\% \quad\cdots\cdots\cdots\cdots\cdots\cdots\cdots(5)$$

式中：

ε_a ——理论回收率,%;

Q_0 ——精矿处理量,单位为吨(t);

α ——精矿品位,单位为克每吨(g/t);

W ——氧化液量,单位为立方米(m³);

θ ——氧化液品位,单位为克每立方米(g/m³);

$\varepsilon_{氰}$ ——氰化提金理论回收率,%。

4.2.6.3.5 实际回收率

生物氧化厂提金的实际回收率按公式(6)计算:

$$\varepsilon_{ap} = \frac{Q_g\omega}{Q_0\alpha} \times 100\% \quad\cdots\cdots\cdots\cdots\cdots\cdots\cdots(6)$$

式中：

ε_{ap} ——实际回收率,%;

Q_0 ——精矿处理量,单位为吨(t);

Q_g ——粗金量,单位为克(g);

α ——精矿品位,单位为克每吨(g/t);

ω ——粗金纯度,%。

4.2.6.4 金属平衡误差

4.2.6.4.1 在计算金属平衡误差时,应将上期、本期在制品进行统计、计算在误差范围之内。

4.2.6.4.2 金属平衡误差按公式(7)计算。

$$金属平衡误差=\frac{(理论产金量+上期在制品金属量)-(实际产金量+本期在制品金属量)}{原矿金属量}\times100\% \quad\cdots\cdots（7）$$

4.2.6.4.3 理论回收率与实际回收率允许误差的绝对值,年误差不应大于3%,季度误差不应大于5%,月误差不应大于8%。

附　录　A

（资料性附录）

金属平衡表

表 A.1　理论与实际回收率报表

名　称 ＼ 指　标			重量或体积			品　位			金属含量/kg			金属分布率/%		
			单位	本月	季累计	年累计	单位	本月	季累计	年累计	本月	季累计	年累计	本月	季累计	年累计
精矿																
理论指标	产品	氧化渣														
		粗金														
	损失产物	氧化液														
		氰化提金														
		合计														
实际指标	产品	氧化渣														
		粗金														
		合计														

填表说明:表中数据均应与统计报表相符。

表 A.2　在制品统计表

序号	项目＼取样地点	固体			液体			金属量合计/g	金属分布率/%
		重量/t	金品位/(g·t⁻¹)	金属含量/g	体积/m³	金品位/(g·m⁻³)	金属含量/g		
1	球磨机								
2	脱药浓密机								
3	氧化槽								
4	洗涤浓密机								
5	氧化液回收								
6	氰化提金								
7									
8									
9									
10									
11									
合　计									

表 A.3 金属平衡综合分析表

指标 名 称		金 属 量/kg			金属分布率/%		
		本月	本季	累计	本月	本季	累计
含金物料							
产品与在制品	本月理论产品金						
	上月(季、年)在制品						
	合计						
	本月实际产金						
	本月在制品						
	合计						
	差值(理论—实际)						
分析说明:							

填表说明:

1、本月在制品中,月、季、累计均为本月在制品数

2、上月(季、年)在制品栏中,上季在制品为上季季末在制品,上年在制品为上年年末(12月)在制品。

3、应进行必要的金属平衡分析说明。

ICS 77.150.01
D 46

中华人民共和国黄金行业标准

YS/T 3034—2018

黄金选冶金属平衡技术规范
原矿焙烧工艺

Technical specifications for metal balance of mineral processing and

metallurgy of gold—Whole-ore roasting process

2018-07-04 发布

2019-01-01 实施

中华人民共和国工业和信息化部　发布

前　言

本标准按照 GB/T1.1—2009 给出的规则起草。

本标准由中国黄金协会提出。

本标准由全国黄金标准化技术委员会(SAC/TC 379)归口。

本标准起草单位:长春黄金研究院、贵州金兴黄金矿业有限责任公司、紫金矿业集团股份有限公司、长春黄金设计院、中国黄金集团科技有限公司。

本标准主要起草人:赵国惠、岳辉、梁春来、李永胜、施杰、张维滨、刘海波、孙发君、廖占丕、赵俊蔚、纪强、王忠敏、张世镖、李健、王秀美、郝福来、徐祥彬、逄文好。

黄金选冶金属平衡技术规范
原矿焙烧工艺

1 范围

本标准规定了黄金生产原矿焙烧工艺金属平衡的术语、计量、取样、制样、分析、盘点、金属平衡要求和计算方法。

本标准适用于采用干式磨矿的原矿焙烧工艺的黄金生产企业金的金属平衡工作。

2 规范性引用文件

下列文件对于本文件的应用是必不可少的。凡是注日期的引用文件,仅注有该日期的版本适用于本文件。凡是不注日期的引用文件,其最新版本(包括所有的修改单)适用于本文件。

GB/T 2007.6 散装矿产品取样制样通则 水分测定方法 热干燥法

GB/T 11066.1 金化学分析方法 金量的测定 火试金法

GB/T 20899.1 金矿石化学分析方法 第1部分:金量的测定

GB/T 32841 金矿石取样制样方法

YS/T 3002 含金矿石试验样品制备技术规范

YS/T 3027.1 粗金化学分析方法 第1部分:金量的测定

YS/T 3031 黄金选冶金属平衡技术规范 氰化炭浆工艺

YS/T 3032 黄金选冶金属平衡技术规范 氰化锌粉置换工艺

3 术语和定义

下列术语和定义适用于本文件。

3.1

金属平衡

进入选冶厂工艺流程或工序的原料金属量与产品金属量和排放物金属量之间的平衡关系。

注:金属平衡分实际平衡和理论平衡。实际平衡,产品和原料的重量是实测结果;理论平衡,产品的重量和产率是根据理论公式计算而得。

3.2

成品

在本企业内已完成全部生产过程,经检验符合规定的质量标准并办完入库或转交手续的产品。

3.3

半成品

在本企业内已完成一个或几个生产阶段、符合规定的有关产品质量要求,但尚需在其他生产阶段进一步冶炼或加工的产品。

3.4

在制品

正处于选冶过程中,尚未达到成品或半成品的制品。

3.5

盘点

在一定时间间隔内,对本企业生产过程中所涉及的生产物料,包括原料、成品、在制品等进行实物量与金属量的统计、结算。

3.6

金属回收率

成品的金属量占实际消耗原料中金属量的百分比,又称实际回收率。

4 技术要求

4.1 管理

4.1.1 企业应成立金属平衡管理委员会,统一领导、统筹安排企业金属平衡管理工作。

4.1.2 应明确各职能部门及生产单位的金属平衡管理职责及权限。

4.1.3 金属平衡管理委员会应定期检查并协调、监督各相关部门所承担的金属平衡管理职责和任务执行情况,并对金属平衡管理工作进行考核评价。

4.2 原矿焙烧工艺

4.2.1 物料流程图

原矿焙烧工艺物料流程如图1所示。

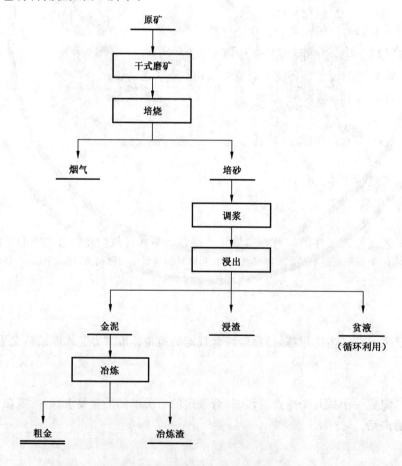

图1 原矿焙烧工艺物料流程

4.2.2 计量

4.2.2.1 计量范围和要求

4.2.2.1.1 在金属平衡计算过程中涉的物料均应进行计量,主要包括原料、成品及其他发生交接的含金物料。

4.2.2.1.2 原矿处理量和原矿金属量应以进入磨矿机的干矿量和干矿金属量为准。

4.2.2.1.3 原矿水分应每班取样测定。

4.2.2.1.4 计量工具应有专人维护,定期校准。

4.2.2.2 计量误差

根据物料的性质和计量误差要求,选择适宜的计量器具,原料的计量误差应≤5‰。

4.2.3 取样和制样

4.2.3.1 取样及制样方法参照 GB/T 32841 和 YS/T 3002 的规定执行。

4.2.3.2 矿浆的取样应垂直等速截取整个矿浆流,贵液、贫液或其他液体的取样应连续均匀。

4.2.3.3 在制样过程中,应防止样品的污染和化学成分的变化。

4.2.3.4 制样设备和工具应保持清洁,制样设备中不应残留样品。

4.2.3.5 固体化验样品的细度、质量应满足化验及复验、内检、外检的质量要求,并留副样备查。

4.2.3.6 宜采用自动取样和机械分样,减少人为误差。

4.2.4 分析方法

水分测定按 GB/T 2007.6 规定进行;金的化学分析按 GB/T 11066.1、GB/T 20899.1、GB/T 7739.1 和 YS/T 3027.1 的规定进行。

4.2.5 盘点

4.2.5.1 盘点范围包括期末库存的原矿、浓密机结存、机械占用和成品。

4.2.5.2 盘点时间在正常情况下应与金属平衡统计期一致,如遇特殊情况可临时安排。

4.2.5.3 盘点方法可采取称量法、容积法、现场测量法或直接计算法,计算取用参数(如堆密度、水分、品位)以实测为准,不得随意更改。

4.2.5.3.1 称量法:对结存量小、金品位高的物料,将其装入容器,在计量器具上直接称量。

4.2.5.3.2 容积法:对存放于储罐、储槽中的液体或粉状物料,根据容器的几何尺寸和盘点时测量的堆积高度计算其结存量。

4.2.5.3.3 现场测量法:对结存量大、堆积形状不规则的固体物料,应首先确定近似的立体几何形状,然后测量计算体积所需的尺寸,依据算出的物料体积和预先测定的堆密度计算结存量。

4.2.5.3.4 直接计算法:对具有固定几何形状或存放在有固定尺寸设备中的物料,应首先测量物料的体积,根据物料体积和预先测定的堆积密度计算结存量。

4.2.6 金属平衡要求和计算方法

4.2.6.1 金属平衡要求

4.2.6.1.1 金属平衡报表格式和内容参见附录 A;金属平衡表填写的项目应齐全,使用计量单位应统一采用国家法定计量单位,并保持一致。

4.2.6.1.2 进入原矿焙烧工艺流程的原矿应用计量部门认可的计量器进行计量,同时应在此计量点测定水分。

4.2.6.1.3 原矿金品位、浸渣金品位、粗金品位应以取样分析为准。

4.2.6.1.4 金属流失应以测定结果为准,不应预先估计或预先设置实际回收率来推算损失。

4.2.6.1.5 原矿仓、粉矿仓、浓密机结存应以实际盘点为准,磨机占用宜以常数进行计算。

4.2.6.1.6 金属平衡表中的"期初结存"数与上一期金属平衡表中的"期末结存"数应一致。

4.2.6.2 后续提金工序

原矿焙烧后续提金工序按 YS/T 3031 中 4 的规定或 YS/T 3032 中 4 的规定执行。

4.2.6.3 计算方法

4.2.6.3.1 原矿品位

原矿品位应根据取样化验的加权平均数求得,生产累积原矿品位按公式(1)计算:

$$\alpha = \frac{Q_1 \alpha_1 + Q_2 \alpha_2}{Q_1 + Q_2} \quad\cdots\cdots\cdots\cdots\cdots\cdots(1)$$

式中:

α ——原矿累积平均品位,单位为克每吨(g/t);

Q_1 ——本期处理的原矿量,单位为吨(t);

Q_2 ——上期累计处理的原矿量,单位为吨(t);

α_1 ——本期处理的原矿品位,单位为克每吨(g/t);

α_2 ——上期处理的累计原矿品位,单位为克每吨(g/t)。

4.2.6.3.2 理论回收率

理论回收率按公式(2)计算:

$$\varepsilon_a = \frac{Q_0 \alpha - \lambda}{Q_0 \alpha} \times \varepsilon_{氰} \times 100\% \quad\cdots\cdots\cdots\cdots\cdots\cdots(2)$$

式中:

ε_a ——理论回收率,%;

Q_0 ——原矿处理量,单位为吨(t);

α ——原矿品位,单位为克每吨(g/t);

λ ——焙烧工序损失金属量,单位为克(g);

$\varepsilon_{氰}$ ——氰化提金理论回收率,%。

4.2.6.3.3 实际回收率

实际回收率按公式(3)计算:

$$\varepsilon_{ap} = \frac{Q_g \omega}{Q_0 \alpha} \times 100\% \quad\cdots\cdots\cdots\cdots\cdots\cdots(3)$$

式中:

ε_{ap} ——实际回收率,%;

Q_0 ——原矿处理量,单位为吨(t);

Q_g ——粗金量,单位为克(g);

α ——原矿品位,单位为克每吨(g/t);

ω ——粗金纯度,%。

4.2.6.4 金属平衡误差

4.2.6.4.1 在计算金属平衡误差时,应将上期、本期在制品进行统计、计算在误差范围之内。

4.2.6.4.2 金属平衡误差按公式(4)计算。

$$金属平衡误差 = \frac{(理论产金量+上期在制品金属量)-(实际产金量+本期在制品金属量)}{原矿金属量} \times 100\%$$

$$\cdots\cdots\cdots\cdots\cdots\cdots\cdots\cdots\cdots\cdots(4)$$

4.2.6.4.3 理论回收率与实际回收率允许误差的绝对值,年误差不应大于3%,季度误差不应大于5%,月误差不应大于8%。

附 录 A

（资料性附录）

金属平衡表

表 A.1 理论与实际回收率报表

			重量或体积				品位				金属含量/kg			金属分布率/%		
指标 名称			单位	本期	季累计	年累计	单位	本期	季累计	年累计	本期	季累计	年累计	本期	季累计	年累计
原矿																
理论指标	产品	粗金														
		合计														
	损失产物	浸渣														
		贫液														
		冶炼损失														
		合计														
		粗金														
实际指标	产品															
		合计														

填表说明：表中数据均应与统计报表相符。

表 A.2 中间物料统计表

序号	项目取样地点	固体			液体			金属量合计/g	金属分布率/%
		重量/t	金品位/$(g \cdot t^{-1})$	金属含量/g	体积/m^3	金品位/$(mg \cdot L^{-1})$	金属含量/g		
1	立式辊磨								
2	焙烧炉								
3	水淬槽								
4	球磨机								
5	浓密机								
6	浸出槽								
7	浸出槽								
8	浸出槽								
9	浸出槽								
10	贵液池								
11									
合　计									

表 A.3 金属平衡综合分析表

名称	指标	金属量/kg			金属分布率/%		
		本期	本季	累计	本期	本季	累计
原矿							
产品与在制品	本期理论产品金						
	上期(季、年)在制品						
	合计						
	本期实际产金						
	本期在制品						
	合计						
	差值(理论—实际)						
分析说明:							

填表说明:

1. 本期在制品中,期、季、累计均为本期在制品数。

2. 上期(季、年)在制品栏中,上季在制品为上季季末在制品,上年在制品为上年年末(12月)在制品。

3. 应进行必要的金属平衡分析说明。

ICS 77.150.01
D 46

中华人民共和国黄金行业标准

YS/T 3036—2020

黄金选冶金属平衡技术规范
金精矿焙烧工艺

Technical specifications for metal balance of mineral processing and
metallurgy of gold—Gold concentrate roasting process

2020-12-25 发布

2021-04-01 实施

中华人民共和国工业和信息化部　发布

前　言

本标准按照 GB/T 1.1—2009 给出的规则起草。

本标准由中国黄金协会提出。

本标准由全国黄金标准化技术委员会(SAC/TC 379)归口。

本标准起草单位：长春黄金研究院有限公司、紫金矿业集团股份有限公司、湖北三鑫金铜股份有限公司、内蒙古金陶股份有限公司。

本标准主要起草人：赵俊蔚、郝福来、梁春来、岳辉、刘恒柏、郑晔、高延龙、蔡创开、朱江、张长征、周淤成、廖占丕、李达、孙璐。

黄金选冶金属平衡技术规范
金精矿焙烧工艺

1 范围

本标准规定了黄金生产金精矿焙烧工艺金属平衡的术语、计量、取样、制样、分析、盘点、金属平衡要求和计算方法。

本标准适用于采用一段焙烧工艺或两段焙烧工艺处理金精矿的黄金生产企业金的金属平衡工作。

2 规范性引用文件

下列文件对于本文件的应用是必不可少的。凡是注日期的引用文件,仅注日期的版本适用于本文件。凡是不注日期的引用文件,其最新版本(包括所有的修改单)适用于本文件。

GB/T 2007.6 散装矿产品取样、制样通则 水分测定方法 热干燥法

GB/T 7739.1 金精矿化学分析方法 第1部分:金量和银量的测定

GB/T 20899.1 金矿石化学分析方法 第1部分:金量的测定

GB/T 29509.1 载金炭化学分析方法 第1部分:金量的测定

GB/T 32841 金矿石取样制样方法

YS/T 3005 浮选金精矿取样、制样方法

YS/T 3026 粗金

YS/T 3027.1 粗金化学分析方法 第1部分:金量的测定

YS/T 3031 黄金选冶金属平衡技术规范 氰化炭浆工艺

YS/T 3032 黄金选冶金属平衡技术规范 氰化-锌粉置换工艺

3 术语和定义

下列术语和定义适用于本文件。

3.1

金属平衡 metal balance
进入金精矿焙烧厂工艺流程或工序的原料金属量与产品金属量和排放物金属量之间的平衡关系。

注:金属平衡分实际平衡和理论平衡。实际平衡,产品和原料的重量是实测结果;理论平衡,产品的重量和产率是根据理论公式计算而得。

3.2

成品 finished product
在本企业内已完成全部生产过程,经检验符合规定的质量标准并办完入库或转交手续的产品。

3.3

半成品 semi-finished product
在本企业内已完成一个或几个生产阶段、符合规定的有关产品质量要求,但尚需在其他生产阶段进一步冶炼或加工的产品。

3.4

在制品 work-in-process

正处于冶炼过程中,尚未达到成品或半成品的制品(包括虽然冶炼完毕,但尚待检验或检验完毕尚未入库或转交的产品)。

3.5

盘点 stocktake

在一定时间间隔内,对本企业生产过程中所涉及的生产物料,包括原料、成品、在制品等进行实物量与金属量的统计、结算。

3.6

金属回收率 metal recovery

成品的金属量占实际消耗原料中金属量的百分比。

4 要求

4.1 管理

4.1.1 企业应成立金属平衡管理委员会,统一领导、统筹安排企业金属平衡管理工作。

4.1.2 金属平衡管理委员会应明确各职能部门及生产单位的金属平衡管理职责及权限。

4.1.3 金属平衡管理委员会应定期检查并协调、监督各相关部门所承担的金属平衡管理职责和任务执行情况,并对金属平衡管理工作进行考核评价。

4.2 金精矿焙烧提金工艺流程图

金精矿一段焙烧工艺流程如图1所示,金精矿二段焙烧工艺流程如图2所示。

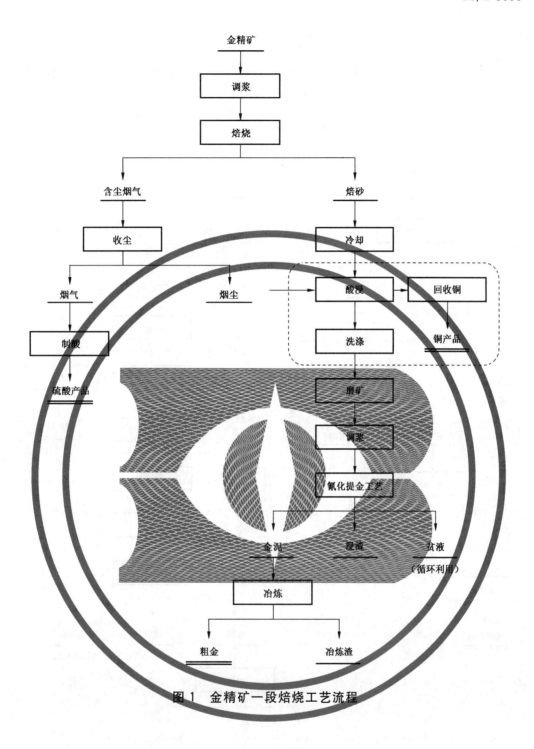

图 1　金精矿一段焙烧工艺流程

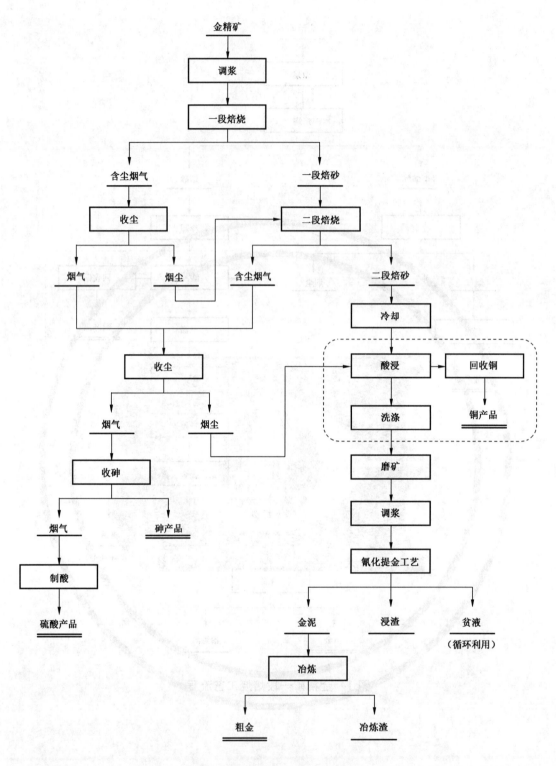

图 2 金精矿二段焙烧工艺流程

4.3 金属平衡

4.3.1 计量和盘点

4.3.1.1 在金属平衡计算过程中涉及的物料均应进行计量,主要包括原料、在制品、半成品、成品及其他发生交接的含金属物料。

4.3.1.2 盘点范围包括期末库存的原料、成品、半成品和设备及机械等设施占用的在制品。

4.3.1.3 盘点时间在正常情况下应与金属平衡统计期一致,如遇特殊情况可临时安排。

4.3.1.4 金精矿处理量和金精矿金属量应以进入调浆工序的干矿量和干矿金属量为准。

4.3.1.5 凡进入焙烧工艺流程的金精矿应用计量部门认可的计量器进行计量,同时应在计量点测定浆式进料矿浆浓度。

4.3.1.6 计量器具应有专人维护,定期校验。

4.3.1.7 根据物料的性质和计量误差要求,选择适宜的计量器具,计量误差应不大于5‰。

4.3.2 取样和制样

4.3.2.1 金精矿、焙砂、浸渣等物料的取样及制样方法参照 YS/T 3005 和 GB/T 32841 的规定执行;粗金的取样及制样方法按 YS/T 3026 的规定执行。

4.3.2.2 矿浆的取样应垂直等速截取整个矿浆流,贵液、贫液或其他液体的取样应连续均匀。

4.3.2.3 在制样过程中,应防止样品的污染和化学成分的变化。

4.3.2.4 制样设备和工具应保持清洁,制样设备中不应残留样品。

4.3.2.5 固体化验样品细度、质量应满足化验及复验、内检、外检的要求,并留副样备查。

4.3.2.6 宜采用自动取样和机械分样,减少人为误差。

4.3.2.7 金精矿、浸渣水分每班取样测定。

4.3.3 分析方法

4.3.3.1 水分测定按 GB/T 2007.6 的规定进行。

4.3.3.2 金的化学分析,金精矿、焙砂、酸浸渣按 GB/T 7739.1 的规定进行;浸渣按 GB/T 20899.1 的规定进行;载金炭按 GB/T 29509.1 的规定进行;粗金按 YS/T 3027.1 的规定进行。

4.3.4 金属平衡表编制

4.3.4.1 金属平衡报表格式和内容参见附录 A。金属平衡表填写的项目应齐全,使用计量单位应统一采用国家法定计量单位,并保持一致。

4.3.4.2 编制金属平衡表应以原始数据为依据,编制金属平衡表以前应对库存产品及在制品的金属量进行盘点。

4.3.4.3 含金物料的数量和品位应来自计量、化验和盘点结果,应有据可依。

4.3.4.4 金属流失应以测定结果为准,不应预先估计或预先设置实际回收率来推算损失。

4.3.4.5 精矿仓、调浆槽、浓密机结存以实际盘点为准,焙烧炉、磨机占用宜以常数进行计算。

4.3.4.6 设备、管道等更换检修时清理回收的流程积存金,其金属量应参加与更换检修周期相对应的金属平衡周期内的回收率计算,在编制金属平衡表中应加以说明。

4.3.4.7 金属平衡表中的"期初结转"数与上一期金属平衡表中的"期末结存"数应一致。

4.3.4.8 计量、化验等原始数据不应随意更改,需要调整时,应对计量、取样、加工、化验方法进行校核和复验,按校核和复验数据进行调整,并报请金属平衡管理委员会批准,调整的依据及原因分析应与金属平衡报表同时上报。

5 方法

5.1 盘点方法

盘点方法可采取称量法、容积法或现场测量法,计算取用参数(如堆密度、水分、品位)以实测为准,不得随意更改。各盘点方法说明如下:

a) 称量法:对结存量小的物料,将其装入容器,在计量器具上直接称量;

b) 容积法:对存放在调浆槽、浓密机及固定几何尺寸容器中的物料以所测容积和密度计算其结存量;

c) 现场测量法:对结存量大且不规则的固体物料,应首先进行人工堆积,确定几何形状,然后用相应的测量仪器测量并计算体积,依据预先测定的堆密度计算结存量。

5.2 计算方法

5.2.1 金精矿品位

金精矿品位应根据取样化验的加权平均数求得,生产累积金精矿品位按公式(1)计算:

$$\bar{\alpha} = \frac{Q_1\alpha_1 + Q_2\alpha_2}{Q_1 + Q_2} \quad\quad\quad\quad\quad\quad\quad\quad\cdots\cdots\cdots\cdots(1)$$

式中:

$\bar{\alpha}$ ——金精矿累积平均品位,单位为克每吨(g/t);

Q_1——本期处理的金精矿量,单位为吨(t);

Q_2——上期累计处理的金精矿量,单位为吨(t);

α_1——本期处理的金精矿品位,单位为克每吨(g/t);

α_2——上期累计处理的金精矿品位,单位为克每吨(g/t)。

5.2.2 浸前物料品位

浸前物料品位应根据取样化验的加权平均数求得,生产累积浸前物料品位按公式(2)计算:

$$\bar{\beta} = \frac{G_1\beta_1 + G_2\beta_2}{G_1 + G_2} \quad\quad\quad\quad\quad\quad\quad\quad\cdots\cdots\cdots\cdots(2)$$

式中:

$\bar{\beta}$ ——浸前物料累积平均品位,单位为克每吨(g/t);

G_1——本期生产的浸前物料量,单位为吨(t);

G_2——上期累计生产的浸前物料量,单位为吨(t);

β_1——本期生产的浸前物料品位,单位为克每吨(g/t);

β_2——上期累计生产的浸前物料品位,单位为克每吨(g/t)。

5.2.3 氰化回收率

采用氰化炭浆工艺的,按 YS/T 3031 的规定执行;采用氰化-锌粉置换工艺的,按 YS/T 3032 的规定执行。

5.2.4 理论总回收率

金精矿焙烧厂提金的理论回收率按公式(3)计算:

$$\varepsilon_a = \frac{G_0\beta_0}{Q_0\alpha} \times \varepsilon_{氰} \times 100\% \quad\quad\quad\quad\quad\quad\cdots\cdots\cdots\cdots(3)$$

式中:

ε_a——理论回收率,用百分数表示(%);

Q_0——精矿处理量,单位为吨(t);

α ——精矿品位,单位为克每吨(g/t);

G_0——进入氰化系统浸前物料量,单位为吨(t);

β_0——进入氰化系统浸前物料品位,单位为克每吨(g/t);

$\varepsilon_{氰}$——氰化提金理论回收率,用百分数表示(%)。

5.2.5 实际总回收率

金精矿焙烧厂提金的实际回收率按式(4)计算:

$$\varepsilon_{ap} = \frac{Q_g \omega}{Q_0 \alpha + M_3 - M_4} \times 100\% \quad\quad\quad\quad\quad\quad\quad (4)$$

式中:

ε_{ap}——实际回收率,用百分数表示(%);

Q_0——精矿处理量,单位为吨(t);

Q_g——粗金量,单位为克(g);

α——精矿品位,单位为克每吨(g/t);

ω——粗金纯度,用百分数表示(%)。

M_3——上期在制品金属量,单位为克(g);

M_4——本期在制品金属量,单位为克(g)。

5.2.6 金属平衡误差

5.2.6.1 在计算金属平衡误差时,应将上期、本期在制品进行统计、计算在误差范围之内。

5.2.6.2 金属平衡误差按式(5)计算。

$$\eta = \frac{(M_1 + M_3) - (M_2 + M_4)}{M_0} \times 100\% \quad\quad\quad\quad\quad\quad (5)$$

式中:

η——金属平衡误差,用百分数(%)表示;

M_0——原矿金属量,单位为克(g);

M_1——理论产金量,单位为克(g);

M_2——实际产金量,单位为克(g);

M_3——上期在制品金属量,单位为克(g);

M_4——本期在制品金属量,单位为克(g)。

5.2.6.3 理论回收率与实际回收率允许误差的绝对值,年误差不应大于1%,季度误差不应大于2%,月误差不应大于3%。

附 录 A
（资料性附录）
金属平衡表

理论与实际回收率报表见表 A.1,在制品统计见表 A.2,金属平衡综合分析见表 A.3。

表 A.1 理论与实际回收率报表

名称			指标								金属含量/g			金属分布率/%		
			重量或体积				品位									
			单位	本期	季累计	年累计	单位	本期	季累计	年累计	本期	季累计	年累计	本期	季累计	年累计
金精矿																
理论指标	产品	粗金														
		合计														
	损失产物	浸渣														
		贫液														
		冶炼损失														
		合计														
实际指标	产品	粗金														
		合计														

填表说明:表中数据均应与统计报表相符。

表 A.2 在制品统计表

序号	取样地点	项目						金属量合计/g	金属分布率/%
		固体			液体				
		重量/t	金品位/(g/t)	金属含量/g	体积/m³	金品位/(mg/L)	金属含量/g		
1	调浆槽								
2	焙烧炉								
3	水淬槽								
4	球磨机								
5	浓密机								
6	浸出槽								
7									
8									
9									
10									
11									
合计									

表 A.3 金属平衡综合分析表

名称		指标					
		金属量/g			金属分布率/%		
		本期	本季	累计	本期	本季	累计
金精矿							
产品	本期理论产金						
	上期(季、年)在制品						
	合计						
	本期实际产金						
	本期在制品						
	合计						
	差值(理论－实际)						
分析说明:							

填表说明:

1. 本期在制品中,本期、本季、累计均为本期在制品数。

2. 上期(季、年)在制品栏中,上季在制品为上季季末在制品,上年在制品为上年年末(12月)在制品。

3. 应进行必要的金属平衡分析说明。